Basiswissen Baudynamik

Jetzt diesen Titel zusätzlich als E-Book downloaden und 70 % sparen!

Als Käufer dieses Buchtitels haben Sie Anspruch auf ein besonderes Kombi-Angebot: Sie können den Titel zusätzlich zum Ihnen vorliegenden gedruckten Exemplar für nur 30 % des Normalpreises als E-Book beziehen.

Der BESONDERE VORTEIL: Im E-Book recherchieren Sie in Sekundenschnelle die gewünschten Themen und Textpassagen. Denn die E-Book-Variante ist mit einer komfortablen Volltextsuche ausgestattet!

Deshalb: Zögern Sie nicht. Laden Sie sich am besten gleich Ihre persönliche E-Book-Ausgabe dieses Titels herunter.

In 3 einfachen Schritten zum E-Book:

❶ Rufen Sie die Website **www.beuth.de/e-book** auf.

❷ Geben Sie hier Ihren persönlichen, nur einmal verwendbaren E-Book-Code ein:

31069112968154C

❸ Klicken Sie das „Download-Feld" an und gehen dann weiter zum Warenkorb. Führen Sie den normalen Bestellprozess aus.

Hinweis: Der E-Book-Code wurde individuell für Sie als Erwerber dieses Buches erzeugt und darf nicht an Dritte weitergegeben werden. Mit Zurückziehung dieses Buches wird auch der damit verbundene E-Book-Code für den Download ungültig.

Basiswissen Baudynamik

Prof. Dr.-Ing. Christoph Seeßelberg

Basiswissen Baudynamik

Grundlagen und Anwendungen

1. Auflage

Beuth Verlag GmbH · Berlin · Wien · Zürich

Bauwerk

Berlin · Wien · Zürich
Am DIN-Platz
Burggrafenstraße 6
10787 Berlin

Telefon: +49 30 2601-0
Telefax: +49 30 2601-1260
Internet: www.beuth.de
E-Mail: kundenservice@beuth.de

Druck und Bindung: Medienhaus Plump, Rheinbreitbach
Gedruckt auf säurefreiem, alterungsbeständigem Papier nach DIN EN ISO 9706.

ISBN 978-3-410-31069-3

Vorwort

Immer leistungsfähigere Baustoffe, noch präziser werdende Berechnungsmethoden und steigende Anforderungen an die Nachhaltigkeit führen zu Baukonstruktionen, die noch weiter gespannt und noch schlanker werden. Damit nimmt auch die Schwingungsanfälligkeit der Bauwerke zu, die im Rahmen der Tragwerksplanung zu untersuchen ist. Die Beurteilung des dynamischen Verhaltens der Bauwerke ist darüber hinaus auch für den Standsicherheitsnachweis im Erdbebenfall unverzichtbar.

In der Ausbildung der Bauingenieure steigt daher der Stellenwert des Lehrgebiets Baudynamik, das seinen Platz meist in den Master-Studiengängen findet. Mit einer Baudynamik-Einführungsvorlesung könnten folgende Lernziele verknüpft werden:

- Kenntnis wichtiger theoretischer Grundlagen der Baudynamik.
- Fähigkeit, baudynamische Fragestellungen bei der Tragwerksplanung und der Bauausführung als solche zu identifizieren und für einfach gelagerte Fälle Lösungsansätz zu kennen und zu planen.
- Fähigkeit, zu erkennen, ob im konkreten Fall einer Tragwerksplanung ein Spezialist für Baudynamik hinzuzuziehen ist, oder ob ggf. anfallende dynamische Fragestellungen selbst gelöst werden können.
- Fähigkeit, mit Computerprogrammen erzeugte baudynamische Rechenergebnisse zu verstehen und ggf. zu überprüfen.
- Fähigkeit, die Beanspruchungen aus Erdbebenbelastung nach den geltenden Normen für Standardfälle zu bestimmen und Vorschläge für erdbebensicheres Bauen zu machen.

Dieses Buch ist aus dem Skript für das Modul Baudynamik an der Hochschule für angewandte Wissenschaften in München entstanden. Es soll ein Studien- und Praxishandbuch sein, kein Kompendium oder Nachschlagewerk. Letztere findet man in der umfangreich zur Verfügung stehenden Fachliteratur: Allen voran sei das Werk von C. Petersen und H. Werkle „Baudynamik der Baukonstruktionen" [PW18] genannt. Im Hinblick auf die dynamischen Berechnungsmethoden ist das Buch von H. Werkle „Finite Elemente in der Baustatik" [Wer21] sehr hilfreich. Dem Literaturverzeichnis lassen sich weitere nützliche Bücher entnehmen.

Meine erster Kontakt mit der Baudynamik im eigenen Studium vor über 40 Jahren war spannend und tiefgehend, aber ausschließlich theoretisch orientiert. Der Zusammenhang der Theorie mit der Baupraxis spielte kaum eine Rolle, was ich damals bedauerte. Was Dynamik praktisch bedeutet, habe ich dann während meiner Industriejahre im Raumfahrtbereich der Firma Dornier in Friedrichshafen gelernt, wo z.B. Bauteile von Satelliten so auszulegen waren, dass sie den extremen Schwingungsbeanspruchungen während der Startphase der Trägerrakete standhalten konnten. Der oft auf die Planung und den Bau folgende dynamische Test des Prototyps eines Satellitenbauteils auf einem Rütteltisch war jedesmal ein äußerst spannender Moment. Die Versuche offenbarten gnadenlos alle Rechenfehler: Schäden am Satelliten oder Fehlfunktionen an den auf ihm montierten Geräten waren oft Indizien für fehlerhafte Rechnungen oder eine unzureichende Konstruktion. Das war eine gute Schule, auch für den Umgang mit dynamischen Fragestellungen an Bauwerken.

Wie ist dieses Buch aufgebaut? Zunächst wird ein erster Überblick über dynamische Einwirkungen auf Bauwerke gegeben. In einem kurzen Überblickkapitel werden die Grundlagen von mechanischer Energie, Impuls und Stoß behandelt. Den ersten Schwerpunkt bilden drei Kapitel über den Einfreiheitsgradschwinger (EFS), der verschiedensten Anregungsarten ausgesetzt ist.

Einen EFS von Hand zu berechnen, ist oft sehr gut möglich. Bei System mit zwei oder mehr Freiheitsgraden ist die Handrechnung dagegen keine sinnvolle Option mehr. In einem weiteren Kapitel werden daher Verfahren diskutiert, mit denen computerorientiert Systemantworten auf dynamische Belastungen auch für komplexe Systeme ermittelt werden können.

Nach diesen eher theoretisch orientierten Kapiteln werden einige baupraktische Themen vorgestellt. Zunächst geht es um Schwingungsisolierung, also um den Schutz eines Bauwerks vor der Schwingungsanregung einer Maschine oder den Schutz einer Maschine vor den Schwingungen des Bauwerks. Wenn die Schwingungsisolierung zum Schutz des Bauwerks nicht ausreicht, kann das Bauwerk durch den Einbau von Schwingungsdämpfern ertüchtigt werden. Es folgt ein Überblick über winderregte Schwingungen von Bauwerken und über personeninduzierte Schwingungen von Fußgängerbrücken. Den Abschluss bildet die Bestimmung von Bauwerksbeanspruchungen aus Erdbebenlasten. Die neue Erdbebennorm DIN EN 1998-1/NA (07/2021), die für viele Orte höhere Erdbebenlasten vorsieht als ihre Vorgängerausgaben, hilft dabei.

Die Online-Semester während der Corona-Pandemie haben uns den Stellenwert des Selbstlernens noch einmal besonders vor Augen geführt. Deshalb wurde das Buch so abgefasst, dass Leser und Leserinnen sich die Stoffe auch selbst erarbeiten können. Um Letzteres zu gewährleisten, werden einerseits Beispielaufgaben detailliert vorgerechnet und andererseits viele Aufgaben zum Selberrechnen bereitgestellt, deren Lösungswerte im Anhang angegeben sind.

Dieses Buch konnte nur dank der Unterstützung anderer entstehen:

Für seinen intensiven und hilfreichen fachlichen Rat möchte ich mich bei meinem Kollegen Prof. Dr.-Ing. Horst Werkle von der HTWG Konstanz bedanken.

Ohne den oft notwendigen und stets zielführenden Rat meiner Tochter Dr. rer. nat. Frauke Seeßelberg hätte ich es nicht geschafft, dieses Buch in LaTex zu schreiben.

Lorenz Ziche, B.Eng. hat mit seinen nützlichen Anmerkungen aus Studierendensicht wesentlich dazu beigetragen, das vorliegende Buch für Lernende besser nutzbar zu machen.

Meinen Studierenden der letzten anderthalb Jahrzehnte an der Hochschule München schulde ich Dank für ihre kritischen Beiträge im Rahmen der Baudynamik-Vorlesung.

Für die gute Zusammenarbeit mit dem Beuth Verlag danke ich Frau Norma Müller und Herrn Axel Schmidt.

Ohne die stetige Unterstützung meiner lieben Frau Sabine Seeßelberg hätte dieses Buch niemals werden können, für ihre große Geduld danke ich ihr sehr herzlich!

Sehr verehrte Leserinnen und Leser, ich freue mich auf Ihre kritischen Anmerkungen und Verbesserungsvorschläge, gerne auch als E-Mail an christoph@seesselberg.de. Aktuelle Hinweise zum Buch werden auf der Website des Beuth Verlages oder unter www.seesselberg.de veröffentlicht.

Marzling, im Juli 2022

Christoph Seeßelberg

Inhaltsverzeichnis

1 Übersicht über baudynamische Lasten[1]

1.1 Wann sind Lasten als dynamisch anzusehen?

Wenn eine Last sich über die Zeit in ihrer Größe verändert, dann kann man von einer dynamischen Last $P(t)$ sprechen.

In diesem Sinne müssten eigentlich ein Großteil aller im Bauingenieurwesen vorkommenden Einwirkungen als dynamische Lasten bezeichnet werden. Wenn jedoch die dynamischen Trägheits- und Dämpfungskräfte im Bauwerk infolge häufig langsamer Aufbringung oder Veränderung der Lasten klein bleiben, kann man sie vernachlässigen.

Der wesentliche Unterschied zwischen statischen und dynamischen Lasten besteht also im Vorhandensein von Trägheits- und Dämpfungskräften in relevanter Größe. Trägheits- und Dämpfungskräfte sind die Reaktionen eines Bauwerks auf die durch dynamische Lasten hervorgerufenen Beschleunigungen und Geschwindigkeiten. Sie sind bei der Ermittlung der Schnittkräfte und der Auflagerreaktionen zu berücksichtigen und können sowohl für Nachweise im Grenzzustand der Tragfähigkeit oder im Grenzzustand der Gebrauchstauglichkeit als auch bei Nachweisen der Ermüdungssicherheit relevant werden.

Ob wir eine Last als dynamische Last oder quasistatische Last verstehen, hängt nicht nur von der absoluten Lastaufbringungsgeschwindigkeit, sondern auch von der Bauwerksreaktion (Schwingungsverhalten) ab. Beispiel: Die Last eines über die Stahlbetondecke eines Bürogebäudes gehenden Menschen wird in der Regel als quasistatische Nutzlast gewertet, während dieselbe Person über eine schlanke Fußgängerbrücke gehend eine dynamische Last darstellen kann.

Wir sollten deshalb die Bezeichnung „dynamische Last“ denjenigen Einwirkungen vorbehalten, bei denen sich die Schnittgrößen bei dynamischer und statischer Berechnung deutlich unterscheiden.

Unter diesem Gesichtspunkt ist es in vielen Fällen zulässig, langsam aufgebrachte Lasten auf bestimmte Tragwerksarten wie statische Lasten – also „quasi statisch“ – zu behandeln. Diese Vorgehensweise ist auch deshalb sinnvoll, weil eine dynamische Berechnung von Strukturen – wie wir in den weiteren Kapiteln dieses Buches sehen werden – wesentlich aufwändiger als eine rein statische Berechnung ist.

Ob eine Last als statisch, quasistatisch oder dynamisch anzusehen ist, wird im Regelfall in den Eurocode-Normen geregelt.

---

[1] Der Kapitelaufbau orientiert sich an Kapitel 1 aus Bachmann / Ammann, Schwingungsprobleme bei Bauwerken, Zürich 1987 ([BA87]), das leider auch in seiner englischen Version vergriffen ist und nicht mehr aufgelegt wird.

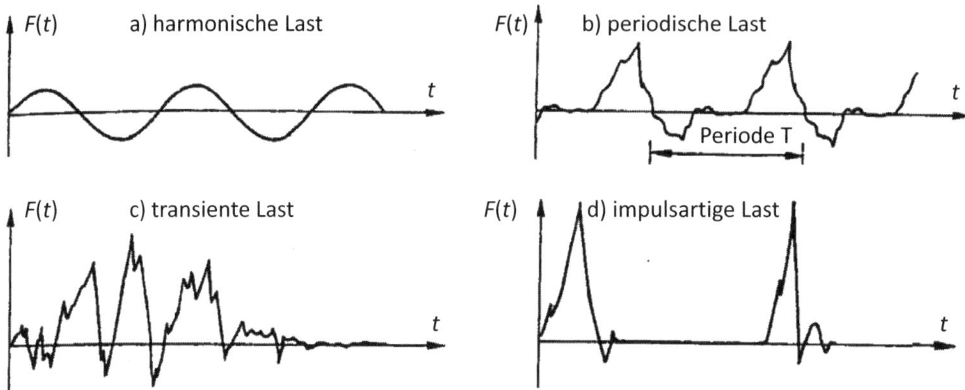

Abb. 1.1: Zeitliche Verläufe dynamischer Lasten (nach [BA87])

1.2 Dynamische Lasten nach zeitlichem Verlauf

Dynamische Lasten lassen sich anhand ihres zeitlichen Verlaufes unterscheiden, siehe Abb. 1.1:

- harmonische Lasten
- periodische Lasten
- transiente Lasten
- impulsartige Lasten

Beispiele für solche Lasten werden in Abb. 1.2 aufgezeigt.

1.2.1 Harmonische Lasten

Harmonische Lasten (Abb. 1.1 a) verlaufen sinusförmig mit der Anregungskreisfrequenz Ω und der Kraftamplitude $\hat{P}$. Sie können um den Winkel φ phasenverschoben sein:

$$P(t) = \hat{P} \cdot \sin(\Omega \cdot t - \varphi) \tag{1.1}$$

Infolge einer ausreichend lang wirkenden Anregung nach Gl. 1.1 stellt sich im Bauwerk – wie wir weiter unten in Kapitel 5 sehen werden – nach einiger Zeit ein stationärer Schwingungszustand ein, den wir als eingeschwungenen Zustand bezeichnen. Ein Beispiel für den Verschiebungs-Zeit-Verlauf eines Punktes in einem schwingenden Bauwerk ist mit Abb. 1.3 gegeben: im vorliegenden Fall kann man die Bauwerksschwingung ca. 6 s nach Beginn der Anregung als eingeschwungen bezeichnen. Nach welcher Zeit ein Einschwingvorgang als abgeklungen angesehen werden kann, hängt von der Anregung und den Eigenschaften des schwingenden Bauwerks ab und kann sich von Fall zu Fall stark unterscheiden.

Ursachen harmonischer Lasten können beispielsweise sein:

- Maschinen mit rotierenden Massen, die nicht völlig ausgewuchtet sind (z.B. Generatoren)
- Maschinen mit beabsichtigten Unwuchten (z.B. Vibratoren).

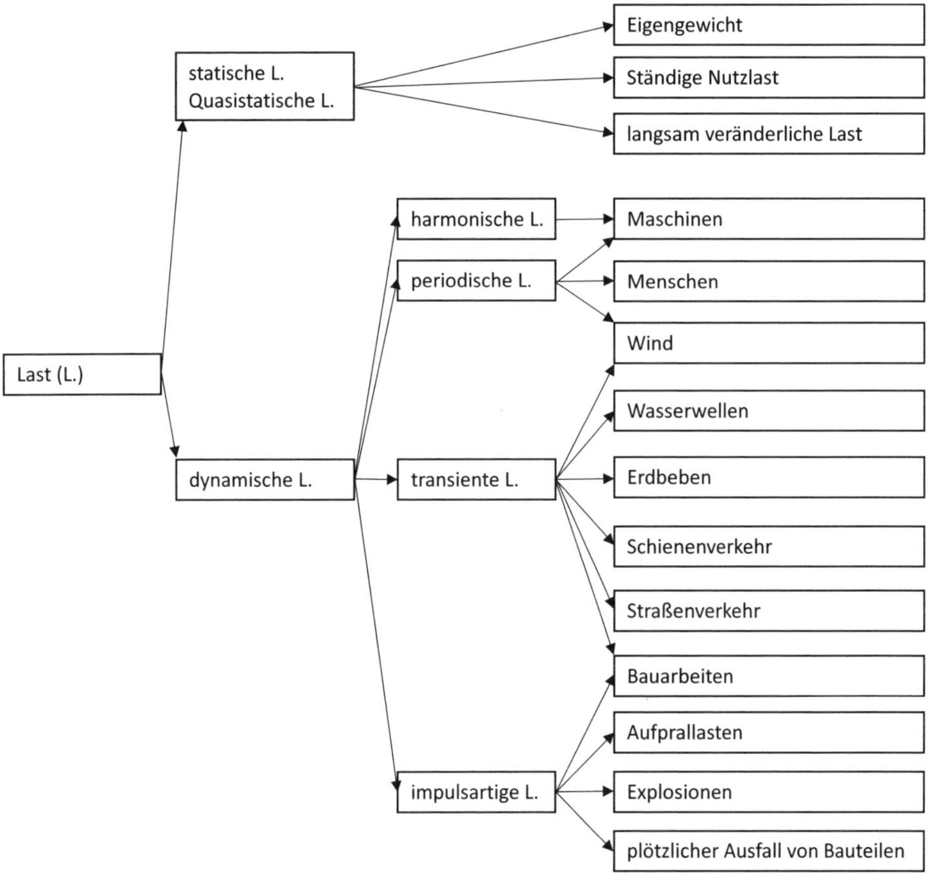

Last (L.)
statische L.
Quasistatische L.
dynamische L.
harmonische L.
periodische L.
transiente L.
impulsartige L.
Eigengewicht
Ständige Nutzlast
langsam veränderliche Last
Maschinen
Menschen
Wind
Wasserwellen
Erdbeben
Schienenverkehr
Straßenverkehr
Bauarbeiten
Aufprallasten
Explosionen
plötzlicher Ausfall von Bauteilen

Abb. 1.2: Lastarten und Beispiele (nach [BA87])

Weg u(t) [mm]
2
1,5
1
0,5
0
-0,5
-1
-1,5
-2
t [s]
0 1 2 3 4 5 6 7 8 9 10
Einschwingvorgang
eingeschwungener Zustand

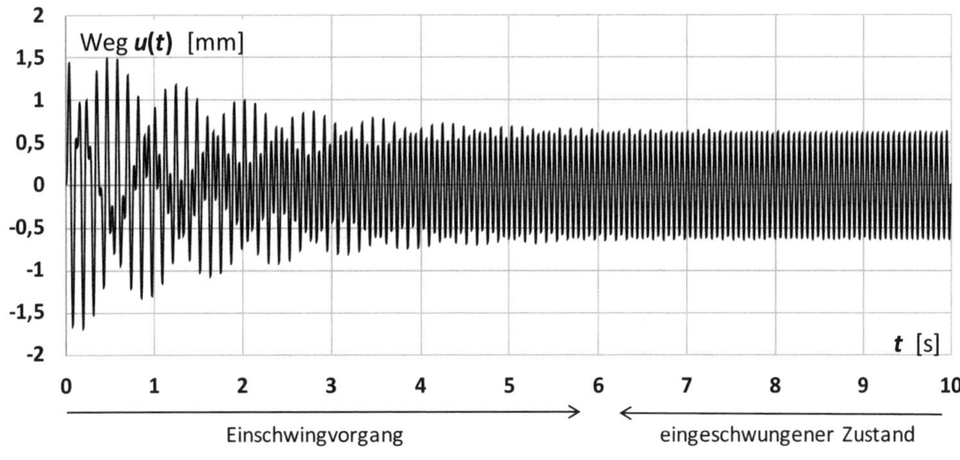

Abb. 1.3: Bewegungs-Zeit-Funktion $u(t)$ eines Bauwerkspunktes infolge einer harmonischen Anregung: Einschwingvorgang und eingeschwungener Zustand

1.2.2 Periodische Lasten

Wenn sich der Kraftverlauf $P(t)$ in regelmäßigen Zeitabständen T wiederholt, spricht man von einer periodischen Last. Der Zeitabstand T wird als Periode bezeichnet. Abb. 1.1 b) zeigt eine periodische Last.

Der Kraftverlauf $P(t)$ innerhalb einer Periode ist völlig beliebig. Jede periodische Last lässt sich durch eine Fourier-Zerlegung in eine Summe harmonischer Lasten überführen. Wenn die Einwirkungsdauer der Last ausreichend lang ist, wird sich ein stationärer Schwingungszustand des Bauwerks einstellen. Beispiele für periodische Lasten sind:

- Gehende Menschen mit einer regelmäßigen Schrittfrequenz
- Maschinen mit
  - mehreren Unwuchten (z.B. Rotationsdruckmaschinen, Kreiselpumpen, Zentrifugen usw.)
  - oszillierenden Teilen (z.B. Verbrennungsmotoren, Kolbenkompressoren, Textilmaschinen, Sägegatter usw.)
- Im Fall von periodischen Wirbelablösungen kann auch der Wind, der allgemein ein transientes Verhalten zeigt, periodische Lasten verursachen.

1.2.3 Transiente Lasten

Transiente, instationäre Lasten sind durch einen beliebigen, unperiodischen Zeitverlauf gekennzeichnet, siehe Abb. 1.1 c). Ursachen transienter Lasten können sein:

- Windlasten im Allgemeinen, soweit sie nicht durch periodische Wirbelablösungen gekennzeichnet sind.
- Wasserwellen auf eine Hafenmauer oder ein Offshore-Bauwerk
- Erdbebenlasten
- Erschütterungen durch Schienen- und Straßenverkehr als direkte oder über den Boden übertragene Einwirkungen auf ein Bauwerk.
- Bauarbeiten, z.B. Erschütterungen durch Rammen oder Einvibrieren von Spundwänden und Pfählen, Sprengarbeiten usw.

1.2.4 Impulsartige Lasten

Impulsartige Lasten (Abb. 1.1 d) sind zwar eigentlich der Gruppe der transienten Belastungen zugehörig. Sie weisen jedoch eine sehr kurze Einwirkungsdauer auf, was zu einer andersartigen Reaktion des Bauwerks führt als bei länger anhaltenden transienten Lasten. Aus diesem Grund ist eine Unterscheidung sinnvoll. Impulsartige Lasten treten z.B. auf bei:

- Maschinen, die Einzelstöße ausüben (z.B. Schmiedehämmer)
- Erschütterungen infolge von Sprengungen oder Explosionen
- Aufprall von Fahrzeugen, Flugzeugen, Schiffen, Projektilen usw. auf Bauwerke
- Aufprall von Steinen auf Schutzbauten
- plötzliches Versagen tragender Bauteile (z.B. Stützen oder Hängeseilen)

1.3 Auswirkungen dynamischer Lasten

Auswirkungen dynamischer Lasten lassen sich unterscheiden:

- Auswirkungen auf Personen
- Auswirkungen auf Bauwerke
- Auswirkungen auf Maschinen und Einrichtungen.

Auswirkungen auf Personen

Dynamische Lasten können bei Bauwerken zu Schwingungen führen, die das menschliche Wohlbefinden stören, z.B. Schwingungen in oberen Geschossen eines Hochhauses infolge von Wind oder Schwingungen einer leichten Fußgängerbrücke. Die Gebrauchstauglichkeit des Bauwerks ist in solchen Fällen gefährdet. Allgemeine Regeln zu diesem Thema können DIN EN 1990, A.1.4.4 und ISO 10 137 entnommen werden.

Der 300 m hohe Aspire Tower in Doha/Katar (Abb. 9.2) beispielsweise schwingt infolge der starken Winde über dem persischen Golf so stark, dass sich seine Spitze um bis zu 45 cm hin und her bewegt, was zu Übelkeit bei den Gästen des Luxusrestaurants in 250 m Höhe führen kann. Durch Schwingungsdämpfer (siehe Kapitel 9) wurden die Schwingungseigenschaften des Gebäudes verbessert und das Problem gelöst. Die Standsicherheit des Gebäudes war übrigens durch die Schwingungen mit einer Amplitude von bis zu 45 cm nicht gefährdet (Quelle: FAZ vom 21. Juni 2007).

Auswirkungen auf Bauwerke

Bei den Auswirkungen dynamischer Lasten auf Bauwerke ist eine Beeinträchtigung sowohl der Standsicherheit als auch der Gebrauchstauglichkeit möglich.

Die Standsicherheit kann folgendermaßen beeinträchtigt sein:

- Ermüdungsprobleme:
  Dynamische, sich wiederholende Lasten führen auf längere Sicht zu einer zunehmenden Zermürbung der Baustoffe. Die Folge dieses Effektes, den wir als Ermüdung oder Fatigue bezeichnen, ist eine mit der Zeit abnehmende Beanspruchbarkeit des Bauwerks. Schließlich ist die Beanspruchung des Bauwerks größer als seine Beanspruchbarkeit und es kommt dann zum Bauwerksversagen. Die Stärke der Ermüdungswirkung hängt von der Anzahl der Lastspiele und von der Größe der Spannungsamplituden aus dynamischer Last ab.
- Lokale Plastifizierungen:
  Bei außergewöhnlichen Lasten mit geringer Auftretenswahrscheinlichkeit wie z.B. dem Aufprall von Fahrzeugen auf Stützen oder Erdbeben ist eine wirtschaftlich vertretbare Bemessung der betroffenen Bauteile nur möglich, wenn plastische Verformungen zugelassen werden. Ziel ist es in solchen Fällen stets, die betroffenen Menschenleben zu schützen, indem der Einsturz des Bauwerks verhindert wird. Eine zwar schwerwiegende, aber nicht zum Einsturz führende Beschädigung des Bauwerks wird daher oft akzeptiert.
- Veränderung der Materialkennwerte bei hoher Belastungsgeschwindigkeit:
  Plötzlich auftretende Lasten können hohe Beanspruchungs- bzw. Dehngeschwindigkeiten im betroffenen Bauteil bewirken. Bei den meisten Materialien sind die Festigkeitsparameter abhängig von der Dehngeschwindigkeit. Bei den Baustoffen Stahl und Beton wirkt

sich der Effekt meistens geringfügig günstig – über sich verbessernde Materialparameter – aus und kann dann auf der sicheren Seite liegend unberücksichtigt bleiben.

Bei der Beeinträchtigung der Gebrauchstauglichkeit von Bauwerken kann es sich z.B. um Beschädigungen sekundärer Bauteile wie Risse in Zwischenwänden, Fassaden usw. handeln. Allgemeine Regeln zu diesem Thema können DIN EN 1990, A.1.4.4 und ISO 10137 entnommen werden.

Auswirkungen auf Maschinen und Produktionsanlagen

Durch dynamische Lasten hervorgerufene Schwingungen des Bauwerks können bei im Bauwerk montierten Maschinen zu produktionstechnischen Problemen führen. Beispielhaft können Webmaschinen genannt werden, die zur fehlerfreien Funktion oft eine ruhige, sehr schwingungsarme Auflagerung benötigen. Noch extremer sind die Anforderungen an Anlagen zur Produktion von Halbleitern und elektronischen Chips.

Schwingungen können auf diese Weise die Gebrauchstauglichkeit des Bauwerks gefährden.

1.4 Dynamische Lasten nach Ursache

1.4.1 Menscheninduzierte Schwingungen

Der Mensch verursacht als Folge seiner Aktivitäten die verschiedensten dynamischen Lasten. Dabei kann es sich um periodische Lasten (z.B. Gehen, Laufen, Hüpfen usw.) oder auch um transiente Lasten (z.B. Sprung von einem Sprungturm) handeln. Menscheninduzierte Schwingungen können insbesondere bei folgenden Bauwerken relevant sein:

- Fußgängerbrücken und vergleichbare Bauwerke
- Bürogebäude
- Sporthallen, Sportstadien, Fitnessstudios
- Tanzlokale und Clubs
- Konzertsäle
- Sprungtürme in Schwimmbädern.

Gerade bei Großveranstaltungen wird – oft mit Hilfe von besonders geschultem Personal – die Stimmung gesteigert durch:

- rhythmisches Klatschen oft mit steigender Frequenz
- Singen, Klatschen und synchrones Hüpfen
- frenetisches Klatschen verbunden mit Fußstampfen
- Schunkeln.

Abb. 1.4 zeigt Versuche im Fußballstadion Köln-Müngersdorf, um die Auswirkungen solcher Verhaltensweise auf das Bauwerk zu testen [GS04].

Beschädigung durch mutwilliges Aufschaukeln z.B. von Brücken durch Menschen lässt sich ebenfalls beobachten, wie der Artikel aus der Süddeutschen Zeitung vom 5. Oktober 1994 zeigt, der einen durch Vandalismus verursachten Brückeneinsturz in China beschreibt (Abb. 1.5).

Abb. 1.4: Hüpfversuche im Fußballstadion Köln-Müngersdorf (Quelle: [GS04])

38 Tote in chinesischem Ausflugspark bei Kanton

Peking (dpa) – Mindestens 38 Menschen sind in einem Ausflugspark bei Kanton in Südchina ums Leben gekommen, als die Stahlseile einer Hängebrücke rissen. Mehr als 160 Besucher auf der Brücke stürzten in den 20 Meter tiefen Tianhu-See. Wie die Behörden berichteten, werden zwei Menschen noch vermißt. Augenzeugen beschuldigten eine Gruppe von Studenten, die Brücke wild zum Schwingen gebracht zu haben. Zunächst sei ein Stahlseil gerissen, dann hätten sich die Menschen an das andere geklammert, das unter dem Gewicht ebenfalls nachgegeben habe, berichtete die Tageszeitung *China Daily*. Völlig ohne Halt seien die Menschen ins Wasser gestürzt. Das Unglück ereignete sich bereits am Sonntag, wurde aber erst am Dienstag über die offiziellen chinesischen Medien bekannt.

Abb. 1.5: Zeitungsbericht vom Einsturz einer Brücke in China infolge Vandalismus (Süddeutsche Zeitung vom 5. Oktober 1994, zitiert nach [Pet01])

Menschenerregte Schwingungen können bei entsprechend empfindlichen Bauwerken unerwünschte Folgen haben:

- Zu hohe Schwinggeschwindigkeiten und -beschleunigungen können zu einer Beeinträchtigung des Wohlbefindens betroffener Personen führen (Grenzzustand der Gebrauchstauglichkeit, GZG).
- Beanspruchungen der Tragstruktur, die im Extremfall den Verlust der Standsicherheit zur Folge haben könnten, sind dagegen eher selten (Grenzzustand der Tragfähigkeit, GZT). Dies ist wohl auch darauf zurückzuführen, dass der Mensch im Regelfall sensibel auf die Tragwerksbewegung reagiert und seine Aktivität deshalb frühzeitig genug einstellt.
- Akustische Auswirkungen, z.B. durch mitschwingende Gegenstände (GZG).

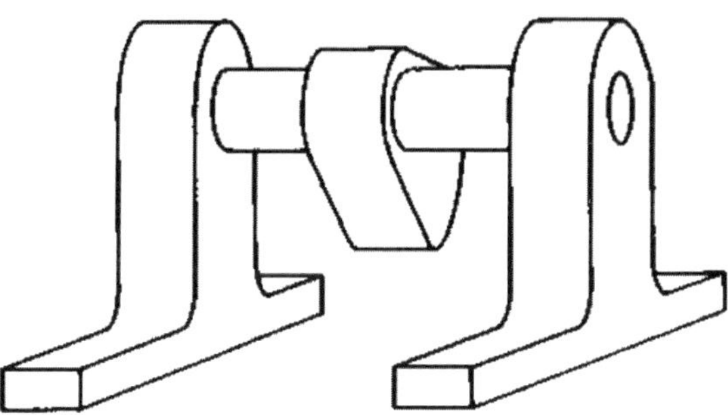

Abb. 1.6: Symbolische Maschine mit rotierender Achse und Unwucht

Der Ansatz dynamischer Lasten aus Fußgängern wird weiter unten in Abs. 10.2 diskutiert. Menschenerregte dynamische Beanspruchungen auf Deckenkonstruktionen werden u.a. in [SH10], [BHK$^+$08a] beschrieben.

Im Vordergrund der Gegenmaßnahmen steht das Vermeiden von Resonanz. Dieses Ziel kann z.B. erreicht werden durch:

- Aussteifen des Bauwerks
- Einbau von Schwingungsdämpfern (siehe unten Kap. 9)
- Erlassen von Nutzungsvorschriften zur Vermeidung kritischer Lastzustände.

1.4.2 Maschineninduzierte Schwingungen

Maschinen (Abb. 1.6) können auf ganz unterschiedliche Weise und mit sehr unterschiedlichen Lasten auf Bauwerke einwirken. Die Unterschiede hängen davon ab, ob die maßgebenden Kräfte von rotierenden, oszillierenden oder stoßenden Teilen der Maschine verursacht werden. Rotierende Teile verursachen harmonische Lasten, oszillierende Teile verursachen periodische Lasten und stoßende Teile verursachen impulsartige Lasten (siehe Abb. 1.1).

Maschineninduzierte Bauwerksschwingungen können zu folgenden Beeinträchtigungen und Schäden führen:

- Ermüdungsversagen des Bauwerks
- Beschädigung sekundärer Bauteile
- unzulässige Schwinggeschwindigkeiten und -beschleunigungen können zu einer Beeinträchtigung des Wohlbefindens der betroffenen Personen oder zu produktionstechnischen Problemen bei den aufgestellten Maschinen führen.

Im Vordergrund der Gegenmaßnahmen steht auch hier die Vermeidung von Resonanzen durch:

- Aussteifen des Bauwerks
- schwingungstechnische Abtrennung einzelner Bauteile zur Verhinderung einer Schwingungsübertragung
- Schwingungsisolation bzw. Frequenzabstimmung (siehe Kap. 8)
- Einbau von Schwingungsdämpfern (siehe Kap. 9)

Abb. 1.7: Die Tacoma-Narrows-Bridge im US Bundesstaat Washington, auch bekannt als „Galloping Gertie", stürzte vier Monate nach ihrer Eröffnung am 7. November 1940 ein.

1.4.3 Windinduzierte Schwingungen

Hohe oder weitgespannte, schlanke Bauwerke (z.B. Türme, Hochhäuser, Hängebrücken) können durch den Wind zu Schwingungen angeregt werden, siehe unten Abs. 10.1:

- Schwingungen des Bauwerks in Windrichtung werden in erster Linie durch Windböen verursacht.
- Schwingungen des Bauwerks quer zur Windrichtung werden durch alternierende, periodische Wirbelablösungen erzeugt.

Der Einsturz der Takoma-Bridge (Abb. 1.7), einer der weltweit bekanntesten Bauwerkseinstürze überhaupt, ist windinduziert. In dem z.B. über Youtube verfügbaren Einsturzvideo (https://youtu.be/j-zczJXSxnw, aufgerufen am 19.1.2022) lässt sich an den eher geringen Bewegungen der Baumwipfel im Hintergrund erkennen, dass der Einsturz keinesfalls bei extremen Windgeschwindigkeiten, sondern bei mäßig starkem Wind geschah.

Selbst wenn windinduzierte Schwingungen nicht zum Versagen des Bauwerks führen, so kann das Wohlbefinden von Personen, die sich auf einer schwingenden Brücke oder in einem schwingenden Hochhaus befinden, ernsthaft beeinträchtigt sein.

Zur Vermeidung dieser und anderer Auswirkungen des Windes lassen sich besonders bei Brücken neben der Resonanzvermeidung folgende Maßnahmen ergreifen:

- Vergrößern der Oberflächenrauhigkeit zur Beeinflussung der Wirbelablösung
- Wahl aerodynamisch günstiger Querschnitte samt anschließendem Versuch in einem Windkanal
- Einbau von Schwingungsdämpfern.

1.4.4 Wasserwelleninduzierte Schwingungen

Wasserwellen werden vor allem durch Wind erzeugt. Die sich aus den Wasserwellen ergebenden Bauwerksbelastungen sind i.d.R. transiente Belastungen. Die schwingungsinduzierenden Eigenschaften von Wasserwellen ergeben sich aus der Wellenhöhe (maßgebend für die auf ein

Abb. 1.8: Erdbebenbedingte Schäden: Umgestürztes Gebäude in der schwer getroffenen Region Portoviejo / Ecuador, April 2016, Stärke 7,8 (Quelle: Wikimedia, TERREMOTO PORTOVIEJO (26490375356).jpg)

Bauwerk ausgeübten Lasten) und aus der Wellenfrequenz. Wasserwelleninduzierte Schwingungen müssen z.B. bei Offshore-Konstruktionen und Hafenanlagen berücksichtigt werden, die hinsichtlich der Standsicherheit und der Gebrauchstauglichkeit ausreichend steif ausgebildet sein müssen, um Resonanzen zu vermeiden.

1.4.5 Erdbebeninduzierte Schwingungen

Erdbeben werden durch geologisch-tektonische Vorgänge in der Erdkruste ausgelöst, siehe weiter unten Abs. 11.2. Bauwerke können durch die beim Erdbeben entstehenden seismischen Wellen zu horizontalen oder vertikalen Schwingungen angeregt werden. Der Verlust der Standsicherheit von Gebäuden und auch lokale Beschädigungen (Plastizierung) von Haupttragelementen können die Folge sein, siehe Abb. 1.8.

Um Bauwerksschäden zu vermeiden, sind Tragwerke für die auftretenden Erdbebenlasten zu bemessen. Wie groß die Erdbebenlasten sind, hängt vom Maß der lokalen Erdbebengefährdung und von der Konstruktion des Bauwerks ab. Erdbebensicheres Bauen stellt Anforderungen an die Konstruktion der Haupttragelemente und der sekundären Bauteile des Bauwerks, siehe Abs. 11.8. Je erdbebensicherer die Konstruktion ist, desto geringer ergeben sich die Erdbebenkräfte, deren Abtragung im Rahmen der statischen Berechnung nachzuweisen ist.

1.4.6 Erschütterungen durch Schienen- oder Straßenverkehr

Erschütterungen durch Schienen- und Straßenverkehr können bei Überfahrten eines Fahrzeugs über unebene Fahrbahnen entstehen. Die dadurch bewirkten dynamischen Lasten können direkt auf ein belastetes Bauwerk wirken (z.B. eine Brücke) oder sie werden über den Baugrund in benachbarte Gebäude übertragen. Sie können Risse in tragenden oder nichttragenden Bauteilen verursachen und beeinträchtigen im Wirkungsbereich der Erschütterungen das Wohlbefinden von Personen.

Abb. 1.9: Die neue Kölner U-Bahn-Linie ließ 2013 den Kölner Dom wegen Schallbrücken zwischen U-Bahn-Tunnel und Domfundamenten erzittern. Neue Schienenauflager wurden eingebaut, um die Schwingungsanregung auf ein erträgliches Maß zu reduzieren (https://www.ksta.de/vibration-im-dom-kvb-baut-puffer-in-der-u-bahn-ein-4893112). (Bildquelle: https://www.n-tv.de/panorama/U-Bahn-laesst-Dom-wackeln-article9917041.html)

Erschütterungen durch Schienen- oder Straßenverkehr lassen sich durch folgende Maßnahmen reduzieren:

- Ausbessern von Fahrbahnbelägen auf Straßen und Brücken
- Erneuerung verschlissener Schienen
- Aussteifen von Bauwerken, die durch den Verkehr direkt belastet werden
- Einbau von Schwingungsdämpfern bei direkter Einwirkung des Verkehrs
- Elastisches Lagern der Schwellen bzw. des Schottertroges bei Gleisen, siehe Abb. 1.9
- Entkopplung verschiedener Bauwerksteile zur Verhinderung einer Schwingungsübertragung.

1.4.7 Erschütterungen durch Bauarbeiten

Rammen oder Einrütteln von Spundwänden und Pfählen oder das Verdichten von Böden mit Vibrationswalzen können zu Schwingungen umliegender Bauwerke führen. Erschütterungen aus Bauarbeiten können Risse in tragenden oder nichttragenden Bauteilen verursachen. Im Wirkungsbereich der Erschütterungen kann das Wohlbefinden von Personen eingeschränkt sein. Als Maßnahmen zur Beschränkung solcher vorübergehenden Erschütterungen kommen z.B. in Frage:

- Einsatz eines kleineren Rammbärs
- Abstimmen der Frequenz eines Vibrators
- Wahl eines anderen Bauverfahrens (z.B. Bohren anstatt Rammen)
- tageszeitliches Beschränken der entsprechenden Bauarbeiten.

Abb. 1.10: Anprall an einen Brückenpfeiler beim Eisenbahnunglück 1998 in Eschede: Ein entgleister ICE prallte gegen die Mittelstütze der Straßenbrücke und zerstörte diese. Die Brücke stürzte auf die Gleise und begrub Teile des ICE unter sich. Das Unglück forderte 101 Todesopfer.

1.4.8 Aufprallinduzierte Beanspruchungen

Typische Aufprallvorgänge sind der Stoß eines Fahrzeugs gegen eine Bauwerksstütze (Abb. 1.10), der Absturz eines Flugzeugs auf ein Gebäude (Abb. 1.11) oder der Steinschlag auf eine Schutzgalerie.

Zunächst sind die lokalen Auswirkungen an der Aufprallstelle relevant. Darüber hinaus ist das aufprallinduzierte Verhalten des gesamten Tragwerks wichtig. Schäden von lokalen Effekten wie z.B. dem Abplatzen von Beton an der Aufprallstelle über Durchstanzeffekte bis hin zum Versagen einzelner Bauteile oder sogar des gesamten Tragwerks sind möglich.

Je nach Eigenschaft des aufprallenden Körpers bzw. des betroffenen Bauteils wird zwischen einem elastischen und einem plastischen Aufprall bzw. Stoß unterschieden, siehe Abs. 2.3.

Welche Maßnahmen lassen sich treffen, um vor den Auswirkungen eines Aufpralls zu schützen? Zur Vermeidung des eigentlichen Aufpralls können Schutzeinrichtungen um Stützen herum verbaut werden. Dies ist z.B. oft bei Hallenstützen zum Schutz gegen Gabelstapleranprall der Fall. Zur Verminderung der Auswirkungen auf vom Aufprall betroffene Bauteile lassen sich folgende Maßnahmen vorsehen:

- Bemessen des Bauteils (der Stütze) mit der entsprechenden Aufprallast
- konstruktive Ausbildung so, dass das Energieaufnahmevermögen bis zum Versagen (duktiles Verhalten) möglichst groß wird. Das ist das Prinzip der „Knautschzone " beim PKW.
- Abdecken der tragenden Konstruktion mit aufprallabsorbierendem Material (z.B. Bedecken einer Steinschlaggalerie mit einer Schicht Lockergestein).

Abb. 1.11: Aufprallversuch einer F4-Phantom mit 800 km/h auf eine Betonwand. Die Wand hielt stand, das Flugzeug wurde völlig zerstört (Quelle: N24).

Abb. 1.12: Explosionsbedingte Kriegsschäden einer Brücke im Kosovo.

1.4.9 Explosionsinduzierte Beanspruchungen

Explosionen können sich auf ein Bauwerk unterschiedlich auswirken:

- Die Druckwelle infolge einer in der Nähe des Bauwerks stattfindenden Explosion kann das gesamte Bauwerk flächenhaft erfassen und schädigen.
- Wenn eine Sprengladung unmittelbar am Bauwerk explodiert, kann diese lokal begrenzte Einwirkung auf das Tragwerk zu zusätzlichen Schäden führen, siehe z.B. die Bombenkrater in einer Brücke Abb. 1.12.

Ursachen für Explosionsbelastungen können z.B. Kriegseinwirkungen oder Terrorismus sein.

Die Auswirkungen von explosionsinduzierten Beanspruchungen können von Beschädigungen einzelner Bauteile über den Ausfall von Hauptbauteilen bis hin zum progressiven Kollaps des gesamten Bauwerks reichen.

Abb. 1.13: Der Einsturz der Morandi-Brücke in Genua im August 2018 war vermutlich die Folge eines plötzlich gerissenen Tragseils, das einen Kollaps des Fahrbahnträgers und eines Pylons nach sich zog. Das Bild zeigt den stehengebliebenen Teil der Brücke. Siehe http://www.genua-ursachen.info; Bildquelle: www.sueddeutsche.de

Folgende Maßnahmen sind vorstellbar, um explosionsinduzierte Schäden zu reduzieren:

- statisch unabhängige Konstruktion einzelner Teile des Bauwerks zur Verhinderung eines progressiven Kollapses.
- Einbau geeigneter schockabsorbierender Bauteile (z.B. Fassaden) vor die tragende Konstruktion zur Aufnahme der Druckwellenbelastung
- Bemessung der Bauteile zur Aufnahme der Druckwellenbelastung.

1.4.10 Beanspruchungen durch plötzlichen Ausfall tragender Bauteile

Der Ausfall einer Stütze führt für eine Brücke zu einer sogenannten Sprungbelastung. So bezeichnet man die plötzliche Belastung (oder auch Entlastung) eines Bauwerks als Folge des plötzlichen Ausfalls einer tragenden Unterstützung (z.B. Stütze, tragende Wand, Hängeseil, usw.). Ein solcher Ausfall kann z.B. die direkte Folge eines Fahrzeuganpralls oder einer Explosion sein. Weiter unten in Abs. 5.4.2 wird die Berechnung der Systemantwort auf eine Sprungbelastung diskutiert. Ein Versagen benachbarter Bauteile oder gar des gesamten Bauwerks infolge des Ausfalls eines tragenden Bauteils kann nur verhindert werden, wenn in diesen angrenzenden Bauteilen eine rasche Kräfteumlagerung möglich ist und die sich daraus ergebenden Beanspruchungen von den anderen Bauteilen aufgenommen werden können. Ist eine solche Kräfteumlagerung nicht möglich, muss mit der Gefahr eines Versagens weiterer Bauteile gerechnet werden, was schließlich zum Versagen des gesamten Bauwerks führen kann (progressiver Kollaps). Beispiel für ein solches Bauwerksversagen ist der Einsturz der Morandi-Brücke in Genua in 2018, siehe Abb. 1.13. Zur Vermeidung solcher Schäden kann zunächst geprüft werden, ob sich das auslösende Ereignis (z.B. Fahrzeuganprall an eine Stütze) durch schützende Bauteile (z.B. Leitplanken) verhindern lässt. Wenn das auslösende Ereignis nicht sicher verhindert werden kann, lassen sich seine Auswirkungen jedoch reduzieren, indem die Bemessung unter Einbezug der Kräfteumlagerung als Folge eines Bauteilausfalls vorgenommen wird.

2 Mechanische Energie, Impuls und Stoß

Bevor wir uns ab Kapitel 3 mit Schwingungen befassen, wollen wir uns zunächst mit den auch für Schwingungen relevanten physikalischen Größen der mechanischen Energie und des Impulses auseinandersetzen. Danach befassen wir uns mit dem Ablauf von Stößen, die Auslöser von Schwingungen sein können.

2.1 Mechanische Energie und Energieerhaltungssatz

Wir betrachten beispielhaft ein Feder-Masse-System (Abb. 2.1), bestehend aus einer Masse m mit einem einzigen Bewegungsfreiheitsgrad (z.B. vertikale Translation) und einer Feder mit der Federsteifigkeit k, die an einem Punkt fixiert ist. Die mechanische Energie eines Feder-Masse-Systems setzt sich aus der potentiellen Energie, der kinetischen Energie und der Federenergie zusammen.

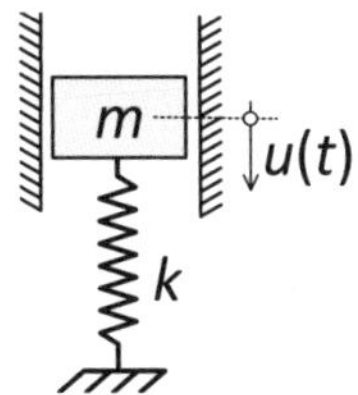

Abb. 2.1: Feder-Masse-System mit einem einzigen Bewegungsfreiheitsgrad $u(t)$. Die seitlich dargestellten Führungen sind bei solchen Systemen stets vorhanden, werden im weiteren Verlauf dieses Buches jedoch nicht mehr eingezeichnet.

Potentielle Energie

Die potentielle Energie wird bezogen auf ein beliebig wählbares Höhenniveau (Bezugsnieveau) angegeben, siehe Abb. 2.2. Eine der Erdbeschleunigung g ausgesetzte Masse m, die sich gegenüber dem Bezugsniveau an einem um den Weg h höheren Ort befindet, hat die potentielle Energie, die der Arbeit $W = F \cdot h$ mit $F = m \cdot g$ entspricht. Diese muss aufgewendet werden, um einen Körper mit der Masse m um die Höhe h anzuheben:

Die auf ein gegebenes Höhenniveau bezogene **potentielle Energie** berechnet sich zu:

$$E_{\text{pot}} = m \cdot g \cdot h \tag{2.1}$$

Befindet sich die Masse unterhalb des Bezugsniveaus, ist die potentielle Energie negativ.

Abb. 2.2: Die potentielle Energie bezieht sich auf ein frei wählbares Bezugsniveau

Kinetische Energie

Multipliziert man das Newtonsche Grundgesetz $F = m \cdot a$ mit $a = \mathrm{d}v/\mathrm{d}t$ beidseitig skalar mit der Weggröße $\mathrm{d}r$, so ergibt sich:

$$m \cdot \frac{\mathrm{d}v}{\mathrm{d}t} \cdot \mathrm{d}r = F \cdot \mathrm{d}r \tag{2.2}$$

Mit $\mathrm{d}r = v \cdot \mathrm{d}t$ ergibt sich daraus:

$$m \cdot \frac{\mathrm{d}v}{\mathrm{d}t} \cdot v \cdot \mathrm{d}t = F \cdot \mathrm{d}r \quad \Rightarrow \quad m \cdot v \cdot \mathrm{d}v = F \cdot \mathrm{d}r \tag{2.3}$$

Ein Körper mit der Masse m bewege sich auf einer Bahn (Wegkoordinate r) von r_0 nach r_1. An der Koordinate r_0 hat er die Geschwindigkeit v_0, bei Erreichen von r_1 hat er die Geschwindigkeit v_1. Integriert man nun für diese Situation die letzte Gleichung, so ergibt sich:

$$\int_{v_0}^{v_1} m \cdot v \cdot \mathrm{d}v = \int_{r_0}^{r_1} F \cdot \mathrm{d}r \tag{2.4}$$

Aufgelöst ergibt sich, wobei die rechte Seite die Arbeit W der Kraft F darstellt:

$$\frac{1}{2} \cdot m \cdot v_1^2 - \frac{1}{2} \cdot m \cdot v_0^2 = \int_{r_0}^{r_1} F \cdot \mathrm{d}r \tag{2.5}$$

Die skalare Größe $m \cdot v^2/2$ in Gl. 2.5 wird kinetische Energie genannt.

Eine sich mit der Geschwindigkeit v bewegende Masse m hat die **kinetische Energie**:

$$E_{\text{kin}} = \frac{1}{2} \cdot m \cdot v^2 \tag{2.6}$$

Federenergie

Eine Kraft F wirke auf eine Feder mit der Federsteifigkeit k, siehe Abb. 2.3. Die Kraft F bewirkt so eine Längenänderung $x(F)$ der Feder. Der Zusammenhang zwischen den Größen lautet: $x(F) = F/k$ bzw. $F(x) = k \cdot x$. Wenn die Kraft F so lange ansteigt, bis die Längenänderung x den Wert $x = s$ angenommen hat, wird dabei folgende Arbeit geleistet:

$$W = \int_0^s F(x) \cdot dx = \int_0^s k \cdot x \cdot dx = \left[k \cdot \frac{x^2}{2}\right]_0^s = k \cdot \frac{s^2}{2} \tag{2.7}$$

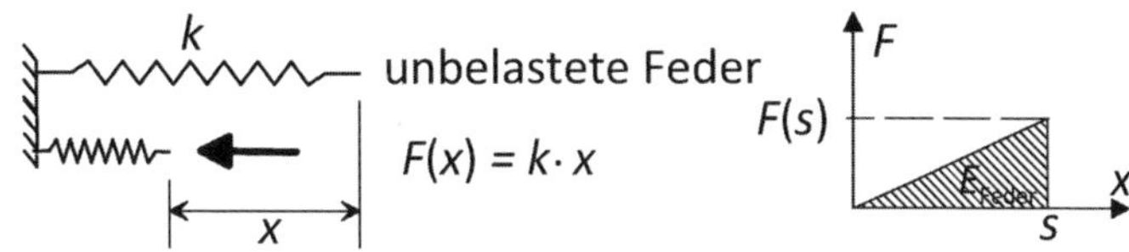

Abb. 2.3: Die Federenergie ist bei Längung oder Verkürzung der Feder infolge der Kraft F stets positiv. Ihre Größe entspricht der schraffierten Fläche im Diagramm rechts.

Der letzte Ausdruck entspricht dann der in der Feder gespeicherten Energie.

In einer Feder mit der Federsteifigkeit k, deren Länge sich gegenüber dem unbelasteten Zustand um den Wert s verändert hat, ist folgende **Federenergie** gespeichert :

$$E_{\text{Feder}} = k \cdot \frac{s^2}{2} \tag{2.8}$$

Energieerhaltungssatz für die mechanische Energie

Wenn keine mechanische Energie des Systems in andere Energieformen (z.B. Wärme oder Licht) dissipiert (umgewandelt) wird, dann bleibt die Summe der mechanischen Energie $\sum E$ des schwingenden Systems konstant.

Der **Energieerhaltungssatz** für die mechanische Energie lautet:

$$\sum E = E_{\text{pot}} + E_{\text{kin}} + E_{\text{Feder}} = \text{const.} \tag{2.9}$$

Der Energieerhaltungssatz kann sehr hilfreich bei der Berechnung bestimmter mechanischer Größen sein, wie wir in Beispiel 2-1 sehen werden.

Wenn dagegen – wie z.B. bei plastischen Verformungen infolge eines Zusammenstoßes zweier Körper oder infolge Dämpfung – mechanische Energie in andere Energieformen dissipiert wird, verringert sich die Summe der mechanischen Energie, und der Erhaltungssatz der mechanischen Energie kann nicht mehr angewandt werden.

Beispiel 2-1: Berechnung der mechanischen Energie eines Feder-Masse-Systems

Gegeben: Feder-Masse-System unter Schwerkraftbedingungen. Die Masse kann sich nur in vertikaler Richtung bewegen und ist seitlich gehalten. Folgende Parameter sind gegeben:

- Masse $m = 300$ kg
- Federsteifigkeit $k = 2000$ N/m
- Vertikale Geschwindigkeit der Masse zum Zeitpunkt $t = 0$: $v_0 = \dot{u}_0 = 1{,}0$ m/s
- Die Masse befindet sich zum Zeitpunkt $t = 0$ in der statischen Ruhelage: $u_0 = 0$

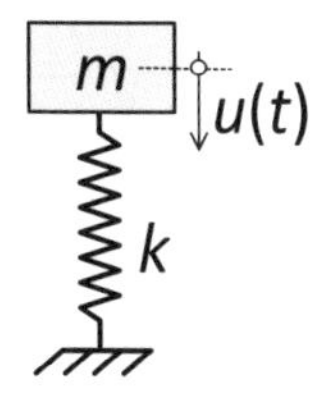

Abb. 2.4: Bsp. 2-1

Gesucht:

a) Wie groß ist die mechanische Energie des Systems, wenn sich die Masse in Ruhelage befindet? Die potentielle Energie soll dabei auf ein Level 20 cm unter der statischen Ruhelage bezogen werden.
b) Welche Geschwindigkeit v hat die Masse m, wenn sie sich 20 cm tiefer als die Ruhelage befindet?
c) Wie tief unter der Ruhelage ($u_{\max}$) liegt der tiefste Punkt, den die Masse im Rahmen ihrer Bewegung erreicht?
d) Wie groß ist die Federkraft N, wenn sich die Masse an ihrem tiefsten Punkt befindet?

Lösung:

a) Summe der Energie, wenn sich die Masse in der Ruhelage befindet

$$E_{\text{pot}} = m \cdot g \cdot h = 300\text{ kg} \cdot 10\text{ m/s}^2 \cdot 0,2\text{ m} = 600\text{ J}$$

mit $h = +0,2$ m; bezogen auf ein Level 20 cm unter der Ruhelage

$$E_{\text{kin}} = \frac{1}{2} \cdot m \cdot v^2 = \frac{1}{2} \cdot 300\text{ kg} \cdot 1^2\text{ m}^2/\text{ s}^2 = 150\text{ J}$$

$$E_{\text{Feder}} = \frac{s^2}{2} \cdot k = \frac{(1,5\text{ m})^2}{2} \cdot 2000\text{ N/m} = 2250\text{ J}$$

mit Federeinsenkung in Ruhelage $s = \frac{F}{k} = \frac{m \cdot g}{k} = \frac{300\text{ kg} \cdot 10\text{ m/s}^2}{2000\text{ N/m}} = 1,5\text{ m}$

$$\sum E = E_{\text{pot}} + E_{\text{kin}} + E_{\text{Feder}} = 600\text{ J} + 150\text{ J} + 2250\text{ J} = 3000\text{ J}$$

b) Geschwindigkeit v der Masse m, wenn sie sich 20 cm unter der Ruhelage befindet:

$$E_{\text{pot}} = 0\text{ Nm} \quad (\text{mit } h = 0)$$

$$E_{\text{Feder}} = \frac{s^2}{2} \cdot k = \frac{((1,5+0,2)\text{ m})^2}{2} \cdot 2000\text{ N/m} = 2890\text{ J}$$

$$\sum E = E_{\text{pot}} + E_{\text{kin}} + E_{\text{Feder}} = 3000\text{ Nm} \quad (\text{Energieerhaltung})$$

$$\Rightarrow E_{\text{kin}} = 3000\text{ J} - 0 - 2890\text{ J} = 110\text{ J}$$

Die gesuchte Geschwindigkeit ergibt sich zu:

$$E_{\text{kin}} = \frac{1}{2} \cdot m \cdot v^2 = 110\text{ J}$$

$$v = \sqrt{\frac{2 \cdot E_{\text{kin}}}{m}} = \sqrt{\frac{2 \cdot 110\text{ J}}{300\text{ kg}}} = 0,8564\text{ m/s}$$

c) Abstand $u_{\max}$ des tiefsten Punktes, den die Masse – von der Ruhelage aus gemessen – erreicht.

- Mit der unbekannten Größe $u_{\max}$ und der sich auf die Referenzposition 0,2 m unterhalb der Ruhelage bezogenen Größe $h = -u_{\max} + 0,2$ m ergibt sich:

$$E_{\text{pot}} = m \cdot g \cdot (-u_{\max} + 0,2\text{ m}) = -3000\text{ N} \cdot u_{\max} + 600\text{ J}$$

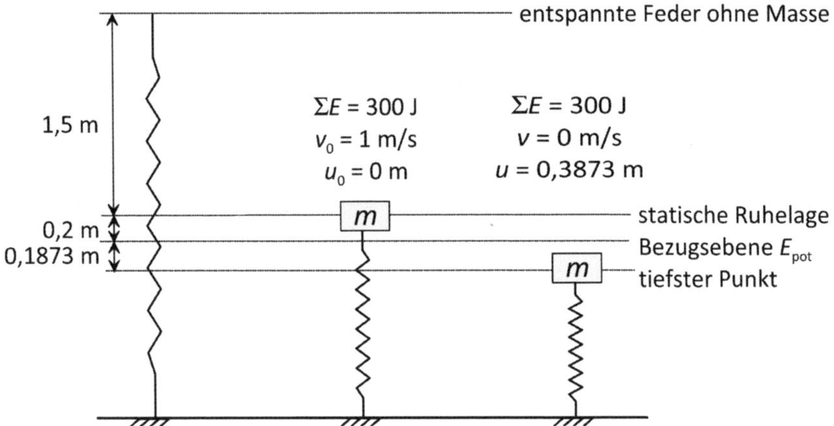

Abb. 2.5: Beispiel 2-1: Entspannte Feder ohne Masse (links), Masse in statischer Ruheposition (Mitte) und Masse in tiefster Position (rechts)

- Mit der Einfederung der Feder $s = u_{\max} + 1,5$ m beträgt die Federenergie:

$$E_{\text{Feder}} = \frac{s^2}{2} \cdot k = \frac{(u_{\max} + 1,5\ \text{m})^2}{2} \cdot 2000\ \text{N/m}$$
$$= (u_{\max}^2 + 3\ \text{m} \cdot u_{\max} + 2,25\ \text{m}^2) \cdot 1000\ \text{N/m}$$

- Am unteren Punkt ihrer Bewegung ist die Geschwindigkeit der Masse $v = 0$: $E_{\text{kin}} = 0$
- Die Energiesumme muss immer noch dem unter a) errechneten Wert (3000 J) entsprechen:

$$\sum E = E_{\text{pot}} + E_{\text{kin}} + E_{\text{Feder}} = 3000\ \text{J}$$
$$= (-3000\ \text{N} \cdot u_{\max} + 600\ \text{J}) + 0 + (u_{\max}^2 + 3\ \text{m} \cdot u_{\max} + 2,25\ \text{m}^2) \cdot 1000\ \text{N/m}$$
$$\Rightarrow u_{\max}^2 + 2,85\ \text{m}^2 = 3\ \text{m}^2$$
$$\Rightarrow u_{\max} = 0,3873\ \text{m} \qquad \text{(bezogen auf die Ruhelage)}$$

d) Federkraft am tiefsten Punkt

Die maximale Federeinsenkung am tiefsten Punkt beträgt:

$u = u_{\max} + s = 0,3873\ \text{m} + 1,5\ \text{m} = 1,8873\ \text{m}$

mit $s = 1,5$ m Federeinsenkung bei der Ruhelage, siehe a)

Damit ergibt sich die Federkraft N zu:

$N = k \cdot u = 2000\ \text{N/m} \cdot 1,8873\ \text{m} = 3,775\ \text{kN}$

Abb. 2.5 zeigt die verschiedenen Zustände der Masse.

In diesem Beispiel wurden die Einheiten durch die gesamte Rechnung mitgeführt. Bei den folgenden Beispielen in diesem Buch werden zu Beginn einer Rechnung die verwendeten Einheiten angegeben. Die Einheiten werden bei Zwischenergebnissen nicht mehr angegeben, sondern nur noch beim Endergebnis.

2.2 Impuls und Impulserhaltungssatz

Der Impuls $\vec{p}$ ist eine grundlegende vektorielle Größe, die den mechanischen Bewegungszustand eines Körpers charakterisiert. Der Impuls eines Körpers ist umso größer, je schneller er sich bewegt und je massereicher er ist. Die Richtung des Impulsvektors entspricht der Richtung des Geschwindigkeitsvektors.

$$\vec{p} = m \cdot \vec{v} \tag{2.10}$$

Integriert man das Newtonsche Gesetz $F = m \cdot a$ über die Zeit, so erhält man:

$$\int F \cdot \mathrm{d}t = \int m \cdot a(t) \cdot \mathrm{d}t = m \cdot \int a(t) \cdot \mathrm{d}t = m \cdot v(t)$$

Integriert man von t_0 bis t, so ergibt sich der Impulssatz:

$$\hat{F} = \int_{t_0}^{t} F \cdot \mathrm{d}t = [m \cdot v(t)]_{t_0}^{t} = m \cdot v(t) - m \cdot v(t_0) = m \cdot v - m \cdot v_0 \tag{2.11}$$

Darin steht die Größe $\hat{F}$ für das Zeitintegral über die Kraft, das wir auch als Kraftstoß bezeichnen. Die skalare Gl. (2.11) setzt natürlich voraus, dass Kraft F und Geschwindigkeit $v(t)$ die gleiche Richtung haben.

Die Änderung des Impulses zwischen den Zeitpunkten t_0 und einer beliebigen Zeit t entspricht also dem Zeitintegral über die Kraft $\hat{F}$. Aus Gl. (2.11) ergibt sich der Impulserhaltungssatz: Solange auf ein mechanisches System keine Kräfte einwirken und somit $\hat{F}$ während dieser Zeitspanne Null ist, bleibt der Gesamtimpuls unverändert.

Impulserhaltungssatz für die Massen $i = 1, 2...n$ mit den Geschwindigkeiten v_i ohne äußere Krafteinwirkung:

$$\sum_{i=1}^{n} m_i \cdot v_i = \text{const.} \tag{2.12}$$

2.3 Der Stoß

2.3.1 Einführung

Als Stoß bezeichnet man das plötzliche Aufeinandertreffen zweier Körper, siehe Abb 2.6. Stoßvorgänge sind Vorgänge von sehr kurzer Dauer, bei denen zwischen den beteiligten Körpern große Kräfte wirken können. Beispiele für Stoßbeanspruchungen im Bauwesen zeigt Abb. 2.7, z.B. den Schlag eines Rammbären auf einen Pfahl.

Bekannt sind oft die Massen und Geschwindigkeiten der Körper vor dem Stoß. Gesucht wird ein Zusammenhang zwischen den Geschwindigkeiten vor dem Stoß und den Geschwindigkeiten nach dem Stoß.

Der genaue zeitliche Verlauf der zwischen den Körpern wirkenden Kräfte lässt sich nur sehr aufwändig beschreiben. Stoßvorgänge werden daher über den Kraftstoß $\hat{F} = \int F \cdot \mathrm{d}t$ mithilfe des Impulssatzes beschrieben, bei dem der zeitliche Verlauf $F(t)$ unbekannt bleiben darf.

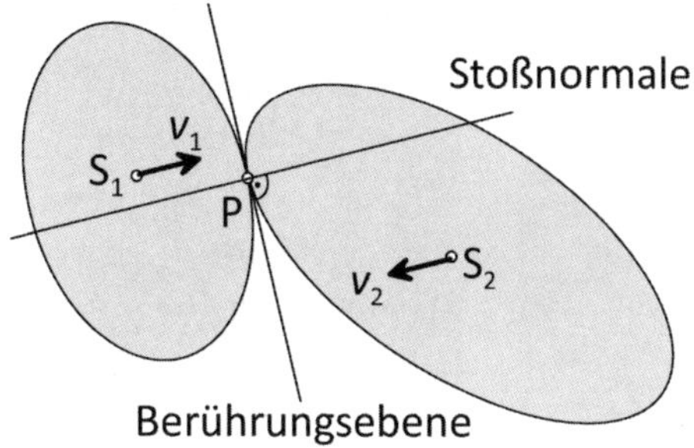

Abb. 2.6: Zusammenstoß zweier Massen, Berührungspunkt P

Bei Stoßvorgängen werden folgende vereinfachende Annahmen getroffen, damit sich das Problem mit einfachen Mitteln bei hinreichender Genauigkeit rechnerisch beschreiben lässt:

- Die Stoßdauer t sei so klein, dass Lageänderungen der beteiligten Körper während der Stoßdauer vernachlässigt werden können. Als Stoßdauer wird die Zeitspanne verstanden, während der sich die Körper berühren und zwischen ihnen Kräfte wirken.
- Die Verformungen der beiden aufeinander prallenden Körper seien so klein, dass sich die Bewegungsgesetze für starre Körper anwenden lassen.

Einteilung der Stoßeinwirkung nach [PW18]:

1. Aufprallstöße eines festen Körpers werden in Abb. 2.8 dargestellt:
   a) Aufprallstoß einer Masse auf einen starren Halbraum (Abs. 2.3.2)
   b) Aufprallstoß einer Masse auf ein Feder-Dämpfer-System (ideal-elastisch, teilelastisch oder ideal-plastisch)
   c) ideal-elastischer Aufprallstoß einer Masse auf einen elastischen Balken (Abs. 2.3.4)
   d) ideal-plastischer Aufprallstoß einer Masse auf einen elastischen Balken (Abs. 2.3.4)
   e) gerader, zentrischer Aufprallstoß eines Körpers auf einen anderen, elastisch gelagerten Körper (z.B. Flugzeugabsturz auf ein Atomkraftwerk) (siehe Abs. 2.3.4)
   f) Ausfall eines redundanten Tragglieds (mechanisch betrachtet gleicher Fall wie e))
2. Kraftstoß (Druck/Sog): Solche Stöße werden nicht durch aufprallende Körper, sondern z.B. durch eine Luftdruckwelle bei einer Explosion verursacht. (In diesem Buch nicht behandelt.)

Im Folgenden werden beispielhaft zwei Fälle untersucht:

- der Aufprall einer Masse auf einen starren Halbraum (Abs. 2.3.2 und Abb. 2.8 a)
- der zentrische, gerade Zusammenstoß zweier Körper (Abs. 2.3.4 und Abb. 2.8 e).

Weiter unten in Abs. 5.4.1 wird gezeigt, wie ein Feder-Masse-System auf einen kurzzeitigen Impuls I reagiert. Ein solcher kurzzeitiger Impuls kann auch durch einen Aufprall verursacht sein.

Abb. 2.7: Beispiele für Stoßbeanspruchungen im Bauwesen: Oben links: Fahrzeuganprall an eine Stütze nach [GS04]; Oben rechts: Steinschlag auf eine Galerie; Unten: Rammbären

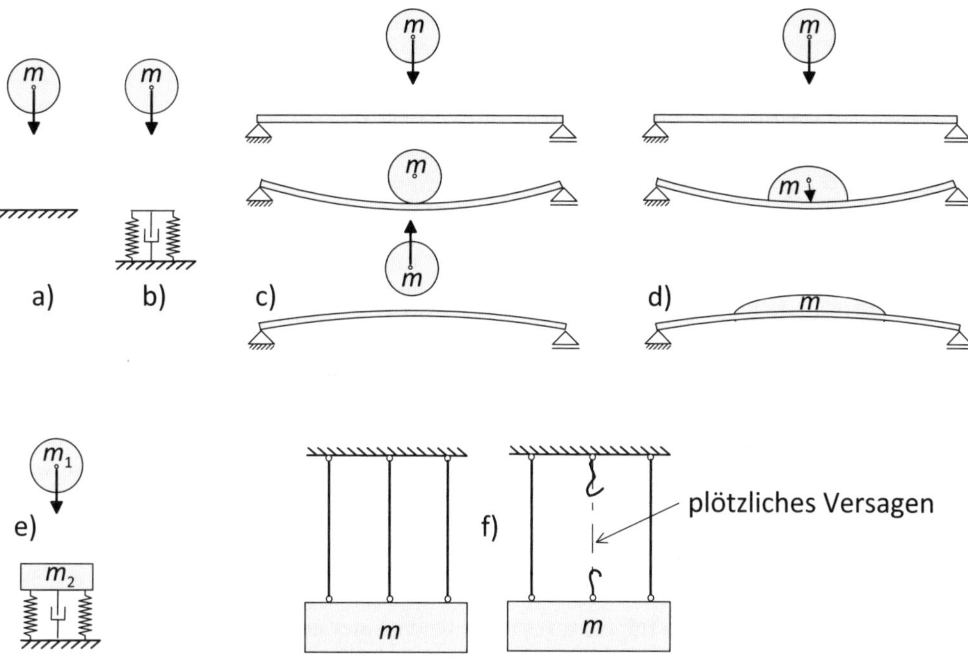

Abb. 2.8: Aufprallstöße eines festen Körpers (nach: [PW18])

2.3.2 Stoß einer Punktmasse auf eine starre Wand

Ein elastischer, teilplastischer oder plastischer Körper, den wir als Punktmasse idealisiert betrachten wollen, trifft schräg auf eine glatte und starre Wand, siehe Abb. 2.9 a. Mit welcher Richtung und welcher Geschwindigkeit bewegt er sich nach dem Aufprall weiter?

- Bekannt seien die Bewegungsgrößen vor dem Aufprall
  - Masse m
  - Geschwindigkeit v vor dem Aufprall
  - Winkel α vor dem Aufprall
- Gesucht sind die Bewegungsgrößen nach dem Aufprall:
  - Geschwindigkeit $\overline{v}$ nach dem Aufprall
  - Winkel $\overline{\alpha}$ nach dem Aufprall

Beim Stoß erfährt der Körper eine plötzliche Geschwindigkeits- und Richtungsänderung. Die Lageänderung über den kurzen Zeitraums des Stoßes (= Zeitraum, in der der Körper die Wand berührt und Kräfte wirken) ist – wie oben bereits vorausgesetzt – vernachlässigbar. Der genaue Zeitverlauf von $F(t)$ während des Stoßes ist in der Regel unbekannt. Um dennoch die Geschwindigkeit nach dem Stoß berechnen zu können, wird der schon aus Abs. 2.2 bekannte Kraftstoß $\hat{F} = \int F \cdot \mathrm{d}t$ genutzt.

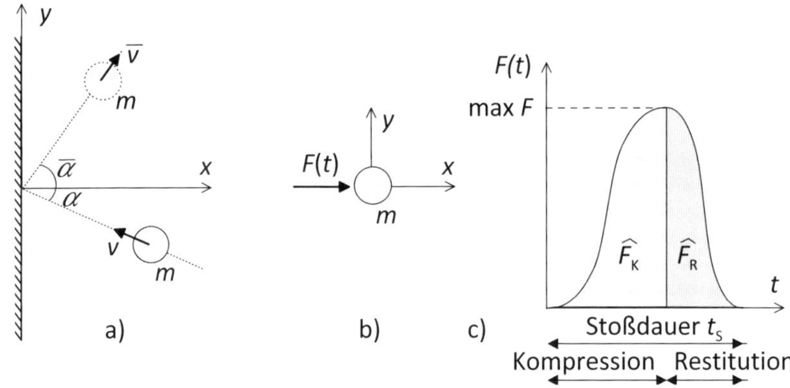

Abb. 2.9: a) Schräger Stoß einer Punktmasse auf eine starre Wand; b) Auf die Masse m wirkende Kraft F während des Stoßes; c) Kraft-Zeit-Verlauf; Die Flächen entsprechen dem Kraftstoß; (nach [GHSW19])

Wir gehen vom Impulssatz (Gl. 2.11) aus: $m \cdot v - m \cdot v_0 = \hat{F}$

Das getrennte Anschreiben des Impulssatzes in die beiden relevanten Richtungen (horizontal: x; vertikal: y) ergibt:

$$x\text{ - Richtung:} \quad m \cdot \overline{v}_x - m \cdot v_x = \hat{F}_x \tag{2.13}$$

$$y\text{ - Richtung:} \quad m \cdot \overline{v}_y - m \cdot v_y = \hat{F}_y \tag{2.14}$$

Nach Abb. 2.9 a) ergibt sich aus der Geometrie mit Auftreffwinkel α bzw. Abflugwinkel $\overline{\alpha}$:

$$v_x = -v \cdot \cos(\alpha) \quad \text{und} \quad v_y = v \cdot \sin(\alpha) \tag{2.15}$$

$$\overline{v}_x = \overline{v} \cdot \cos(\overline{\alpha}) \quad \text{und} \quad \overline{v}_y = v \cdot \sin(\overline{\alpha}) \tag{2.16}$$

Es wird angenommen, dass die Wand nicht nur starr, sondern auch völlig glatt ist, so dass sie in y-Richtung keine Kraft auf die Punktmasse ausüben kann. Mit $\hat{F}_y = 0$ folgt aus Gl. 2.14:

$$\overline{v}_y = v_y \tag{2.17}$$

Um die Änderung der x-Komponente der Geschwindigkeit zu ermitteln, teilen wir zunächst den Stoß in zwei Zeitabschnitte auf: die Kompressionsphase, in welcher der Körper zusammengedrückt wird, und die Restitutionsphase, während der er sich ganz oder teilweise zurückbildet. Die Kraft $F_x = F$, die während des Stoßvorganges auf die Masse wirkt (Abb. 2.9 b), wächst in der Kompressionsphase bis zu ihrem Größtwert F_{max} und fällt in der Restitutionsphase wieder auf null ab (Abb. 2.9 c). Der Impulserhaltungssatz wird in x-Richtung für beide Phasen getrennt angeschrieben. Dabei wird berücksichtigt, dass im Augenblick der größten Zusammendrückung des Körpers die Geschwindigkeit der Masse in x-Richtung null ist.

$$\text{Kompressionsphase:} \quad m \cdot 0 - m \cdot v_x = \hat{F}_K \tag{2.18}$$

$$\text{Restitutionsphase:} \quad m \cdot \overline{v}_x - m \cdot 0 = \hat{F}_R \tag{2.19}$$

Die oben aufgelisteten Gleichungen reichen noch nicht aus, um die gesuchten Größen $\overline{\alpha}$ und $\overline{v}$ zu bestimmen. Dies wird erst möglich, wenn wir das Verformungsverhalten des Körpers in der Restitutionsphase mit berücksichtigen.

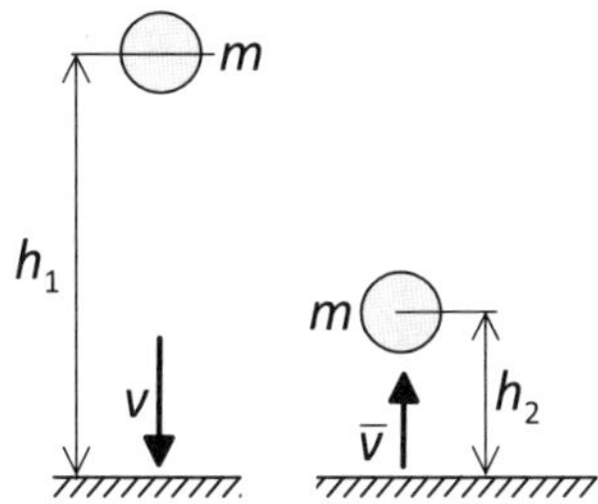

Abb. 2.10: Versuch zur Bestimmung der Stoßzahl e

Je nachdem, ob sich der Körper ideal-elastisch, ideal-plastisch oder teilelastisch verhält, unterscheiden wir die in Tab. 2.1 angegebenen und im Folgenden beschriebenen Stoßarten.

a) Der **ideal-elastische Stoß** ist dadurch gekennzeichnet, dass die Verformungen in der Kompressionsphase in der Restitutionsphase vollständig rückgängig gemacht werden. Damit gilt: $\hat{F}_\mathrm{R} = \hat{F}_\mathrm{K}$ (siehe Abb. 2.9). Aus der Gleichsetzung von Gl. 2.18 mit Gl. 2.19 folgt:

$$\overline{v}_\mathrm{x} = -v_\mathrm{x} \quad \text{und} \quad \alpha = \overline{\alpha} \tag{2.20}$$

b) Der **ideal-plastische Stoß** ist dadurch gekennzeichnet, dass die in der Kompressionsphase geschehenen Verformungen in der Restitutionsphase vollständig bestehen bleiben. Damit ist der Kraftstoß $\hat{F}_\mathrm{R} = 0$ (siehe Abb. 2.9) und der Körper verliert den Kontakt zur Wand nicht mehr, er rutscht für $\alpha > 0$ nur in y-Richtung weiter. Es folgt aus Gl. 2.19:

$$\overline{v}_\mathrm{x} = 0 \quad \text{und} \quad \overline{\alpha} = 90^\circ \tag{2.21}$$

c) Der **teilelastische Stoß** liegt zwischen den Fällen a) und b): Für den Kraftstoß der Restitutionsphase gilt $0 < \hat{F}_\mathrm{R} < \hat{F}_\mathrm{K}$, siehe Abb. 2.9. Die im folgenden Abschnitt näher beschriebene Stoßzahl e beschreibt das Verhältnis der Kraftstöße: $e = \hat{F}_\mathrm{R}/\hat{F}_\mathrm{K}$. Es folgt aus den Gleichungen 2.18 und 2.19:

$$\overline{v}_\mathrm{x} = -e \cdot v_\mathrm{x} \quad \text{und} \quad \tan\overline{\alpha} = \frac{\tan\alpha}{e} \tag{2.22}$$

In Tabelle 2.1 sind alle Gleichungen zusammengefasst.

Vorzeichenregelung: Die Geschwindigkeitskomponenten $v_x, v_y, \overline{v}_x, \overline{v}_y$ gelten dann als positiv, wenn sie in positive Koordinatenrichtung wirken.

2.3.3 Die Stoßzahl *e*

Die Stoßzahl e gibt den elastischen Anteil am Stoß an. Sie ist ein Maß für den Verlust mechanischer Energie beim Stoß und kann experimentell bestimmt werden, siehe Abb. 2.10. Lässt man einen Körper aus einer Höhe h_1 auf eine horizontale Unterlage fallen, so ist der Betrag der Aufprallgeschwindigkeit :

$$|v| = \sqrt{2 \cdot g \cdot h_1} \tag{2.23}$$

Tab. 2.1: Beziehungen für elastische, teilelastische und plastische Stöße

ideal-elastischer Stoß	teilelastischer Stoß	ideal-plastischer Stoß
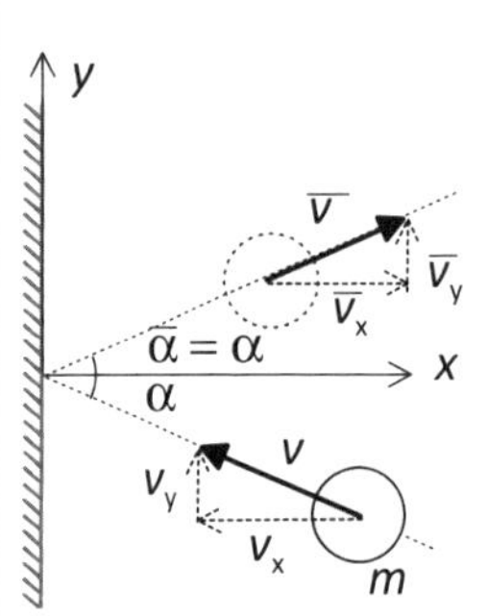 y, x, $\overline{v}$, $\overline{v}_x$, $\overline{v}_y$, $\overline{\alpha} = \alpha$, α, v, v_x, v_y, m	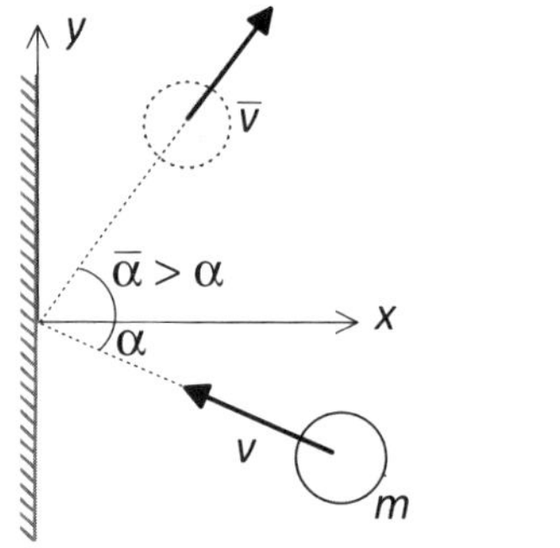 y, x, $\overline{v}$, $\overline{\alpha} > \alpha$, α, v, m	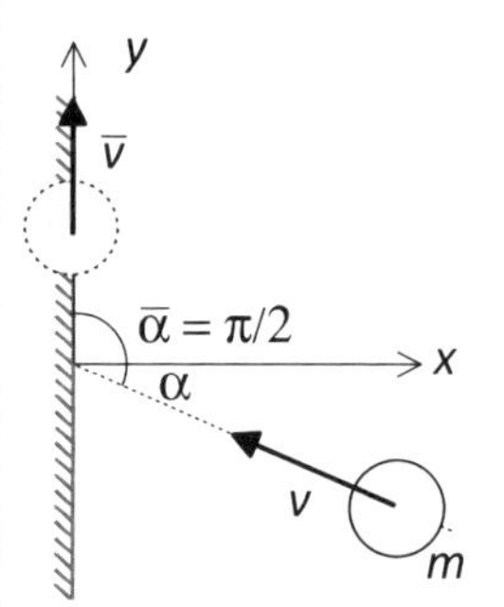 y, x, $\overline{v}$, $\overline{\alpha} = \pi/2$, α, v, m
$e = 1$	$0 < e < 1$	$e = 0$
$\hat{F}_R = \hat{F}_K$ $m \cdot \overline{v}_x = -m \cdot v_x$ $\rightarrow \overline{v}_x = -v_x$ $\overline{v} = v \rightarrow \overline{\alpha} = \alpha$	$\hat{F}_R = e \cdot \hat{F}_K$ $m \cdot \overline{v}_x = e \cdot (-m \cdot v_x)$ $\rightarrow \overline{v}_x = -e \cdot v_x$ $e = \lvert\overline{v}_x\rvert / \lvert v_x\rvert$; $\tan\overline{\alpha} = \tan\alpha / e$	$\hat{F}_R = 0$ $\overline{v} = \overline{v}_y = v_y = v \cdot \sin(\alpha)$ $\overline{v}_x = \overline{v} \cdot \cos(\overline{\alpha}) = 0$ $\rightarrow \overline{\alpha} = 90°$ und $\overline{v}_x = 0$

Nach dem Stoß prallt der Körper nach oben mit der Geschwindigkeit $\overline{v}$ ab. Er erreicht eine Höhe:

$$h_2 = \overline{v}^2/2g \quad \rightarrow \quad |\overline{v}| = \sqrt{2 \cdot g \cdot h_2} \tag{2.24}$$

Daraus folgt ausgehend von Gl. 2.22 die Beziehung zur Berechnung von e:

$$e = \frac{|\overline{v}|}{|v|} = \frac{\sqrt{2 \cdot g \cdot h_2}}{\sqrt{2 \cdot g \cdot h_1}} \quad \rightarrow \quad e = \sqrt{\frac{h_2}{h_1}} \tag{2.25}$$

Die **Stoßzahl** e gibt den elastischen Anteil am Stoß an.

- Für die Stoßzahl $e = 0$ liegt ein ideal-plastischer Stoß vor.
- Für $e = 1$ ist der Stoß ideal-elastisch.
- Bei $0 < e < 1$ wird der Stoß als teilelastisch bezeichnet.

Stoßzahlen hängen nicht alleine vom Material, sondern auch von der Beschaffenheit des Körpers im Bereich der Kontaktfläche und von seiner Geschwindigkeit ab.

Beispiel: Die Stoßzahl eines Körpers, der auf eine ebene, starre Fläche fällt, wird sich von der Stoßzahl beim Zusammenprall zweier identischer Körper unterscheiden.

Beispiel 2-2: Eishockeypuck, (nach [GHSW19])

Ein Eishockeypuck trifft mit der Geschwindigkeit v unter einem Winkel von $\varphi = 50°$ auf die als glatt angenommene Bande und prallt unter $\beta = 30°$ wieder ab, siehe Skizze.

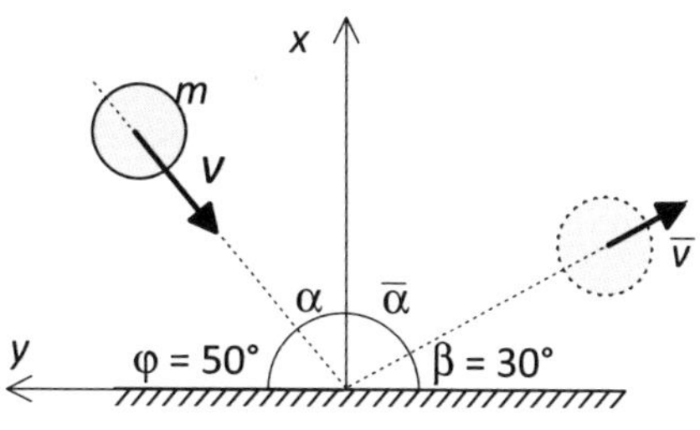

Abb. 2.11: Bsp. 2-2

Wie groß ist a) die Stoßzahl e und b) die Geschwindigkeit $\overline{v}$ nach dem Stoß ?

a) Die Stoßzahl e ergibt sich nach Gl. 2.22 mit $\alpha = 90° - \varphi = 40°$ und $\overline{\alpha} = 90° - \beta = 60°$ zu:

$$e = \frac{\tan\alpha}{\tan\overline{\alpha}} = \frac{\tan 40°}{\tan 60°} = 0{,}4845$$

b) Die Geschwindigkeit $\overline{v}$ nach dem Stoß ergibt sich mit den Gleichungen der mittleren Spalte aus Tab. 2.1 zu:

$$v_{\mathrm{x}} = -v \cdot \cos\alpha = -v \cdot \cos 40°$$
$$\overline{v}_{\mathrm{x}} = -e \cdot v_{\mathrm{x}} = -0{,}4845 \cdot v_{\mathrm{x}} = +0{,}4845 \cdot v \cdot \cos 40° = 0{,}3711 \cdot v$$
$$\overline{v}_{\mathrm{y}} = v_{\mathrm{y}} = -v \cdot \sin\alpha = -v \cdot \sin 40° = -0{,}6428 \cdot v$$
$$\overline{v} = \sqrt{\overline{v}_{\mathrm{x}}^2 + \overline{v}_{\mathrm{y}}^2} = \sqrt{(0{,}3711 \cdot v)^2 + (-0{,}6428 \cdot v)^2} = 0{,}7422 \cdot v$$

Das Ergebnis lautet: $e = 0{,}4845$ und $\overline{v} = 0{,}7422 \cdot v$.

2.3.4 Zentrischer, gerader Stoß zweier Punktmassen

2.3.4.1 Stoßarten, Beschreibung des Stoßes

Zwei Körper prallen aufeinander. Zur Beschreibung des Stoßes dienen neben den Geschwindigkeiten der Körper vor dem Stoß und der Stoßzahl e auch die Angabe des **Stoßpunkts**, der **Berührungsebene** und der **Stoßnormalen**, siehe Abb. 2.12.

- Die Berührungsebene ist die gemeinsame Tangentialebene beider Körper beim Stoß.
- Der Stoßpunkt P ist der Berührungspunkt beider Körper, er liegt in der Berührungsebene.
- Die Stoßnormale ist die Senkrechte zur Berührungsebene im Stoßpunkt P.

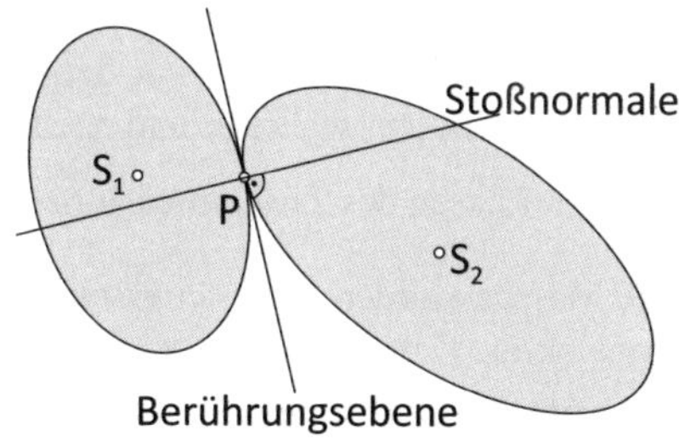

Abb. 2.12: Schwerpunkte S_i, Stoßpunkt P, Stoßnormale und Berührungsebene

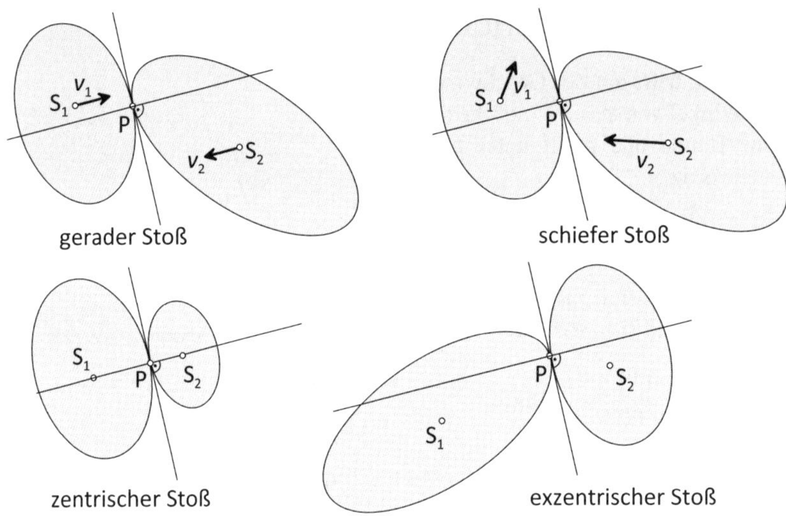

Abb. 2.13: Gerader, schiefer, zentrischer, exzentrischer Stoß (J. Wandinger, HAW München)

Zwei Körper können auf verschiedene Weise aufeinander prallen:

- **Gerader Stoß**, siehe Abb. 2.13 oben links
  Die Geschwindigkeitsvektoren unmittelbar vor dem Stoß sind parallel zur Stoßnormalen.
- **Schiefer Stoß**, siehe Abb. 2.13 oben rechts
  Die Richtung der Geschwindigkeit von mindestens einem der beiden Körper unmittelbar vor dem Stoß ist nicht parallel zur Stoßnormalen.
- **Zentrischer Stoß**, siehe Abb. 2.13 unten links
  Die Stoßnormale verläuft durch die beiden Massenschwerpunkte.
- **Exzentrischer Stoß**, siehe Abb. 2.13 unten rechts
  Die Stoßnormale verläuft nicht durch beide Schwerpunkte.

Im Folgenden wird beispielhaft der gerade, zentrische Stoß behandelt, bei dem beide Schwerpunkte S und beide Geschwindigkeitsvektoren auf der Stoßnormalen liegen.

2.3.4.2 Der gerade, zentrische Stoß

Der gerade, zentrische Stoß wird durch die beiden Körpermassen m_1 und m_2, die Stoßzahl e der beiden Körper und deren Geschwindigkeiten v_1 und v_2 vor dem Zusammenprall beschrieben. Abb. 2.14 zeigt die physikalischen Größen vor, während und nach dem Stoß.

Wir unterscheiden wieder die beiden Phasen des Zusammenstoßes, siehe Abb. 2.15:

- **Kompressionsphase:** Die Massen werden nach der ersten Berührung der Körper zusammengedrückt, die Berührungskraft F wächst bis zu F_{max}.
- **Restitutionsphase:** Die Berührungskraft F nimmt wieder ab, die Verformungen der Körper bilden sich ganz oder teilweise zurück. Die Restitutionsphase ist beendet, wenn F wieder auf null abgefallen ist.

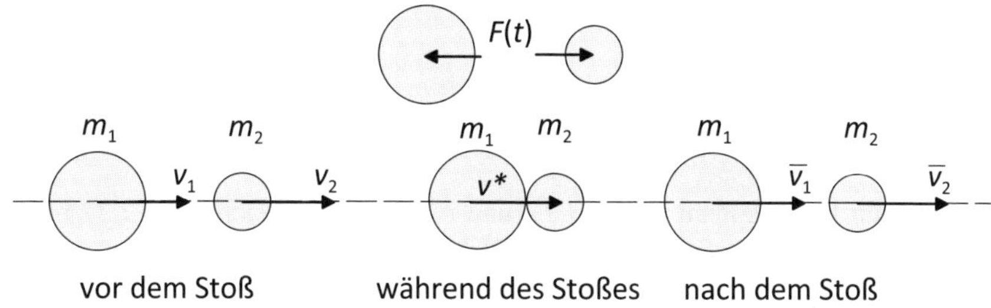

Abb. 2.14: Geschwindigkeiten vor dem Stoß, während des Stoßes am Ende der Kompressionsphase und nach dem Stoß (nach [GHSW19])

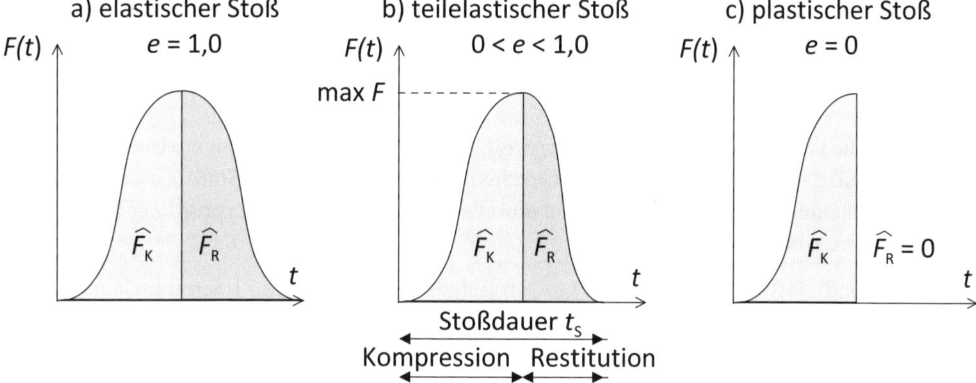

Abb. 2.15: Kraft - Zeit - Verlauf für Stöße mit verschiedenen Stoßzahlen e (nach [GHSW19])

Die Kraftstöße bei Kompression und Restitution ergeben sich aus:

$$\hat{F}_\mathrm{K} = \int_0^{t^*} F(t)\mathrm{d}t \qquad \hat{F}_\mathrm{R} = \int_{t^*}^{t_\mathrm{S}} F(t)\mathrm{d}t \tag{2.26}$$

Fünf Größen seien gegeben: die Massen der beiden Körper m_1, m_2, die Stoßzahl e und die Geschwindigkeiten der Körper vor dem Stoß v_1, v_2.

Weitere fünf Größen sind zunächst unbekannt: Die gemeinsame Geschwindigkeit v^* beider Körper am Ende der Kompressionsphase, die Geschwindigkeiten der Körper nach der Trennung der Körper $\bar{v}_1, \bar{v}_2$, und die Kraftstöße der beiden Phasen $\hat{F}_\mathrm{K}$ und $\hat{F}_\mathrm{R}$. Gesucht sind in der Regel: $\bar{v}_1, \bar{v}_2$, die drei anderen unbekannten Größen werden höchstens als Zwischenergebnisse benötigt.

Für die Kompressionsphase lässt sich anschreiben (Impulserhaltung):

$$m_1 \cdot (v^* - v_1) = -\hat{F}_\mathrm{K} \qquad \text{und} \qquad m_2 \cdot (v^* - v_2) = +\hat{F}_\mathrm{K} \tag{2.27}$$

Für die Restitutionsphase lässt sich anschreiben (Impulserhaltung):

$$m_1 \cdot (\bar{v}_1 - v^*) = -\hat{F}_\mathrm{R} \qquad \text{und} \qquad m_2 \cdot (\bar{v}_2 - v^*) = +\hat{F}_\mathrm{R} \tag{2.28}$$

Die Stoßbedingung ist:

$$\hat{F}_K = e \cdot \hat{F}_R \tag{2.29}$$

Es stehen den fünf Unbekannten $v^*, \overline{v}_1, \overline{v}_2, \hat{F}_K$ und $\hat{F}_R$ also fünf Gleichungen 2.27 bis 2.29 gegenüber. Die Lösung wird im Folgenden ohne Herleitung angegeben.

Die **allgemeine Lösung des zentrischen, geraden Stoßes** für Stoßzahlen $0 \leq e \leq 1{,}0$ lautet:

$$\overline{v}_1 = \frac{m_1 \cdot v_1 + m_2 \cdot v_2 - e \cdot m_2 \cdot (v_1 - v_2)}{m_1 + m_2} \tag{2.30}$$

$$\overline{v}_2 = \frac{m_1 \cdot v_1 + m_2 \cdot v_2 + e \cdot m_1 \cdot (v_1 - v_2)}{m_1 + m_2} \tag{2.31}$$

$$v^* = \frac{m_1 \cdot v_1 + m_2 \cdot v_2}{m_1 + m_2} \tag{2.32}$$

v_1, v_2 sind die Geschwindigkeiten vor dem Stoß, v^* ist die Geschwindigkeit am Ende der Kompressionsphase und $\overline{v}_1$ und $\overline{v}_2$ sind die Geschwindigkeiten nach dem Stoß. Zu beachten ist, dass alle genannten Geschwindigkeiten in dieselbe Richtung wirkend als positiv angenommen werden, siehe Abb. 2.14.

Für einen ideal-elastischen Stoß ($e = 1$) lassen sich die Gl. 2.30 und 2.31 vereinfachen zu:

$$\overline{v}_1 = \frac{2 \cdot m_2 \cdot v_2 + (m_1 - m_2) \cdot v_1}{m_1 + m_2} \tag{2.33}$$

$$\overline{v}_2 = \frac{2 \cdot m_1 \cdot v_1 + (m_2 - m_1) \cdot v_2}{m_1 + m_2} \tag{2.34}$$

Wie ist es um die Gültigkeit von Impulserhaltungssatz und Energieerhaltungssatz beim Stoß bestellt?

Der Impulserhaltungssatz (siehe Abs. 2.2) gilt stets beim Stoß zweier Punktmassen, unabhängig von der Stoßzahl e, wie sich leicht zeigen lässt. Dazu wird der Gesamtimpuls nach dem Stoß angeschrieben. Für die Geschwindigkeiten $\overline{v}_1$ und $\overline{v}_2$ werden dann die Gl. 2.30 und 2.31 eingesetzt. Nach Vereinfachung ergibt sich der Impuls vor dem Stoß für beliebige Stoßzahlen e:

$$\begin{aligned} m_1 \cdot \overline{v}_1 + m_2 \cdot \overline{v}_2 &= \frac{1}{m_1 + m_2} \cdot [m_1^2 \cdot v_1 + m_1 \cdot m_2 \cdot v_2 - e \cdot m_1 \cdot m_2 \cdot (v_1 - v_2) \\ &\quad + m_1 \cdot m_2 \cdot v_1 + m_2^2 \cdot v_2 + e \cdot m_1 \cdot m_2 \cdot (v_1 - v_2)] \\ &= m_1 \cdot v_1 + m_2 \cdot v_2 \quad \text{q.e.d.} \end{aligned} \tag{2.35}$$

Der Energieerhaltungssatz (siehe oben Abs. 2.1) bezogen auf die mechanische Energie gilt nur beim ideal-elastischen Stoß $e = 1$! Bei nicht ideal-elastischen Stößen wird dem System durch die (Teil-)Plastizierung der Massen Bewegungsenergie entzogen und in andere Energieformen umgewandelt (z.B. Temperatur). Um die dissipierte Energie ΔE zu bestimmen, wird die Differenz der kinetischen Energie vor und nach dem Stoß gebildet. Für $\overline{v}_1$ und $\overline{v}_2$ werden dann die

Ausdrücke aus den Gl. 2.30 und 2.31 eingesetzt. Nach Vereinfachung ergibt sich:

$$\Delta E_k = \left(\frac{m_1 \cdot v_1^2}{2} + \frac{m_2 \cdot v_2^2}{2}\right) - \left(\frac{m_1 \cdot \overline{v}_1^2}{2} + \frac{m_2 \cdot \overline{v}_2^2}{2}\right) \tag{2.36}$$

$$= \frac{(1-e^2) \cdot m_1 \cdot m_2}{2 \cdot (m_1 + m_2)} \cdot (v_1^2 - v_2^2) \tag{2.37}$$

Es gilt: $\Delta E_k > 0$, für $e < 1$!

Beispiel 2-3: Zusammenprall zweier Massen

Gegeben: Zwei Massen m_1, m_2 bewegen sich mit den Geschwindigkeiten $\dot{u}_1, \dot{u}_2$ auf einer geraden, horizontalen, reibungsfreien Bahn aufeinander zu und prallen zentrisch, gerade und teilelastisch zusammen.

Gemessen wurden die Geschwindigkeiten der Masse 1 vor und nach dem Stoß (Die Richtungsdefinitionen der Geschwindigkeiten $v_1, \overline{v}_1$, $v_2, \overline{v}_2$ beziehen sich auf Abb. 2.14):

- Masse $m_1 = 10$ kg
- Masse $m_2 = 20$ kg
- Geschwindigkeit der Masse 1 vor dem Stoß: $v_1 = \dot{u}_1 = 1$ m/s
- Geschwindigkeit der Masse 1 nach dem Stoß $\overline{v}_1 = \overline{\dot{u}}_1 = 0$
- Stoßzahl $e = 0{,}80$

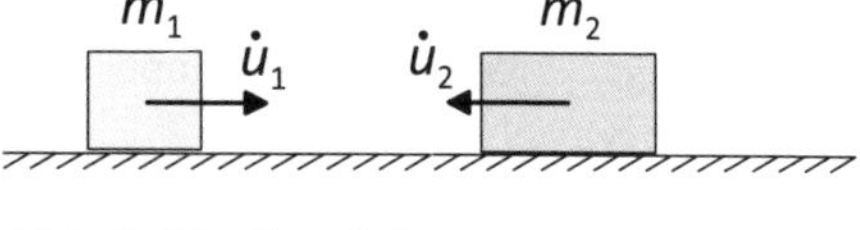

Abb. 2.16: Bsp. 2-3

Gesucht:

a) Wie groß muss die Geschwindigkeit $v_2 = -\dot{u}_2$ der Masse m_2 vor dem Stoß sein, damit m_1 nach dem Stoß ruht ($\overline{v}_1 = 0$)?

b) Wie groß ist die Geschwindigkeit $\overline{v}_2 = -\overline{\dot{u}}_2$ der Masse m_2 nach dem Stoß?

Anmerkung: Beachten Sie, dass in den Gl. 2.30–2.32 alle Geschwindigkeiten in dieselbe Richtung wirkend (z.B. nach rechts) positiv angesetzt sind. In dieser Aufgabenstellung ist die Geschwindigkeit $\dot{u}_2$ nach links wirkend positiv definiert und es ist daher anzusetzen: $v_2 = -\dot{u}_2$.

Lösung:

a) Das Anschreiben der Geschwindigkeit $\overline{v}_1 = 0$ mit $v_1 = \dot{u}_1$, $v_2 = -\dot{u}_2$ führt mit Gl. 2.30 zur Geschwindigkeit von Masse 2 vor dem Stoß:

$$\overline{v}_1 = \frac{m_1 \cdot v_1 + m_2 \cdot v_2 - e \cdot m_2 \cdot (v_1 - v_2)}{m_1 + m_2} = 0$$

$$\rightarrow \quad m_1 \cdot v_1 + m_2 \cdot v_2 - e \cdot m_2 \cdot (v_1 - v_2) = 0$$

$$\rightarrow \quad v_1 \cdot (m_1 - e \cdot m_2) = -v_2 \cdot (m_2 + e \cdot m_2)$$

$$\rightarrow \quad v_2 = -v_1 \cdot \frac{m_1 - e \cdot m_2}{m_2 + e \cdot m_2} = -1 \cdot \frac{10 - 0{,}8 \cdot 20}{20 + 0{,}8 \cdot 20}$$

$$\rightarrow \quad v_2 = +0{,}1667 \text{ m/s}$$

b) Die Masse 2 bewegte sich also vor dem Stoß nach rechts, wie das positive Vorzeichen belegt. Mit Gl. 2.31 errechnet sich die Geschwindigkeit $\bar{v}_2$ der Masse 2 nach dem Stoß:

$$\begin{aligned}\bar{v}_2 &= \frac{m_1 \cdot v_1 + m_2 \cdot v_2 + e \cdot m_1 \cdot (v_1 - v_2)}{m_1 + m_2} \\ &= \frac{10 \cdot 1 + 20 \cdot 0,1667 + 0,80 \cdot 10 \cdot (1 - 0,1667)}{10 + 20} = 0,6667 \text{ m/s}\end{aligned}$$

Die Masse 2 bewegt sich nach dem Stoß mit $\bar{v}_2 = 0,6667$ m/s ebenfalls nach rechts, während die Masse 1 nach dem Stoß ruht ($\bar{v}_1 = 0$).

2.4 Aufgaben zur Lernkontrolle

Aufgabe 2-1: Fragen

Frage a zu Beispiel 2-1 (siehe oben, Mechanische Energie eines Feder-Masse-Systems): Beispiel 2-1 wurde unter der Annahme wirkender Schwerkraft berechnet. Nehmen wir an, das gleiche Feder-Masse-System wäre schwerkraftfrei auf einem Raumschiff in den Weiten des Weltalls montiert: Wie ändern sich gegenüber der oben präsentierten Lösung der Abstand des tiefsten Punkts der Bewegung der Masse u_{max} von der Ruhelage aus Aufgabenteil c und die maximale Federkraft aus Aufgabenteil d?

Frage b zur Lösung von Beispiel 2-2 (Eishockeypuck): Lässt sich die gesuchte Geschwindigkeit des Pucks nach dem Aufprall auch mit dem mechanischen Energieerhaltungssatz nach Abs. 2.1 berechnen? Begründung?

Frage c zur Aufgabe 2-3 (Schmiede-Fallhammer, siehe Abb. 2.18): Der Aufprall des Bärs auf das Schmiedestück wird als Stoß betrachtet. Der Stoß wirkt sich nicht nur auf das Schmiedestück aus, sondern auch auf Amboss, Fundament und Baugrund. Warum spielt der Baugrund im Regelfall bei der Berechnung der Geschwindigkeit $\bar{v}_2$ unmittelbar nach dem Stoß keine Rolle?

Aufgabe 2-2: Zusammenprall zweier Brückenkrane

Zu Abs. 2.3.4; Schwierigkeitsgrad: leicht

Gegeben:

Der Brückenkran 1 mit der Masse m_1 und der Geschwindigkeit v_1 prallt auf den in Ruhe befindlichen ($v_2 = 0$), ungebremsten Brückenkran 2 mit der Masse m_2 (nach [PW18]).

- $m_1 = 20$ t: Masse Kran 1
- $m_2 = 25$ t: Masse Kran 2
- $v_1 = 1,5$ m/s: Geschwindigkeit Kran 1 vor dem Zusammenprall
- $v_2 = 0$ m/s: Geschwindigkeit Kran 2 vor dem Zusammenprall
- je 2 Einzelpuffer pro Kranseite mit der Einzelfedersteifigkeit $k_E = 200$ kN/m
- ideal-plastischer Stoß, Stoßzahl $e = 0$.

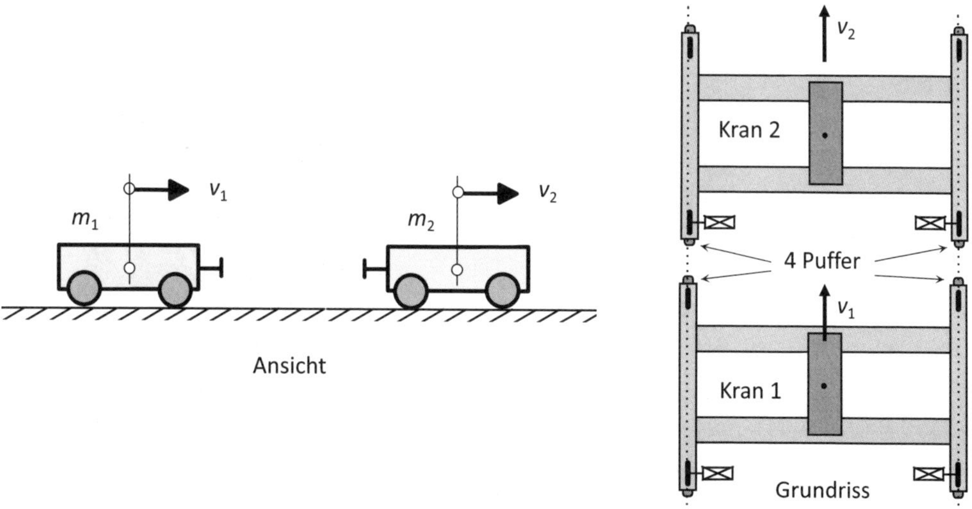

Abb. 2.17: Aufgabe 2-2: Brückenkrane in der Ansicht und im Grundriss

Gesucht:

a) Ersatz der beiden Kranpuffer (Federsteifigkeit pro Puffer k_E), die sich beim Zusammenprall berühren, durch eine Einzelfeder mit der Federsteifigkeit k.
b) beim Zusammenprall dissipierte Energie ΔE
c) maximale Pufferkraft F in einem einzelnen Puffer während des Zusammenpralls

Aufgabe 2-3: Schmiedehammer

Zu Abs. 2.3.4; Schwierigkeitsgrad: mittel

Gegeben:

Ideal-plastischer Stoß ($e = 0$) eines aus der Höhe h frei fallenden Schmiedehammers auf den Amboss (nach [PW18]):

- $h = 1,0$ m: Fallhöhe des Schmiedehammers
- $m_1 = 100$ kg: Masse des Schmiedehammers
- $m_2 = 2000$ kg: Masse Fundament + Amboss + Schmiedestück
- $g = 10$ m/s^2: Fallbeschleunigung

Abb. 2.18: Aufgabe 2-3 Dynamisches Modell und Foto eines Schmiedehammers

Gesucht:

a) dissipierte Energie ΔE
b) kinetische Energie E_1 des Schmiedehammers unmittelbar vor dem Aufprall
c) Wirkungsgrad $\eta = \Delta E/(E_1 + E_2)$
d) Geschwindigkeit $\bar{v}_2$ der Masse 2 (Schmiedestück, Amboß, Fundament) unmittelbar nach dem Stoß
d) Warum darf der eher weiche Baugrund in der Rechnung näherungsweise unberücksichtigt bleiben?

Aufgabe 2-4: elastischer Aufprall einer Masse auf ein Federsystem

Zu Abs. 2.1, 2.2, 2.3.4; Schwierigkeitsgrad: mittel

Gegeben:

Ein Feder-Masse-System besteht aus der Masse m_1, die mit zwei Federn (Federsteifigkeit jeweils $k/2$) an der Decke aufgehängt ist.

Aus der Höhe h fällt eine Punktmasse m_2 mittig und gerade auf die Masse m_1. Der Stoß ist als ideal elastisch anzunehmen.

Es ist ferner anzunehmen, dass die Masse m_2 nach dem ersten Aufprall kein zweites Mal mehr auf die Masse m_1 fällt!

Im Bild ist die Ruhelage des Systems dargestellt. Die zu berechnenden potentiellen Energien sollen sich auf diese Ausgangsposition der Masse m_1 beziehen!

- $m_1 = 500$ kg
- Die Masse ist an 2 Federn aufgehängt, je $k/2 = 5,0$ kN/m
- fallende Masse: $m_2 = 40$ kg
- Fallhöhe $h = 3,0$ m
- Fallbeschleunigung $g = 10$ m/s^2

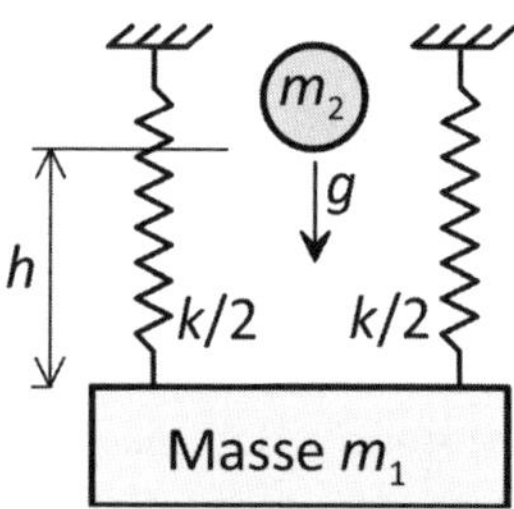

Abb. 2.19: Aufgabe 2-4: elastischer Aufprall der Masse m_2 auf die Masse m_1

Gesucht:

a) Wie groß sind die Geschwindigkeiten $\overline{v}_1$ und $\overline{v}_2$ der beiden Massen unmittelbar nach dem elastischen Stoß?
Nach unten gerichtete Geschwindigkeiten sollen als positiv gelten.

b) Berechnen Sie die Energiesummen vor und nach dem Stoß ($\sum E_{\text{vorher}}$; $\sum E_{\text{nachher}}$) und prüfen Sie, ob der Energieerhaltungssatz erfüllt ist.

c) Berechnen Sie die Impulssummen vor und nach dem Stoß ($\sum I_{\text{vorher}}$; $\sum I_{\text{nachher}}$) und prüfen Sie, ob der Impulserhaltungssatz erfüllt ist.

d) Berechnen Sie mit einer Energiebetrachtung, welchen Weg u_1 die Masse m_1 nach dem Stoß nach unten zurücklegt, bis deren Geschwindigkeit zu 0 wird.

Aufgabe 2-5: Masse prallt auf Balken

Zu Abs. 2.1, 2.3.4; Schwierigkeitsgrad: gehoben

Gegeben:

Eine Masse $m_1 = 100$ kg fällt mit der Fallbeschleunigung $g = 10$ m/s^2 aus $h = 3,0$ m Höhe und prallt mittig auf einen statisch bestimmt gelagerten Einfeldträger (Abb. 2.20).

Der Träger hat eine Länge von $l = 10$ m.

Er besteht aus einem Walzprofil aus Stahl HEB 300 ($q = 1,17$ kN/m; $I = 25\,170$ cm^3).

Durch den Aufprall verformt sich die Masse m_1 plastisch und bleibt auf dem Balken liegen, um sich danach gemeinsam mit dem Balken zu bewegen.

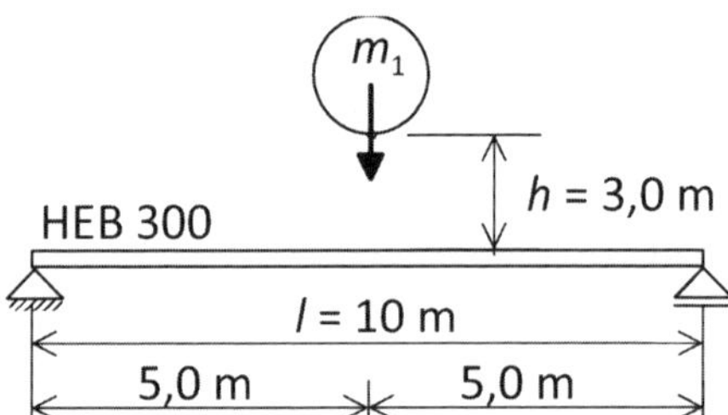

Abb. 2.20: Aufgabe 2-5: Eine Masse prallt ideal-plastisch auf die Mitte eines Balkens

Gesucht:

Maximale Durchbiegung w des Balkens in Balkenmitte als Summe der Durchbiegungen aus dem ideal plastischen Aufprall und aus dem Wirken der Eigengewichtskräfte.

Die Durchbiegung w soll auf die unverformte Balkenachse bezogen angegeben werden.

Hilfestellung:

Berücksichtigen Sie die Balkenmasse bei allen Berechnungen, indem Sie 50 % davon als Punktmasse m_2 in Balkenmitte wirkend annehmen (siehe unten Abb. 3.18). Dies soll der Einfachheit halber auch für die Berechnung der Durchbiegung des Balkens infolge Eigengewicht gelten.

3 Freie, ungedämpfte Schwingung von Systemen mit einem Freiheitsgrad

3.1 Einführung und Begriffe

Die einfachste Form eines schwingenden Systems, der Einfreiheitsgradschwinger (EFS) , besteht aus einer konzentrierten Masse (Punktmasse m), die über eine elastische Feder (Federsteifigkeit k) mit dem Auflager verbunden ist.

Verschiedene Konstruktionselemente lassen sich als elastische Feder ansehen, z.B. die Schraubenfeder in Abb. 3.1 a oder der elastischer Biegeträger in Abb. 3.1 c. EFS können darüber hinaus auch über einen Dämpfer (Dämpfungskonstante c) verfügen. In diesem Kapitel wollen wir aber zunächst einen ungedämpften EFS betrachten, um dann in Kap. 4 die Dämpfung hinzuzufügen.

Ein EFS ist dadurch gekennzeichnet, dass seine Punktmasse genau einen einzigen Bewegungsfreiheitsgrad aufweist. Als Freiheitsgrad (englisch: degree of freedom - DOF) bezeichnen wir in der Baudynamik eine einzelne kinematische Bewegungsmöglichkeit einer Punktmasse.

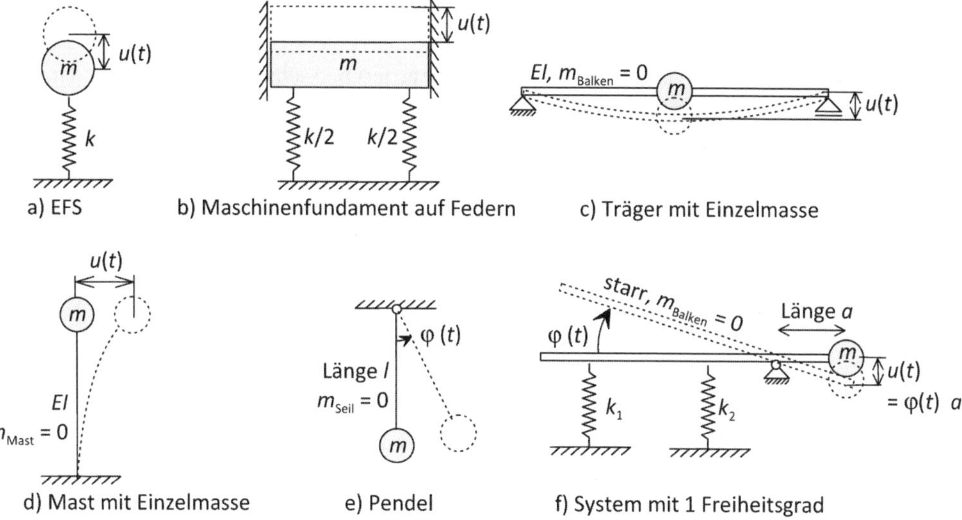

Abb. 3.1: EFS sind Systeme, die nur einen einzigen Freiheitsgrad besitzen oder die auf einen einzigen Freiheitsgrad reduziert werden können. Die Systeme b), c), d), f) können in das System a) überführt werden. Die überhöht dargestellten Verformungen werden als klein angenommen. (nach [GKB+84])

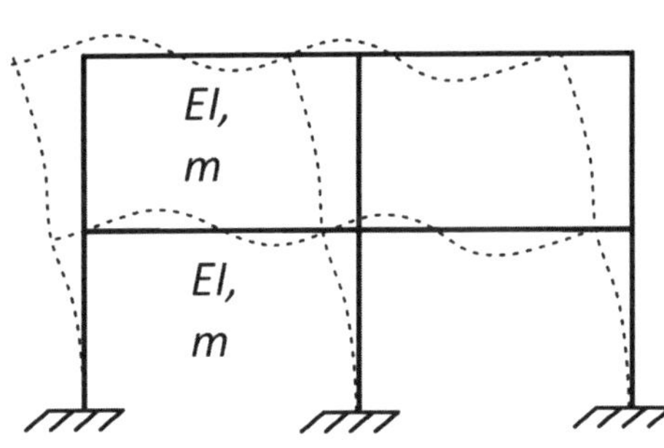

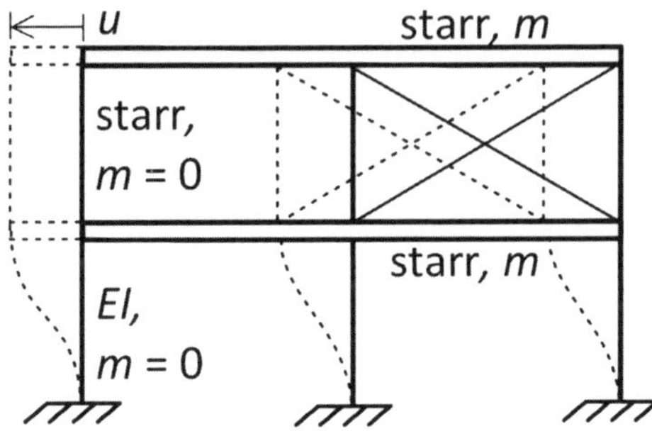

Abb. 3.2: Geschossrahmen mit unterschiedlichen Anzahlen von Freiheitsgraden (DOF) (nach [GKB⁺84])

Eine Punktmasse im Raum hat grundsätzlich sechs Freiheitsgrade: drei Translationen u_x, u_y, u_z und drei Rotationen $\varphi_x, \varphi_y, \varphi_z$, von denen bei einem EFS fünf gesperrt sind.

Eine Punktmasse in der xz-Ebene hat grundsätzlich drei Freiheitsgrade: zwei Translationen u_x, u_z und eine Rotation φ_y.

Reale Bauwerke bestehen grundsätzlich aus unendlich vielen Massenpunkten und haben deshalb unendlich viele Freiheitsgrade der Bewegung, siehe Abb. 3.2 a. Für die Beschreibung der Schwingungseigenschaften eines Tragwerks genügen oft wenige, wesentliche Freiheitsgrade, manchmal nur ein einziger.

Ein Tragwerk, dessen Masse als in einem Punkt konzentriert betrachtet werden kann und dessen Verhalten sich hinsichtlich der Kinematik hinreichend genau auf eine Bewegungsmöglichkeit (eine Translation oder eine Rotation) reduzieren lässt (z.B. Abb. 3.2 b), kann als EFS modelliert werden. In Abs. 3.3.1 wird diskutiert, wie man dabei vorgeht.

Statt „Einfreiheitsgradschwinger“ (EFS, englisch: single degree of freedom – SDOF) wird häufig auch die Bezeichnung „Einmassenschwinger“ (EMS) verwendet. Diese Bezeichnung ist jedoch nicht ganz exakt, da eine Punktmasse wie oben beschrieben sechs Freiheitsgrade haben kann. Wenn von einem Einmassenschwinger die Rede ist, ist damit in der Regel ein EFS gemeint.

Es gibt gute Gründe, sich mit EFS näher zu befassen:

- An ihm lassen sich viele Schwingungsphänomene leicht beschreiben und verstehen.
- Außerdem lassen sich Systeme mit vielen Freiheitsgraden, die in Kap. 6 behandelt werden, im Rahmen der Modalanalyse in eine Anzahl von EFS umwandeln. Ein komplexes System lässt sich als lineare Überlagerung der einfach berechenbaren, modalen EFS beschreiben.

In diesem und den beiden nächsten Kapiteln werden die verschiedenen Aspekte von Einfreiheitsgradschwingern diskutiert und ihre Berechnung gezeigt.

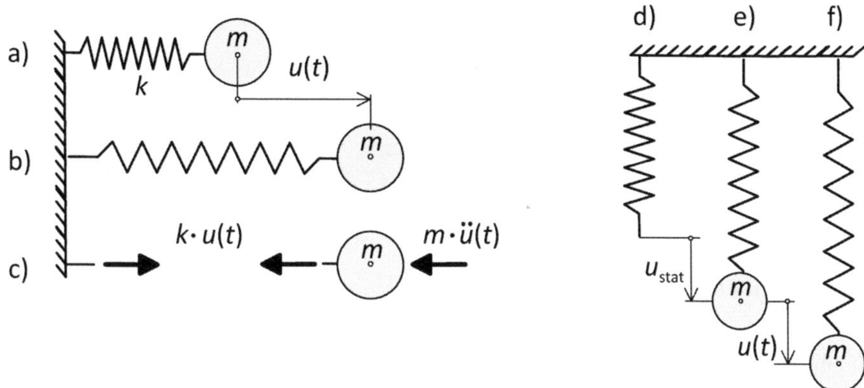

Abb. 3.3: a bis c: Kräfte am schwerkraftlosen EFS a) entspannte Feder; b) um $u(t)$ ausgelenkte Lage; c) Masse mit Federkraft und d'Alembertscher Trägheitskraft $m \cdot \ddot{u}(t)$;
d bis e: EFS unter Schwerkraft: d) entspannte Feder; e) statische Ruhelage $k \cdot u_{\text{stat}} = m \cdot g$;
f) $u(t)$, bezogen auf die statische Ruhelage

3.2 Die Differentialgleichung des EFS und ihre Lösung

3.2.1 Die Differentialgleichung

Eine wichtige Differentialgleichung (DGl) der Baudynamik, die wir auch als Bewegungsgleichung bezeichnen, kann an einem durch die Masse m und die Federsteifigkeit k beschriebenen EFS durch eine einfache Kräftegleichgewichtsbedingung hergeleitet werden.

Dabei wird die dynamische Wirkung der beschleunigten Masse m durch die d'Alembertsche Trägheitskraft $(m \cdot \ddot{u})$ berücksichtigt (siehe Abb. 3.3 c), die entgegen der positiv definierten Beschleunigungsrichtung anzutragen ist.

Die **Bewegungsgleichung (DGl) der freien, ungedämpften Schwingung** ergibt sich aus dem Kräftegleichgewicht $\Sigma H = 0$ an der geschnittenen Masse, siehe Abb. 3.3 c):

$$\begin{aligned} &m \cdot \ddot{u} + k \cdot u = 0 \quad \text{(lineare, homogene DGl 2. Ordnung)} \\ &\ddot{u} + k/m \cdot u = 0 \\ &\ddot{u} + \omega^2 \cdot u = 0 \end{aligned} \tag{3.1}$$

In Gl. 3.1 wird $\omega = \sqrt{k/m}$ als Eigenkreisfrequenz der freien, ungedämpften Schwingung bezeichnet.
Die Einheit von ω ist [1/s].

Eine zeitlich konstante Kraft (z.B. Gewichtskraft $m \cdot g$) ließe sich in der DGl 3.1 berücksichtigen, wenn man im Weg u die Federlängung infolge des Eigengewichts addieren und in der Beschleunigung $\ddot{u}$ die Erdbeschleunigung subtrahieren würde. Die Summe aus beiden Änderungen ergibt 0. Dies setzt allerdings eine konstante Federsteifigkeit k (lineare Federkennlinie) voraus.

Daraus folgt: Schwerkräfte, wie sie z.B. beim EFS in Abb. 3.3 e und f wirken, verändern die DGl und deren Lösung nicht!

3.2.2 Die Lösung der DGl des EFS

Aus dem mathematischen Lösungsvorgang der Bewegungsdifferentialgleichung (Gl. 3.1) lassen sich viele Erkenntnisse gewinnen. Dennoch wird an dieser Stelle auf die Herleitung verzichtet.[2]

Die Lösung der DGl 3.1 und ihre Ableitungen lauten:

$$u(t) = A \cdot \sin(\omega \cdot t) + B \cdot \cos(\omega \cdot t) \tag{3.2}$$

$$\dot{u}(t) = A \cdot \omega \cdot \cos(\omega \cdot t) - B \cdot \omega \cdot \sin(\omega \cdot t) \tag{3.3}$$

$$\ddot{u}(t) = -A \cdot \omega^2 \cdot \sin(\omega \cdot t) - B \cdot \omega^2 \cdot \cos(\omega \cdot t) \tag{3.4}$$

A und B sind darin die Integrationskonstanten der Bewegungsgleichung. Um diese zu ermitteln, müssen zwei Randbedingungen bekannt sein.

- Eine Randbedingung kann z.B. den Ort angeben, an dem sich die Masse zum Zeitpunkt $t = 0$ befindet:

  $$u(t=0) = u_0 \tag{3.5}$$

  Eingesetzt in Gl. 3.2 ergibt sich die Konstante B:

  $$\begin{aligned} &u = u_0 = A \cdot \sin(\omega \cdot 0) + B \cdot \cos(\omega \cdot 0) = A \cdot 0 + B \cdot 1 \\ &\rightarrow \quad B = u_0 \end{aligned} \tag{3.6}$$

- Die zweite Randbedingung könnte z.B. die Geschwindigkeit angeben, die die Masse zum Zeitpunkt $t = 0$ aufweist:

  $$\dot{u}(t=0) = \dot{u}_0 \tag{3.7}$$

  Eingesetzt in Gl. 3.3 ergibt sich:

  $$\begin{aligned} &\dot{u}(t=0) = \dot{u}_0 = A \cdot \omega \cdot \cos(\omega \cdot 0) - B \cdot \omega \cdot \sin(\omega \cdot 0) = A \cdot \omega \cdot 1 - B \cdot \omega \cdot 0 \\ &\rightarrow \quad A = \frac{\dot{u}_0}{\omega} \end{aligned} \tag{3.8}$$

Die **Lösung der Bewegungsgleichung 3.1** des EFS bei bekannten Randbedingungen $u_0, \dot{u}_0$ ergibt sich zu:

$$u(t) = \frac{\dot{u}_0}{\omega} \cdot \sin(\omega \cdot t) + u_0 \cdot \cos(\omega \cdot t) \tag{3.9}$$

mit:

- u_0 Anfangsauslenkung zum Zeitpunkt $t = 0$
- $\dot{u}_0$ Anfangsgeschwindigkeit zum Zeitpunkt $t = 0$
- $\omega = \sqrt{k/m}$ Eigenkreisfrequenz der ungedämpften Schwingung

[2] Im nächsten Kapitel wird die Dämpfung als weiteres Phänomen eingeführt. Die Differentialgleichung, die die freie, gedämpfte Schwingung beschreibt, ist eine allgemeinere Form der hier diskutierten DGl und schließt diese mit ein. In Abschnitt 4.3 wird sie hergeleitet. Setzt man in der Lösung (Gl. 4.23) die Dämpfung zu Null, so ergibt sich Gl. 3.2.

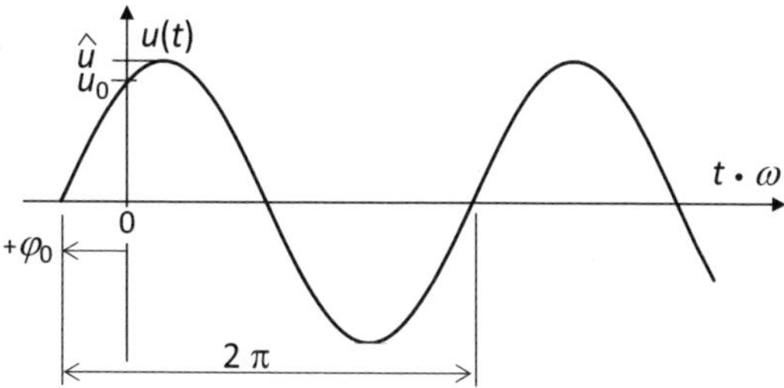

Abb. 3.4: Schwingung $u(t) = \hat{u} \cdot sin(\omega \cdot t + \varphi_0)$ und Definition des Nullphasenwinkels φ_0

Wenn die Zustandsgrößen u_0 und $\dot{u}_0$ zum Zeitpunkt $t = 0$ vorliegen, dann ist Gl. 3.9 die geeignete Form der Lösung. Manchmal sind jedoch andere Randbedingungen bekannt, z.B. die maximale Auslenkung $\hat{u}$ (Wegamplitude) des EFS und der Nullphasenwinkel φ_0 der Schwingung (Abb. 3.4). Gl. 3.2 lässt sich auch für diesen Fall anpassen. Dazu substituiert man zunächst in Gl. 3.2

$$A = C \cdot \cos\varphi_0 \quad \text{und} \quad B = C \cdot \sin\varphi_0 \tag{3.10}$$

$$\begin{aligned} u(t) &= C \cdot \cos\varphi_0 \cdot \sin(\omega \cdot t) + C \cdot \sin\varphi_0 \cdot \cos(\omega \cdot t) \\ &= C \cdot [\cos\varphi_0 \cdot \sin(\omega \cdot t) + \sin\varphi_0 \cdot \cos(\omega \cdot t)] \end{aligned} \tag{3.11}$$

Mit $\cos\alpha \cdot \sin\beta + \sin\alpha \cdot \cos\beta = sin(\alpha + \beta)$ wird daraus:

$$u = C \cdot \sin(\omega \cdot t + \varphi_0) \tag{3.12}$$

Da die Sinus-Funktion maximal den Wert 1 annehmen kann, muss es sich bei der Konstanten C um die maximale Auslenkung, d.h. um die Wegamplitude $\hat{u}$ handeln.

Damit ergibt sich die **alternative Lösungsform der Bewegungsgleichung 3.1** des EFS bei bekannter Amplitude $\hat{u}$ und bekanntem Nullphasenwinkel φ_0 (Abb. 3.4) zu:

$$u(t) = \hat{u} \cdot \sin(\omega \cdot t + \varphi_0) \tag{3.13}$$

$$\dot{u}(t) = \hat{u} \cdot \omega \cdot \cos(\omega \cdot t + \varphi_0) \tag{3.14}$$

$$\ddot{u}(t) = -\hat{u} \cdot \omega^2 \cdot \sin(\omega \cdot t + \varphi_0) \tag{3.15}$$

Mit den Gl. 3.13 bis 3.15 lassen sich die Geschwindigkeitsamplitude $\hat{\dot{u}}$ und Beschleunigungsamplitude $\hat{\ddot{u}}$ des EFS angeben, wenn Wegamplitude und Eigenkreisfrequenz bekannt sind:

$$\hat{\dot{u}} = \hat{u} \cdot \omega \quad \text{und} \quad \hat{\ddot{u}} = \hat{u} \cdot \omega^2 \tag{3.16}$$

Aus Gl. 3.9 lässt sich mit Hilfe der trigonometrischen Funktion ([San15], S. 774, Gl. 34)

$$A \cdot \sin\alpha + B \cdot \cos\alpha = \sqrt{(A^2 + B^2)} \cdot \cos(\alpha - \arctan(A/B)) \tag{3.17}$$

die Gl. 3.18 ableiten:

Die **Wegamplitude der Schwingung** des EFS lautet als Funktion der Anfangswerte u_0, $\dot{u}_0$:

$$\hat{u} = \sqrt{\frac{\dot{u}_0}{\omega}^2 + u_0^2} \tag{3.18}$$

Der Term für $u(t)$ nach Gl. 3.9 oder 3.13 enthält nur sinus- und cosinus-Glieder und stellt daher eine harmonische Schwingung dar.

Die Zeitdauer von einem Durchgang durch die Bezugslinie (z.B. die statische Ruhelage mit $u = 0$) bis zum nächsten gleichsinnigen Durchgang heißt Periodendauer oder Eigenschwingdauer T und wird in Sekunden angegeben.

Eine einzige vollständige Schwingung benötigt die Zeit $\Delta t = T$.

Die Kenndaten des ungedämpften EFS lauten:

$$\omega \cdot T = 2 \cdot \pi \quad \rightarrow \quad T = \frac{2 \cdot \pi}{\omega} \tag{3.19}$$

$$f = \frac{1}{T} = \frac{\omega}{2 \cdot \pi} \tag{3.20}$$

$$\omega = \sqrt{\frac{k}{m}} \tag{3.21}$$

Beispiel 3-1: Freie, ungedämpfte Schwingung eines EFS

Gegeben: Einfreiheitsgradschwinger mit:

- Masse $m = 70$ kg
- $k = 30\,000$ N/m
- Anfangsbedingung 1: $u_0(t = 0) = 2$ cm
- Anfangsbedingung 2: $\dot{u}_0(t = 0) = 0$ m/s

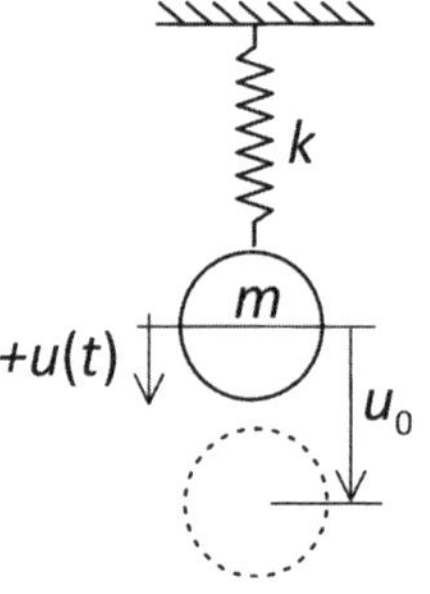

Abb. 3.5: Bsp. 3-1.

Gesucht:

a) Differentialgleichung der freien Schwingung (Bewegungsgleichung)
b) Kennwerte des EFS: ω, f, T
c) Angabe und Darstellung von $u(t)$ für $0 < t < 1$ s

Lösung:

a) Differentialgleichung der freien Schwingung (Gl. 3.1):

$$\ddot{u} + \frac{k}{m} \cdot u = 0 \quad \Rightarrow \quad \ddot{u} + \frac{30\,000 \text{ N/m}}{70 \text{ kg}} \cdot u = 0 \quad \Rightarrow \quad \ddot{u} + 428{,}57 \frac{1}{\text{s}^2} \cdot u = 0$$

b) Eigenfrequenz, Eigenkreisfrequenz, Schwingdauer nach Gl. 3.19 bis 3.21 (Einheiten in N, m, kg, s):

$$\omega = \sqrt{\frac{k}{m}} = \sqrt{\frac{30\,000}{70}} = 20{,}70 \frac{1}{\text{s}}$$

$$f = \frac{\omega}{2 \cdot \pi} = \frac{20{,}70}{2 \cdot \pi} = 3{,}295 \text{ Hz}$$

$$T = \frac{1}{f} = \frac{1}{3{,}295} = 0{,}3035 \text{ s}$$

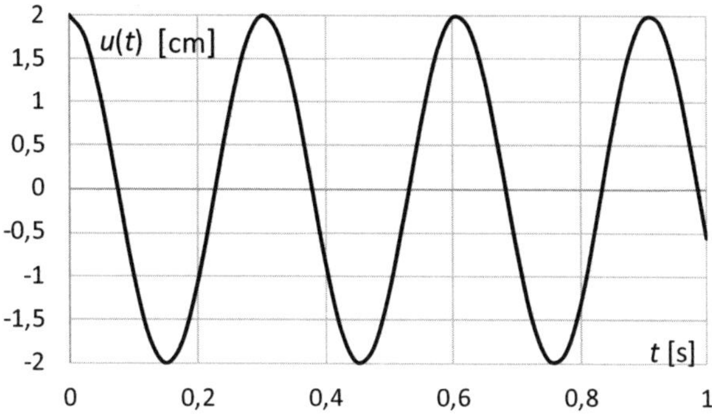

Abb. 3.6: Darstellung der Weg-Zeit-Funktion $u(t)$ für Beispiel 3-1.

c) Angabe und Darstellung der Funktion $u(t)$ (Einheiten in N, m, kg, s):
Da u_0 und $\dot{u}_0$ gegeben und ω bekannt sind, lässt sich die gesuchte Beziehung mit Gl. 3.9 leichter angeben als mit Gl. 3.13:

$$\begin{aligned} u(t) &= \frac{\dot{u}_0}{\omega} \cdot \sin(\omega \cdot t) + u_0 \cdot \cos(\omega \cdot t) \\ &= \frac{0}{20,70} \cdot \sin(20,70 \cdot t) + 0,02 \cdot \cos(20,70 \cdot t) \end{aligned}$$

Das Endergebnis lautet also, siehe Abb. 3.6:

$$u(t) = 0,02 \cdot \cos(20,70 \cdot t)$$

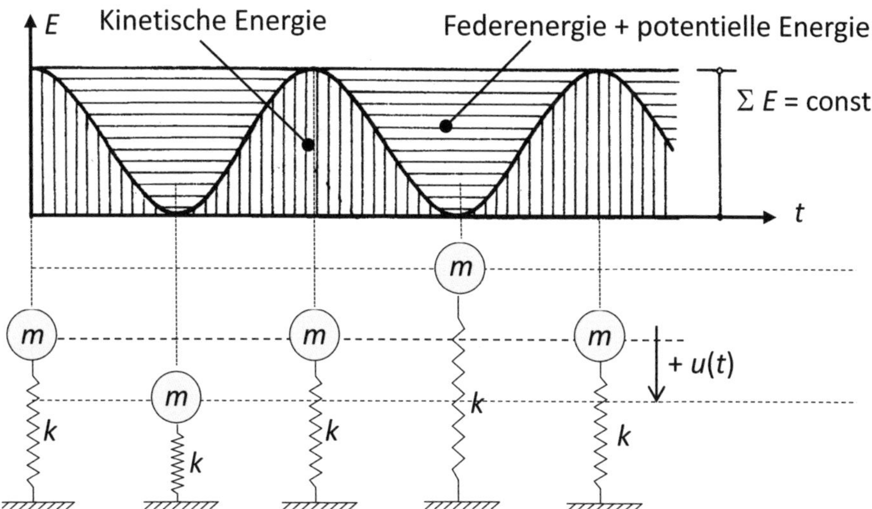

Abb. 3.7: Energiebetrachtung: Kinetische Energie, Federenergie und potentielle Energie bei der freien, ungedämpften Schwingung eines EFS. Die potentielle Energie ist auf die statische Ruhelage als Bezugsebene enthalten. (nach [GKB⁺84])

3.2.3 Energiebetrachtung der freien Schwingung

Bei einer freien, ungedämpften Schwingung bleibt die Summe der mechanischen Energie konstant, die Anteile der drei Energieformen kinetische Energie (= Energie der bewegten Masse), potentielle Energie (= Lageenergie) und Federenergie (= gespeicherte Energie in der Feder), siehe auch Abs. 2.1, verändern sich darin aber ständig, siehe Abb. 3.7.

3.3 Modellierung von Tragwerken als EFS

3.3.1 Vorgehensweise

EFS (Einfreiheitsgradschwinger) sind die am einfachsten zu berechnenden schwingenden Systeme. Deshalb hat es einige Vorteile, wenn ein Tragwerk zur Berechnung seiner Schwingungen auf ein EFS reduziert werden kann. Doch natürlich ist das in sehr vielen Fällen nicht möglich.

Wann darf ein Tragwerk – wenigstens näherungsweise – überhaupt als EFS betrachtet werden? Wie kann man ein reales Tragwerk (Abb. 3.8) als EFS modellieren ?

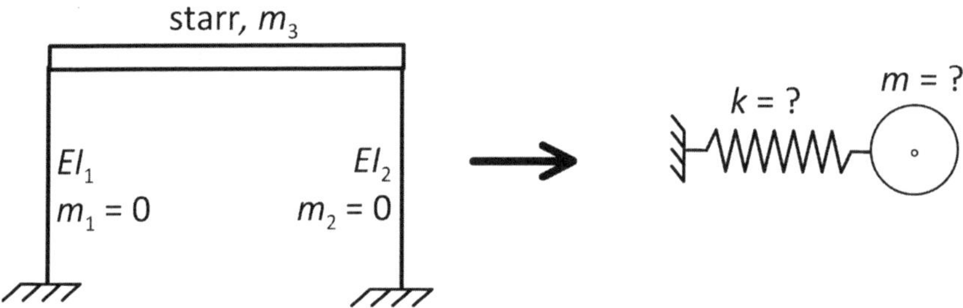

Abb. 3.8: Modellierung eines Tragwerks (links) als EFS (rechts)

Die Vorgehensweise zur Beantwortung dieser beiden Fragen lässt sich in drei Schritte aufgliedern:

1. Schritt: Lässt sich das Tragwerk mit ausreichender Genauigkeit auf einen EFS reduzieren?

Ein EFS ist ein theoretisches Konstrukt, in dessen Mittelpunkt eine Punktmasse steht, die genau einen Freiheitsgrad hat.

Zunächst einmal gilt es deshalb, zu überprüfen, ob das zu berechnende Tragwerk überhaupt mit ausreichender Genauigkeit als EFS betrachtet werden kann.

Dies ist der Fall, wenn die folgenden beiden Bedingungen erfüllt sind:

- Die Masse kann als näherungsweise starr und in einem Punkt konzentriert betrachtet werden. In bestimmten Fällen kann es auch gelingen, verteilte, nicht starre Massen wie z.B. einen massebelegten Einfeldträger als EFS zu modellieren, siehe dazu Abs. 3.3.5.
- Die Verschiebung des Massenschwerpunkts lässt sich auf nur einen einzigen Freiheitsgrad reduzieren.

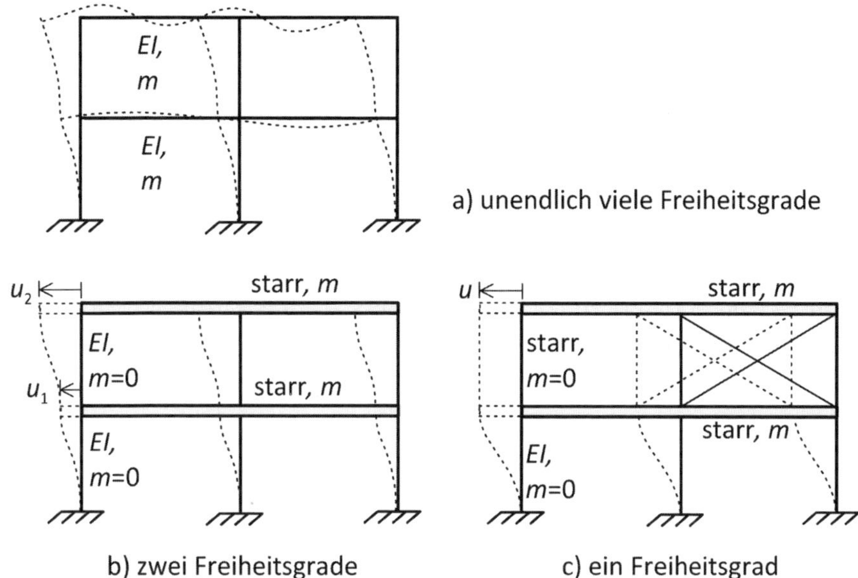

Abb. 3.9: Nur die rechte Variante des zweigeschossigen, ebenen Rahmens eignet sich für eine Modellierung als EFS. (nach [GKB⁺84])

Abb. 3.9 zeigt am Beispiel von drei Varianten eines ebenen, biegesteifen, gelenklosen Rahmens, worauf es bei der Entscheidung (EFS ja/nein?) ankommt:

- Ein ebener Rahmen besteht grundsätzlich aus unendlich vielen Massepunkten, von denen jeder einzelne jeweils drei Freiheitsgrade (horizontale und vertikale Translation und eine Verdrehung) bedient, siehe Abb. 3.9 a). Die massen- und steifigkeitsbehafteten Riegel und Stützen können sich verbiegen und normalkraftbedingt dehnen. Ein System, bei dem diese Effekte berücksichtigt werden sollen, lässt sich nicht als EFS modellieren, sondern ist als Mehrfreiheitsgradsystem zu betrachten, siehe Kap. 6.
- Die normalkraftbedingte Längsdehnung von Stützen und Riegeln lässt sich gegenüber den viel größeren Biegeverformungen oft vernachlässigen (Annahme: $EA = \infty$). Durch diese Annahme verschieben sich die Rahmeneckpunkte nur horizontal, nicht mehr vertikal. Falls nun darüber hinaus – was im Einzelfall jeweils zu überprüfen ist –
  - die Riegelbiegesteifigkeit EI_{Riegel} gegenüber der Stützenbiegesteifigkeit $EI_{\text{Stütze}}$ so groß ist, dass wir die Biegung des Riegels näherungsweise unberücksichtigt lassen können ($EI_{\text{Riegel}} = \infty$) und ...
  - wenn wir außerdem die gegenüber den Geschossmassen oft leichten Stützen als massefrei betrachten und die Stützenmasse der größeren Riegelmasse zuschlagen,

  dann reduziert sich die Anzahl der Freiheitsgrade des Tragwerks in Abb. 3.9 von unendlich auf zwei: Die obere und die untere Riegelmasse können sich nur noch horizontal bewegen, siehe Abb. 3.9 b). Vertikale Bewegungen und Verdrehungen der Riegelmasse sind nun ausgeschlossen. Zwar erfahren die einzelnen Punkte der Stützen unterschiedliche Verschiebungen, das spielt jedoch wegen deren angenommener Massefreiheit keine Rolle mehr. Es bleibt bei zwei Freiheitsgraden (siehe Kap. 6).

- Wenn zusätzlich zu den gerade getroffenen Annahmen (biegestarre Riegel und massefreie Stützen) die beiden Geschosse z.B. durch den in Abb. 3.9 rechts dargestellte Verband so gegeneinander ausgesteift wären, dass deren Relativbewegungen von vernachlässigbarer Größe gegenüber der Biegeverformung der Stützen im Erdgeschoss sind, dann hätten wir die Anzahl der Freiheitsgrade unseres Tragwerks auf einen einzigen reduziert.
  Wir können nun das Tragwerk (Abb. 3.9 c) näherungsweise als EFS betrachten und berechnen (siehe unten Aufgabe 3-2).

2. Schritt: Federsteifigkeit k des EFS bestimmen

Hat Schritt 1 ergeben, dass das Tragwerk grundsätzlich als EFS modellierbar ist, dann kommt es im zweiten Schritt darauf an, die Federsteifigkeit k des EFS zu bestimmen. Dafür kommen u.a. zwei Vorgehensweisen in Frage:

a) Direkte Bestimmung von k: Wenn der EFS aus mehreren zusammengeschalteten Einzelfedern k_i besteht wie z.B. in Abb. 3.10, wird $k = k_{\text{ges}}$ mit den Gesetzen der Parallel- oder Reihenschaltung ermittelt, siehe unten Abs. 3.3.2 und Bsp. 3-2.
b) Bestimmung von k über eine Verformungsrechnung: Zunächst wird die elastische Verschiebung w der Masse in Richtung des Freiheitsgrades infolge einer in gleicher Richtung wirkenden Einheitskraft „1“ berechnet. Die Federsteifigkeit ergibt sich zu: $k_{\text{ges}} = „1“/w$; siehe Abs. 3.3.3 und Bsp. 3-3 und 3-4.

3. Schritt: Sind neben Massen aus Eigengewicht des Tragwerks auch Massen aus Nutzlasten zu berücksichtigen?

Die Masse des EFS beinhaltet mindestens das Eigengewicht des zu modellierenden Tragwerks. Auf Tragwerke wirken aber regelmäßig auch veränderliche Nutzlasten, die nicht ständig vorhanden sind.

Die Fragestellung, welche veränderlichen Einwirkungen (Massen) neben den ständigen Einwirkungen (Massen) bei der dynamischen Berechnung zu berücksichtigen sind, ist nicht trivial.

Sie spielt z.B. bei der Erdbebenberechnung (siehe Kap. 11.5.1) eine große Rolle: Wenn die Nutzlasten bei der Berechnung der Eigenschwingdauer in Ansatz gebracht werden, führt das zu einer Vergrößerung der Eigenschwingdauer und damit verbunden oft zu geringeren Erdbebenlasten.

Nach DIN EN 1998-1/NA NA.D.2(2) sind im Erdbebenfall 30 % der Massen aus Nutzlast (80 % bei Lagerräumen, Bibliotheken usw.) und 50 % der Schneelasten zu berücksichtigen, aber eben auch nicht mehr.

Während im Erdbebenfall die dynamische Belastung auf der unsicheren Seite liegt, wenn zu hohe Massen angenommen wurden, kann es bei anderen Aufgabenstellungen genau anders herum sein: Dort können sich zu gering angenommene Massen mit den damit verbundenen zu hohen Eigenfrequenzen als auf der unsicheren Seite liegend erweisen.

Für spezielle Anwendungsfälle ist es oft in den zugehörigen Fachnormen geregelt, welche Massen bei der dynamischen Berechnung zu berücksichtigen sind.

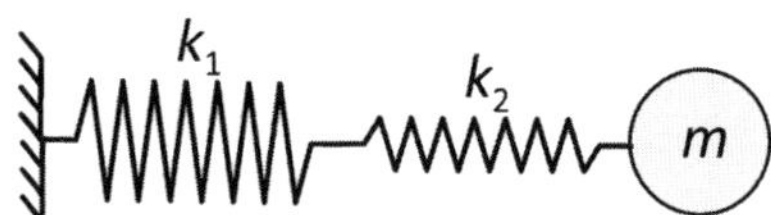

Abb. 3.10: Zwei Federn, in Reihe geschaltet

3.3.2 Rechnen mit Federsteifigkeiten

Eine Möglichkeit, ausgehend von einem realen Tragwerk die Federsteifigkeit k des EFS zu bestimmen, ist es, Einzelfedersteifigkeiten zu einer Gesamtfedersteifigkeit zusammenzusetzen. Einzelfedern können parallel oder in Reihe zusammengeschaltet sein.

Reihenschaltung von Federn

Es sollen $i = 1,2...n$ Federn mit der Federsteifigkeit k_i in Reihe – also hintereinander – geschaltet werden. Abb. 3.10 zeigt das für zwei Federn. Die Längung eines durch die Kraft F belasteten Federpakets y_{ges} ergibt sich aus der Summe der Längungen der Einzelfedern y_i zu:

$$y_{\text{ges}} = y_1 + y_2 + ... + y_i ... + y_n = \sum y_i \tag{3.22}$$

Mit $y_i = F/k_i$ wird daraus:

$$\frac{F}{k_{\text{ges}}} = \frac{F}{k_1} + \frac{F}{k_2} + ... + \frac{F}{k_i} ... + \frac{F}{k_n} \tag{3.23}$$

Teilt man Gl. 3.23 durch die Kraft F, so ergibt sich die Lösung:

Die **Gesamtfedersteifigkeit von $i = 1,2...n$ in Reihe geschalteten Federn** mit den Einzelfedersteifigkeiten k_i beträgt:

$$\frac{1}{k_{\text{ges}}} = \sum_i^n \frac{1}{k_i} \tag{3.24}$$

Die Gesamtfedersteifigkeit ist stets kleiner als die Federsteifigkeit der nachgiebigsten der in Reihe geschalteten Federn.

Parallelschaltung von Federn

Abb. 3.11 zeigt einige Systeme mit parallel geschalteten Federn. Die Längung aller Federn des Systems links in Abb. 3.11 sind gleich groß: $y_1 = y_2 = y_i = y$. Allgemein gilt: Die Federkräfte aus $i = 1,2...n$ parallel geschalteten Federn F_i addieren sich zur Gesamtkraft F:

$$F = F_1 + F_2 + ... + F_i ... + F_n = \sum F_i \tag{3.25}$$

Ersetzt man $F_i = k_i \cdot y$, so ergibt sich:

$$k_{\text{ges}} \cdot y = k_1 \cdot y + k_2 \cdot y + ... + k_i \cdot y ... + k_n \cdot y \tag{3.26}$$

Kürzt man aus Gl. 3.26 die Längung y heraus, so ergibt sich die Lösung.

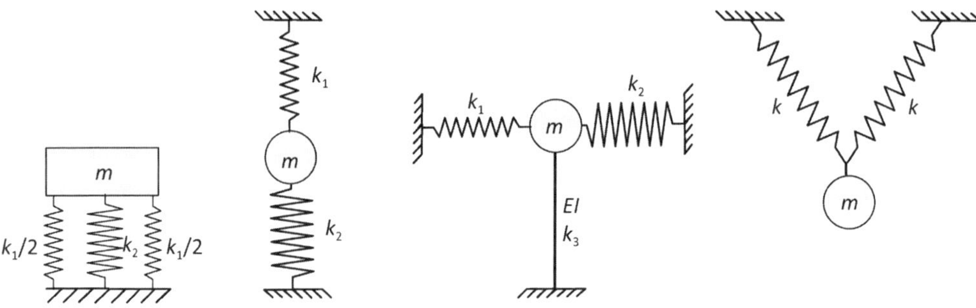

Abb. 3.11: Beispiele für parallel geschaltete Federn (nach: [AS04])

Die **Gesamtfedersteifigkeit von** $i = 1, 2 \ldots n$ **parallel geschalteten Federn** mit den Einzelfedersteifigkeiten k_i beträgt:

$$k_{\text{ges}} = \sum_i^n k_i \tag{3.27}$$

Die Gesamtfedersteifigkeit ist stets größer als die Federsteifigkeit der steifsten parallel geschalteten Einzelfeder. Sie ergibt sich als Summe der Einzelfedersteifigkeiten.

Beispiel 3-2: Gesamtfedersteifigkeit von zwei Federsystemen

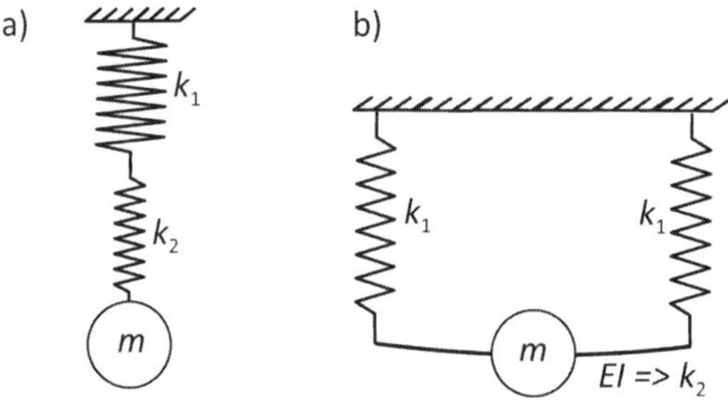

Abb. 3.12: Beispiel 3-2: Federsystem a) links und Federsystem b) rechts

Federsystem Abb. 3.12 a): Gesucht ist die Gesamtfedersteifigkeit

Gegeben: Zwei Federn mit $k_1 = 600$ kN/m und $k_2 = 200$ kN/m

Lösung: Die Federn sind in Reihe geschaltet, die Federsteifigkeit des Gesamtsystems ergibt sich zu:

$$\frac{1}{k_{\text{ges}}} = \Sigma \frac{1}{k_i} = \frac{1}{k_1} + \frac{1}{k_2} = \frac{1}{600} + \frac{1}{200} = \frac{1}{150}$$

Damit beträgt die Gesamtfedersteifigkeit $k_{\text{ges}} = 150$ kN/m

Federsystem Abb. 3.12 b): Gesucht ist die Gesamtfedersteifigkeit

Gegeben: System aus drei Federn mit $k_1 = 10$ kN/m und $k_2 = 5$ kN/m.

Lösung: Die beiden gleichen Federn 1 können als parallel geschaltet betrachtet werden, während deren Verbindung mit der Feder 2 als Reihenschaltung einzustufen ist. Zunächst werden die beiden parallel geschalteten Federn 1 zur neuen Feder 3 zusammengelegt:

$$k_3 = 2 \cdot k_1 = 2 \cdot 10 = 20 \text{ kN/m} \tag{3.28}$$

Die Federsteifigkeit des Gesamtsystems ergibt sich damit als Reihenschaltung zu:

$$\frac{1}{k_{\text{ges}}} = \frac{1}{k_3} + \frac{1}{k_2} = \frac{1}{20} + \frac{1}{5} = \frac{1}{4} \tag{3.29}$$

Damit beträgt die Gesamtfedersteifigkeit $k_{\text{ges}} = 4$ kN/m

3.3.3 Federsteifigkeit des EFS mit Hilfe der Verformung berechnen

Die Gesamtfedersteifigkeit $k =$ des EFS lässt sich alternativ auch über eine Verformungsbetrachtung gewinnen, siehe Abb. 3.13:

- An der Masse wird in Richtung des Freiheitsgrades eine Einheitskraft „1" angesetzt.
- Die elastische Verschiebung w der Masse in Richtung des Freiheitsgrades wird nun berechnet (z.B. EDV-gestützt oder mit dem Prinzip der virtuellen Kräfte [JR22], Abs. 4.1).
- Die Federsteifigkeit ergibt sich zu: $k_{\text{ges}} = „1“/w$.

Beispiel 3-2 (Fortsetzung)

Alternativ lässt sich die Gesamtfedersteifigkeit des Federsystems b (Abb. 3.12) auch über eine Verformungsbetrachtung mit einer an der Masse wirkenden, vertikalen Einheitskraft „1" errechnen:

- Die beiden Federn k_1 nehmen jeweils die halbe Kraft $N = 0,5 \cdot „1“$ auf und längen sich um: $N/k_1 = (0,5 \cdot „1“)/10 = 0,05$ m.
- Die Feder k_2 übernimmt die Einheitskraft „1" vollständig und verformt sich um $„1“/k_2 = „1“/5 = 0,20$ m.
- Die gesamte Längung des Systems ergibt sich daraus zu: $w = 0,05 + 0,20 = 0,25$ m.
- Die Gesamtfedersteifigkeit hat den Wert: $k_{\text{ges}} = „1“/w = „1“/0,25 = 4$ kN/m.

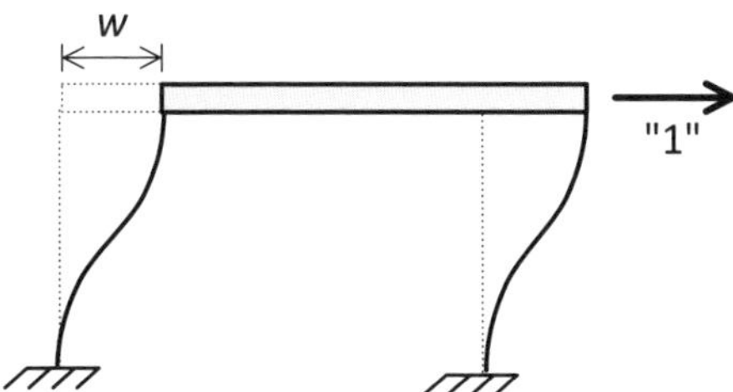

Abb. 3.13: Bestimmung der Federsteifigkeit $k_{\text{ges}} = „1“/w$ eines eingeschossigen Rahmens (EFS) über die Verformung infolge einer Einheitskraft „1".

Beispiel 3-3: Dynamische Eigenschaften eines eingeschossigen Rahmens als EFS

Gegeben: Eingeschossiger Rahmen mit unendlich steifem Riegel, Daten siehe Abb. 3.14

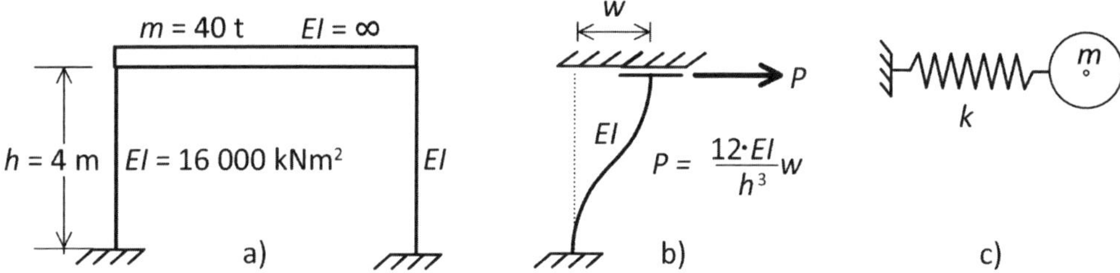

Abb. 3.14: Bsp. 3-3: a) Eingeschossiger Rahmen als EFS; b) P(w) kann mit dem Prinzip der virtuellen Kräfte ([JR22], S. 4.31) abgeleitet werden; c) EFS des Rahmens

Gesucht: Modellierung des Tragwerks als EFS; Ermittlung der Eigenfrequenz

Lösung:

1.) Wegen des starren Riegels und der beiden als masselos ansehbaren, dehnstarren Stützen kann sich die Geschossmasse nur horizontal verschieben. Eine Modellierung als EFS ist daher möglich.

2.) Verschiebung: Für die Einheitskraft $P =$ „1" ergibt sich die horizontale Verschiebung der Riegelmasse unter der Berücksichtigung von zwei Stützen zu

$$w = \frac{\text{„1"} \cdot h^3}{12 \cdot EI} \cdot \frac{1}{2}$$

Die Verformung w kann mit Hilfe einer geeigneten Formelsammlung, mit dem Prinzip der virtuellen Kräfte ([JR22], S. 4.31) oder mit anderen geeigneten Verfahren berechnet werden.

3.) Daraus ergibt sich für die beiden Stützen die Gesamtfedersteifigkeit zu:

$$k = \frac{P}{w} = \frac{\text{„1"}}{w} = \frac{\text{„1"} \cdot 12 \cdot EI \cdot 2}{\text{„1"} \cdot h^3} = \frac{24 \cdot 16000 \text{ kNm}^2}{4^3 \text{ m}^3} = 6000 \text{ kN/m}$$

4.) Damit lautet die Bewegungsgleichung (Gl. 3.1) des EFS:

$$m \cdot \ddot{u} + k \cdot u = 0$$

$$\Rightarrow \quad 40 \text{ t} \cdot \ddot{u} + 6000 \text{ kN/m} \cdot u = 0 \quad \Rightarrow \quad \ddot{u} + 150 \frac{1}{\text{s}^2} \cdot u = 0$$

5.) Eigenkreisfrequenz ω, Eigenschwingdauer T und Eigenfrequenz f des EFS

- Eigenkreisfrequenz $\omega = \sqrt{\frac{k}{m}} = \sqrt{\frac{6000 \text{ kN/m}}{40 \text{ t}}} = 12,25 \text{ 1/s}$
- Eigenschwingdauer $T = \frac{2 \cdot \pi}{\omega} = \frac{2 \cdot \pi}{12,25} = 0,513 \text{ s}$
- Eigenfrequenz $f = \frac{1}{T} = \frac{1}{0,513} = 1,95 \text{ Hz}$

Beispiel 3-4: Eigenfrequenz einer Bühne

Gegeben: Bühnenträger, links fest aufgelagert, rechts mit Seilabhängung, siehe Abb. 3.15

- Bühnenträger aus Stahl, Masse m_1; $I_y = 1146\ \text{cm}^4$ und $g = 28,8$ kg/m
- Seil (masselos angenommen): $E = 6000\ \text{kN/cm}^2$; $A = 0,6\ \text{cm}^2$; $l = 2,0$ m
- Masse $m_2 = 400$ kg in der Mitte des Bühnenträgers
- Das Seil steht infolge des Eigengewichts der Konstruktion bei den zu erwartenden Schwingungen stets unter Zug.

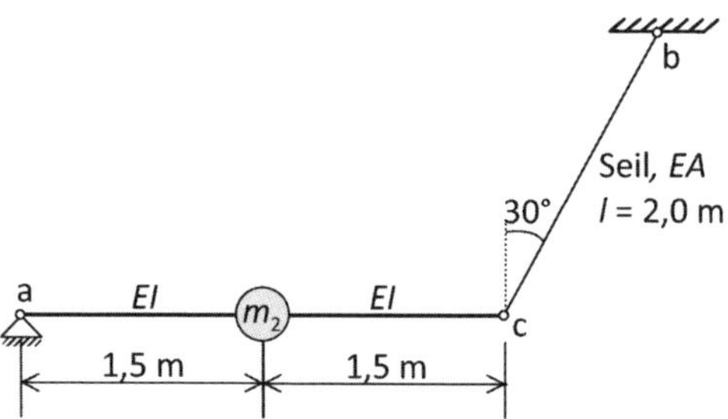

Abb. 3.15: Bsp. 3-4: abgehängter Bühnenträger

Gesucht: Ersatzfedersteifigkeit der Bühne als EFS; Eigenfrequenz

Lösung:

1.) Um die Bühne als EFS berechnen zu können, wird die Masse des Trägers zwischen a und c mit $m_1 = 3\ \text{m} \cdot 28,8\ \text{kg/m} = 86,4$ kg als in der Trägermitte konzentriert betrachtet. Daraus ergibt sich die dort wirkende Gesamtmasse zu:

$$m = m_1 + m_2 = 400 + 86,4 = 486\ \text{kg}$$

Diese Vorgehensweise liefert zwar nicht das exakte Ergebnis, kann aber näherungsweise akzeptiert werden.

2.) Die Masse kann sich auf Grund der angenommenen Dehnstarre des Bühnenträgers ($EA_{\text{Träger}} = \infty$) nur vertikal bewegen. Es gibt nur einen einzigen Freiheitsgrad.

3.) Mit 1) und 2) sind die Voraussetzungen für eine Betrachtung des Systems als EFS erfüllt.

4.) Berechnung der vertikalen Verschiebung w des Massenpunktes infolge einer dort wirkenden Einheitskraft P = „1" (Alle Einheiten in kN und cm):

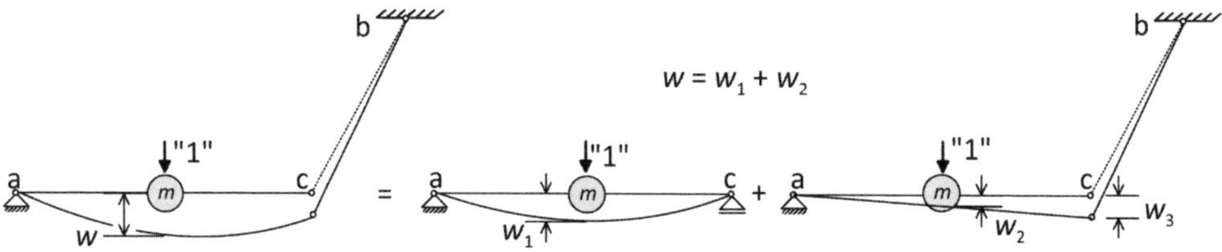

Abb. 3.16: Bsp. 3-4: Ansatz der Einheitskraft zur Berechnung der Ersatzfedersteifigkeit: Die Gesamtverformung w setzt sich aus den beiden Teilverformungen w_1 und w_2 zusammen.

4.1) Anteil w_1 aus Balkenbiegung (Abb. 3.16 mitte)

$$w_1 = \frac{1}{48 \cdot EI} \cdot P \cdot l^3 = \frac{1}{48 \cdot 21\,000 \cdot 1146} \cdot 1 \cdot 300^3 = 0,02337 \text{ cm}$$

4.2) Anteil w_2 aus Seillängung (Seilneigung 30°) (Abb. 3.16 rechts)

- Seilkraft S infolge P = „1“: $S = 0,5/\cos(30°) = 0,57735$ kN
- Längung des Seils infolge der Seilkraft S

$$\Delta l_{\text{Seil}} = \frac{S \cdot l}{EA} = \frac{0,57735 \cdot 200}{6000 \cdot 0,6} = 0,03208 \text{ cm}$$

- Zur Berechnung der vertikalen Verschiebung w_3 am rechten Balkenende (Abb. 3.17) gehen wir von der Theorie kleiner Verformungen aus. Das bedeutet, dass die Seillinie im verformten, gelängten Zustand parallel zum unverformten Seil bleibt:

$$w_3 = \frac{\Delta l}{\cos(30°)} = \frac{0,03208}{\cos(30°)} = 0,03704 \text{ cm}$$

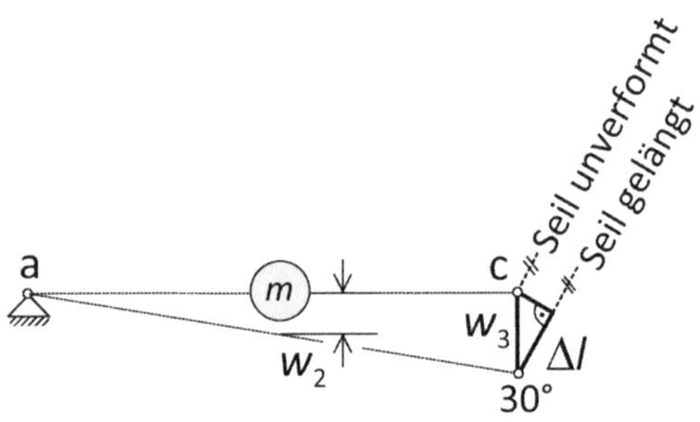

Abb. 3.17: Beispiel 3-4: Vertikalverschiebungen w_2 und w_3

- Vertikalverschiebung w_2 des Massenpunktes in Balkenmitte

$$w_2 = w_3/2 = 0,03704/2 = 0,01852 \text{ cm}$$

4.3) Vertikalverschiebung des Massenpunktes infolge „1“ kN (Abb. 3.16 links):

$$w = w_1 + w_2 = 0,02337 + 0,01852 = 0,04189 \text{ cm}$$

5.) Die Gesamtfedersteifigkeit des EFS ergibt sich daraus zu:

$$k = \frac{F}{w} = \frac{1 \text{ kN}}{0,04189 \text{ cm}} = 23,87 \frac{\text{kN}}{\text{cm}} = 2,387 \cdot 10^6 \frac{\text{N}}{\text{m}}$$

6.) Eigenkreisfrequenz ω und Eigenfrequenz f (Alle Einheiten in N, kg, m, s)

$$\omega = \sqrt{\frac{k}{m}} = \sqrt{\frac{2,387 \cdot 10^6}{486}} = 70,1 \frac{1}{\text{s}}$$

$$f = \frac{\omega}{2 \cdot \pi} = \frac{70,1}{2 \cdot \pi} = 11,2 \text{ Hz}$$

Die korrekte Eigenfrequenz unter Annahme einer verteilten Balkenmasse ergibt sich mit EDV-Programmen zu $f = 11,3$ Hz. Der Fehler infolge der angenommenen Massenkonzentration in Balkenmitte ist in diesem Fall also gering.

3.3.4 Federsteifigkeiten bei elastischem Untergrund

Masse auf elastischem Halbraum: Die Masse eines EFS sei direkt auf einem elastischen Untergrund mit dem Bettungsmodul b [N/m^3] aufgelagert. Die Auflagefläche sei A. Die Federsteifigkeit k des EFS beträgt:

$$k = b \cdot A \tag{3.30}$$

Masse auf elastischer Unterlage: Bei Lagerung der Masse auf einer elastischen Unterlage mit dem Elastizitätsmodul E, der Auflagefläche A und der Dicke t ergibt sich die Federsteifigkeit für den EFS zu:

$$k = \frac{E \cdot A}{t} \tag{3.31}$$

3.3.5 Reduzierte Massen m_{red} zur Berücksichtigung verteilter Massen

Wenn die Tragwerksmasse oder Teile davon nicht als starr betrachtet werden können – z.B. bei einem Biegebalken mit gleichmäßiger Massenbelegung – dann muss die Masse m zunächst in eine äquivalente Punktmasse m_{red} umgerechnet werden, damit das wirkliche System dieselbe Eigenfrequenz hat wie der EFS. Wenn man in diesem Fall die komplette Tragwerksmasse als Masse des EFS ansetzen würde (... wie wir es z.B. in Bsp. 3-4 gemacht haben), werden die errechneten Eigenfrequenzen zu klein sein. Das liegt – einmal vereinfach ausgedrückt – daran, dass z.B. bei einem Biegebalken auf zwei Stützen eben nicht jeder Massenpunkt bei jeder Schwingung die maximale Auslenkung mitmacht: die auflagernahen Massenpunkte bewegen sich kaum, während diejenigen in Feldmitte voll ausgelenkt werden.

Die **reduzierte Masse** m_{red} ist diejenige rechnerische Punktmasse, die – statt der tatsächlich verteilten Masse – in Verbindung mit der tatsächlichen Federsteifigkeit des EFS (Schritt 2, Abs. 3.3.1) die korrekte Eigenfrequenz des EFS ergibt.

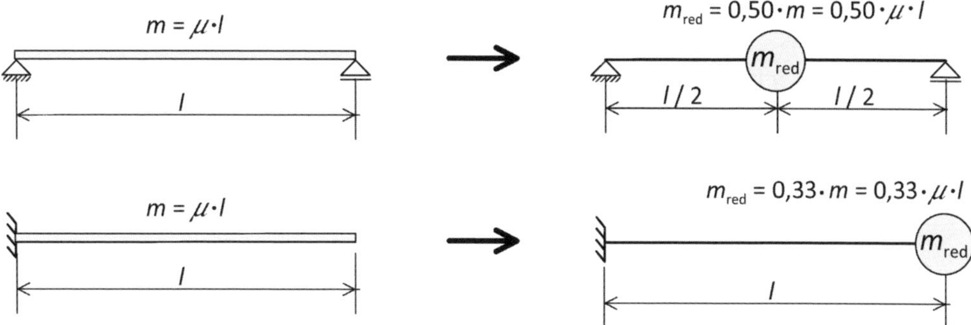

Abb. 3.18: Reduzierte Massen bei der Bestimmung der Kennwerte des EFS: a) Einfeldträger mit konstanter Massenbelegung; b) Kragträger mit konstanter Massenbelegung ([Kra07], S. 96)

Für einige statische Systeme kann man die Größe von m_{red} aus der Literatur entnehmen. Abb. 3.18 zeigt zwei Fälle. Für einen statisch bestimmt gelagerten Träger auf zwei Stützen mit gleichmäßiger Massenbelegung beträgt die reduzierte Masse 50 % der tatsächlichen Masse. Die Anwendung der Fälle in Abb. 3.18 setzt voraus, dass die Träger genau so wie im Bild aufgelagert sind: Der abgehängte Bühnenträger aus Bsp. 3-4 lässt sich damit nicht erfassen, da der Punkt am rechten Ende des Bühnenträgers nicht fest aufgelagert ist wie der Träger in Abb. 3.18 oben.

Berechnete Schwingungsamplituden beziehen sich stets auf den Punkt, an dem die Punktmasse m_{red} angesetzt wird.

Beispiel 3-5: Reduzierte Masse eines Einfeldträgers mit gleichmäßiger Massenbelegung

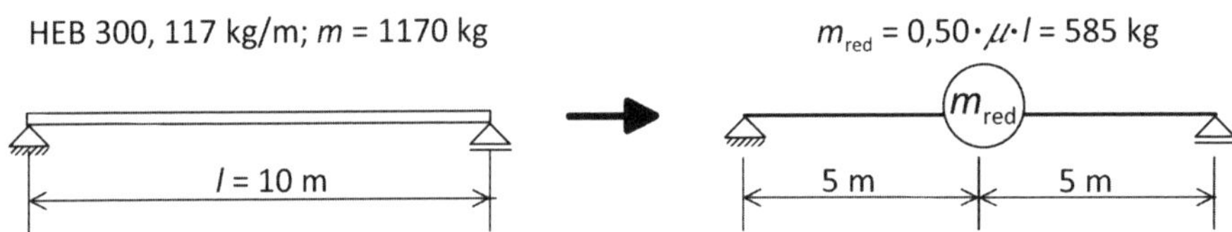

Abb. 3.19: Beispiel 3-5

Gegeben: Einfeldträger auf zwei Stützen, HEB 300, $l = 10$ m.

Gesucht: Kleinste Eigenfrequenz des nur durch Eigengewicht beanspruchten Trägers mit Hilfe der reduzierten Masse m_{red}

Lösung:

- Die tatsächliche Eigenfrequenz des Trägers beträgt $f = 10,5$ Hz, siehe Berechnungen zu Beispiel 7-1 weiter unten in Kap. 7.
- Würde man den Träger als EFS modellieren, bei dem die komplette Masse $m = 1170$ kg als in Trägermitte konzentriert wirkend angenommen wird, so ergäbe sich daraus eine Eigenfrequenz von $f = 7,4$ Hz. Ein Vergleich dieses Wertes mit der tatsächlichen Eigenfrequenz von 10,5 Hz zeigt, dass diese Vorgehensweise im vorliegenden Fall ungeeignet ist.
- $k = 1/w = (48 \cdot EI)/l^3 = (48 \cdot 21\,000 \cdot 25170)/1000^3 = 25,37$ kN/cm $= 2,537 \cdot 10^6$ N/m
- Die reduzierte Masse ergibt sich nach Abb. 3.18: $m_{\text{red}} = 50\ \% \cdot m = 0,5 \cdot 1,17 = 0,583$ t. Setzt man diese in der Mitte des Einfeldträgers an, errechnet sich die Eigenfrequenz zu:

$$f = \sqrt{\frac{k}{m}} \cdot \frac{1}{2 \cdot \pi} = \sqrt{\frac{2,537 \cdot 10^6}{585}} \cdot \frac{1}{2 \cdot \pi} = 10,5 \text{ Hz}$$

- Ergebnis: Mit Hilfe der reduzierten Masse m_{red} gelingt es, das Tragwerks als EFS zu modellieren und die korrekte Eigenfrequenz zu berechnen.

3.4 Typen von EFS

Bisher haben wir EFS nur in der Form als Feder-Masse-System kennengelernt, siehe Tab. 3.1, drittletzte Zeile. Tatsächlich folgen z.B. ein mathematisches Pendel (bei kleinen Ausschlägen)

Tab. 3.1: Verschiedene Arten von Einfreiheitsgradschwingern (nach [GH89], S. 595)

System	Bezeichnung	Differentialgleichung
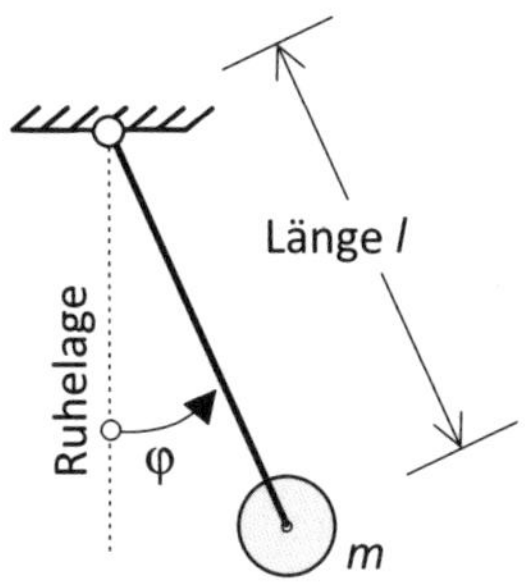	Mathematisches Pendel	$\ddot{\varphi} + \omega^2 \cdot \varphi = 0$ $\ddot{\varphi}$: Winkelbeschleunigung $f = \omega/(2 \cdot \pi)$ $\omega = \sqrt{g/l}$
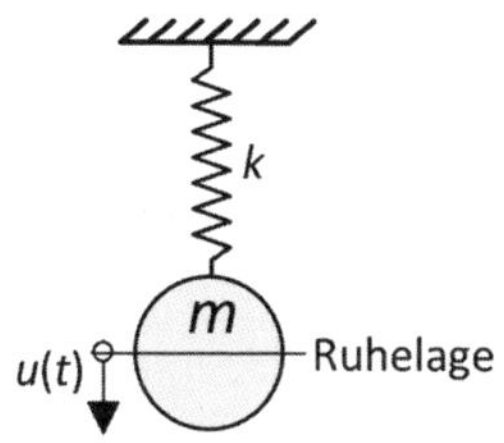	Feder-Masse-System	$\ddot{u} + \omega^2 \cdot u = 0$ $\ddot{u}$: Beschleunigung $f = \omega/(2 \cdot \pi)$ $\omega = \sqrt{k/m}$
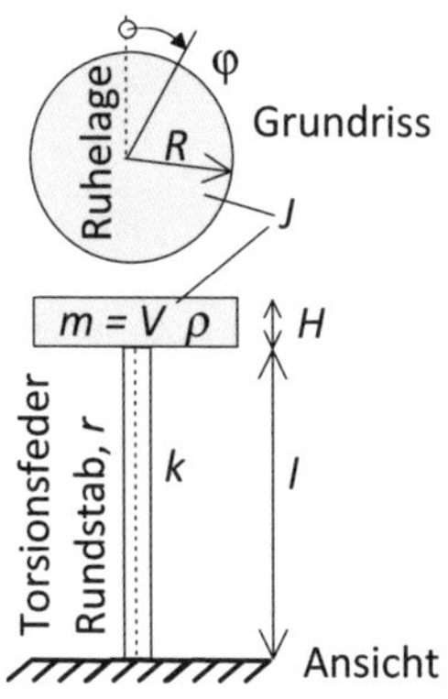	Torsionsschwinger	$\ddot{\varphi} + \omega^2 \cdot \varphi = 0$ $\ddot{\varphi}$: Winkelbeschleunigung $f = \omega/(2 \cdot \pi)$ $\omega = \sqrt{k/J}$ Drehträgheitsmoment J: $J = \int_m r^2 \cdot \mathrm{d}m \quad [\mathrm{kg\ m^2}]$ Zylinder, Höhe H, Radius R: $J = (\pi \cdot \rho \cdot H \cdot R^4)/2$ Dichte ρ [kg/m^3] Stab mit Kreisqerschnitt, Länge l, Radius r: $k = M_x/\varphi = (\pi \cdot G \cdot r^4)/(2l)$
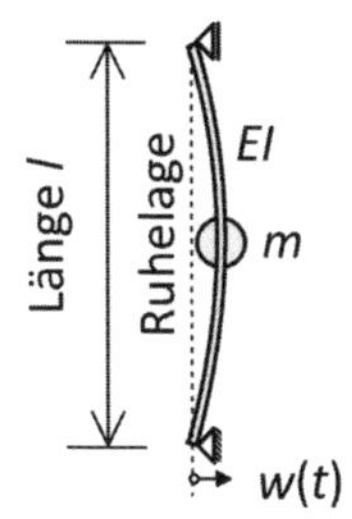	Biegeschwinger	$\ddot{w} + \omega^2 \cdot w = 0$ $\ddot{w}$: Beschleunigung $f = \omega/(2 \cdot \pi)$ $\omega = \sqrt{k/m}$ $k = F/w = 48 \cdot EI/l^3$

oder ein Torsionsschwinger den gleichen Regeln. Den Biegeschwinger haben wir ja bereits kennengelernt und können ihn in ein Feder-Masse-System umrechnen. In Tab. 3.1 sind verschiedene Arten von EFS dargestellt (nach [GH89]). Die Differentialgleichungen, die Beziehungen für die Eigenfrequenzen und die Eigenkreisfrequenzen errechnen sich nach mathematisch ähnlichen Formeln, wie leicht erkennbar ist.

3.5 Aufgaben und Fragen zur Lernkontrolle

Aufgabe 3-1: Fragen

Frage a: Die Bewegungsgleichung des ungedämpften EFS ist mit Gl. 3.1 gegeben. Überprüfen Sie durch Einsetzen, ob die angegebenen Lösungen (Gl. 3.2 bis Gl. 3.4) die DGl 3.1 erfüllen.

Frage b: Auf den EFS aus Beispiel 3-1, siehe Abb. 3.5, wirkt die Schwerkraft. Wie ändert sich die in Bsp. 3-1 berechnete Eigenkreisfrequenz $\omega = 20,70$ 1/s, wenn der EFS statt dessen in einem schwerkraftfreien Umfeld montiert wird?

Aufgabe 3-2: Federsteifigkeit, Eigenfrequenz und Eigenschwingdauer eines EFS

Zu Abs. 3.2 und 3.3.2; Schwierigkeitsgrad: leicht

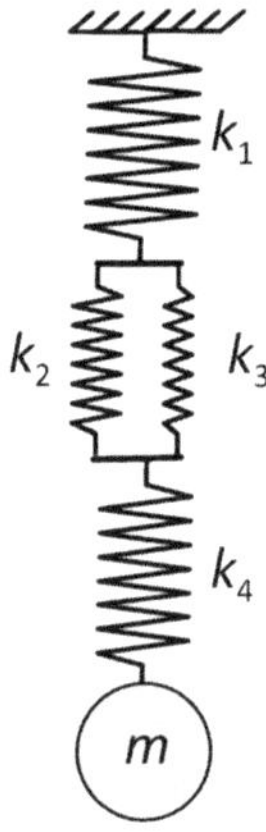

Abb. 3.20: Aufg. 3-2

Gegeben: Einfreiheitsgradschwinger bestehend aus ...

- einer Masse $m = 10$ kg
- vier Federn mit $k_1 = 10$ kN/m, $k_2 = 5$ kN/m, $k_3 = 2,5$ kN/m und $k_4 = 7$ kN/m

Die Längung der Federn 2 und 3 sei konstruktionsbedingt gleich groß.

Gesucht: Bestimmen Sie die Federsteifigkeit k des EFS und berechnen Sie dessen Eigenfrequenz f, Schwingdauer T und die Eigenkreisfrequenz ω.

Aufgabe 3-3: Eigenfrequenz eines schwingenden Rahmens als EFS

Zu Abs. 3.2 und 3.3; Schwierigkeitsgrad: leicht

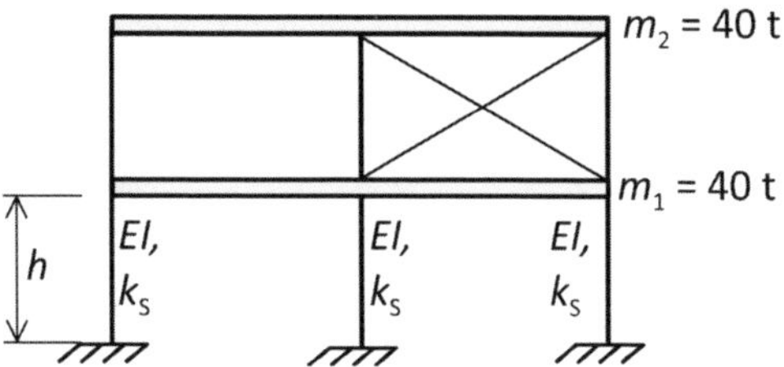

Abb. 3.21: Aufgabe 3-3: Zweigeschossiger Stockwerksrahmen

Gegeben: Tragwerk nach Abb. 3.21. Der Verband zwischen den beiden Geschossen verhindert Relativbewegungen der beiden Geschossmassen ($m_1 = m_2 = 40$ t). Die Stützen sind näherungsweise als masselos zu betrachten, $EI = 16\,000$ kN m^2. Die Geschosshöhe sei $h = 4,0$ m

Gesucht: Federsteifigkeit k_s einer einzelnen Stütze; Federsteifigkeit k des EFS; Schwingungsform; Bewegungsgleichung; Eigenkreisfrequenz ω; Schwingdauer T; Eigenfrequenz f.

Aufgabe 3-4: Modellierung eines Tragwerks als EFS

Zu Abs. 3.2 und 3.3; Schwierigkeitsgrad: mittel

Gegeben: Eine Konstruktion (Abb. 3.22) dient zur Aufstellung einer Maschine. Sie besteht aus zwei gelenkig gelagerten Stützen und einem beidseits gelenkig verbundenen, starren Bühnenträger. Stabilisiert wird das Tragwerk ausschließlich durch zwei nicht vorgespannte, biegeschlaffe Zugdiagonalen, die auf Zug mitwirken und keinen Druck übernehmen.

- Massen des Bühnenträger $m_1 = 20$ t und Maschine $m_2 = 5,0$ t
- Die Eigenmassen aller anderen Bauteile sollen vernachlässigt werden.
- Stützenquerschnitt Walzprofil HEM 500, Biegesteifigkeit EI, dehnstarr ($EA = \infty$)
- Querschnitt der Zugdiagonalen: Stahl, $A = 10$ cm^2, Dehnsteifigkeit EA.

Gesucht: Federsteifigkeit k und Masse m des EFS; Frequenzen f und ω; Schwingungsform.

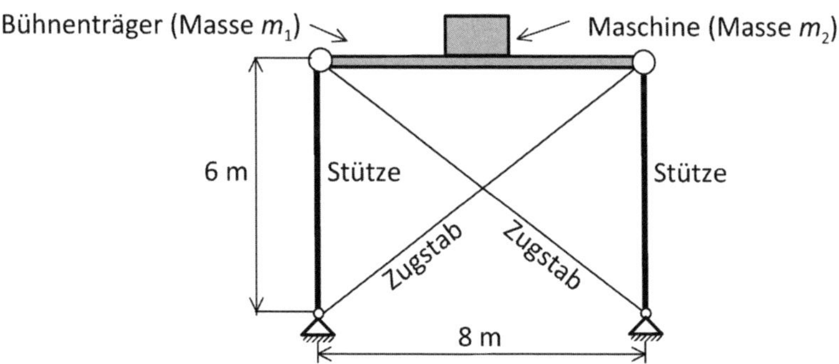

Abb. 3.22: Aufgabe 3-4

Aufgabe 3-5: Modellierung eines Systems als EFS

Zu Abs. 3.2 und 3.3; Schwierigkeitsgrad: mittel

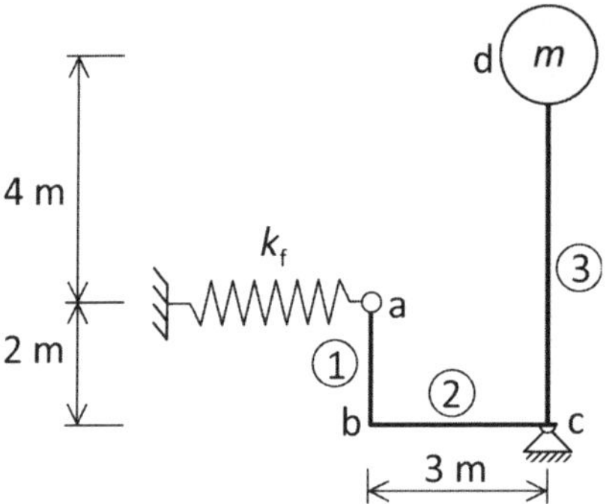

Abb. 3.23: Aufgabe 3-5 Tragwerk mit dehnstarrem Stabzug a-b-c-d

Gegeben: Ein Tragwerk (Abb. 3.23) ist im Punkt a mit einer Senkfeder ($k_f = 10^5$ N/m) verbunden. Im Punkt d ist die Masse $m = 1000$ kg montiert.

- Die Stäbe 1, 2 und 3 dürfen als masselos betrachtet werden.
- Stab 3: $E = 21\,000$ kN/cm^2; $I = 5700$ cm^4 (HEB 200); $EA = \infty$
- Stäbe 1 und 2: $EI = \infty$ und $EA = \infty$

Gesucht: Federsteifigkeit k des EFS; Frequenzen f und ω; Schwingdauer T

Aufgabe 3-6: Modellierung eines abgehängten Trägers als EFS

Zu Abs. 3.2 und 3.3; Schwierigkeitsgrad: mittel

Gegeben: Abgehängter Träger mit Einzelmasse $m = 10$ t als EFS

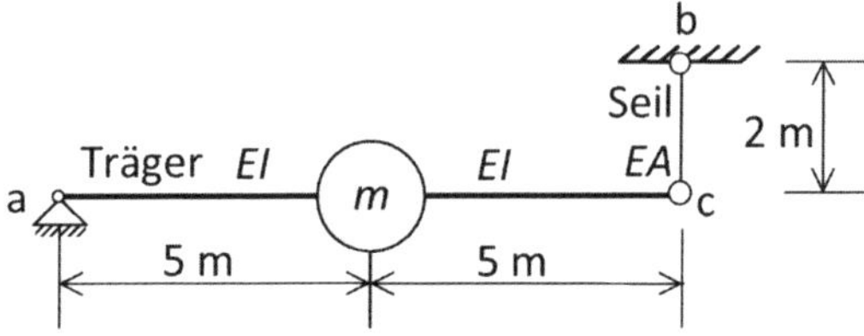

Abb. 3.24: Aufgabe 3-6

- Träger mit $EI = 50\,000$ kNm^2
- Seil mit $EA = 3600$ kN
- Die Massen von Träger und Seil sind bereits in der Masse m berücksichtigt.
- Das Seil bleibt infolge des Eigengewichts der Konstruktion stets unter Zug.

Gesucht: Federsteifigkeit k des EFS; Frequenzen f und ω

Aufgabe 3-7: Seilkraft in einem Lastenaufzug bei einem plötzlichen Stopp

Zu Abs. 2.1, 3.2, 3.3; Schwierigkeitsgrad: schwerer

Gegeben: Ein Lastenaufzug (Abb. 3.25) mit der Masse m bewegt sich mit einer konstanten Geschwindigkeit von $v_0 = 1$ m/s nach unten. Plötzlich blockiert der Windenmotor bei einer Seillänge von genau 20 m. Die Aufzugsmasse führt nun eine freie Schwingung um ihre Position (=Ruhelage) aus.

- Seil (masselos angenommen) mit $E = 10\,000\,\text{kN/cm}^2$; $A = 15\,\text{cm}^2$
- Seillänge $l = 20\,\text{m}$
- Aufzugsmasse $m = 5$ t (Nutzlast plus Eigengewicht)
- $v_0 = 1$ m/s
- $g = 10$ m/s^2

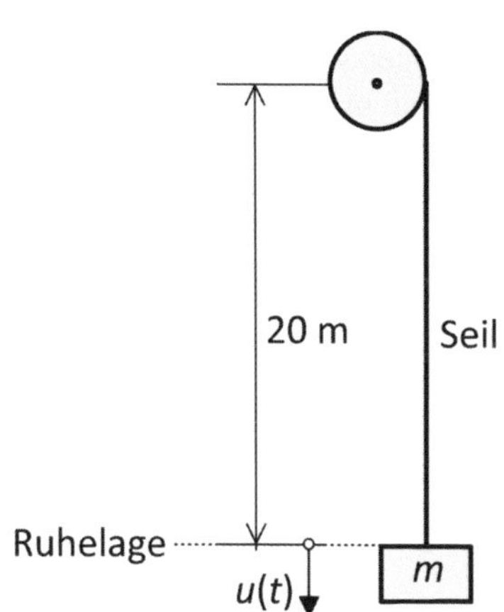

Abb. 3.25: Aufgabe 3-7 Lastenaufzug (Quelle des Fotos: Pixabay)

Gesucht sind die folgenden Größen:

a) Federsteifigkeit k des EFS
b) maximale Amplitude $\hat{u}$ nach dem Stopp bezogen auf die Ruhelage.
c) maximale Seilkraft S nach dem plötzlichen Stopp

Bestimmen Sie die Werte einmal über die Lösung der Schwingungs-DGl und einmal über eine Energiebetrachtung.

4 Die freie, gedämpfte Schwingung des EFS

4.1 Beschreibung der Dämpfung

Wir betrachten ein einfaches Feder-Masse-System in der Realität. Wenn man die Masse auslenkt und dann freigibt, stellt sich eine Schwingung ein, deren Amplitude mit der Zeit immer kleiner wird, bis die Masse schließlich zur Ruhe kommt. Offensichtlich wirkt eine Kraft, die die Bewegung abbremst. Diese Kraft wollen wir als Dämpfungskraft bezeichnen. Die Dämpfung bewirkt, dass dem schwingenden System mechanische Energie entzogen wird, indem sie in andere Energieformen (z.B. Wärmeenergie) umgewandelt wird. Das nennt man Energiedissipation. Ursache für die Dämpfung sind u.a. Reibungsvorgänge im Werkstoff oder der Luftwiderstand. Abb. 4.1 zeigt diesen Vorgang schematisch: Mit der im Zeitverlauf abnehmenden Schwingungsamplitude reduziert sich nun auch der Horizont der mechanischen Energie.

Die mechanischen Modelle, die hinter der Dämpfung stehen, sind vielfältig und komplex, siehe [PW18], Abs. 3.8. In der Baudynamik hat sich folgender Ansatz als zweckmäßig erwiesen:

> Die **Dämpfungskraft** R eines Bauteils kann mit einem geschwindigkeitsabhängigen Ansatz beschrieben werden:
>
> $$R = c \cdot \dot{u} \tag{4.1}$$

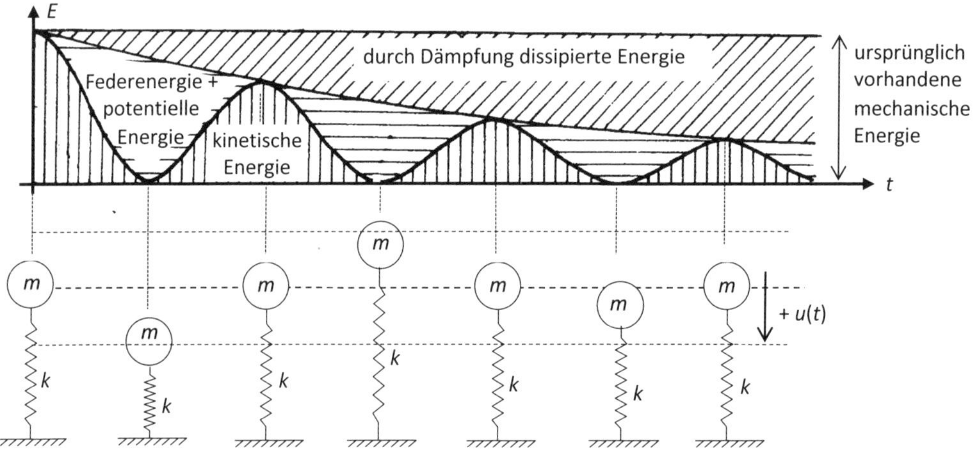

Abb. 4.1: Energiebetrachtung bei einer gedämpften Schwingung

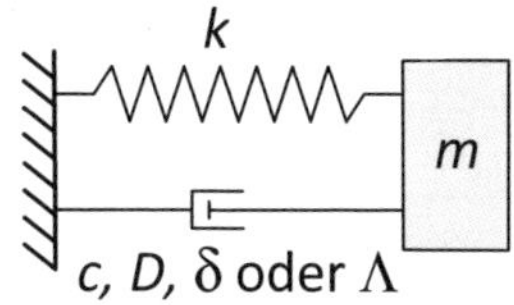

Abb. 4.2: Gedämpfter EFS (Einfreiheitsgradschwinger) mit Dämpfungsgrößen nach Tab. 4.1

In Gl. 4.1 ist c die Dämpfungskonstante mit der Einheit kg/s und $\dot{u}$ die Geschwindigkeit der Masse. Als Begründungen für einen geschwindigkeitsproportionalen Ansatz der Dämpfungskraft lassen sich besonders zwei Argumente nennen:

- Versuche zeigen, dass der Ansatz Gl. 4.1 ausreichend genau ist und besonders in der Umgebung der Eigenfrequenz passende Ergebnisse liefert.
- Mit diesem Ansatz lässt sich leicht rechnen, die Anwendung ist einfach.

Das Schaubild des EFS wird um die Dämpfung ergänzt, siehe Abb. 4.2.

Die Dämpfung lässt sich aber nicht nur durch die Dämpfungskonstante c beschreiben. Weitere Begriffe, Definitionen und Beziehungen für die unterschiedlichen Größen, mit denen sich die Dämpfung angeben lässt, werden in Tab. 4.1 gezeigt.

Eine sehr gebräuchliche und anschauliche Größe zur Beschreibung der Dämpfung ist der einheitenlose Dämpfungsgrad D, auch als Lehr'sches Dämpfungsmaß bezeichnet. Für typische Bauwerke liegt der Dämpfungsgrad D etwa zwischen 0,5 und 5 %.

Abb. 4.3 zeigt die freie Schwingung eines gedämpften EFS bei verschiedenen Dämpfungsgraden D. Während die Schwingung bei $D = 0$ ungedämpft wäre und die Amplitude unverändert bliebe, geht sie schon bei kleinen Dämpfungsgraden D mit der Zeit stark zurück.

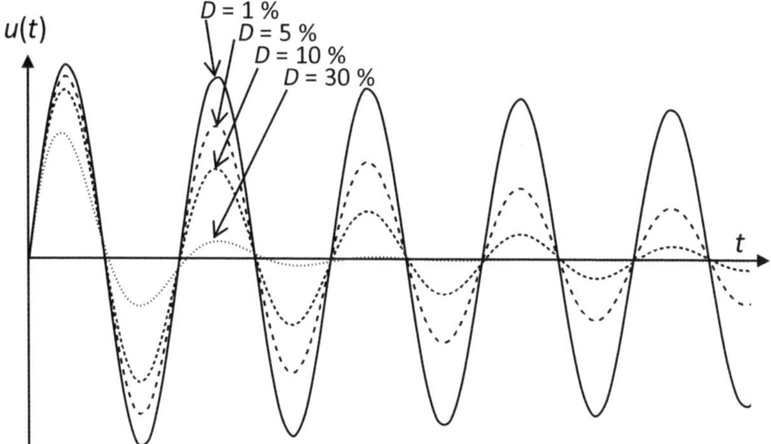

Abb. 4.3: Freie, gedämpfte Schwingung bei unterschiedlichen Dämpfungsgraden D.

Tab. 4.1: Verschiedene Größen zur Beschreibung der Dämpfung

Größe	Bezeichnung	Einheit	Beziehungen
D	Dämpfungsgrad, Lehr'sches Dämpfungsmaß	–	$D = \frac{\delta}{\omega} = \frac{c}{2\sqrt{m \cdot k}}$ $= \frac{c \cdot \omega}{2 \cdot k} = \frac{c}{2 \cdot m \cdot \omega}$ $D = \sqrt{\frac{\Lambda^2}{4 \cdot \pi^2 + \Lambda^2}}$
Λ	Logarithmisches Dämpfungsdekrement	–	$\Lambda = 2 \cdot \pi \cdot D \frac{\omega}{\omega_D} = 2 \cdot \pi \frac{D}{\sqrt{1-D^2}}$ Für kleine Werte D gilt: $\Lambda \simeq 2 \cdot \pi \cdot D$
δ	Abklingkonstante	1/s	$\delta = \frac{c}{2 \cdot m}$ bzw. $\delta = D \cdot \omega$
c	Dämpfungskonstante	kg/s N·s/m	$c = D \cdot 2\sqrt{m \cdot k}$ $c = \delta \cdot 2 \cdot m$

4.2 DGl der gedämpften Schwingung

Am Beispiel eines zweigeschossigen Rahmens (Abb. 4.4), der als Einfreiheitsgradschwinger modelliert wurde, werden die Kräfte angeschrieben und die DGl aus der Gleichgewichtsbetrachtung $\Sigma H = 0$ gewonnen. Die schon von der freien, ungedämpften Schwingung her bekannte DGL (Gl. 3.1) wird dabei um einen Term zur Berücksichtigung der Dämpfungskraft ergänzt:

Die **Bewegungsgleichung (DGl) der gedämpften Schwingung** eines EFS lautet:

$$m \cdot \ddot{u} + c \cdot \dot{u} + k \cdot u = 0 \qquad (4.2)$$

Darin ist u die Verschiebung der Masse m, $\dot{u}$ die Geschwindigkeit und $\ddot{u}$ die Beschleunigung.

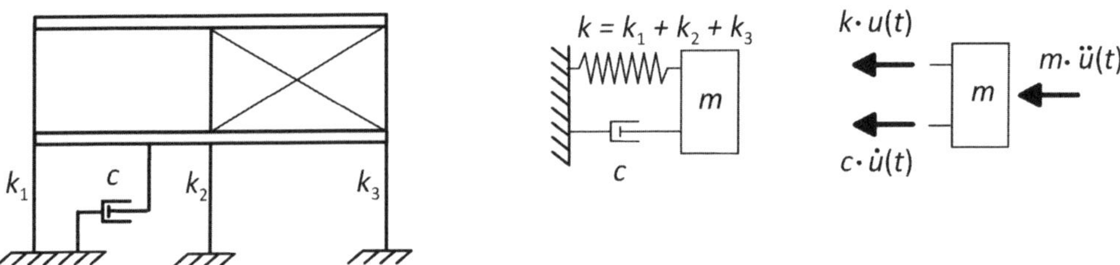

Abb. 4.4: Geschossrahmen mit Dämpfung als EFS, Masse freigeschnitten, Kräfte angeschrieben.

Mit $k/m = \omega^2$ und $c/m = 2 \cdot D \cdot \omega$ ergibt sich eine alternative Form der DGl:

$$\ddot{u} + 2 \cdot D \cdot \omega \cdot \dot{u} + \omega^2 \cdot u = 0 \tag{4.3}$$

ω ist als Eigenkreisfrequenz der ungedämpften Schwingung ein theoretischer Wert, denn reale Tragwerke weisen stets eine Dämpfung auf. Aus der Lösung der DGI (siehe unten Abs. 4.3) ergibt sich für $0 < D \leq 1$ die messbare **Eigenkreisfrequenz der gedämpften Schwingung** zu:

$$\omega_D = \omega \cdot \sqrt{1 - D^2} \tag{4.4}$$

Bis zu einem Dämpfungsgrad von $D = 0,14 = 14\ \%$ weicht ω_D allerdings um weniger als 1% von ω ab. Für übliche Bauwerke liegt der Dämpfungsgrad deutlich unter 14 %, sodass in den allermeisten baupraktisch relevanten Fällen angenommen werden kann:

$$\omega \cong \omega_\mathrm{D} \tag{4.5}$$

Unterscheidet man zwischen der Eigenkreisfrequenz des ungedämpften Systems ω und der Eigenkreisfrequenz des gedämpften Systems ω_D, so müsste man eigentlich auch die Eigenfrequenzen f und f_D und die Eigenschwingdauern T und T_D unterscheiden. Das macht man jedoch nicht, weil bei den baupraktisch üblichen kleinen Dämpfungen eine solche Unterscheidung meist nicht erforderlich ist. In diesem Buch werden folgende Zusammenhänge verwendet:

$$\begin{aligned} f &= \frac{\omega}{2 \cdot \pi} \cong f_\mathrm{D} = \frac{\omega_\mathrm{D}}{2 \cdot \pi} \\ T &= 1/f \cong T_\mathrm{D} = 1/f_\mathrm{D} \end{aligned} \tag{4.6}$$

Frequenzen und Schwingdauern realer Tragwerke können aus gemessenen Verformungskurven abgelesen werden. Der Unterschied dieser Werte $T_\mathrm{D}, f_\mathrm{D}$ des realen, gedämpften Tragwerks zu den Werten T, f eines gleichen, jedoch ungedämpften Tragwerks bleibt in der Regel vernachlässigbar, siehe auch [PW18], Abs. 5.3.1, S. 373.

4.3 Lösung der DGl der gedämpften Schwingung

Die Bewegungsgleichung der gedämpften Schwingung (Gl. 4.2) ist – wie schon die DGL der ungedämpften Schwingung – eine lineare, homogene DGl II. Ordnung:

$$m \cdot \ddot{u} + c \cdot \dot{u} + k \cdot u = 0 \tag{4.7}$$

Wir erinnern uns: Diese DGl lässt sich in die DGl der ungedämpften Schwingung aus Kapitel 3 zurückführen wenn die Dämpfungskonstante $c = 0$ gesetzt wird.

Da der Lösungsvorgang wichtige Erkenntnisse über die Wirkung der Dämpfung auf die Schwingung vermitteln kann, wird er im Folgenden gezeigt. Zur Lösung wird der Exponentialansatz nach [San15], S. 467 verwendet:

$$u = e^{\lambda \cdot t} \quad \text{und} \quad \dot{u} = \lambda \cdot e^{\lambda \cdot t} \quad \text{und} \quad \ddot{u} = \lambda^2 \cdot e^{\lambda \cdot t} \tag{4.8}$$

Setzt man Gl. 4.8 in Gl. 4.7 ein, ergibt sich:

$$m \cdot \lambda^2 \cdot e^{\lambda \cdot t} + c \cdot \lambda \cdot e^{\lambda \cdot t} + k \cdot e^{\lambda \cdot t} = 0 \tag{4.9}$$

Durch Ausklammern ergibt sich ein Produkt, das nur zu 0 werden kann, wenn der zweite Klammerausdruck 0 wird, denn $e^{\lambda \cdot t}$ kann nicht 0 werden:

$$e^{\lambda \cdot t} \cdot (m \cdot \lambda^2 + c \cdot \lambda + k) = 0 \tag{4.10}$$

Die charakteristische Gleichung lautet damit:

$$m \cdot \lambda^2 + c \cdot \lambda + k = 0 \tag{4.11}$$

Die beiden Lösungen dieser quadratischen Gleichung lauten:

$$\lambda_{1,2} = -\frac{c}{2 \cdot m} \pm \sqrt{\frac{c^2}{4 \cdot m^2} - \omega^2} \tag{4.12}$$

Durch Einführung der Abklingkonstante $\delta = c/(2 \cdot m)$ (siehe Tab. 4.1) wird daraus:

$$\lambda_{1,2} = -\delta \pm \sqrt{\delta^2 - \omega^2} \tag{4.13}$$

Um beide Lösungen der quadratischen Gleichung zu berücksichtigen, formuliert man Gl. 4.8 als Linearkombination um:

$$u = e^{\lambda \cdot t} = a_1 \cdot e^{\lambda_1 \cdot t} + a_2 \cdot e^{\lambda_2 \cdot t} \tag{4.14}$$

Nun setzt man Gl. 4.13 in Gl. 4.14 ein:

$$u = a_1 \cdot e^{(-\delta + \sqrt{\delta^2 - \omega^2}) \cdot t} + a_2 \cdot e^{(-\delta - \sqrt{\delta^2 - \omega^2}) \cdot t} \tag{4.15}$$

Mit $\delta = D \cdot \omega$ (siehe Tab. 4.1) wird daraus:

$$u = a_1 \cdot e^{(-\delta + \omega \cdot \sqrt{D^2 - 1}) \cdot t} + a_2 \cdot e^{(-\delta - \omega \cdot \sqrt{D^2 - 1}) \cdot t} \tag{4.16}$$

Hinsichtlich des Wertes des Dämpfungsgrades D sind drei Fälle zu unterscheiden:

- $D > 1$: starke Dämpfung
  - Das Wurzelargument im Exponent von Gl. 4.16 wird positiv.
  - Der Fall ist baupraktisch kaum relevant, da die Dämpfungsgrade von Bauwerken deutlich kleiner als 1 sind.
  - Die Funktion $u(t)$ beschreibt eine Kriechbewegung mit maximal einem Nulldurchgang, keine Schwingung, siehe Abb. 4.5
- $D = 1$: Grenzfall. Dieser Fall ist baupraktisch nicht von Bedeutung.
- $D < 1$: Eine schwache Dämpfung ist bei baupraktischen Aufgaben die Regel. Das Wurzelargument im Exponent von Gl. 4.16 wird negativ. Wir bewegen uns in den komplexen Zahlenraum. Mit $i = \sqrt{-1}$ und Gl. 4.4 wird aus Gl. 4.13:

$$\begin{aligned} \lambda_{1,2} &= -\delta \pm \omega \cdot \sqrt{D^2 - 1} \\ &= -\delta \pm \omega \cdot \sqrt{-1} \cdot \sqrt{1 - D^2} = -\delta \pm i \cdot \omega \cdot \sqrt{1 - D^2} \\ &= -\delta \pm i \cdot \omega_{\mathrm{D}} \end{aligned} \tag{4.17}$$

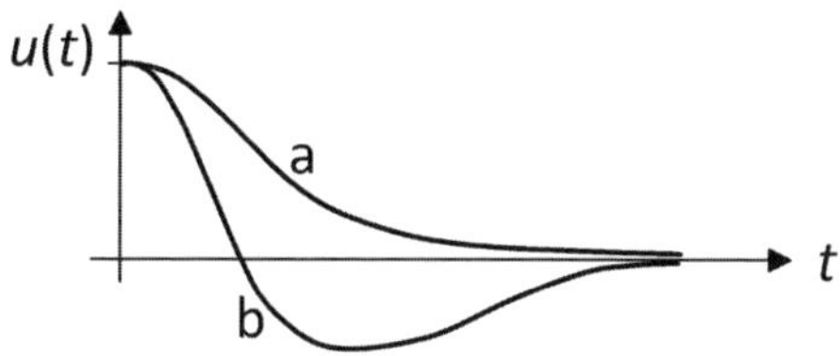

Abb. 4.5: $u(t)$ für die freie Schwingung eines stark gedämpften Systems ($D > 1$): a) ohne Nulldurchgang; b) mit einem einzigen Nulldurchgang.

Nun setzen wir Gl. 4.17 in Gl. 4.14 ein:

$$\begin{aligned} u(t) &= a_1 \cdot e^{(-\delta+i\cdot\omega_\mathrm{D})\cdot t} + a_2 \cdot e^{(-\delta-i\cdot\omega_\mathrm{D})\cdot t} \\ &= e^{-\delta\cdot t} \cdot \left(a_1 \cdot e^{i\cdot\omega_\mathrm{D}\cdot t} + a_2 \cdot e^{-i\cdot\omega_\mathrm{D}\cdot t}\right) \end{aligned} \tag{4.18}$$

Die Euler - Formeln helfen dabei, den komplexen Zahlenraum wieder verlassen zu können:

$$e^{+i\cdot x} = \cos(x) + i \cdot \sin(x) \quad \text{und} \quad e^{-i\cdot x} = \cos(x) - i \cdot \sin(x) \tag{4.19}$$

Damit lässt sich Gl. 4.18 anschreiben zu:

$$u(t) = e^{-\delta\cdot t} \cdot [(a_1 + a_2) \cdot \cos(\omega_\mathrm{D} \cdot t) + i \cdot (a_1 - a_2) \cdot \sin(\omega_\mathrm{D} \cdot t)] \tag{4.20}$$

Mit der Substitution

$$a_1 = \frac{B - i \cdot A}{2} \quad \text{und} \quad a_2 = \frac{B + i \cdot A}{2} \tag{4.21}$$

wird

$$a_1 + a_2 = B \quad \text{und} \quad a_1 - a_2 = -i \cdot A \tag{4.22}$$

Daraus und aus Gl. 4.20 ergibt sich die Lösung der DGl – nun wieder im reellen Zahlenbereich.

Für eine freie, gedämpfte Schwingung lautet die **Lösung der Bewegungsgleichung** und ihre Ableitung in allgemeiner Form:

$$u(t) = \underbrace{\left(e^{-\delta\cdot t}\right)}_{\text{Dämpfung}} \cdot \underbrace{[A \cdot \sin(\omega_\mathrm{D} \cdot t) + B \cdot \cos(\omega_\mathrm{D} \cdot t)]}_{u(t)\text{ der freien, ungedämpften Schwingung}} \tag{4.23}$$

$$\begin{aligned} \dot{u}(t) =& e^{-\delta\cdot t} \cdot [A \cdot \omega_\mathrm{D} \cdot \cos(\omega_\mathrm{D} \cdot t) - B \cdot \omega_\mathrm{D} \cdot \sin(\omega_\mathrm{D} \cdot t)] \\ & - \delta \cdot e^{-\delta\cdot t} \cdot [A \cdot \sin(\omega_\mathrm{D} \cdot t) + B \cdot \cos(\omega_\mathrm{D} \cdot t)] \end{aligned} \tag{4.24}$$

Die Werte der beiden Konstanten A und B lassen sich berechnen, wenn zwei Randbedingungen der gedämpften Schwingung bekannt sind. Wenn beispielsweise Wegordinate u_0 und Geschwindigkeit $\dot{u}_0$ zum Zeitpunkt $t = 0$ gegeben sind, ergibt sich – analog zur ungedämpften Schwingung, siehe Abs. 3.2.2 – für die Konstanten:

$$A = \frac{\dot{u}_0 + \delta \cdot u_0}{\omega_\mathrm{D}} \quad \text{und} \quad B = u_0 \tag{4.25}$$

Die **Wegfunktion** 4.23 wird mit $\delta = D \cdot \omega$ bei bekannten Werten $u_0, \dot{u}_0$ zu:

$$u(t) = e^{-\delta \cdot t} \cdot \left(\frac{\dot{u}_0 + \delta \cdot u_0}{\omega_D} \cdot \sin(\omega_D \cdot t) + u_0 \cdot \cos(\omega_D \cdot t) \right) \tag{4.26}$$

Für ein sehr schwach gedämpftes System ($D \ll 1$) lässt sich Gl. 4.26 annähern zu:

$$u(t) \cong e^{-\delta \cdot t} \cdot \left(\frac{\dot{u}_0}{\omega} \cdot \sin(\omega \cdot t) + u_0 \cdot \cos(\omega \cdot t) \right) \tag{4.27}$$

Sind als Randbedingungen Wegamplitude $\hat{u}$ und Nullphasenwinkel φ_0 bekannt, lässt sich die **Wegfunktion** analog zum ungedämpften Fall in Gl 3.13 alternativ angeben:

$$u(t) = \hat{u} \cdot e^{-\delta \cdot t} \cdot \sin(\omega_D \cdot t + \varphi_0) \tag{4.28}$$

4.4 Bestimmung der Dämpfungsparameter durch Ausschwingversuche

Der Dämpfungsgrad D oder andere Dämpfungsparameter können experimentell bestimmt werden. Man regt ein Bauwerk oder Bauteil zum Schwingen an und misst die daraufhin auftretenden (abklingenden) Maximalausschläge, siehe Abb 4.6.

Vorgehensweise:

1) Messung eines Maximalausschlags $\hat{u}_n$, mit n: Nummer der Schwingung
2) Messung von einem der nächsten Maximalausschläge $\hat{u}_{n+a}$, mit a: Zahl der Schwingungsausschläge von $\hat{u}_n$ bis $\hat{u}_{n+a}$
3) Berechnung des logarithmischen Dekrements Λ aus den gemessenen Ausschlägen.

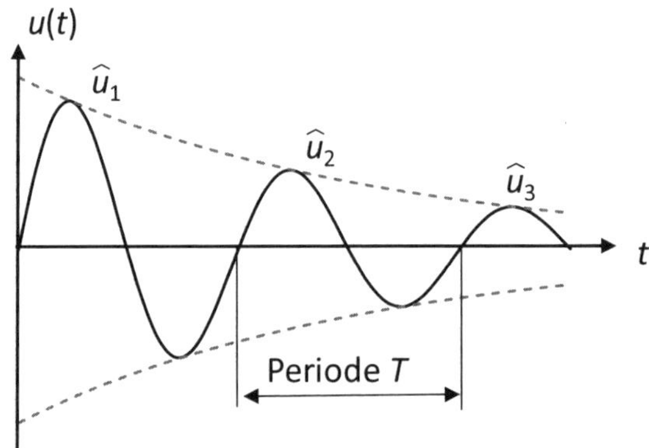

Abb. 4.6: Funktion $u(t)$ einer gedämpften Schwingung mit den Ausschlägen $\hat{u}_1$, $\hat{u}_2$ und $\hat{u}_3$. Die die Dämpfung beschreibende e-Funktion $e^{-\delta \cdot t}$ ist oben und unten gestrichelt eingezeichnet.

Die Berechnungsformeln für den Schritt 3) werden für $n = 1$ und $a = 1$ hergeleitet: Unter Verwendung von Gl. 4.23 gilt:

$$\begin{aligned}\frac{\hat{u}_1}{\hat{u}_2} &= \frac{e^{-\delta \cdot t} \cdot (A \cdot \sin(\omega_\mathrm{D} \cdot t) + B \cdot \cos(\omega_\mathrm{D} \cdot t))}{e^{-\delta \cdot (t+T)} \cdot (A \cdot \sin(\omega_\mathrm{D} \cdot (t+T)) + B \cdot \cos(\omega_\mathrm{D} \cdot (t+T)))} \\ &= \frac{e^{-\delta \cdot t}}{e^{-\delta \cdot (t+T)}} = \frac{e^{\delta \cdot (t+T)}}{e^{\delta \cdot t}} \\ &= \frac{e^{\delta \cdot t} \cdot e^{\delta \cdot T}}{e^{\delta \cdot t}} \\ &= e^{\delta \cdot T}\end{aligned} \tag{4.29}$$

Logarithmiert man beide Seiten der Gleichung, ergibt sich daraus und mit $T = 2 \cdot \pi / \omega_\mathrm{D}$ das logarithmische Dämpfungsdekrement Λ, siehe Tab. 4.1 :

$$\ln\left(\frac{\hat{u}_1}{\hat{u}_2}\right) = \delta \cdot T = \frac{\delta \cdot 2 \cdot \pi}{\omega \cdot \sqrt{1 - D^2}} = \Lambda \tag{4.30}$$

Die Abklingkonstante δ kann nach Tab. 4.1 ersetzt werden durch $\delta = D \cdot \omega$

$$\begin{aligned}\Lambda = \ln\left(\frac{\hat{u}_1}{\hat{u}_2}\right) &= \frac{\delta \cdot 2 \cdot \pi}{\omega \cdot \sqrt{1 - D^2}} \\ &= \frac{D \cdot \omega \cdot 2 \cdot \pi}{\omega \cdot \sqrt{1 - D^2}} \\ \Lambda &= \frac{D \cdot 2 \cdot \pi}{\sqrt{1 - D^2}}\end{aligned} \tag{4.31}$$

Die Dämpfungskennwerte können aus zwei aufeinanderfolgenden Ausschlägen $\hat{u}_n$ und $\hat{u}_{n+1}$ berechnet werden:

$$\Lambda = \ln\left(\frac{\hat{u}_n}{\hat{u}_{n+1}}\right) \tag{4.32}$$

Für beliebige Werte n, a lautet die Lösung:

Das **logarithmische Dämpfungsdekrement** ergibt sich aus den gemessenen Amplituden $\hat{u}_n$ und $\hat{u}_{n+a}$ zu:

$$\Lambda = \frac{1}{a} \cdot \ln\left(\frac{\hat{u}_n}{\hat{u}_{n+a}}\right) \tag{4.33}$$

Mit Hilfe von Tab. 4.1 lassen sich daraus alle anderen Dämpfungsparameter bestimmen.

Löst man Gl. 4.31 nach D auf, so ergibt sich das Lehr'sche Dämpfungsmaß aus dem logarithmischen Dämpfungsdekrement zu:

$$D = \sqrt{\frac{\Lambda^2}{4 \cdot \pi^2 + \Lambda^2}} \tag{4.34}$$

Beispiel 4-1: Ermittlung der Dämpfungskennwerte aus einem Ausschwingversuch

Gegeben: Die Masse $m = 5000$ kg eines Bauwerks wurde zu einer freien Schwingung angeregt. Die abklingende Schwingung wurde gemessen, siehe Abb. 4.7:

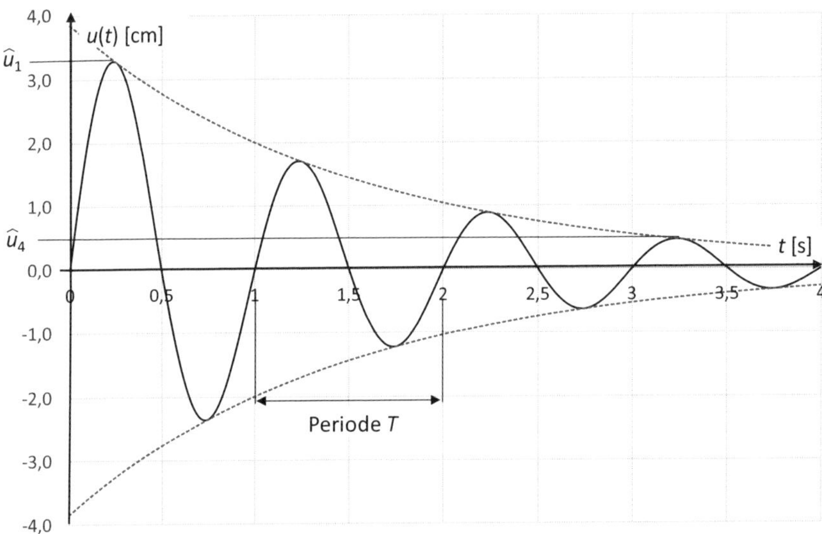

Abb. 4.7: Beispiel 4-1: Ausschwingkurve

Gesucht: Dämpfungskennwerte des Bauwerks

Lösung:

1.) Ablesen der nötigen Werte aus dem Diagramm $u(t)$ und Berechnung des logarithmischen Dekrements Λ.

- $\hat{u}_1 = 3,3$ cm für $n = 1$
- $\hat{u}_4 = 0,45$ cm für $n + a = 4$
- Zwischen den beiden Ablesepunkten liegen $a = 3$ Schwingungen

$$\Lambda = \frac{1}{m} \cdot \ln\left(\frac{\hat{u}_n}{\hat{u}_{n+a}}\right) = \frac{1}{3} \cdot \ln\left(\frac{3,3\text{ cm}}{0,45\text{ cm}}\right) = 0,660$$

2.) Berechnung des Dämpfungsgrads D

$$D = \sqrt{\frac{\Lambda^2}{4 \cdot \pi^2 + \Lambda^2}} = \sqrt{\frac{0,660^2}{4 \cdot \pi^2 + 0,660^2}} = 10,45\ \%$$

3.) Berechnung der Dämpfungskonstante c mit $T = 1$ s aus Abb. 4.7

- $\omega = 2 \cdot \pi / T = 2 \cdot \pi / 1 = 6,28$ 1/s
- $c = D \cdot 2 \cdot m \cdot \omega = 0,1045 \cdot 2 \cdot 5000\text{ kg} \cdot 6,28\text{ 1/s} = 6563\text{ kg/s}$

4.) Berechnung der Abklingkonstante δ

- $\delta = D \cdot \frac{2 \cdot \pi}{T} = 0,1045 \cdot \frac{2 \cdot \pi}{1} = 0,6566\ \frac{1}{\text{s}}$

Beispiel 4-2: Ermittlung der Wegfunktion $u(t)$ eines gedämpften EFS

Gegeben: Freie, gedämpfte Schwingung eines EFS

- $m = 70$ kg
- $k = 30000$ N/m
- $c = 120$ kg/s (Dämpfungskonstante)
- Randbedingung 1: $u_0 = u(t=0) = 0,02$ m
- Randbedingung 2: $\dot{u}_0 = \dot{u}(t=0) = 0$ m/s

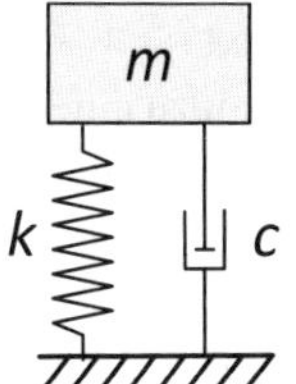

Abb. 4.8: Bsp. 4-2

Gesucht: Bewegungsgleichung (DGl), Eigenfrequenz, Eigenkreisfrequenz, Verschiebungsfunktion $u(t)$

Lösung: (Alle Einheiten in N, kg, m, s)

1.) DGl der freien, gedämpften Schwingung (Bewegungsgleichung):

$$m \cdot \ddot{u} + c \cdot \dot{u} + k \cdot u = 0$$
$$70 \cdot \ddot{u} + 120 \cdot \dot{u} + 30000 \cdot u = 0 \quad |:70 \text{ kg}$$
$$\ddot{u} + 1,714 \cdot \dot{u} + 428,6 \cdot u = 0$$

2.) Eigenfrequenz, Eigenkreisfrequenz, Schwingdauer:

$$\omega = \sqrt{\frac{k}{m}} = \sqrt{\frac{30000}{70}} = 20,70 \ \frac{1}{\text{s}}$$
$$D = \frac{c}{2 \cdot m \cdot \omega} = \frac{120}{2 \cdot 70 \cdot 20,70} = 0,0414 = 4,14 \ \%$$
$$\omega_D = \omega \cdot \sqrt{1 - D^2} = 20,70 \cdot \sqrt{1 - 0,0414^2} = 20,68 \ \frac{1}{\text{s}}$$
$$f = \frac{\omega_D}{2 \cdot \pi} = \frac{20,68}{2 \cdot \pi} = 3,29 \text{ Hz}$$
$$T = \frac{1}{f} = 0,304 \text{ s}$$

Der Unterschied zwischen ω und ω_D ist erkennbar vernachlässigbar. Die Frequenz f hätte wegen $\omega_D \cong \omega$ statt mit ω_D auch mit ω berechnet werden können.

3.) Weg-Zeit-Funktion $u(t)$: Da $u_0 = 0,02$ m und $\dot{u}_0 = 0$ gegeben sind, kann direkt in die Gl. 4.26 eingesetzt werden unter Ansatz von $\delta = D \cdot \omega = 0,0414 \cdot 20,7 = 0,857$ 1/s und $\omega_D = 20,68$ 1/s:

$$u(t) = e^{-\delta \cdot t} \cdot \left(\frac{\dot{u}_0 + \delta \cdot u_0}{\omega_D} \cdot \sin(\omega_D \cdot t) + u_0 \cdot \cos(\omega_D \cdot t) \right)$$
$$= e^{-0,857 \cdot t} \cdot \left(\frac{0 + 0,857 \cdot 0,02}{20,68} \cdot \sin(20,68 \cdot t) + 0,02 \cdot \cos(20,68 \cdot t) \right)$$
$$= e^{-0,857 \cdot t} \cdot (0,0008288 \cdot \sin(20,68 \cdot t) + 0,02 \cdot \cos(20,68 \cdot t))$$

Wenn statt Gl. 4.26 unter der Annahme sehr geringer Dämpfung Gl. 4.27 verwendet wird, ergibt sich mit $\omega = 20,70$ 1/s:

$$u(t) = e^{-0,857 \cdot t} \cdot (0,02 \cdot \cos(20,7 \cdot t))$$

Für baupraktische Zwecke ist diese Näherung völlig ausreichend, im Weg-Zeit-Diagramm unten kann man die beiden Funktionen nicht unterscheiden.
Die Wegamplitude der Schwingung – das ist in diesem Fall die Wegordinate zum Zeitpunkt $t = 0$ – beträgt $\hat{u} = 2$ cm.
Wenn zu einem Zeitpunkt t die Geschwindigkeit $\dot{u}(t) = 0$ ist, dann besitzt die Wegordinate $u(t)$ offensichtlich ihren extremalen Wert, die Amplitude $\hat{u}$.

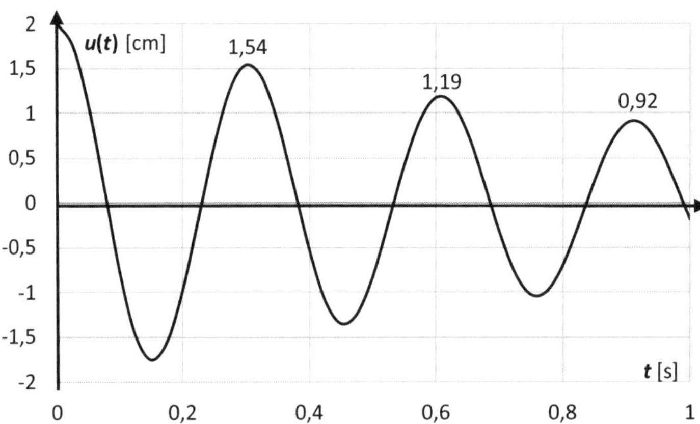

Abb. 4.9: Beispiel 4-2: Weg-Zeit-Funktion $u(t)$ der Masse des EFS

4.5 Typische Dämpfungsmaße für Bauwerke

Die gesamte Dämpfungswirkung eines Bauwerks hängt von verschiedenen Einflussfaktoren ab, die Bachmann in [BA87] aufzählt, siehe auch [SH10] und [PW18], Abs. 3.8.9.3 :

- Innere Dämpfung (Dämpfung im Tragwerk)
  - Dämpfung baustoffabhängig infolge innerer Reibung, plastischer Verformungen, viskoser Eigenschaften (log. Dämpfungsdekrement Λ_1, siehe Tab. 4.2)
  - Dämpfung bauwerksabhängig im Bauteil und bei Relativbewegungen zwischen einzelnen Bauteilen an Stößen, Verbindungen, Lagern usw.; Reibung zwischen Tragwerk und nichttragenden Bauteilen (log. Dämpfungsdekrement Λ_2, siehe Tab. 4.3)
- Äußere Dämpfung (Dämpfung außerhalb des Tragwerks) (log. Dämpfungsdekrement Λ_3, siehe Tab. 4.4)
  - dämpfende Wirkung des Baugrunds
  - dämpfende Wirkung der Lagerung

Das logarithmische Dämpfungsdekrement für ein konkretes Bauwerk ergibt sich damit zu:

$$\Lambda = \Lambda_1 + \Lambda_2 + \Lambda_3 \tag{4.35}$$

Die Stärke der Schwingungsbelastung beeinflusst die Schwingungsbewegung. Kleine Schwingungsbewegungen, infolge derer es nicht zu Plastizierungen kommt, gehen deshalb mit geringe-

Tab. 4.2: Logarithmische Dämpfungsdekremente Λ_1 baustoffabhängig, für geringe, mittlere und große Schwingungsbewegungen nach [PW18], Tab. 3.5

Baustoff	geringe Bew.	mittlere Bew.	große Bew.
Baustahl	0,005	0,008	0,012
Aluminiumlegierung	0,010	0,015	0,025
Nadelholz	0,040	0,045	0,050
GFK	0,035	0,040	0,045
Stahlbeton (Zustand II)	0,035	0,045	0,055
Spannbeton	0,020	0,025	0,030
Mauerwerk (Ziegel)	0,045	0,050	0,060

Tab. 4.3: Logarithmische Dämpfungsdekremente Λ_2 bauwerksabhängig, für geringe, mittlere und große Schwingungsbewegungen nach [PW18], Tab. 3.5

Bauwerk	geringe Bew.	mittlere Bew.	große Bew.
Hochbau in Stahl, mit Ausbau	0,035	0,040	0,045
Hochbau in Stahlbeton oder Spannbeton, Rahmenbauweise, mit Ausbau	0,035	0,045	0,055
Antennen- und Turmtragwerke, Stahl, mit Einbauten	0,012	0,015	0,020
Abgespannte Maste und Schornsteine, Stahl	0,035	0,040	0,060
Fußweg- und Straßenbrücke in Stahl, Asphaltfahrbahn	0,020	0,025	0,030
Eisenbahnbrücke in Stahl, geschlossen, mit Schotterbett	0,040	0,050	0,070
Schrägseilbrücke in Stahl	0,030	0,040	0,050
Holzkonstruktionen im Hoch- und Brückenbau, Dübel-, Bolzen-, Nagelverbindungen	0,035	0,040	0,050
Holzkonstruktionen im Hoch- und Brückenbau, Leimbauweise	0,015	0,020	0,025
Hochbau in Stahlbeton, Rahmenbauweise mit Ausbau	0,035	0,045	0,055
Fußweg- und Straßenbrücke in Stahl- oder Spannbeton	0,015	0,020	0,025
Eisenbahnbrücken mit Schotterbett	0,035	0,040	0,045
Hochbauten in Mauerwerk, einschl. Türme	0,030	0,035	0,040

ren Dämpfungswerten einher als große Schwingungsbewegungen. Insofern beeinflusst auch die Höhe der Beanspruchung eines Tragwerks seine Dämpfung.

Beispiel 4-3: Gesucht ist das logarithmische Dämpfungsdekrement für eine Fußgängerbrücke aus Stahl mit Asphaltfahrbahn; Auflagerung auf Elastomer-Lagern. Bei mittlerer Bewegungsgröße ergibt sich der gesuchte Wert mit den Angaben aus Tab. 4.2, Tab. 4.3 und Tab. 4.4 zu:

$$\Lambda = \Lambda_1 + \Lambda_2 + \Lambda_3 = 0{,}008 + 0{,}025 + 0{,}015 = 0{,}048$$

Daraus errechnet sich das Lehr'sche Dämpfungsmaß zu $D = \Lambda/(2 \cdot \pi) = 0{,}048/(2 \cdot \pi) = 0{,}8\ \%$.

Tab. 4.4: Logarithmische Dämpfungsdekremente Λ_3 auflagerungsabhängig, für geringe, mittlere und große Schwingungsbewegungen nach [PW18], Tab. 3.5

Lagerung	geringe Bew.	mittlere Bew.	große Bew.
Hochbau: Lagerung von Decken, Trägern usw. auf Beton oder Mauerwerk	0,004	0,005	0,006
Stützen und Rahmen mit Einspannung	0,008	0,010	0,012
Stützen und Rahmen mit Gelenk	0,004	0,005	0,006
Brückenbau, Elastomer-Verformungs-Lager	0,010	0,015	0,025
Brückenbau: Stählerne Gleitlager	0,012	0,015	0,018
Brückenbau: Topf- oder Kalottenlager (PTFE)	0,008	0,010	0,012
Turmartige Konstruktion auf Betonkonstruktion oder Fels	0,004	0,005	0,006
Turmartige Konstruktion auf Pfahlrost	0,012	0,015	0,018

4.6 Aufgaben und Fragen zur Lernkontrolle

Aufgabe 4-1: Fragen

Frage a Wie groß ist die Lehrsche Dämpfung D, bei der sich die Eigenkreisfrequenz des ungedämpften EFS ω und die Eigenkreisfrequenz des gedämpften EFS ω_D genau um 1% unterscheiden?

Aufgabe 4-2: Schwingungsverlauf eines gedämpften EFS

Zu Abs. 4.3; Schwierigkeitsgrad: leicht

Gegeben ist der EFS in Abb. 4.10 mit der Masse $m = 1,0$ t, der Federsteifigkeit $k = 9,87$ kN/m und dem logarithmischen Dämpfungsdekrement $\Lambda = 0,1500$.

Aus der statischen Ruhelage heraus wird die Masse um das Maß $u_0 = +3,0$ cm ausgelenkt und zum Zeitpunkt $t = 0$ losgelassen.

Der EFS schwingt nun frei.

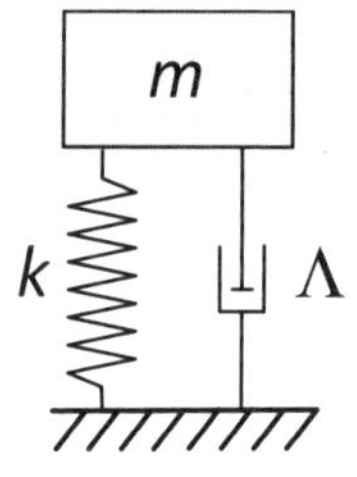

Abb. 4.10: Aufg. 4-2

Gesucht:

a) Geben Sie die Funktion $u(t)$ an und skizzieren Sie deren Verlauf zwischen $t = 0$ s und $t = 6$ s.

b) Berechnen Sie die positiven Maximalwerte $u(t)$ im Bereich $0 < t \leq 6$ s.

Aufgabe 4-3: Ausschwingversuch an einem Stockwerkrahmen

Zu Abs. 4.3, 4.4; Schwierigkeitsgrad: mittel

Gegeben: Auf einem Rahmen (Abb. 4.11 links) mit gewichtslos angenommenen Stützen ist ein Behälter montiert. Die Behältermasse ist unbekannt.

Die unbekannten Massen von Riegel und Behälter können in Riegelmitte konzentriert als Gesamtmasse m angenommen werden. Diese Masse kann sich nur horizontal verschieben.

Ein Versuch ergab Folgendes: Eine in der linken oberen Ecke wirkende horizontale Kraft $F = 100$ kN führte zu einer horizontalen Riegelverschiebung von $u = 9,38$ cm.

Während eines später ausgeführten Ausschwingversuchs wurden die in Abb. 4.11 rechts dargestellten horizontalen Wege von Behälter und Riegel aufgezeichnet; die beiden relevanten Ordinaten bei $t = 2,2$ s und $t = 7,8$ s sind in der Abbildung angegeben.

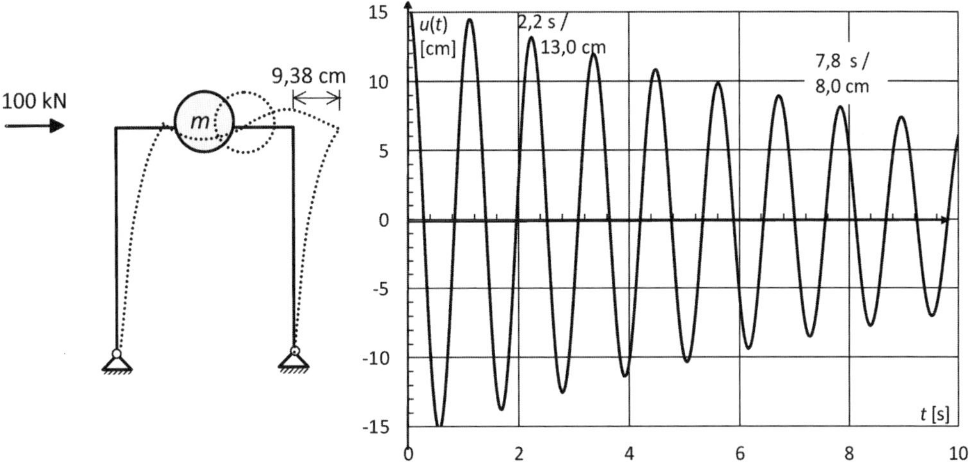

Abb. 4.11: Aufgabe 4-3: Tragwerk (links) und Weg-Zeit-Verlauf der Masse m beim Ausschwingversuch (rechts)

Verlangt:

a) Das Tragwerk soll als EFS modelliert werden. Ermitteln Sie die Federsteifigkeit des EFS aus den Ergebnissen des Verformungsversuches.

b) Bestimmen Sie aus den Ergebnissen des Ausschwingversuches das Lehr'sche Dämpfungsmaß D und die Masse m. Geben sie die Dämpfungskonstante c an.

c) Bestimmen Sie die Eigenkreisfrequenz des ungedämpften Systems ω und vergleichen Sie sie mit der Eigenkreisfrequenz des gedämpften Systems ω_D: Wie ist der prozentuale Unterschied?

d) Geben Sie die Bewegungsfunktion (DGl) des EFS an.

e) Geben Sie die Funktion $u(t)$ für die Masse an.

Aufgabe 4-4: Auswertung des Ausschwingversuchs eines Mastes

Zu Abs. 3.3, 4.3, 4.4; Schwierigkeitsgrad: schwer

Gegeben: Ein Sendemast (Abb. 4.12), der nur in der dargestellten Ebene betrachtet werden soll, ist mit Seilen abgespannt.

- Last an der Mastspitze $m = 2000$ kg
- Mast mit $EI = 92\,000$ kNm^2
- Die Vorspannung beider Seile sei ausreichend groß, so dass sie nicht schlaff werden können.
- Die Dehnsteifigkeit EA der Seile ist unbekannt.

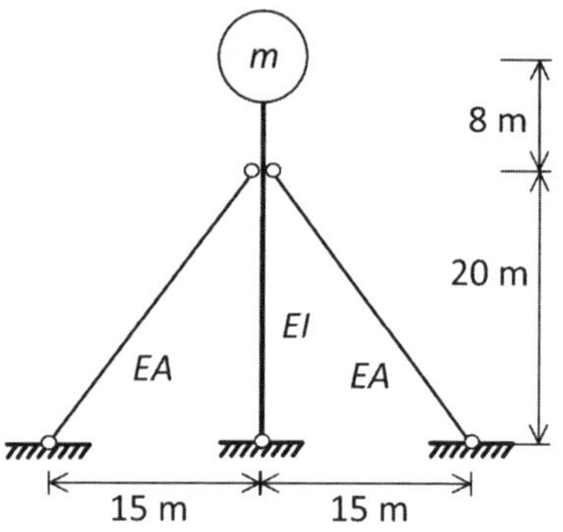

Abb. 4.12: Aufgabe 4-4

Bei einem Ausschwingversuch wurde der in Abb. 4.13 dargestellte Verschiebungs-Zeit-Verlauf an der Mastspitze in 28 m Höhe gemessen. Folgende Werte sind zu berücksichtigen: $t = 0,96$ s : $\hat{u}_1 = 9,0$ cm; $t = 9,6$ s: $\hat{u}_{10} = 6,0$ cm

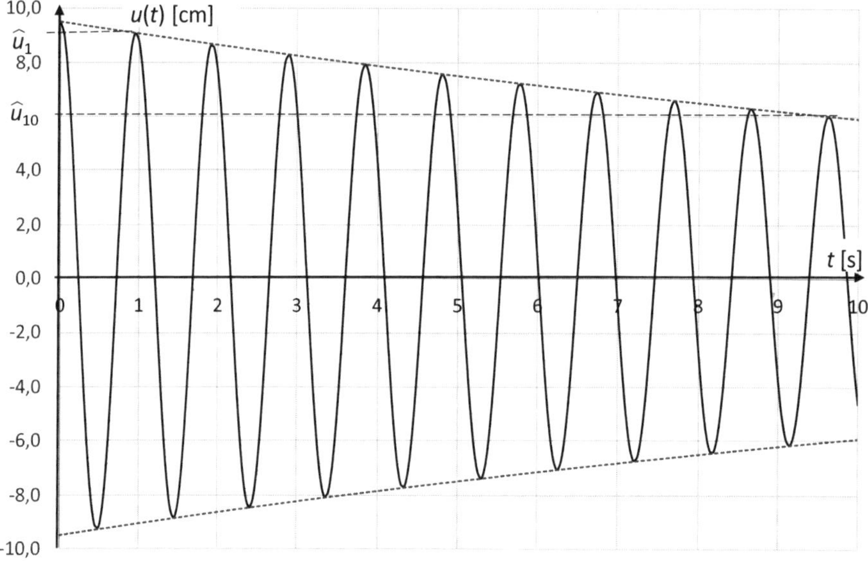

Abb. 4.13: Aufgabe 4-2: Ergebnisse des Ausschwingversuchs

Gesucht:

a) Dämpfungsparameter des Systems (D, δ, Λ, c)
b) Wie groß ist die Federsteifigkeit k des EFS?
c) Ermitteln Sie die Dehnsteifigkeit EA der Seile.

5 Die erzwungene Schwingung des EFS

5.1 Dynamische Krafterregung

In den beiden vorangegangenen Kapiteln haben wir freie Schwingungen von EFS (Einfreiheitsgradschwingern) untersucht. Wenn auf die Masse des EFS zeitveränderliche Kräfte $P(t)$ einwirken, wird aus der freien Schwingung eine angeregte Schwingung, siehe Abb. 5.1.

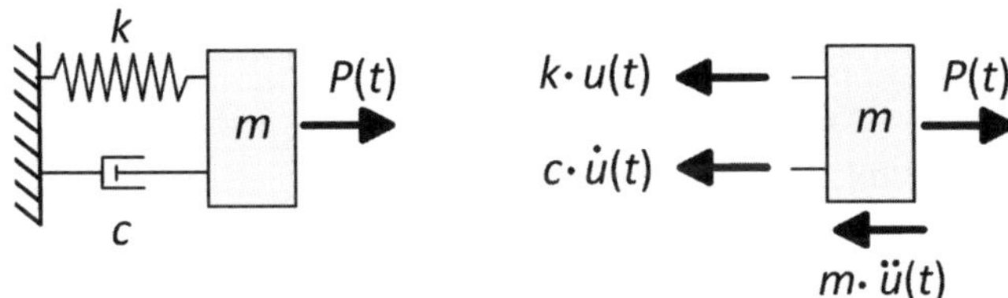

Abb. 5.1: EFS mit dynamischer Krafterregung; freigeschnittene Masse mit Kräften

Wir schneiden die Masse des EFS heraus und schreiben das Gleichgewicht an.

Die **Bewegungsgleichung** des EFS für beliebige Lastfunktionen $P(t)$ ist eine inhomogene, lineare DGl II. Ordnung:

$$m \cdot \ddot{u} + c \cdot \dot{u} + k \cdot u = P(t) \tag{5.1}$$

Wir unterscheiden folgende Anregungsarten $P(t)$, siehe Kap. 1, Abb 1.1:

- Harmonische Anregungen, deren Zeitverläufe mit sinus- oder cosinus-Funktionen beschreibbar sind.
- Periodische Anregungen, deren Zeitverläufe sich in regelmäßigen Zeitabständen wiederholen, innerhalb einer Zeitperiode aber beliebig sein können.
- Transiente Anregungen, deren Zeitverläufe keinerlei Periodizität aufweisen.
- Impulsartige Anregungen.

In den folgenden Abschnitten werden zunächst harmonische Krafterregung (Abs. 5.2.1), harmonische Unwuchterregung (Abs. 5.2.2) und harmonische Basiserregung (Abs. 5.2.3) diskutiert. Danach wird der Fokus auf nichtperiodische (transiente) Lasten erweitert: Impulsbelastungen (Abs. 5.4.1) und Sprungbelastungen (Abs. 5.4.2) werden in den Blick genommen. In Abs. 5.5 werden schließlich Lösungsverfahren für beliebige Anregungsarten aufgezeigt.

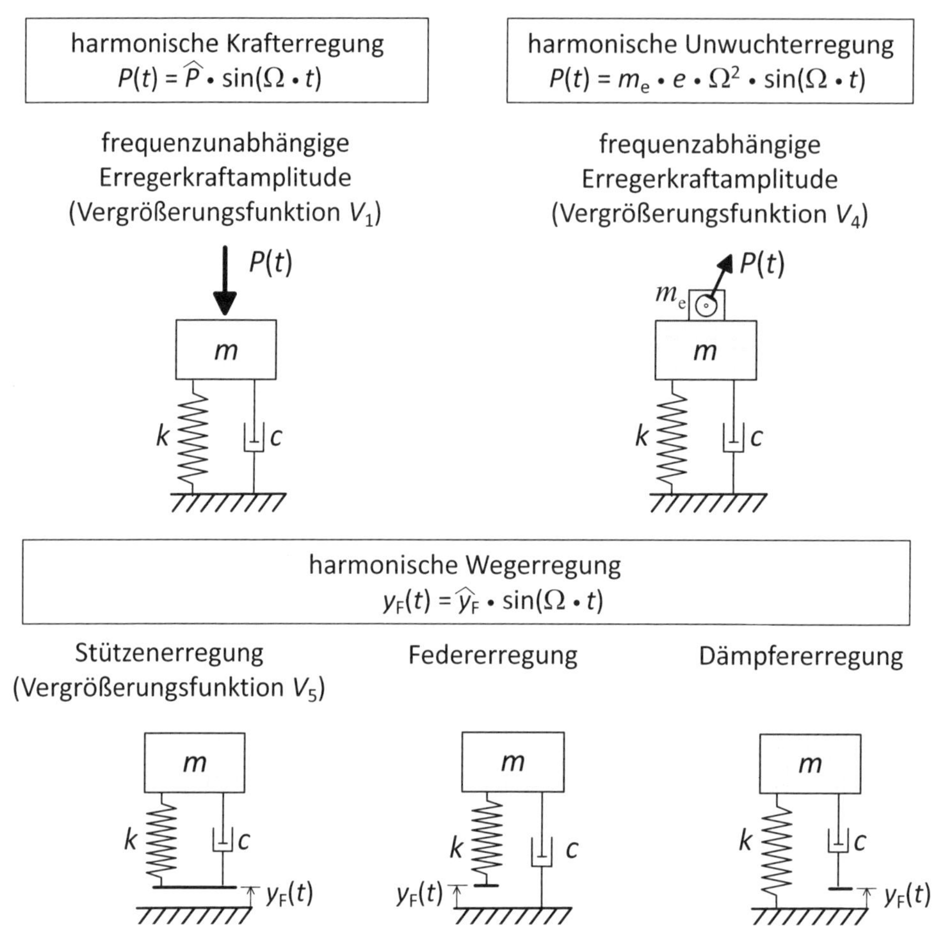

Abb. 5.2: Harmonische Anregungen und Bezeichnungen der zugehörigen Vergrößerungsfunktionen. Ω ist die Anregungskreisfrequenz.

5.2 Harmonische Anregungen

Es werden die in Abb. 5.2 dargestellten harmonischen Anregungsarten unterschieden. Die Anregungskreisfrequenz wird mit Ω bezeichnet. Für jede harmonische Anregungsart i wird eine Vergrößerungsfunktion V_i definiert, die das Verhältnis der statischen Lastamplitude u_{stat} zur maximalen dynamischen Lastamplitude $\hat{u}$ beschreibt. Die Indexnummern i sind aus [PW18], Abs. 5.4 übernommen. Im Folgenden werden die Vergrößerungsfunktionen bestimmt.

5.2.1 Vergrößerungsfunktion V_1 bei harmonischer Krafterregung

Merkmal der harmonischen Krafterregung gegenüber der weiter unten in Abs. 5.2.2 beschriebenen Unwuchterregung ist die konstante, von der Anregungsfrequenz Ω unabhängige, statische Lastamplitude $\hat{P}$.

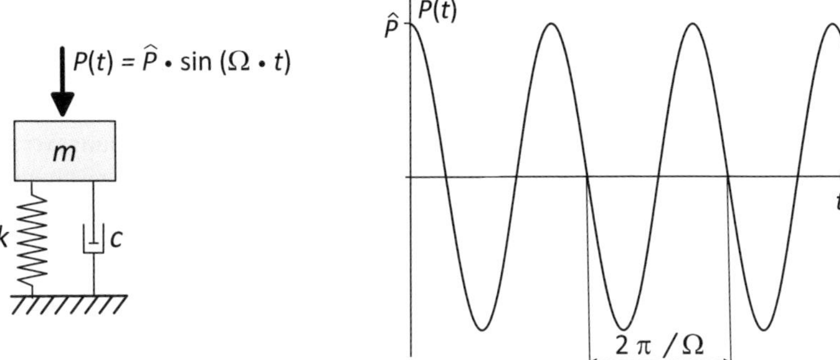

Abb. 5.3: EFS mit harmonischer Anregung, $P(t)$ - Verlauf

5.2.1.1 Einschwingvorgang und eingeschwungener Zustand

Auf die Masse des Einfreiheitsgradschwingers (EFS) wirkt eine harmonische äußere Belastung $P(t)$, siehe Abb. 5.3:

$$P(t) = \hat{P} \cdot \sin(\Omega \cdot t) \tag{5.2}$$

mit

- $\hat{P}$ Lastamplitude (in N oder kN)
- Ω Anregungskreisfrequenz in 1/s

In Gl. 5.1 eingesetzt, ergibt sich die Bewegungsgleichung:

$$m \cdot \ddot{u} + c \cdot \dot{u} + k \cdot u = \hat{P} \cdot \sin(\Omega \cdot t) \tag{5.3}$$

Diese lineare, inhomogene Differentialgleichung II. Ordnung zu lösen bedeutet, die drei Funktionen $u(t)$, $\dot{u}(t)$ und $\ddot{u}(t)$ zu bestimmen, die als Systemantwort bezeichnet werden.

Die Systemantwort eines EFS auf eine harmonische Krafterregung setzt sich aus zwei Anteilen zusammen:

- Stationärer Anteil, der eine harmonische Schwingung mit der Anregungsfrequenz Ω darstellt. Der stationäre Anteil wird auch als partikulärer Anteil bezeichnet, weil er der partikulären Lösung der Differentialgleichung (Gl. 5.3) entspricht.
- Abklingender Anteil, der nach einer gewissen Zeit, der sog. Einschwingdauer, vernachlässigt werden kann. Der abklingende Anteil wird auch homogener Anteil genannt, weil er der homogenen Lösung der Differentialgleichung (Gl. 5.3) entspricht. Die homogene Lösung beschreibt eine freie Schwingung nach Gl. 4.23. Das Abklingen dieses Anteils wird durch eine e-Funktion beschrieben.

Eine Berechnung der Systemantwort von Hand ist für den eingeschwungenen Zustand gut möglich, wie weiter unten gezeigt werden wird. Für die Berechnung des Einschwingvorgangs gilt das kaum. Wenn auch der Einschwingvorgang von Interesse ist, werden üblicherweise numerische Lösungsverfahren (siehe Abs. 5.5) eingesetzt.

Verformungen und Beanspruchungen können während des Einschwingvorgangs kurzzeitig höher als während des eingeschwungenen Zustands sein (siehe unten Beispiel 5-1, Abb 5.5). Immer dann, wenn die maximalen Schnittgrößen für Nachweise im Grenzzustand der Tragfähigkeit gesucht werden, muss deshalb auch der Einschwingvorgang berechnet werden, um ggf. vorhandene Beanspruchungsspitzen zu identifizieren. Geht es dagegen um Ermüdungsvorgänge, dann kann der kurzzeitige Einschwingvorgang gegenüber dem dauerhaften eingeschwungenen Zustand unberücksichtigt bleiben: Einzelne, ggf. höhere Schnittgrößenamplituden während des Einschwingvorgangs wirken sich auf die Ermüdung nicht wesentlich aus, relevant sind die dauerhaft im eingeschwungenen Zustand auftretenden Lastwechsel.

Nach welcher Zeit kann der Einschwingvorgang als beendet betrachtet werden? Die Schwingungsamplitude, die sich aus dem abklingenden Anteil der Systemantwort ergibt, nimmt abhängig vom Dämpfungsgrad immer mehr ab und nähert sich mit zunehmender Zeit t asymptotisch dem Wert 0 an. Deshalb lässt sich formal kein Zeitpunkt definieren, bei dem der Einschwingvorgang abgeschlossen ist. Betrachtet man konkrete $u(t)$-Verläufe, dann lässt sich jedoch ein Bereich erkennen, in dem die Schwingungsamplituden aus dem stationären Anteil nicht mehr erkennbar beeinflusst werden. Im Beispiel 5-1, siehe Abb. 5.5, ist dieser Moment z.B. schon ab der 4. oder 5. Schwingungsamplitude gegeben, da die Dämpfung sehr hoch ist. Der eingeschwungene Zustand wird also um so schneller erreicht, je höher die Dämpfung ist.

Beispiel 5-1: Einschwingvorgang und eingeschwungener Zustand bei einem krafterregten EFS

Gegeben ist ein EFS mit den folgenden Systemkennwerten:

- $k = 90000$ N/m
- $m = 2000$ kg
- $c = 1500$ kg/s
  (entspricht einer Lehr'schen Dämpfung von $D = 5,6$ %)
- $\omega = 6,71$ 1/s
- Anregungskraft $P(t) = \hat{P} \cdot \cos(\Omega \cdot t)$ mit Kraftamplitude $\hat{P} = 10$ kN
- Anregungskreisfrequenz $\Omega = 2,0$ 1/s.
- Anfangsbedingungen $\dot{u}_0 = 0$ und $u_0 = 0$
- Systemantworten des EFS, $u(t)$, $\dot{u}(t)$ und $\ddot{u}(t)$, siehe Abb. 5.5

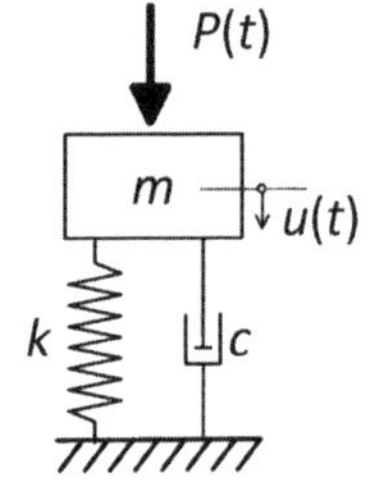

Abb. 5.4: Bsp. 5-1

Gesucht: Maximale dynamische Verformung für die Nachweise im GZT.

Lösung: Die Systemantworten in Abb. 5.5 lassen sowohl den Einschwingvorgang als auch den eingeschwungenen Zustand erkennen.

In diesem Beispiel tritt das Maximum der Verformung mit $u = 0,181$ m bereits während des Einschwingvorgangs bei $t = 0,432$ s auf, während die Amplitude im eingeschwungenen Zustand mit $\hat{u} = 0,122$ m geringer ist. Da im Beispiel die maximalen Beanspruchungen im Grenzzustand der Tragfähigkeit gesucht sind, ist der Einschwingvorgang mit $u = 0,181$ m relevant.

Wir werden später sehen, dass mit Annäherung der Anregungsfrequenz Ω an die Eigenfrequenz ω – d.h. mit der Annäherung an den Resonanzzustand – irgendwann der Punkt erreicht wird, bei dem die Schwingungsamplituden des eingeschwungenen Zustands diejenigen des Einschwingvorgangs überschreiten.

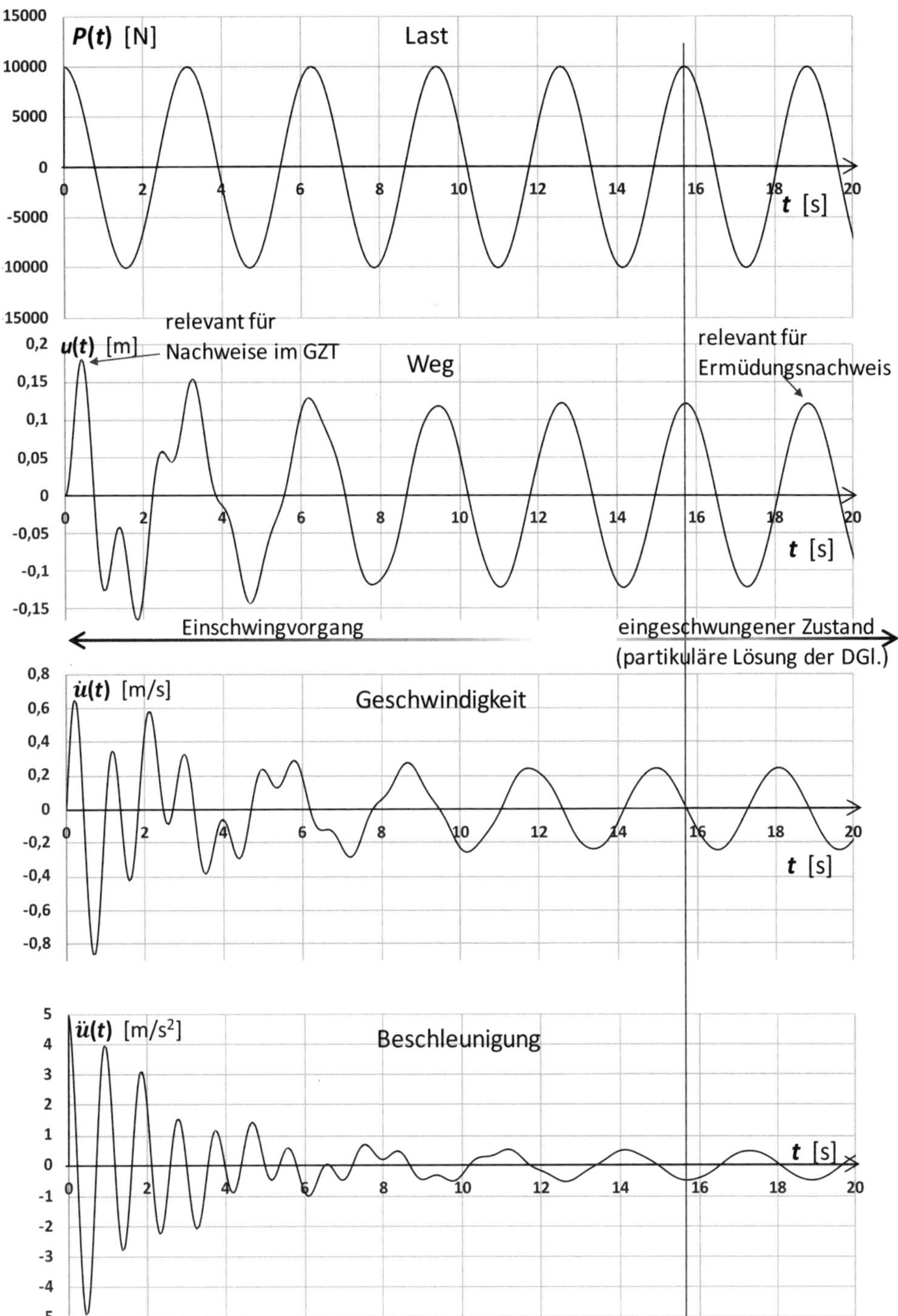

Abb. 5.5: Bsp. 5-1: Systemantworten $u(t)$, $\dot{u}(t)$ und $\ddot{u}(t)$. Die senkrecht eingetragene Linie zeigt die Phasenverschiebung: Während Last und Weg nahezu nicht phasenverschoben sind, ist zwischen $u(t)$ und $\dot{u}(t)$ und zwischen $\dot{u}(t)$ und $\ddot{u}(t)$ eine Verschiebung von jeweils $\pi/2$ festzustellen.

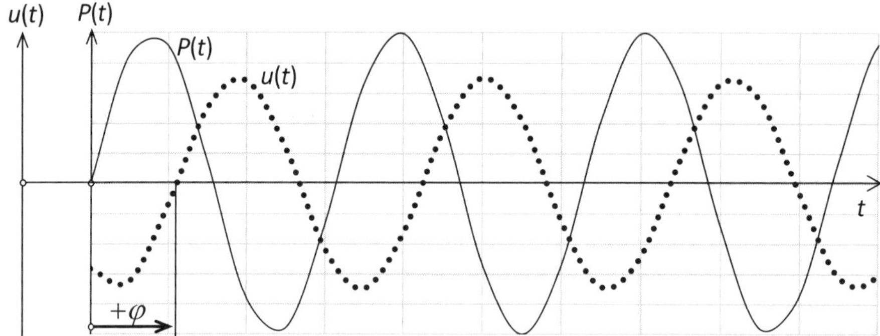

Abb. 5.6: Nacheilwinkel φ der Systemantwort $u(t)$ gegenüber der Krafterregung $P(t)$ im eingeschwungenen Zustand

5.2.1.2 Stationäre (partikuläre) Lösung der DGL

Die partikuläre Lösung der Bewegungsgleichung

$$m \cdot \ddot{u} + c \cdot \dot{u} + k \cdot u = \hat{P} \cdot \sin(\Omega \cdot t) \tag{5.4}$$

wird gesucht. Der Lösungsansatz hängt von der Störfunktion $\hat{P} \cdot sin(\Omega \cdot t)$ auf der rechten Seite der DGl ab, siehe z.B. [San15], S. 475. Er lautet mit der dynamische Wegamplitude $\hat{u}$ und der Erregerkreisfrequenz Ω:

$$\begin{aligned} u &= \hat{u} \cdot \sin(\Omega \cdot t - \varphi) \\ \dot{u} &= \hat{u} \cdot \Omega \cdot \cos(\Omega \cdot t - \varphi) \\ \ddot{u} &= -\hat{u} \cdot \Omega^2 \cdot \sin(\Omega \cdot t - \varphi) \end{aligned} \tag{5.5}$$

Darin ist φ der sog. Nacheilwinkel oder Phasenwinkel, siehe Abb. 5.6: φ beschreibt den Nachlauf des Weges $u(t)$ der Masse bezüglich der Erregerkraft. Ist $\varphi = 0$, so erreichen der Weg $u(t)$ und die von außen einwirkende Kraft $P(t)$ zum selben Zeitpunkt t ihre Extrema.

Wenn man Gl. 5.5 in die Gl. 5.4 einsetzt, erhält man:

$$\begin{aligned} &-m \cdot \hat{u} \cdot \Omega^2 \cdot \sin(\Omega \cdot t - \varphi) + c \cdot \hat{u} \cdot \Omega(\cos(\Omega \cdot t - \varphi) + k \cdot \hat{u} \cdot (\sin(\Omega \cdot t - \varphi) \\ &= \hat{P} \cdot \sin(\Omega \cdot t) \end{aligned} \tag{5.6}$$

Mit der allgemein gültigen Beziehung $\cos(x) = \sin(x + \pi/2)$ und Multiplikation mit (-1) wird daraus:

$$\begin{aligned} &m \cdot \hat{u} \cdot \Omega^2 \cdot \sin(\Omega \cdot t - \varphi) - c \cdot \hat{u} \cdot \Omega \cdot (\sin(\Omega \cdot t - \varphi + \pi/2) - k \cdot \hat{u} \cdot (\sin(\Omega \cdot t - \varphi) \\ &+ \hat{P} \cdot \sin(\Omega \cdot t) = 0 \end{aligned} \tag{5.7}$$

Die Summanden dieser Gleichung stellen Kräfte dar, die man unter Berücksichtigung des Winkels im Argument der Sinus-Funktion als Krafteck darstellen kann, siehe Abb. 5.7. Das Krafteck ist geschlossen, es herrscht Gleichgewicht.

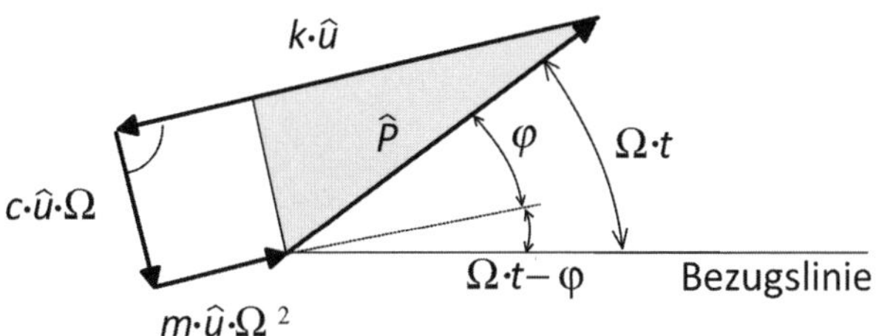

Abb. 5.7: Die Kräfte aus Gl. 5.7 lassen sich unter Berücksichtigung der im Argument der sinus-Funktion enthaltenen Winkel als geschlossenes Krafteck darstellen.

Die Seitenlängen des grau unterlegten, rechtwinkligen Dreiecks in Abb. 5.7 stehen in folgender pythagoräischer Beziehung:

$$\left[(k - m \cdot \Omega^2) \cdot \hat{u}\right]^2 + \left[c \cdot \Omega \cdot \hat{u}\right]^2 = \hat{P}^2 \tag{5.8}$$

Daraus ergibt sich nach Ausklammern von $\hat{u}$ und Umformung die Amplitude $\hat{u}$ und aus dem Verhältnis von Gegenkathete zu Ankathete der Tangens des Nacheilwinkels φ:

$$\hat{u} = \frac{\hat{P}}{\sqrt{(k - m \cdot \Omega^2)^2 + c^2 \cdot \Omega^2}} \quad \text{und} \quad \tan(\varphi) = \frac{c \cdot \Omega}{k - m \cdot \Omega^2} \tag{5.9}$$

Gl. 5.9 kann mit dem Lehr'schen Dämpfungsmaß $D = c/(2\sqrt{m \cdot k})$ und dem Frequenzverhältnis $\eta = \Omega/\omega$ weiter umgeformt werden zu:

$$\hat{u} = \frac{\hat{P}}{k} \cdot \frac{1}{\sqrt{(1 - \eta^2)^2 + (2 \cdot D \cdot \eta)^2}} \quad \text{und} \quad \tan(\varphi) = \frac{2 \cdot D \cdot \eta}{1 - \eta^2} \tag{5.10}$$

Mit der Amplitude $\hat{u}$ und dem Nacheilwinkel φ ist die Systemantwort (Gl. 5.5) auf die harmonische Krafterregung $P(t)$ im stationären Zustand vollständig bestimmt.

$$u(t) = \hat{u} \cdot \sin(\Omega \cdot t - \varphi) \tag{5.11}$$

Für verschwindende Dämpfungen ergibt sich der Nacheilwinkel φ bei Frequenzverhältnissen $\eta = \Omega/\omega < 1$ zu $\varphi = 0°$ und bei $\eta > 1$ zu $\varphi = 180°$.

Die Gl. 5.10 und 5.11 zeigen, dass die Systemantwort eines EFS auf eine harmonische Anregung im eingeschwungenen Zustand eine stationäre, sinusförmige Schwingung mit der Anregungskreisfrequenz Ω ist. Die Eigenkreisfrequenz ω des EFS liefert im eingeschwungenen Zustand nicht mehr den Takt der Bewegung! Die Energie, die dem EFS aus der harmonischen Anregung in einem Zeitabschnitt hinzugefügt wird, wird ihm durch die Dämpfung wieder entzogen.

5.2.1.3 Vergrößerungsfunktion V_1

Die **Vergrößerungsfunktion V_1 der harmonischen Krafterregung** und den Nacheilwinkel φ_1 werden ausgehend von Gl. 5.10 definiert:

$$V_1 = \frac{\hat{u}}{u_{\text{stat}}} = \frac{1}{\sqrt{(1 - \eta^2)^2 + (2 \cdot D \cdot \eta)^2}} \quad \text{und} \quad \tan(\varphi_1) = \frac{2 \cdot D \cdot \eta}{1 - \eta^2} \tag{5.12}$$

Darin entspricht $u_{\text{stat}} = \hat{P}/k$ der statischen Verformung.

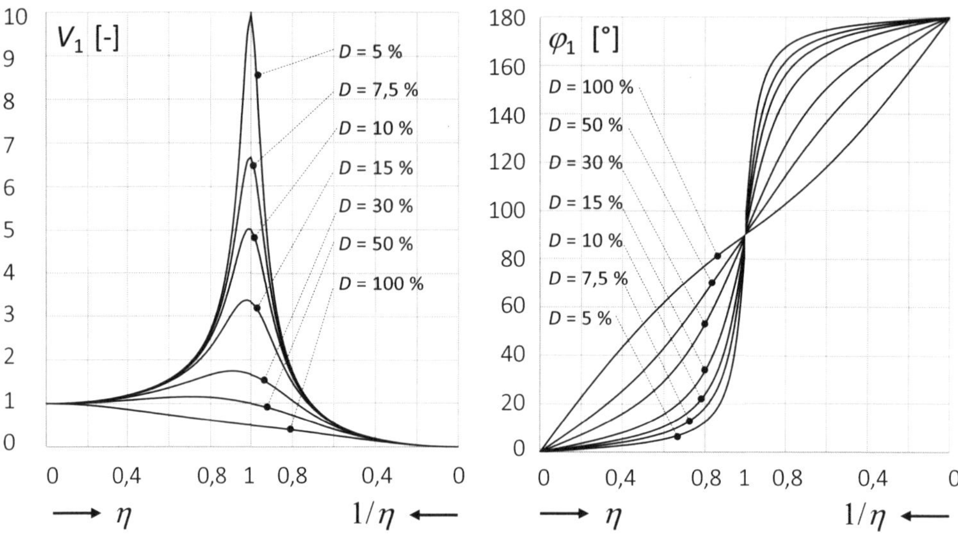

Abb. 5.8: Vergrößerungsfunktion V_1 und zugehöriger Nacheilwinkel φ_1. Für $\eta > 1$ wurde der besseren Ablesbarkeit wegen auf der horizontalen Achse statt η der Wert $1/\eta$ von 0 am rechten Rand beginnend aufgetragen.

Mit V_1 liegt das dynamische Inkrement vor, also der Vergrößerungsfaktor der dynamischen Systemantwort $\hat{u}$ gegenüber der statischen Systemantwort $u_{\text{stat}} = \hat{P}/k$.

Abb 5.8 stellt die Vergrößerungsfunktion V_1 und den zugehörigen Nacheilwinkel φ_1 nach den Gl. 5.10 und 5.12 dar.

Wenn $\eta = 1,0$ in Gl. 5.12 eingesetzt wird, wird die Vergrößerungsfunktion V_1 des ungedämpften EFS ($D = 0$) unendlich groß. $\eta = 1,0$ bedeutet: Die Anregungsfrequenz Ω hat denselben Wert wie die Eigenkreisfrequenz ω des EFS. Dieser Zustand wird als Resonanz bezeichnet.

Im Resonanzfall ergibt sich der **maximale Wert von** V_1 (harmonische Krafterregung) bei $\eta = \sqrt{1-2D^2}$ zu:

$$\max V_1 = \frac{1}{2 \cdot D \cdot \sqrt{1-D^2}} \tag{5.13}$$

Für baupraktisch kleine Dämpfungsgrade $0 < D \ll 1$ ist folgender Ansatz für den Resonanzfall ausreichend:

$$\max V_1 \cong \frac{1}{2 \cdot D} \tag{5.14}$$

Die **Vergrößerungsfunktion** V_1 **(Gl 5.12) ergibt im ungedämpften Fall** ($D = 0$):

$$V_1 = \frac{\hat{u}}{u_{\text{stat}}} = \left| \frac{1}{1-\eta^2} \right| \quad \text{und } \varphi_1 = 0 \text{ für } \eta < 1 \text{ bzw. } \varphi_1 = 180° \text{ für } \eta > 1 \tag{5.15}$$

Die maximale Schwingungsamplitude $\hat{u}$ und die maximale auf die Masse m des EFS wirkende Federkraft $\hat{F}$ als Schnittgröße erhält man mit der Vergrößerungsfunktion V_1:

$$\hat{u} = u_{\text{stat}} \cdot V_1 \quad \text{und} \quad \hat{F} = \hat{P} \cdot V_1 \tag{5.16}$$

Wenn der EFS gedämpft ist ($D > 0$), liegt das Maximum der Vergrößerungsfunktion V_1 nicht genau bei $\eta = 1,0$, sondern darunter, wie in Abb. 5.8 erkennbar ist. Für baupraktisch übliche kleine Dämpfungsgrade ist die Abweichung vernachlässigbar. Bei größeren Dämpfungsgraden kann die Stelle des Extremums von V_1 aber deutlich von $\eta = 1,0$ abweichen: Bei $D = 10$ % tritt die Resonanz bei $\eta = 0,990$ ein, bei $D = 50$ % bereits bei $\eta = 0,707$. Der Wert η mit dem größten Wert V_1 kann aus der Bedingung $\mathrm{d}V_1/\mathrm{d}\eta = 0$ gewonnen werden.

Zum Nacheilwinkel φ_1 in Gl. 5.12 sei angemerkt:

- Der Winkel kann aus physikalischen Gründen nur positiv sein, da eine Schwingungswirkung erst nach der Ursache stattfinden kann: $\varphi \geq 0$.
- Aus naheliegenden Gründen kann der Nacheilwinkel 180° nicht übersteigen.
- Die Funktion $\varphi_1(\eta)$ ist für $\eta = 1$ nicht definiert.
- Man beachte bei der Anwendung der Gleichung außerdem die Periodizität der Tangensfunktion: $\tan(\varphi) = \tan(\varphi + 180°)$.

Beispiel 5-2: Harmonische Krafterregung eines EFS

Gegeben ist ein harmonisch krafterregter zweigeschossiger Stockwerkrahmen (Abb. 5.9), der wegen der Aussteifung der beiden oberen Geschosse als EFS betrachtet werden kann.

- $m_1 = m_2 = 40$ t (Masse pro Geschoss)
- $k_E = 3000$ kN/m (Ersatzfedersteifigkeit pro Stütze)
- $P(t) = \hat{P} \cdot \sin(\Omega \cdot t)$ mit $\hat{P} = 20$ kN
- zwei alternative logarithmische Dämpfungsdekremente: $\Lambda_1 = 0$ oder $\Lambda_2 = 0,3$
- drei mögliche Anregungsfrequenzen: $\Omega_1 = 8,5$ 1/s, $\Omega_2 = 10,61$ 1/s, $\Omega_3 = 21,1$ 1/s

Gesucht: Systemantworten für zwei verschiedene Werte des logarithmischen Dämpfungsdekrements Λ_1, Λ_2 und für drei verschiedene Erregerkreisfrequenzen Ω_1, Ω_2 und Ω_3.

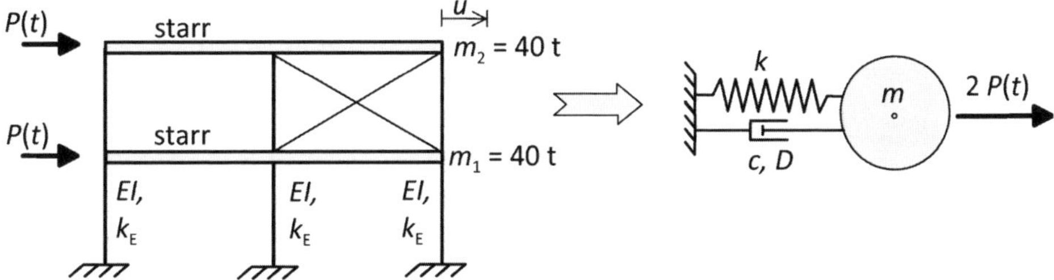

Abb. 5.9: Beispiel 5-2

Lösung: (Alle Einheiten in N, m, s, kg)

1.) System- und Lastkenngrößen

$$m = m_1 + m_2 = 80\,000 \text{ kg}$$

$$k = 3 \cdot k_E = 3 \cdot 3{,}0 \cdot 10^6 = 9 \cdot 10^6 \text{ N/m für 3 Stützen}$$

$$\omega = \sqrt{\frac{k}{m}} = \sqrt{\frac{9 \cdot 10^6}{80\,000}} = 10{,}61 \frac{1}{\text{s}}$$

$$f = \frac{\omega}{2 \cdot \pi} = 1{,}69 \text{ Hz}$$

2.) statische Durchsenkung

$$u_{\text{stat}} = \frac{2 \cdot \hat{P}}{k} = \frac{2 \cdot 20\,000}{9 \cdot 10^6} = 0{,}00444 \text{ m}$$

3.) Frequenzverhältnisse

$$\Omega_1 = 8{,}5 \text{ 1/s} \quad \Rightarrow \quad \eta_1 = \frac{\Omega_1}{\omega} = \frac{8{,}5}{10{,}61} = 0{,}801$$

$$\Omega_2 = 10{,}61 \text{ 1/s} \quad \Rightarrow \quad \eta_2 = \frac{\Omega_1}{\omega} = \frac{10{,}61}{10{,}61} = 1{,}00$$

$$\Omega_3 = 21{,}2 \text{ 1/s} \quad \Rightarrow \quad \eta_3 = \frac{\Omega_2}{\omega} = \frac{21{,}2}{10{,}61} = 2{,}00$$

4.) Dämpfungsgrade

$$\Lambda_1 = 0{,}0 \quad \Rightarrow \quad D_1 = \frac{\Lambda_1}{2 \cdot \pi} = \frac{0}{2 \cdot \pi} = 0$$

$$\Lambda_2 = 0{,}3 \quad \Rightarrow \quad D_2 = \frac{\Lambda_2}{2 \cdot \pi} = \frac{0{,}3}{2 \cdot \pi} = 0{,}048$$

5.) Dynamische Antworten für vier Fälle;
Zur Berechnung der Werte in Tab. 5.1 wurden folgende Formeln verwendet:

$$V_1 = \frac{1}{\sqrt{(1-\eta^2)^2 + (2 \cdot D \cdot \eta)^2}}$$

$$\varphi = \arctan \frac{2 \cdot D \cdot \eta}{1 - \eta^2}$$

$$\hat{u} = u_{\text{stat}} \cdot V_1$$

$$\hat{\dot{u}} = \hat{u} \cdot \Omega$$

$$\hat{\ddot{u}} = \hat{u} \cdot \Omega^2$$

6.) Die maximale dynamische Schnittkraft (Federkraft) $\hat{F}$ wird beispielhaft für Fall 1 ($D_1 = 0, \eta_1 = 0{,}8$, siehe Tab. 5.1) berechnet:

$$\hat{F} = 2 \cdot \hat{P} \cdot V_1 = 2 \cdot \hat{P} \cdot V_1 = 2 \cdot 20\,000 \cdot 2{,}78 = 111\,000 \text{ N} \quad \text{oder alternativ:}$$

$$\hat{F} = k \cdot \hat{u} = 9 \cdot 10^6 \cdot 0{,}0123 = 111\,000 \text{ N}$$

Tab. 5.1: Berechnung der Systemantworten für die sechs Fälle aus Bsp. 5-2

		ungedämpft $D_1 = 0$	**gedämpft** $D_2 = 0,048$
unterhalb der Resonanz	$\Omega_1 = 8,5$ 1/s $\eta_1 = 0,8$	**Fall 1**: $V_1 = 2,78$ $\varphi_1 = 0°$ $\hat{u} = 0,0123$ m $\hat{\dot{u}} = 0,105$ m/s $\hat{\ddot{u}} = 0,892$ m/s^2	**Fall 2**: $V_1 = 2,72$ $\varphi_1 = 12,0°$ $\hat{u} = 0,0121$ m $\hat{\dot{u}} = 0,103$ m/s $\hat{\ddot{u}} = 0,874$ m/s^2
Resonanz	$\Omega_2 = 10,6$ 1/s $\eta_2 = 1,0$	**Fall 3**: $V_1 = \infty$ $\varphi_1 = +90°$ $\hat{u} = \infty$ m $\hat{\dot{u}} = \infty$ m/s $\hat{\ddot{u}} = \infty$ m/s^2	**Fall 4**: $V_1 = 10,4$ $\varphi_1 = +90°$ $\hat{u} = 0,0463$ m $\hat{\dot{u}} = 0,491$ m/s $\hat{\ddot{u}} = 5,206$ m/s^2
oberhalb der Resonanz	$\Omega_3 = 21,2$ 1/s $\eta_3 = 2,0$	**Fall 5**: $V_1 = 0,3333$ $\varphi_1 = +180°$ $\hat{u} = 0,0015$ m $\hat{\dot{u}} = 0,031$ m/s $\hat{\ddot{u}} = 0,67$ m/s^2	**Fall 6**: $V_1 = 0,3327$ $\varphi_1 = +176,3°$ $\hat{u} = 0,0015$ m $\hat{\dot{u}} = 0,031$ m/s $\hat{\ddot{u}} = 0,66$ m/s^2

7.) Erkenntnisse aus Beispiel 5-1, Tab. 5.1:

- Die Auslenkung beträgt im ungedämpften Fall beim resonanzferneren Frequenzverhältnis $\eta_2 = 2,0$ (Fall 6) nur etwa 1/30 (!) der Auslenkung im Resonanzfall $\eta_1 = 1,0$ (Fall 4). Die Sensitivität der dynamischen Kräfte bezüglich des Frequenzverhältnisses ist sehr groß!
- Obwohl der Dämpfungsgrad $D_2 = 0,048$ am oberen Rand des baupraktisch Üblichen liegt, weichen die Amplituden in den resonanzferneren Bereichen (Fälle 2 und 6) kaum von denjenigen ab, die unter der Annahme $D_1 = 0$ (Fälle 1 und 5) gewonnen wurden. Die Dämpfung wirkt sich in den resonanzfernen Gebieten also kaum auf die Systemantwort aus.
- Erst für Werte η in unmittelbarer Nähe zur Resonanz wird der Einfluss des Dämpfungsgrads auf die dynamische Systemantwort größer und schließlich bei $\eta = 1,0$ dominierend.

Zusammenfassend lässt sich festhalten:

- In resonanzferneren Bereichen der Anregung reicht eine grobe Abschätzung des Wertes der Tragwerksdämpfung völlig aus, um zu brauchbaren Ergebnissen der Systemantwort bzw. der Tragwerksbeanspruchung zu kommen.
- In der Nähe des Resonanzpunktes dagegen ist die genaue Kenntnis des Dämpfungsgrads des Tragwerks entscheidend, um die Beanspruchung zutreffend abzuschätzen und um zu entscheiden, ob der Einbau von Schwingungsdämpfern nötig ist oder nicht (siehe Kap. 9).

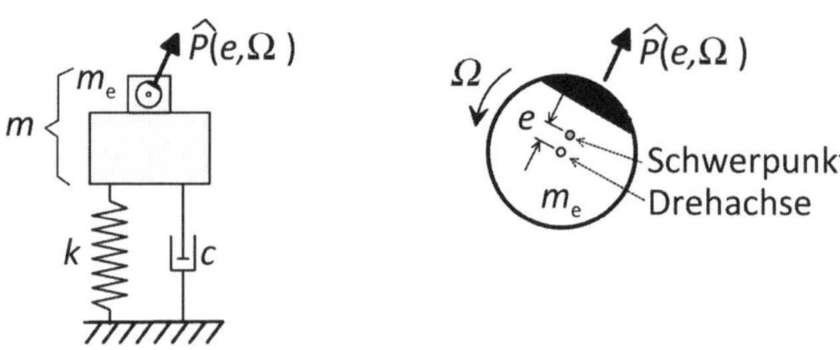

Abb. 5.10: Links: EFS mit umlaufender Erregerkraft $\hat{P} = m_e \cdot e \cdot \Omega^2$ (Unwuchterregung); rechts: Detail Drehmasse.

5.2.2 Vergrößerungsfunktionen V_4 bei harmonischer Unwuchterregung

Bauwerke werden häufig durch Maschinen mit drehenden Teilen beansprucht. Die drehende Masse m_e dreht sich um eine Drehachse, deren Lage nicht exakt mit dem Schwerpunkt übereinstimmt. Der Abstand zwischen beiden Punkten wird als Exzentrizität e bezeichnet.

Die umlaufende Erregungskraft, die wir auch unter der Bezeichnung Fliehkraft kennen, errechnet sich aus der Exzentrizität e, der drehenden Masse m_e und der Drehkreisfrequenz Ω zu:

$$\hat{P} = m_e \cdot e \cdot \Omega^2 \tag{5.17}$$

Darin bezeichnen wir das Produkt aus drehender Masse m_e mit der Exzentrizität e als Unwucht, siehe weiter unten Kap. 8.

Die Anregung eines EFS durch eine umlaufende Erregerkraft wird in Abb. 5.10 dargestellt. Natürlich interessiert für den dort dargestellten EFS nur die vertikale Kraftkomponente von $\hat{P}$:

$$P(t) = \hat{P} \cdot \sin(\Omega \cdot t) = m_e \cdot e \cdot \Omega^2 \cdot \sin(\Omega \cdot t) \tag{5.18}$$

Mit der Anregungskreisfrequenz Ω ändert sich nicht nur das Frequenzverhältnis $\eta = \Omega/\omega$, sondern auch die Anregungskraft $\hat{P}$. Das ist der Unterschied zur harmonisch krafterregten Schwingung, bei der $\hat{P}$ unabhängig von der Anregungsfrequenz konstant bleibt.

Die **Vergrößerungsfunktion** V_4 und der zugehörige Nacheilwinkel φ_4 für die harmonische Unwuchterregung lauten (Herleitung siehe [PW18], S. 393):

$$V_4 = \frac{\eta^2}{\sqrt{(1-\eta^2)^2 + (2 \cdot D \cdot \eta)^2}} = \eta^2 \cdot V_1 \tag{5.19}$$

$$\tan(\varphi_4) = \frac{2 \cdot D \cdot \eta}{1-\eta^2} \tag{5.20}$$

Die maximale Schwingungsamplitude und die maximale auf die Masse m des EFS wirkende Federkraft erhält man daraus nicht analog wie oben nach Gl 5.16 als Produkt aus u_{stat} mit der Vergrößerungsfunktion. Statt dessen kann mit V_4 die maximale Amplitude der Schwingung berechnet werden zu:

$$\hat{u} = \frac{m_e \cdot e}{m} \cdot V_4 \tag{5.21}$$

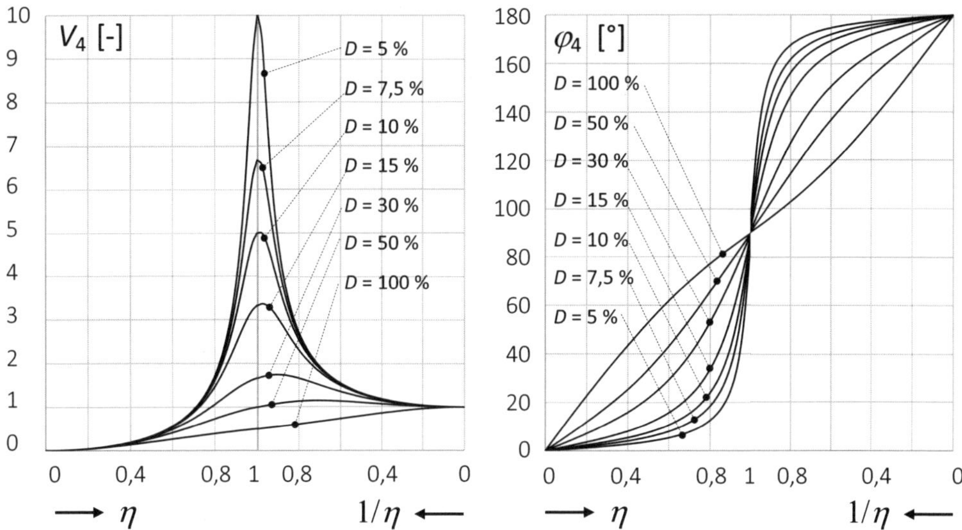

Abb. 5.11: Vergrößerungsfunktion V_4 und zugehöriger Nacheilwinkel φ_4. Für $\eta > 1$ wurde der besseren Ablesbarkeit wegen auf der horizontalen Achse statt η der Wert $1/\eta$ von 0 am rechten Rand beginnend aufgetragen.

Die Bewegungsfunktion lautet:

$$u(t) = \hat{u} \cdot \sin(\Omega \cdot t - \varphi_4) = \frac{m_e \cdot e}{m} \cdot V_4 \cdot \sin(\Omega \cdot t - \varphi_4) \tag{5.22}$$

Die maximale auf die Masse m des EFS wirkende Kraft ergibt sich aus $\hat{F} = \hat{u} \cdot k$ mit Gl. 5.21 zu:

$$\hat{F} = m_e \cdot e \cdot \omega^2 \cdot V_4 = \frac{\hat{P}}{\eta^2} \cdot V_4 \tag{5.23}$$

Die Vergrößerungsfunktion V_4 und der zugehörige Nacheilwinkel φ_4 ist in Abb. 5.11 dargestellt.

Alternativ: Nutzung der Vergrößerungsfunktion V_1 bei Unwuchterregung

Alternativ kann die dynamische Antwort auch mit der Vergrößerungsfunktion V_1 (Krafterregung) berechnet werden, wenn die Maschine immer mit derselben Frequenz dreht und daher die statische Last $\hat{P}$ konstant bleibt. Dazu ist zunächst die Anregungskraft zu berechnen:

$$\hat{P} = m_e \cdot e \cdot \Omega^2 \tag{5.24}$$

Mit dieser Anregungskraft und der zugehörigen konstant bleibenden (!) Anregungskreisfrequenz Ω kann der Fall wie in Abs. 5.2.1.3 mit der Vergrößerungsfunktion V_1 behandelt werden. Es gilt dann für die maximale Schwingungsamplitude und die auf die Masse m des EFS wirkende Kraft:

$$\hat{u} = u_{\text{stat}} \cdot V_1 \quad \text{und} \quad \hat{F} = \hat{P} \cdot V_1 \tag{5.25}$$

Beispiel 5-3: EFS mit Umwuchterregung

Gegeben: Daten des EFS und seiner Unwuchterregung durch eine rotierende Maschine

- $P(t) = \hat{P} \cdot \sin(\Omega \cdot t) = m_e \cdot e \cdot \Omega^2 \cdot \sin(\Omega \cdot t)$
- Gesamtmasse inkl. Drehmasse $m = 2000$ kg
- Exzentrizität $e = 2$ mm
- Drehmasse $m_e = 750$ kg
- Federsteifigkeit $k = 90$ kN/m
- Dämpfungskonstante $c = 2000$ kg/s
- Anregungskreisfrequenz $\Omega = 10,0$ 1/s

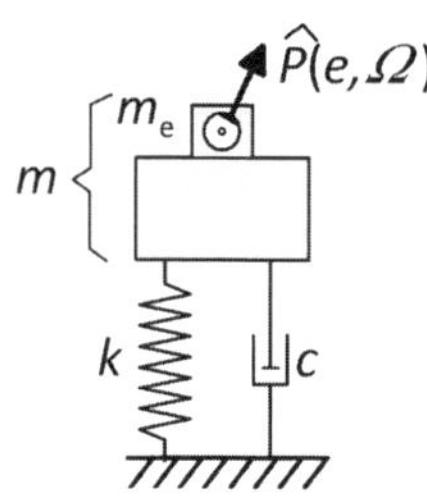

Abb. 5.12: Bsp. 5-3

Gesucht: Systemantwort: maximale Schwingungsamplitude $\hat{u}$

Lösung: (Alle Einheiten in kg, N, m, s)

a) Lösung mit der Vergrößerungsfunktion V_4 für harmonische Unwuchterregung

1.) Kennwerte EFS

$$\omega = \sqrt{\frac{k}{m}} = \sqrt{\frac{90000}{2000}} = 6,708 \ \frac{1}{\mathrm{s}}$$
$$D = \frac{c}{2 \cdot m \cdot \omega} = \frac{2000}{2 \cdot 2000 \cdot 6,708} = 0,0745$$

2.) Vergrößerungsfunktion und Amplitude

$$\eta = \frac{\Omega}{\omega} = \frac{10}{6,708} = 1,491$$
$$V_4 = \frac{\eta^2}{\sqrt{(1-\eta^2)^2 + (2 \cdot D \cdot \eta)^2}} = \frac{1,491^2}{\sqrt{(1-1,491^2)^2 + (2 \cdot 0,0745 \cdot 1,491)^2}} = 1,789$$
$$\hat{u} = \frac{m_e \cdot e}{m} \cdot V_4 = \frac{750 \cdot 0,002}{2000} \cdot 1,789 = 0,00134 \text{ m}$$

3.) dynamische Federkraft

$$\hat{F} = k \cdot \hat{u} = 90000 \cdot 0,00134 = 120,6 \text{ N}$$

b) Alternativ: Lösung mit der Vergrößerungsfunktion V_1 für harmonische Krafterregung

$$V_1 = \frac{1}{\sqrt{(1-\eta^2)^2 + (2 \cdot D \cdot \eta)^2}} = \frac{1}{\sqrt{(1-1,491^2)^2 + (2 \cdot 0,0745 \cdot 1,491)^2}} = 0,8049$$

$$\hat{u} = \frac{\hat{P}}{k} \cdot V_1 = \frac{m_e \cdot e \cdot \Omega^2}{k} \cdot V_1 = \frac{750 \cdot 0,002 \cdot 10^2}{90000} \cdot 0,8049 = 0,00134 \text{ m}$$

Die über V_1 gewonnene Lösung entspricht dem mit V_4 berechneten Ergebnis.

Beispiel 5-4: Unwuchterregter Biegebalken bei unterschiedlichen Anregungsfrequenzen

Gegeben: Auf dem als masselos anzusehenden Balken (Biegesteifigkeit EI) in Abb. 5.13 ist mittig eine Maschine mit der Masse m fest montiert. Die Maschine kann mit verschiedenen Drehzahlen n betrieben werden.

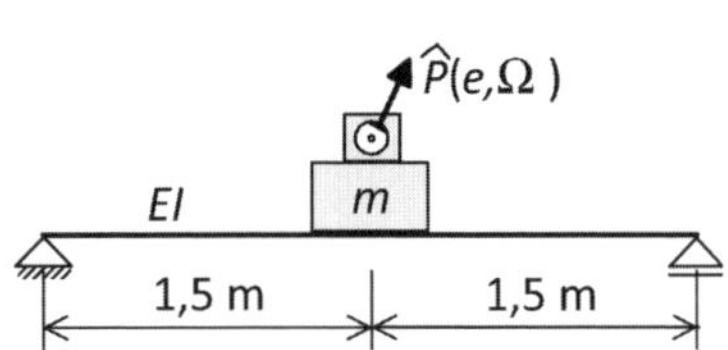

Abb. 5.13: Bsp. 5-4

- Balkensteifigkeit $EI = 3600$ kN/m^2
- Balkenlänge 3 m
- Maschinenmasse $m = 2,0$ t (inkl. m_e)
- Lehr'sche Dämpfung $D = 1$ %
- Unwucht: $m_e \cdot e = 0,912$ kg m
- vertikale Anregungskraft $P = m_e \cdot e \cdot \Omega^2 \cdot \sin(\Omega \cdot t)$

Gesucht:

a) Wie groß sind Federkraftamplitude $\hat{F}$ und Schwingungsamplitude $\hat{u}$ bei $n = 540$ U/Min?
b) Die Maschine wird nun 10 % schneller gefahren als im Fall a). Wie ändern sich $\hat{F}$ und $\hat{u}$?
c) Die Maschine wird auf $n = 1000$ U/Min beschleunigt: $\hat{F}$ = ? , $\hat{u}$ = ?

Lösung (Einheiten in N, m, s, kg)

Daten des EFS: Die Federsteifigkeit k ergibt sich aus der Durchbiegung des Balkens in seiner Mitte infolge einer dort angreifenden Einheitskraft „1".

$$w = \frac{„1" \cdot l^3}{48 \cdot EI} = \frac{„1" \cdot 3^3}{48 \cdot 3,6 \cdot 10^6} = 1,5625 \cdot 10^{-7} \text{ m}$$
$$k = \frac{„1"}{w} = \frac{„1"}{1,5625 \cdot 10^{-7}} = 6,400 \cdot 10^6 \text{ N/m}$$

Daraus berechnet sich die Eigenkreisfrequenz:

$$\omega = \sqrt{\frac{k}{m}} = \sqrt{\frac{6,400 \cdot 10^6}{2000}} = 56,6 \text{ 1/s}$$

Fall a) Die Maschine dreht mit 540 U/min

1.) Zunächst wird die Anregungskreisfrequenz berechnet:

$$f_\Omega = 540 \frac{\text{U}}{\text{min}} = (540 \frac{\text{U}}{\text{min}})/60 \frac{\text{s}}{\text{min}} = 9,0 \text{ Hz}$$
$$\Omega = f_\Omega \cdot 2 \cdot \pi = 56,6 \text{ 1/s}$$

Aus $\Omega = \omega = 56,6$ 1/s bzw. $\eta = \Omega/\omega = 1,0$ lässt sich ablesen, dass der Resonanzfall eingetreten ist.
Der Wert der Vergrößerungsfunktion V_4 hängt dann nur vom Dämpfungsgrad D ab.

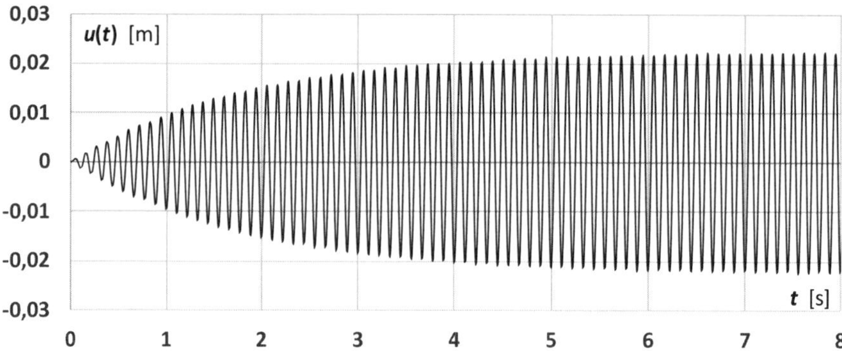

Abb. 5.14: Bsp. 5-4 a): $u(t)$ infolge Unwuchterregung angefachte Resonanzschwingung des EFS; Einschwingvorgang (linker Kurvenbereich) und eingeschwungener Zustand (ganz rechter Kurvenbereich). Berechnung mit dem Differenzenverfahren (siehe unten Abs. 5.5.3)

2.) Vergrößerungsfunktion V_4 nach Gl. 5.19 für Unwuchterregung, Amplitude $\hat{u}$ und dynamische Federkraftamplitude $\hat{F}$

$$V_4 = \frac{\eta^2}{\sqrt{(1-\eta^2)^2+(2\cdot D\cdot\eta)^2}} = \frac{1}{\sqrt{(1-1^2)^2+(2\cdot 0,01\cdot 1)^2}} = 50$$

$$\hat{u} = \frac{m_e\cdot e}{m}\cdot V_4 = \hat{u} = \frac{0,912}{2000}\cdot 50 = 0,0228 \text{ m}$$

$$\hat{F} = m_e\cdot e\cdot\omega^2\cdot V_4 = 0,912\cdot 56,6^2\cdot 50 = 146\,100 \text{ N}$$

Die Amplitude beträgt im eingeschwungenen Zustand also 22,8 mm.

3.) Nun soll überprüft werden, ob während des Einschwingvorgangs höhere Auslenkungen als im eingeschwungenen Zustand auftreten können. Der EFS wird dazu mit dem Differenzenverfahren (siehe unten Abs. 5.5.3) numerisch berechnet, was mit einem EXCEL-Rechenblatt realisiert werden kann. Das Ergebnis ist im Diagramm Abb. 5.14 dargestellt. Die maximale Wegamplitude aus der numerischen Rechnung ist: $\hat{u} = 0,0228$ m. Das entspricht dem von Hand berechneten Ergebnis. Am Diagramm erkennbar handelt es sich um eine angefachte Schwingung, deren maximale Amplitude erst im eingeschwungenen Zustand auftritt. Die während des Einschwingvorgangs auftretenden Auslenkungen sind kleiner als diejenigen im eingeschwungenen Zustand.

Fall b) Die Maschine dreht 10 % schneller, $\Omega = 62,3$ 1/s, $\eta = 1,1$

1.) Vergrößerungsfunktion V_4 nach Gl. 5.19 für Unwuchterregung, Amplitude $\hat{u}$ und dynamische Kraftamplitude $\hat{F}$

$$V_4 = \frac{\eta^2}{\sqrt{(1-\eta^2)^2+(2\cdot D\cdot\eta)^2}} = \frac{1,1^2}{\sqrt{(1-1,1^2)^2+(2\cdot 0,01\cdot 1,1)^2}} = 5,73$$

$$\hat{u} = \frac{m_e\cdot e}{m}\cdot V_4 = \hat{u} = \frac{0,912}{2000}\cdot 5,73 = 0,00261 \text{ m}$$

$$\hat{F} = m_e\cdot e\cdot\omega^2\cdot V_4 = 0,912\cdot 56,6^2\cdot 5,73 = 16741 \text{ N}$$

2.) Durch eine Erhöhung der Frequenz um 10 % gegenüber dem Resonanzfall werden Weg- und Kraftamplitude im eingeschwungenen Zustand von 22,8 mm auf 2,6 mm gesenkt. Allerdings tritt die maximale Amplitude im Fall b) nicht im eingeschwungenen Zustand auf, sondern mit $u = 4,7$ mm (hier ohne Berechnung angegeben) während des Einschwingvorgangs. Die Erhöhung der Frequenz um 10 % bedeutet also im vorliegenden Fall eine Reduktion der Amplituden und Spannungen um 80 %!

Fall c) Die Maschine dreht nun mit 1000 U/min, $\Omega = 104,7$ 1/s, $\eta = 1000/540 = 1,85$

Die maximale Wegamplitude im eingeschwungenen Zustand ließe sich wie im Fall b) von Hand berechnen, nicht aber der Einschwingvorgang selber. Dazu wird nun ein Berechnungsweg mit einer Mathematiksoftware aufgezeigt. Dabei wird die Schwingungsdifferentialgleichung symbolisch unter Beachtung der Randbedingungen gelöst und die Funktion $u(t)$ dargestellt.

Beispielhaft – stellvertretend für andere, genauso gut geeignete Programme – wird hierfür das Programm „maple“ [Map04] verwendet, siehe Abb. 5.15.

Die in der obersten maple-Zeile (Abb. 5.15) eingegebene Bewegungsgleichung lautet nach Gl. 5.3:

$$m \cdot \ddot{u}(t) + c \cdot \dot{u}(t) + k \cdot u(t) = \hat{P} \cdot \sin(\Omega \cdot t)$$

$$\Rightarrow \quad 2000 \cdot \ddot{u}(t) + 2263 \cdot \dot{u}(t) + 6400000 \cdot u(t) = 10000 \cdot \sin(104,7 \cdot t)$$

$$\text{mit: } \hat{P} = m_e \cdot e \cdot \Omega^2 = 0,912 \cdot 104,7^2 = 10000 \text{ N}$$

$$m = 2000 \text{ kg}$$

$$k = 6400000 \text{ N/m}$$

$$c = D \cdot 2 \cdot m \cdot \omega = 0,01 \cdot 2 \cdot 2000 \cdot 56,6 = 2263 \text{ kg/s}$$

In der 3. Zeile (Abb. 5.15) finden sich die Randbedingungen $\dot{u}_0 = 0$ und $u_0 = 0$.

In blau ab der 5. Zeile gibt maple die Lösung der Differentialgleichung $u(t)$ aus, die unten in Abb. 5.15 geplottet ist.

Die Wegfunktion $u(t) = x(t)$ (blau, ab Zeile 5) hat vier Komponenten: Die ersten beiden Ausdrücke in der 5. und 6. Zeile stellen die homogene Lösung der Schwingungsdifferentialgleichung dar, erkennbar an den Argumenten ($\omega \cdot t = 56,6 \cdot t$) der trigonometrischen Funktionen.

Die beiden letzten Ausdrücke in der 7. Zeile stellen die partikuläre Lösung dar, erkennbar an den Argumenten ($\Omega \cdot t = 104,7 \cdot t$) der trigonometrischen Funktionen.

Die betragsmäßig maximale Auslenkung tritt mit $\hat{u} = 1,71$ mm während des Einschwingvorgangs auf, während die Amplitude im eingeschwungenen Zustand mit $\hat{u} = 0,66$ mm weniger als halb so groß ist.

Für Nachweise im GZT ist der Einschwingvorgang mit seiner maximalen Auslenkung $\hat{u} = 1,71$ mm maßgebend, während für den Ermüdungsnachweis, bei dem einzelne Spannungsspiele mit größeren Auslenkungen keine Rolle spielen, der eingeschwungene Zustand mit $\hat{u} = 0,66$ mm relevant ist.

Im Vergleich der Fälle a) bis c) dieses Beispiels 5-3 verringert sich die maximale Amplitude vom Resonanzfall $\eta = 1,0$ mit $\hat{u} = 22,8$ mm über den Fall b) ($\eta = 1,1$) mit $\hat{u} = 4,7$ mm bis zum Fall c) ($\eta = 1,85$) mit $\hat{u} = 1,7$ mm.

```
> dgl:=2000*diff(x(t),t$2)+2263*diff(x(t),t)+6400000*x(t)=10000*si
  n(104.7*t):
> anfangsbed:=x(0)=0.0, D(x)(0)=0: # Ruhezustand am Anfang
> lsg:=evalf(dsolve({dgl,anfangsbed},x(t)));
```

$$lsg := x(t) = 0.001192118440\, e^{(-0.5657500000\, t)} \sin(56.56571335\, t) + 0.9829077136\; 10^{-5}\, e^{(-0.5657500000\, t)} \cos(56.56571335\, t) - 0.0006440063911 \sin(104.7000000\, t) - 0.9829077136\; 10^{-5} \cos(104.7000000\, t)$$

```
> plot_funktion:=op(2,lsg): # Extraktion der rechten Seite
> plot(plot_funktion,t=0..10);
```

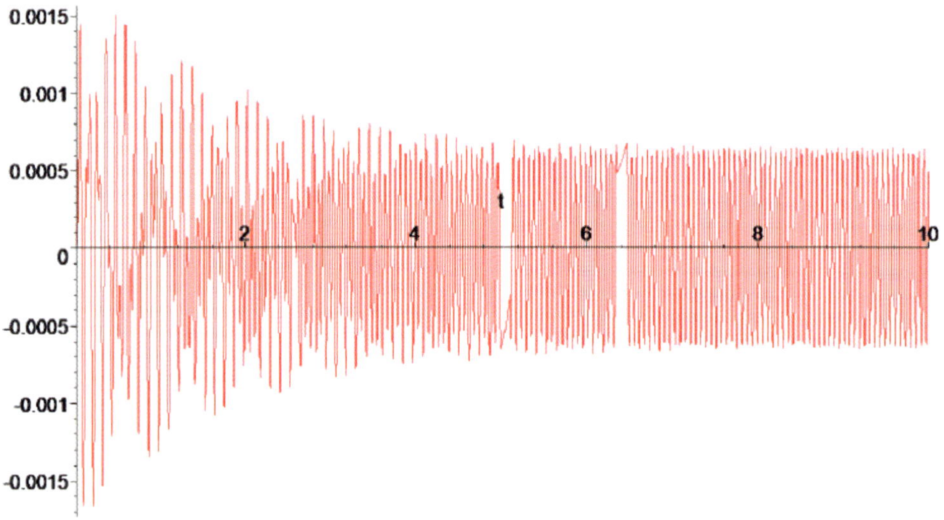

Abb. 5.15: Schwingungsdifferentialgleichung Bsp. 5-4 c samt Plot der Verschiebungsfunktion $u(t) = x(t)$ [m], mit dem Programm maple [Map04] berechnet. Einschwingvorgang und eingeschwungener Zustand sind gut zu unterscheiden.

5.2.3 Vergrößerungsfunktion V_5 bei harmonischer Stützenerregung

Abb. 5.16 zeigt das Prinzip einer Basis- oder Stützenerregung: Der Fußpunkt von Feder und Dämpfer (also das gesamte Auflager eines Tragwerks) führt eine Zwangsbewegung $y(t)$ mit dem Maximalwert $\hat{y}_F$ aus. Beispiele für eine Basiserregung sind:

- Fahrt eines Fahrzeugs über eine wellige Fahrbahn, siehe unten Abb. 5.18. Wenn für die Fahrbahnoberfläche ein sinusförmiger Verlauf unterstellt werden könnte, läge eine harmonische Beanspruchung vor.
- Beanspruchung eines Bauwerks durch Erdbeben. Erdbebenlasten sind allerdings keine harmonische Lasten, weshalb in diesem Abschnitt nicht näher darauf eingegangen wird.

Sonderfälle, bei denen nicht das gesamte Auflager bewegt wird, sondern entweder nur die Federbasis oder nur die Dämpferbasis, sind zu unterscheiden. Auf diese Sonderfälle wird im vorliegenden Buch nicht eingegangen, es wird auf die Literatur verwiesen: [PW18], Kap. 5.

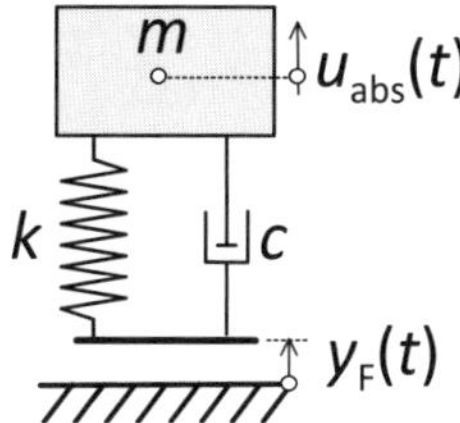

Abb. 5.16: Stützenerregung (Basiserregung) eines EFS

Die weggesteuerte Stützenerregung wird durch deren Wegamplitude $\hat{y}_F$ und die Erregerkreisfrequenz Ω beschrieben:

$$y_F(t) = \hat{y}_F \cdot \sin(\Omega \cdot t) \tag{5.26}$$

Die **Vergrößerungsfunktion** V_5 für die Absolutbewegung der Masse m und der zugehörige Nacheilwinkel φ_5 bei harmonischer Basiserregung sind in Abb. 5.17 dargestellt.
Die Funktionen lauten (Herleitung siehe [PW18], Abs. 5.4.5):

$$V_5 = \frac{\sqrt{1+(2\cdot D\cdot\eta)^2}}{\sqrt{(1-\eta^2)^2+(2\cdot D\cdot\eta)^2}} = \sqrt{1+(2\cdot D\cdot\eta)^2}\cdot V_1 \tag{5.27}$$

$$\tan(\varphi_5) = \frac{2\cdot D\cdot\eta^3}{1-\eta^2+(2\cdot D\cdot\eta)^2} \tag{5.28}$$

Für $\eta \approx 1$ und kleine Dämpfungsgrade gilt : $V_5 = V_1 \approx 1/2D$

Die Absolutbewegung der Masse m lässt sich nun angeben mit:

$$u_{abs}(t) = \hat{y}_F \cdot V_5 \cdot \sin(\Omega \cdot t - \varphi_5) \quad \text{und} \quad \hat{u}_{abs} = \hat{y}_F \cdot V_5 \tag{5.29}$$

Maßgebend für die Federkraft des EFS ist jedoch nicht die Absolutverschiebung, sondern die Relativverschiebung zwischen Masse und Fußpunkt.

Diese ergibt sich mit der Vergrößerungsfunktion V_4 für die unwuchtgesteuerte Schwingung (Gl. 5.19), Herleitung siehe [PW18], Abs. 5.4.5:

$$u_{rel}(t) = \hat{y}_F \cdot V_4 \cdot \sin(\Omega \cdot t - \varphi_4) \quad \text{und} \quad \hat{u}_{rel} = \hat{y}_F \cdot V_4 \tag{5.30}$$

Alternativ lässt sich die Relativverschiebung natürlich auch anschreiben zu:

$$u_{rel}(t) = u_{abs}(t) - y_F(t) = \hat{y}_F \cdot (V_5 \cdot \sin(\Omega \cdot t - \varphi_5) - \sin(\Omega \cdot t)) \tag{5.31}$$

Aus der Bedingung für ein Extremum $\mathrm{d}u_{rel}(t)/\mathrm{d}t = 0$ erhält man die Zeit t, für die sich die relative Amplitude $\hat{u}_{rel}$ ergibt.

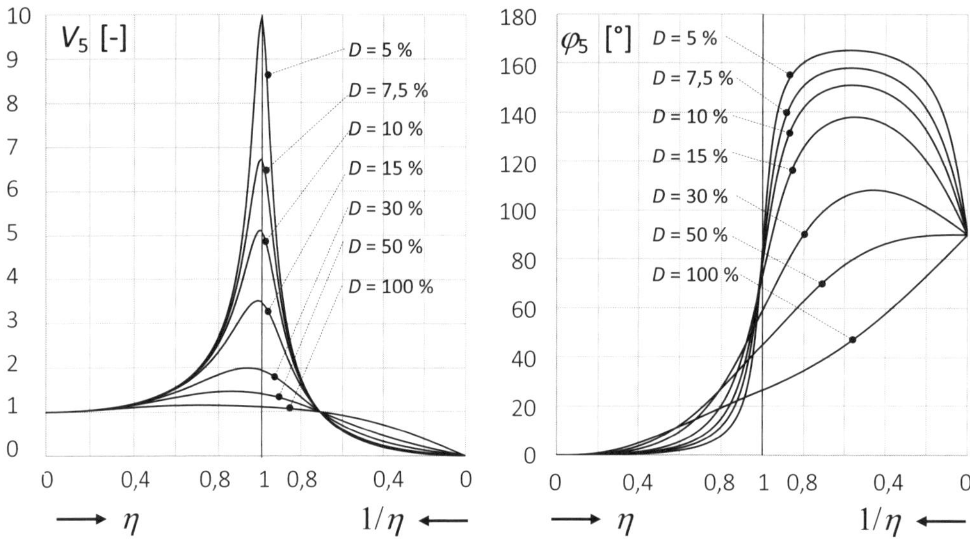

Abb. 5.17: Vergrößerungsfunktion V_5 und zugehöriger Nacheilwinkel φ_5. Für $\eta > 1$ wurde der besseren Ablesbarkeit wegen auf der horizontalen Achse statt η der Wert $1/\eta$ von 0 am rechten Rand beginnend aufgetragen.

Beispiel 5-5: Fahrzeug auf Buckelpiste: Berechnung des Schwingbeiwerts

Gegeben: Ein Fahrzeug fährt mit konstanter Geschwindigkeit v über einen Fahrbahn mit einem schadhaften Belag, siehe Abb. 5.18.[3]

Es wird vereinfachend angenommen, dass die Welligkeit sinusförmig sei und deren Amplitude $\hat{y}_F$ betrage. Die Länge einer vollen Welle sei L.

Bewegt sich das Fahrzeug mit $v = \text{const.}$ über die Fahrbahn, entspricht das einer harmonischen Basiserregung.

- Fahrzeugmasse $m = 1500$ kg
- Länge einer Welle $L = 3,0$ m
- Schlaglochamplitude $\hat{y}_F = 0,01$ m $\quad y(t) = \hat{y}_F \cdot \sin(\Omega \cdot t)$
- Federsteifigkeit Fahrzeug $k = 6000$ N/cm
- Lehr'sche Dämpfung $D = 25$ % (Stoßdämpfer)

Gesucht:

a) Kritische Geschwindigkeit des Fahrzeugs, bei der es in Resonanz ($\eta = 1,0$) gerät.
b) Maximale relative und absolute Wegamplitude im Resonanzfall.
c) Fahrbahnbeanspruchung aus der maximalen Kraft in der Fahrzeugfeder im Resonanzfall; daraus abgeleitet der Schwingbeiwert für die Auslegung des Fahrzeugs.

[3] Quelle: Aufgabe [PW18], S. 395

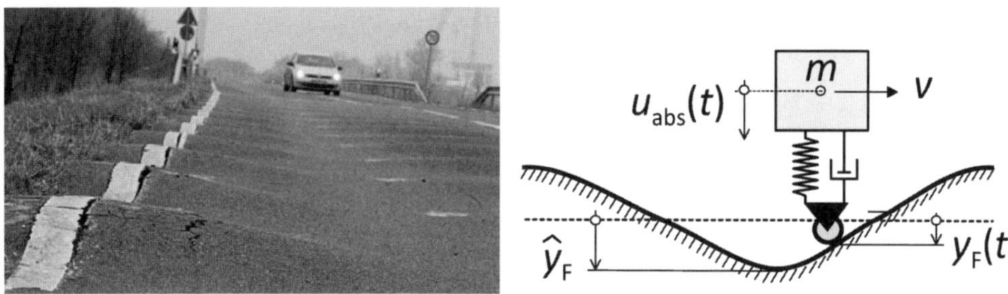

Abb. 5.18: Beispiel 5-5: Fahrzeug fährt über welligen Straßenuntergrund (Foto links; Quelle: https://www.noz.de/deutschland-welt/vermischtes/artikel/1030562); Dynamisches Modell mit Fahrzeug als basiserregtem EFS (rechts, nach [PW18], S. 395)

Lösung: (Alle Daten sind in den Einheiten N, kg, m, s eingesetzt)

a) Kritische Geschwindigkeit des Fahrzeugs

1.) Dynamische Kennwerte des Fahrzeugs als EFS vereinfacht

$$\omega = \sqrt{\frac{k}{m}} = \sqrt{\frac{6 \cdot 10^5}{1500}} = 20 \ \frac{1}{\text{s}}$$
$$T = \frac{2 \cdot \pi}{\omega} = \frac{2 \cdot \pi}{20} = 0,3142 \text{ s}$$

2.) Die kritische Geschwindigkeit v_{krit} wird über T und die Länge der Bodenwelle L bestimmt. Resonanz tritt ein, wenn während der Eigenschwingdauer T des EFS genau die Länge einer Bodenwelle L überfahren wird:

$$v_{\text{krit}} = \frac{L}{T} = \frac{3}{0,3142} = 9,549 \ \frac{\text{m}}{\text{s}} = 34,38 \ \frac{\text{km}}{\text{h}}$$

Für diese kritische Geschwindigkeit gilt: $\Omega = \omega = 20$ 1/s. Wenn das Fahrzeug mit v_{krit} fährt, tritt Resonanz ein.

b) Maximale relative und absolute Wegamplitude im Resonanzfall

Die absolute Wegordinate $u_{\text{abs}}(t)$ der Fahrzeugmasse bezieht sich auf ein festes Koordinatensystem. Die relative Wegordinate $u_{\text{rel}}(t)$ entspricht dem Abstand zwischen dem sich bewegenden Fußpunkt und der Masse.

1.) Die Vergrößerungsfunktion V_5 für das absolute Bewegungsmaß (Gl. 5.27) und die zugehörige Phasenverschiebung (Gl. 5.28) werden bestimmt.

$$V_5 = \frac{\sqrt{1+(2 \cdot D \cdot \eta)^2}}{\sqrt{(1-\eta^2)^2+(2 \cdot D \cdot \eta)^2}} \quad \text{mit} \quad \eta = \frac{\Omega}{\omega} = \frac{20}{20} = 1,0$$
$$\rightarrow \quad V_5 = \frac{\sqrt{1+(2 \cdot 0,25 \cdot 1)^2}}{\sqrt{(1-1^2)^2+(2 \cdot 0,25 \cdot 1)^2}} = 2,236$$
$$\varphi_5 = \arctan \frac{2 \cdot D \cdot \eta^3}{1-\eta^2+(2 \cdot D \cdot \eta)^2} = \arctan \frac{2 \cdot 0,25 \cdot 1^3}{1-1^2+(2 \cdot 0,25 \cdot 1)^2} = 1,107$$

2.) Damit ergeben sich Amplitude $\hat{u}_{abs}$ und Schwingungsgleichung $u_{abs}(t)$ zu

$$\hat{u}_{abs} = V_5 \cdot \hat{y}_F = 2,236 \cdot 0,01 = 0,02236 \text{ m}$$
$$u_{abs}(t) = \hat{u}_{abs} \cdot \sin(\Omega \cdot t - \varphi_5) = 0,02236 \cdot \sin(20 \cdot t - 1,107)$$

3.) Die relative Amplitude wird über die Vergrößerungsfunktion V_4 (Gl. 5.19) ermittelt.

$$V_4 = \frac{\eta^2}{\sqrt{(1-\eta^2)^2 + (2 \cdot D \cdot \eta)^2}} = \frac{1^2}{\sqrt{(1-1^2)^2 + (2 \cdot 0,25 \cdot 1)^2}} = 2,000$$
$$\varphi_4 = \arctan\left(\frac{2 \cdot D \cdot \eta}{1-\eta^2}\right) = \arctan(\infty) \quad \rightarrow \varphi = \pi/2$$
$$\hat{u}_{rel} = \hat{y}_F \cdot V_4 = 0,01 \cdot 2,00 = 0,0200 \text{ m}$$
$$u_{rel}(t) = \hat{u}_{rel} \cdot \sin(\Omega \cdot t - \varphi_4) = 0,0200 \cdot \sin(20 \cdot t - \pi/2)$$

Fußpunkterregung $y_F(t)$ sowie die absolute und die relative Wegordinate im eingeschwungenen Zustand können Abb. 5.19 entnommen werden. $u_{rel}(t)$ wird null, wenn Fußpunkt und Masse denselben Weg gemacht haben. Die relative Wegordinate ist maßgebend für die dynamische Federkraft $\hat{F}$.

4.) Für die meisten baupraktischen Fälle kann wegen schwacher Dämpfung näherungsweise $\omega = \omega_D$ angesetzt werden, der Resonanzfall tritt bei $\eta = \Omega/\omega = 1,0$ auf. Dieser Fall wurde auch hier – siehe oben – als ungünstigst für die Vergrößerungsfunktionen angenommen. In diesem Beispiel ist die Dämpfung mit $D = 25$ % jedoch vergleichsweise hoch, was auf die Stoßdämpfer im Fahrzeug zurückzuführen ist. Bei höheren Dämpfungen weicht der Wert η, bei dem das Maximum der Vergrößerungsfunktion erreicht wird, deutlicher von $\eta = 1,0$ ab, siehe Abb. 5.17. Im vorliegenden Fall ($D = 25$ %) treten die Maxima der Vergrößerungsfunktionen $V_4(\eta), V_5(\eta)$ bei folgenden Werten η auf:

- Die maximale absolute Wegordinate $\hat{u}_{abs}$ ergibt sich bei $\eta = 0,948$ mit $V_5 = 2,283$ zu $\hat{u}_{abs} = 0,02283$ cm, also 2 % mehr als oben berechnet.
- Die maximale relative Wegordinate $\hat{u}_{rel}$ ergibt sich bei $\eta = 1,069$ mit $V_4 = 2,066$ zu $\hat{u}_{rel} = 0,02066$ cm, also 3 % mehr als oben berechnet.

Es zeigt sich auch bei der hier vorliegenden vergleichsweise hohen Dämpfung von $D = 25$ %, dass die mit der Annahme $\eta = 1,0$ ermittelten Amplitudenwerte nur unwesentlich von den tatsächlichen Maxima entfernt sind.

c) **Der Schwingbeiwert** für die Fahrzeugauslegung ergibt sich, indem man die statische Ruhelast in der Feder mit der maximalen dynamischen Kraft vergleicht. Dazu werden in konsequenter Fortsetzung des Beispiels die mit $\eta = 1,0$ berechneten Werte verwendet.

1.) Statische Last aus Eigengewicht des Fahrzeugs: $F_{stat} = m \cdot g = 1500 \cdot 10 = 15\,000$ N
2.) Max. dynamische Federkraft: $F_{dyn} = \hat{u}_{rel} \cdot k + F_{stat} = 0,0200 \cdot 6 \cdot 10^5 + 15\,000 = 27\,000$ N
3.) Schwingbeiwert: $\Phi = F_{dyn}/F_{stat} = 27\,000/15\,000 = 1,8$

Der Schwingbeiwert, mit dem die Beanspruchungen der Straße und der Radaufhängungen im Fahrzeug aus den quasi-statischen Lasten ermittelt werden können, beträgt $\Phi = 1,8$.

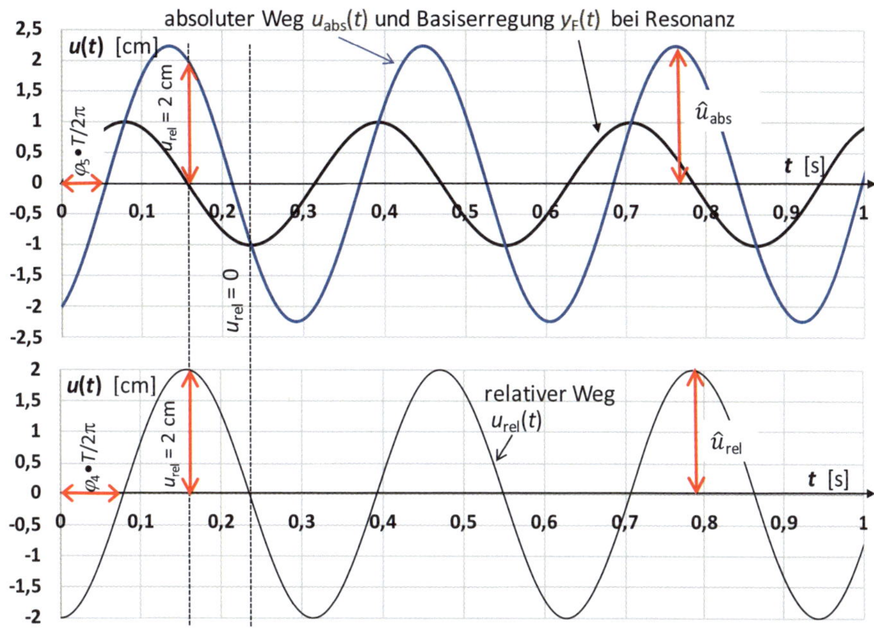

Abb. 5.19: Ergebnis Beispiel 5-5: Basiserregung (Bodenwelle) $y_F(t)$ und absolute Wegfunktion der Fahrzeugmasse u_{abs} (oben); relative Wegfunktion u_{rel} (unten); jeweils im eingeschwungenen Zustand im Resonanzfall ($\eta = 1,0$)

5.3 Schnittgrößen des Tragwerks infolge der Schwingungen

Wie lassen sich die ungünstigsten Schnittgrößen des als EFS modellierten Tragwerks infolge der Schwingungsanregung bestimmen? Dazu wird zunächst die maximale Kraft $\hat{F}$ in der Feder des EFS während des Schwingungsvorgangs berechnet. Aus $\hat{F}$ können dann die Beanspruchungen (Schnittgrößen und Spannungen) des Tragwerks zurückgerechnet werden. Für diesen Arbeitsschritt gibt es drei Optionen:

a) **Schnittgrößen über Lastamplitude $\hat{P}$ und Vergrößerungsfunktion des EFS ermitteln**
Die maximale dynamische Federkraft im eingeschwungenen Zustand erhält man zu:

- harmonische Krafterregung: $\hat{F} = \hat{P} \cdot V_1$
- harmonische Unwuchterregung $\hat{F} = m_e \cdot e \cdot \omega^2 \cdot V_4$
- harmonische Basiserregung: $\hat{F} = k \cdot \hat{y}_F \cdot V_4$

Die Summe aus $\hat{F}$ und weiteren, ggf. in der Schwingungsberechnung unberücksichtigt gebliebenen statischen Lasten (z.B. Eigengewicht) bildet die maximale Federkraft, aus der sich die Schnittgrößen ergeben, siehe Beispiel 5-6, Punkt 3).
Mit dieser Methode kann nur der eingeschwungene Zustand berücksichtigt werden.

b) **Schnittgrößen über die maximalen Auslenkung $\hat{u}$ bzw. u_{max} zurückrechnen**
Mit dieser Methode lassen sich die Schnittgrößen des Tragwerks im eingeschwungenen Zustand oder während des Einschwingvorgangs infolge beliebiger Anregungen zurückrechnen, wenn die maximale Wegamplitude $\hat{u}$ bekannt ist.

Für den eingeschwungenen Zustand einer harmonisch krafterregten Schwingung gilt:

$$\hat{u} = u_{\text{stat}} \cdot V_1 \tag{5.32}$$

Für den eingeschwungenen Zustand einer harmonisch unwuchterregten Schwingung gilt:

$$\hat{u} = \frac{m_e \cdot e}{m} \cdot V_4 \tag{5.33}$$

Für den eingeschwungenen Zustand einer harmonischen Basiserregung lässt sich ansetzen:

$$\hat{u} = \hat{u}_{\text{rel}} = \hat{y}_{\text{F}} \cdot V_4 \tag{5.34}$$

In Fällen, in denen die maximale Wegamplitude $u_{\max}$ während des Einschwingvorgangs erwartet wird, wird diese zunächst z.B. mit einem der weiter unten in Abs. 5.5 vorgestellten Verfahren berechnet.

Aus $\hat{u}$ bzw. $u_{\max}$ werden die Schnittgrößen zurückgerechnet, siehe Beispiel 5-6, Punkt 4). Dabei werden auch ggf. unberücksichtigt gebliebene statische Lasten (z.B. Eigengewicht) berücksichtigt.

c) **$\hat{F}$ durch Kräftegleichgewicht am EFS ermitteln**

Die Federkraft $\hat{F}$ steht mit den anderen an der EFS-Masse wirkenden Kräften $(\ddot{u} \cdot m)$ und $(\dot{u} \cdot c)$ und $(u \cdot k)$ im Gleichgewicht, siehe Abb. 5.20.

- Für $\eta < 1,0$ ergibt sich im eingeschwungenen Zustand bei vernachlässigbarer Dämpfung $(D = 0)$ kein Nacheilwinkel zwischen Kraft und Systemantwort $(\varphi = 0)$, so dass diese gleichgerichtet wirken. Für die Beträge der Größen gilt: $\hat{F} = m \cdot \hat{\ddot{u}} + \hat{P}$
- Für $\eta > 1,0$ ergibt sich im eingeschwungenen Zustand bei vernachlässigbarer Dämpfung $(D = 0)$ ein Nacheilwinkel $\varphi = \pi$ (Abb. 5.8 rechts), so dass für die Beträge der Größen gilt: $\hat{F} = -m \cdot \hat{\ddot{u}} + \hat{P}$
- Bei nicht vernachlässigbarer Dämpfung $(D > 0)$ gilt für den Phasenwinkel $0 < \varphi < \pi$. Eine Handrechnung der dynamischen Kraft aus dem Kräftegleichgewicht ist zwar möglich, aber zu aufwändig. Das Gleiche gilt für die Kräfte während des Einschwingvorgangs.

Die Summe aus $\hat{F}$ und weiteren, ggf. in der Schwingungsberechnung unberücksichtigt gebliebenen statischen Lasten (z.B. Eigengewicht) bilden die maximale Federkraft, aus der sich die Schnittgrößen ergeben, siehe Beispiel 5-6, Punkt 5).

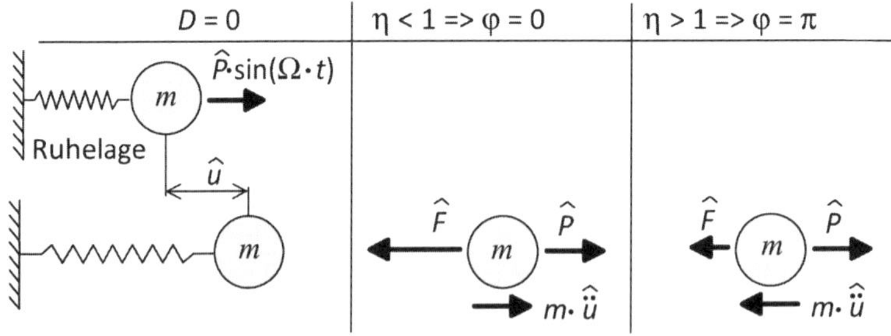

Abb. 5.20: Gleichgewicht der an der Masse angreifenden Kräfte im eingeschwungenen Zustand eines harmonisch krafterregten, ungedämpften EFS für die Nacheilwinkel $\varphi = 0$ und $\varphi = \pi$

Beispiel 5-6: Biegemoment in einem harmonisch krafterregten Balken

Gegeben: Ein stählerner Träger auf zwei Stützen (Massenbelegung μ) trägt eine mittig montierte Maschine mit der Masse m_2:

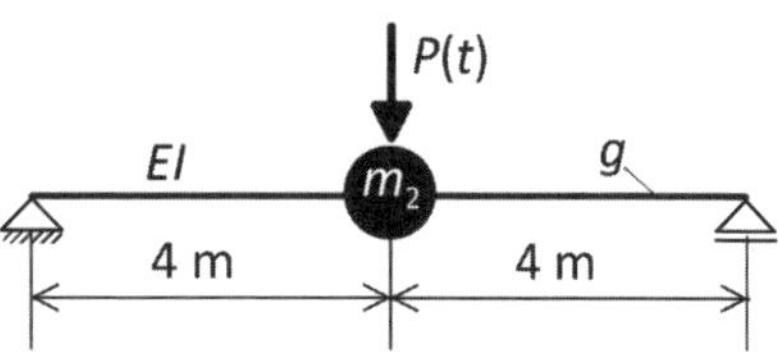

Abb. 5.21: Bsp. 5-6

- Länge $l = 8$ m; Balkenmasse $\mu = 637$ kg/m
- Trägheitsmoment $I_y = 107\,200$ cm^4
- Die Masse der Maschine beträgt $m_2 = 10$ t
- Die Maschine übt bei $\Omega = 35{,}0$ 1/s eine vertikale Kraft von $P(t) = 10$ kN $\cdot \sin(\Omega \cdot t)$ auf das Tragwerk aus.
- Lehr'sche Dämpfung $D = 1$ %

Gesucht ist das maximale, charakteristische Biegemoment M_y im Balken während des eingeschwungenen Betriebs der Maschine

Lösung: (Alle Einheiten in N, kg, m, s angegeben)

1.) Modellierung des Systems als EFS

- Gemäß Abs. 3.3.4 bestimmt sich die reduzierte Masse des Einfeldträgers mit gleichmäßiger Massenbelegung zu:

$$m_1 = m_{\text{red}} = 0{,}5 \cdot \mu \cdot l = 0{,}5 \cdot 637 \cdot 8 = 2548 \text{ kg}$$

- Die Gesamtmasse in Balkenmitte beträgt $m = m_1 + m_2 = 2548 + 10\,000 = 12\,548$ kg
- Eine Einheitskraft „1" in Trägermitte eines Balkens auf zwei Stützen führt zu der Durchbiegung w:

$$w = \frac{\text{„1"} \cdot l^3}{48 \cdot EI} = \frac{\text{„1"} \cdot 8^3}{48 \cdot 2{,}1 \cdot 10^{11} \cdot 1{,}072 \cdot 10^{-3}} = 4{,}738 \cdot 10^{-8} \text{ m/N}$$

- Daraus ergibt sich die Federsteifigkeit zu $k = \text{„1"}/w = 2{,}11 \cdot 10^7$ N/m
- Die Eigenkreisfrequenz beträgt nun:

$$\omega = \sqrt{\frac{k}{m}} = \sqrt{\frac{2{,}11 \cdot 10^7}{12\,548}} = 41{,}0 \text{ 1/s}$$

2.) Berechnung der Vergrößerungsfunktion V_1 mit $\eta = \Omega/\omega = 35{,}0/41{,}0 = 0{,}852$

$$V_1 = \frac{1}{\sqrt{(1-\eta^2)^2 + (2 \cdot D \cdot \eta)^2}} = \frac{1}{\sqrt{(1-0{,}852^2)^2 + (0{,}02 \cdot 0{,}852)^2}} = 3{,}641$$

3.) Berechnung des Biegemoments M_y über die Lastamplitude, siehe oben Option a); Berücksichtigung der Eigengewichte:

- $\hat{F} = \hat{P} \cdot V_1 = 10\,000 \cdot 3{,}641 = 36\,410$ N
- $F_{\text{dyn}} = \hat{F} + (m_1 + m_2) \cdot g = 36\,410 + 12\,548 \cdot 10 = 161\,890$ N
- $M_y = F_{\text{dyn}} \cdot l/4 = 161\,890 \cdot 8/4 = 323\,780$ Nm

4.) Berechnung des Biegemoments M_y über die maximale Auslenkung, siehe oben Option b)

- $u_{stat} = \hat{P}/k = 10000/2,11 \cdot 10^7 = 0,0004739$ m
- $\hat{u} = u_{stat} \cdot V_1 = 0,0004739 \cdot 3,641 = 0,001726$ m
- $\hat{F} = k \cdot \hat{u} = 2,11 \cdot 10^7 \cdot 0,001726 = 36410$ N
- Die weitere Berechnung von F_{dyn} und M_y ist identisch wie unter 3.) und führt zum selben Ergebnis.

5.) Berechnung von M_y über die Kraftresultierende, siehe oben Option c)

- $\hat{\ddot{u}} = \hat{u} \cdot \Omega^2 = u_{stat} \cdot V_1 \cdot \Omega^2 = 0,001726 \cdot 35^2 = 2,114$ m/s^2
- Für $\eta = 0,852 < 1,0$ und kleiner Dämpfung gilt für den Nacheilwinkel: $\varphi \approx 0$. Die Beträge der Kräfte addieren sich:
- $\hat{F} = m \cdot \hat{\ddot{u}} + \hat{P} = 12548 \cdot 2,114 + 10000 = 36526$ N
- Der Unterschied der gerade berechneten Kraft $\hat{F} = 36526$ N zu den unter 3.) und 4.) berechneten Werten $\hat{F} = 36410$ N ist mit 0,3 % gering. Ursache für die Differenz ist die geringe vorhandene Dämpfung $D = 1$ %, die dazu führt, dass der Nacheilwinkel φ nicht exakt 0 ist, sondern etwas größer. Der geringe Nacheilwinkel bewirkt, dass die Addition der Maximalwerte $\hat{P}$ und $m \cdot \hat{\ddot{u}}$ einen geringfügig zu großen Wert liefert.
- Die weitere Berechnung von F_{dyn} und M_y ist identisch wie die unter 3.) und führt zum selben Ergebnis.

Es konnte gezeigt werden, dass alle drei Verfahren a) b) und c) aus Abs. 5.3 geeignet sind, die Beanspruchungen des Balkens infolge der dynamischen Last zu berechnen.

5.4 Impuls- und Sprungbelastung

Die Wirkung harmonischer, periodischer Lasten auf einen EFS wurde in Abs. 5.2 untersucht. Die Systemantwort ist in solchen Fällen nach dem Abklingen des Einschwingvorgangs stationär und lässt sich durch eine harmonische Funktion beschreiben.

Nun verlassen wir die Voraussetzung einer periodischen Schwingungsanregung und wollen mit der Impulsbelastung und der Sprungbelastung zwei im Bauwesen wichtige aperiodische Schwingungsanregungen betrachten.

5.4.1 Impulsbelastung

Wie verhält sich ein Einfreiheitsgradschwinger, der durch einen kurzzeitigen Impuls belastet wird?

Typische Beispiele für Impulsbelastungen (auch Stoßbelastungen genannt) sind Überfahrten eines Fahrzeugs über die Fahrbahnübergangskonstruktion einer Brücke, die Überfahrt einer Kranbrücke über einen Schienenstoß oder die stoßende Belastung von Maschinen (z.B. in einem Presswerk für Karosseriebauteile). Bereits in den Abs. 2.2 und 2.3 sind die Themen Impuls und Stoß diskutiert worden.

Besonderes Merkmal solcher impulsartigen Stöße ist häufig und im Folgenden vorausgesetzt ihre sehr kurze Wirkungszeit T_s. In diesem Fall kommt es nämlich auf den genauen Verlauf der Last-Zeit-Funktion $P(t)$ nicht an, die Wirkung kann ausreichend genau durch den Kraftimpuls I

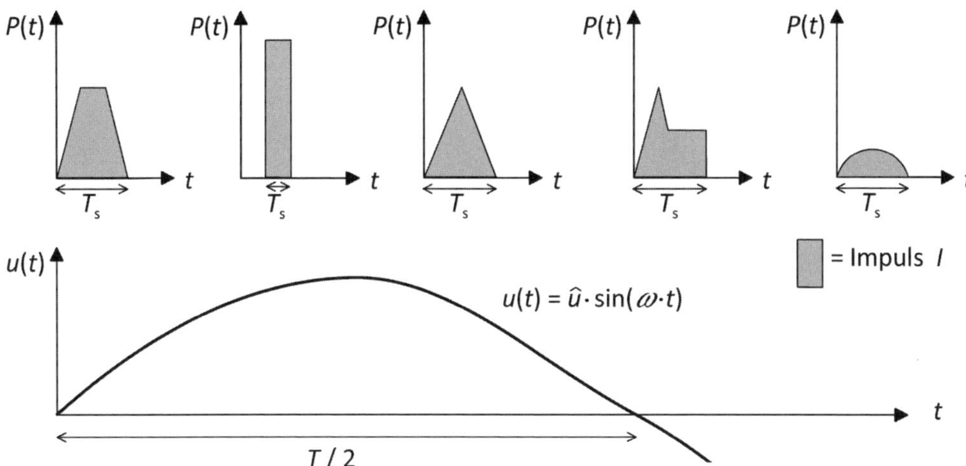

Abb. 5.22: Impulse (verschiedene Beispiele) und Impulsdauer T_s im Verhältnis zur wesentlich längeren Eigenschwingdauer T

erfasst werden. Der Kraftimpuls entspricht dem Flächeninhalt unter der Last-Zeitfunktion $P(t)$ (Abb. 5.22):

$$I = \int_{(T_s)} P(t) \cdot dt \tag{5.35}$$

mit: $P(t)$ Last-Zeitfunktion während des Stoßes
T_s Stoßdauer, über die integriert wird; $T_s \ll T$ mit T, Periode des EFS

Wenn die Stoßdauer T_s klein im Verhältnis zur Eigenschwingdauer T des EFS bleibt ($T_s \ll T$, siehe Abb. 5.22), darf man unterstellen, dass die Reaktion der Masse des EFS auf den Impuls bis zum Abschluss der sehr kurzen Stoßphase T_s vernachlässigbar gering ist. Der EFS hat im Sinne dieser Annahme bis Vollendung des Stoßes also keinen Weg zurückgelegt. Die Untersuchung des Schwingungsverlaufes kann sich dann allein auf die Zeit nach der Lasteinwirkung beschränken, als Zeitpunkt $t = 0$ wird der Moment am Ende des Kraftimpulses gewählt, siehe Abb. 5.23.

Es ist die Frage zu klären, ab welchem Verhältnis (Impulsdauer T_s / Eigenschwingdauer T) man von einem ausreichend kurzzeitigen Stoß ausgehen darf. Wie stets bei solchen Fragen gilt auch hier: Einen exakten Wert T_s/T, der kurzzeitige von nicht kurzzeitigen Stößen unterscheidet, gibt es nicht. Je größer das Verhältnis wird, desto größer wird der Fehler.

Wir wollen annehmen, dass alle Impulse, deren Zeitdauer kleiner als 1/10 der Eigenschwingdauer des EFS ist, als ausreichend kurzzeitig gelten.

Als Folge des Impulses stellt sich eine freie, gedämpfte Schwingung des EFS ein (Kap. 4, Gl. 4.23):

$$u(t) = e^{-D \cdot \omega \cdot t}[A \cdot \sin(\omega_D \cdot t) + B \cdot \cos(\omega_D \cdot t)] \tag{5.36}$$

Die Anfangsbedingungen zum Zeitpunkt $t = 0$ lauten:

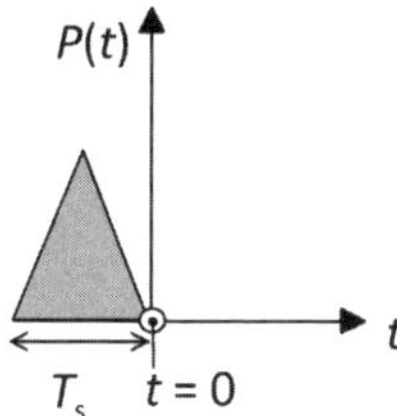

Abb. 5.23: Definition des Zeitpunkts $t = 0$

1. **Anfangsbedingung:** Zum Zeitpunkt $t = 0$ befindet sich der EFS in der Ruhelage: $u_0 = 0$.
2. **Anfangsbedingung:** Vor Beginn des Impulses (siehe oben Abs. 2.2), also zum Zeitpunkt $t = -T_s$, gilt für die Geschwindigkeit der Masse: $\dot{u} = 0$. Der während des Zeitraumes $-T_s < t < 0$ wirkende Stoß führt zu einer Änderung des Impulses I der Masse m:

$$I = \int_{-T_s}^{0} P(t) \cdot \mathrm{d}t = m \cdot \dot{u}_0 \tag{5.37}$$

Daraus lässt sich die Anfangsgeschwindigkeit $\dot{u}_0 = \dot{u}(t = 0)$ bestimmen:

$$\dot{u}_0 = \frac{\int_{-T_s}^{0} P(t) \cdot \mathrm{d}t}{m} = \frac{I}{m} \tag{5.38}$$

Die Anfangsbedingungen 1 und 2 werden nun in die allgemeine Lösung der freien gedämpften Schwingung Gl. 5.36 eingesetzt, um die Konstanten A und B zu bestimmen.

Aus der 1. Anfangsbedingung $u_0 = 0$ bei $t = 0$ ergibt sich:

$$0 = e^0 \cdot (A \cdot 0 + B \cdot 1) \quad \Rightarrow \quad B = 0 \tag{5.39}$$

$$\Rightarrow u(t) = e^{-D \cdot \omega \cdot t} \cdot A \cdot \sin(\omega_D \cdot t) \tag{5.40}$$

Die Ableitung von Gl. 5.40 lautet:

$$\dot{u}(t) = \underbrace{-D \cdot \omega \cdot e^{-D \cdot \omega \cdot t} \cdot A \cdot \sin(\omega_D \cdot t)}_{=0 \text{ für } t=0} + \underbrace{e^{-D \cdot \omega \cdot t}}_{=1 \text{ für } t=0} \cdot A \cdot \omega_D \cdot \underbrace{\cos(\omega_D \cdot t)}_{=1 \text{ für } t=0} \tag{5.41}$$

Setzt man die 2. Anfangsbedingung $\dot{u}_0 = I/m$ in diese Ableitung ein, so ergibt sich A:

$$\dot{u}(t = 0) = 0 + 1 \cdot A \cdot \omega_D \cdot 1 = \frac{I}{m} \quad \Rightarrow \quad A = \frac{I}{m \cdot \omega_D} \tag{5.42}$$

Nun werden die aus den Anfangsbedingungen gewonnenen Konstanten A und B samt der Beziehung $\omega_D = \omega \cdot \sqrt{1 - D^2}$ in Gl. 5.36 eingesetzt:

Die **Impulsreaktionsfunktion** $h(t)$ erlaubt in Fällen $T_s/T < 0,1$ die schnelle Berechnung der Systemantwort auf die Impulsbelastung:

$$u(t) = I \cdot \underbrace{\frac{e^{-D \cdot \omega \cdot t}}{m \cdot \omega_D} \cdot \sin(\omega_D \cdot t)}_{\text{Impulsreaktionsfunktion } h(t)} \quad \Rightarrow \quad u(t) = I \cdot h(t) \tag{5.43}$$

Im Sonderfall verschwindender Dämpfung ($D \approx 0$; $\omega_D \approx \omega$) wird die Impulsreaktionsfunktion:

$$h(t) = \frac{1}{m \cdot \omega} \cdot \sin(\omega \cdot t) \tag{5.44}$$

Die maximale Schwingungsamplitude tritt stets beim ersten Ausschlag auf, die weiteren Amplituden streben in Folge der Dämpfung $D > 0$ für $t \to \infty$ asymptotisch gegen null.

Beispiel 5-7: Impulsbelastung eines Stockwerkrahmens als EFS

Gegeben: Rahmen, Stützen unten eingespannt und oben biegesteif mit Riegel verbunden

- 2 Stützen; jeweils: $EI = 9,120 \cdot 10^9$ N m^2 und $a = 5$ m; Näherungsweise masselos
- Riegel: $EI = \infty$ und $m = 272$ t
- Impuls $P(t)$ siehe Abb. 5.24 mit $P_0 = 4448$ kN und $T_s = 0,005$ s
- Dämpfung $D = 0,02 = 2$ %

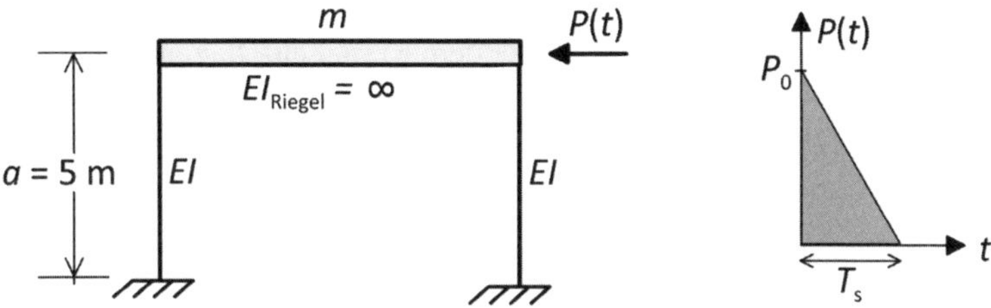

Abb. 5.24: Bsp. 5-7: Tragwerk (links) und Kraft - Zeit-Verlauf (rechts)

Gesucht: Wegfunktion $u(t)$, maximale Auslenkung $\hat{u}$ infolge des Impulses und charakteristisches Biegemoment M in der Stütze am Riegelanschnitt.

Lösung: (Einheiten in m, s, N, kg)

1.) Kennwerte des EFS: Eine am Riegel wirkende horizontale Kraft $P =$ „1" führt zu einer horizontalen Verschiebung w der Riegelmasse:

$$w = \frac{„1\text{“} \cdot a^3}{12 \cdot (2 \cdot EI)} = \frac{1 \cdot 5^3}{12 \cdot 2 \cdot 9,120 \cdot 10^9} = 0,5711 \cdot 10^{-9} \text{ m/N}$$

Daraus ergibt sich:

$$k = \frac{„1\text{“}}{w} = \frac{1}{0,5711 \cdot 10^{-9}} = 1,751 \cdot 10^9 \text{ N/m}$$

$$\omega = \sqrt{\frac{k}{m}} = \sqrt{\frac{1,751 \cdot 10^9}{272000}} = 80,23 \ \frac{1}{\text{s}}$$

$$\omega_D = \omega \cdot \sqrt{1 - D^2} = 80,23 \cdot \sqrt{1 - 0,02^2} = 80,21 \ \frac{1}{\text{s}}$$

$$T = \frac{2 \cdot \pi}{\omega} = \frac{2 \cdot \pi}{80,23} = 0,078 \text{ s}$$

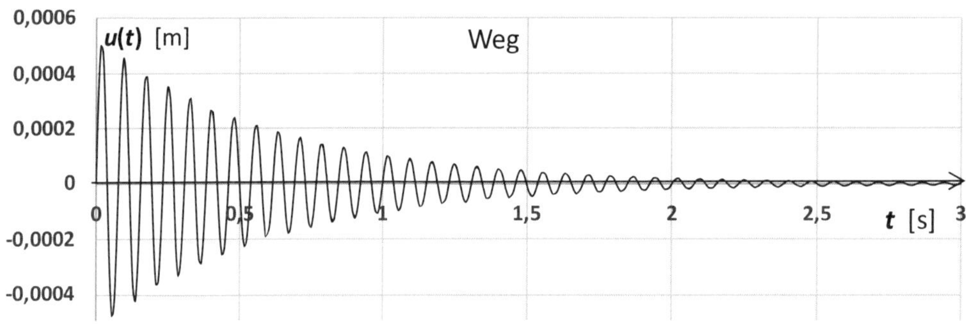

Abb. 5.25: Bsp. 5-7: Wegfunktion $u(t)$ der Riegelmasse infolge des Stoßes bei $D = 2$ %

2.) Liegt ein kurzzeitiger Impuls vor oder nicht?

$$\frac{T_s}{T} = \frac{0,005}{0,078} = 0,064 < 0,1 \quad \Rightarrow \quad \text{ja!}$$

3.) Berechnung des Impulses als Fläche unter dem Kraft-Zeit-Diagramm:

$$I = P_0 \cdot T_s \cdot 0,5 = 4,448 \cdot 10^6 \cdot 0,005 \cdot 0,5 = 11\,121 \text{ Ns}$$

4.) Impulsreaktionsfunktion $h(t)$ und Wegfunktion $u(t)$ in [m]:

$$u(t) = I \cdot h(t) = I \cdot \frac{e^{-D\cdot\omega\cdot t}}{m \cdot \omega_D} \cdot \sin(\omega_D \cdot t) = 11\,121 \cdot \frac{e^{-0,02\cdot 80,23\cdot t}}{272\,000 \cdot 80,21} \cdot \sin(80,21 \cdot t)$$

$$\rightarrow u(t) = \frac{e^{-1,605\cdot t}}{1962} \cdot \sin(80,21 \cdot t)$$

Der Plot der Wegfunktion $u(t)$ ist in Abb. 5.25 dargestellt.

5.) Die maximale Amplitude $\hat{u}$ der Masse infolge des Stoßes ergibt sich zum Zeitpunkt $t = T/4 = 0,078/4 = 0,0195$ s zu:

$$\hat{u} = \frac{e^{-1,605\cdot 0,0195}}{1962} \cdot \underbrace{\sin(80,21 \cdot 0,0195)}_{=1,0} = 0,000494 \text{ m} = 0,494 \text{ mm}$$

6.) Die maximale Federkraft des EFS beträgt:

$$\hat{F} = k \cdot \hat{u} = 1,751 \cdot 10^9 \cdot 0,000494 = 8,650 \cdot 10^5 \text{ N}$$

Daraus ergibt sich die Beanspruchung jeder der beiden Stützen (Momentennullpunkt in der Stützenmitte bei $a/2$):

$$M = \frac{1}{2} \cdot \hat{F} \cdot \frac{a}{2} = 1\,081\,000 \text{ Nm}$$

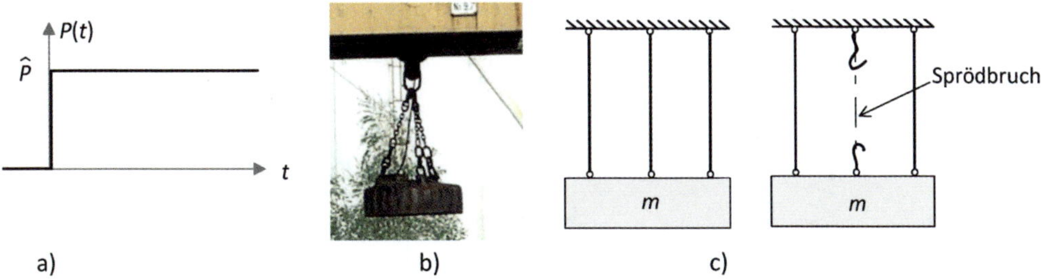

Abb. 5.26: a) $P(t)$-Verlauf einer Sprungbelastung; b) Sprungbelastung infolge Lastabwurf beim Magnetgreifer; c) Sprungbelastung infolge plötzlicher Ausfall eines Bauteils (nach: [PW18])

5.4.2 Sprungbelastung

Wenn an einem Tragwerk eine Last plötzlich aufgebracht oder entfernt wird, um danach einen konstanten Wert beizubehalten, wird das als Sprungbelastung bezeichnet. Diese Belastungsform hat wie die Impulsbelastung im Bauingenieurwesen einige Relevanz, wie folgende Beispiele, siehe Abb. 5.26, zeigen:

- Das Abschalten des Stroms im Magnetgreifer eines Schrottplatzkrans (Abb. 5.26 b) führt zum sofortigen Abwurf der Hublast und damit zu einer sprunghaften Entlastung, die die Kranbrücke in Schwingungen versetzen kann.
- Der plötzliche Ausfall eines Bauteils (Abb. 5.26 c) bewirkt einen sprungartigen Belastung der redundanten, die Last nun aufnehmenden Bauteile. Der Einsturz der Morandi-Brücke in Genua im August 2018 könnte als Ursache ein plötzlich gerissenes Spannseil gehabt haben. Der Riss des Seils führt zu einer Zusatzbelastung der anderen Brückenbauteile, was dann letztlich den Einsturz des gesamten Bauwerks verursachen kann.

Nach der plötzlichen Aufbringung der äußeren Last P (Abb. 5.26 a) bleibt diese konstant (statisch). Man kann deshalb – wie nach einem Impuls – den sich einstellenden Schwingungsverlauf als freie, gedämpfte Schwingung des EFS um eine veränderte statische Ruhelage betrachten, siehe Abb. 5.27.

Wenn die plötzliche Veränderung der Last P mit einer Massenänderung verbunden ist, wie z.B. bei einem Kran mit Magnetgreifer nach dem Lastabwurf (Abb. 5.26 b), dann beginnen die Schwingungen erst nach der Last- und Massenänderung. Bei der Bestimmung der Eigenfrequenzen ist deshalb die Massensituation unmittelbar nach der Laständerung maßgebend.

Wir gehen von der freien Schwingung des gedämpften EFS (siehe oben Gl. 4.26) aus:

$$u(t) = e^{-D\cdot\omega\cdot t}\cdot\left(\frac{\dot{u}_0 + D\cdot\omega\cdot u_0}{\omega_\mathrm{D}}\cdot\sin(\omega_\mathrm{D}\cdot t) + u_0\cdot\cos(\omega_\mathrm{D}\cdot t)\right) \tag{5.45}$$

Die beiden Anfangsbedingungen sind:

- Für die Anfangsgeschwindigkeit $\dot{u}_0$ der EFS-Masse vor dem Lastensprung zum Zeitpunkt $t = 0$ gilt

$$\dot{u}(t=0) = \dot{u}_0 = 0 \tag{5.46}$$

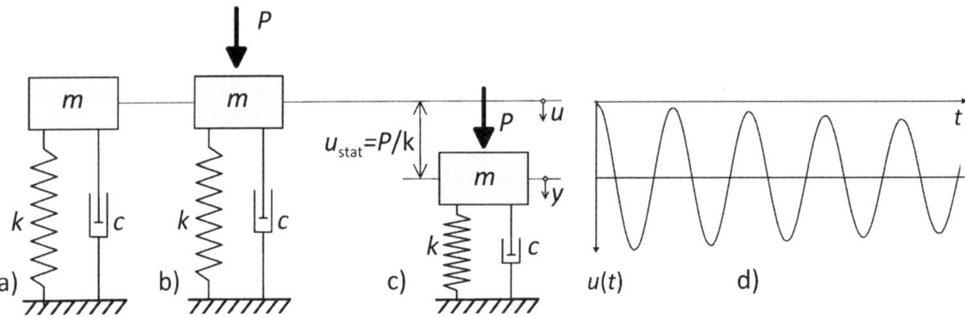

Abb. 5.27: a) EFS unmittelbar vor der Sprungbelastung; b) EFS unmittelbar nach der Sprungbelastung; c) EFS nach unendlich langsamer Lastaufbringung in der neuen statischen Ruhelage; d) gedämpfte, freie Schwingung nach Sprungbelastung ($D = 1$ %).

- Die Masse liegt auch unmittelbar nach dem Lastsprung unverändert in der alten Lage (Abb. 5.27 b). Bezogen auf die neue statische Ruhelage (Abb. 5.27 c; Wegkoordinate y) kann dies als eine Anfangsauslenkung der Größe

  $$y(t=0) = -P/k \tag{5.47}$$

  gedeutet werden.

Eingesetzt und auf die neue Koordinate y bezogen lautet Gleichung 5.45 nun:

$$y(t) = e^{-D\cdot\omega\cdot t} \cdot \left(\frac{0 + D\cdot\omega\cdot(-P/k)}{\omega_\mathrm{D}} \cdot \sin(\omega_\mathrm{D}\cdot t) - \frac{P}{k}\cdot\cos(\omega_\mathrm{D}\cdot t) \right) \tag{5.48}$$

Unter Verwendung der trigonometrischen Formel

$$A\cdot\sin x + B\cdot\cos x = \sqrt{A^2+B^2}\cdot\cos(x-\beta) \quad \text{mit } \beta = \arctan(A/B) \tag{5.49}$$

und mit $\omega_\mathrm{D} = \omega\cdot\sqrt{1-D^2}$ wird weitergerechnet. Mit der Koordinatentransformation $u(t) = y(t) + P/k$ ergibt sich schließlich das gesuchte Ergebnis:

Die **Wegfunktion für die Sprungbelastung** bezogen auf die Ruhelage vor dem Lastensprung mit $H(t)$ als Übergangsfunktion lautet:

$$u(t) = P\cdot\underbrace{\frac{1}{k}\cdot(1-\frac{e^{-D\cdot\omega\cdot t}}{\sqrt{1-D^2}}\cdot\cos(\omega_\mathrm{D}\cdot t-\beta))}_{\text{Übergangsfunktion } H(t)} = P\cdot H(t) \tag{5.50}$$

$$\text{mit:} \quad \beta = \arctan(\frac{D}{\sqrt{1-D^2}}) \tag{5.51}$$

Im Sonderfall verschwindender Dämpfung ($D \approx 0$) wird:

$$H(t) = \frac{1-\cos(\omega\cdot t)}{k} \tag{5.52}$$

Tab. 5.2: Vergleich Sprungbelastung mit Aufprallstoß

Lastabwurf = Sprungbelastung	**Aufprall = Sprungbelastung + Impuls**
Beispiel: Ein an einer Kranbrücke hängender Magnetgreifer wirft die Masse m plötzlich zum Zeitpunkt $t = 0$ ab. In diesem Moment wirkt die nach oben gerichtete Kraft: $\hat{P} = m \cdot g$ 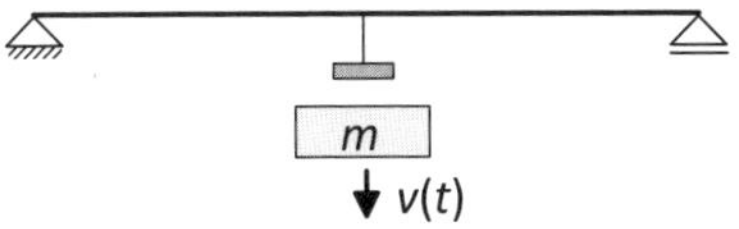 m v(t)	Beispiel: Auf den Träger einer Steinschlaggalerie fällt Geröll (Masse m). Der Stoß sei vollplastisch. Die Masse bleibt auf dem Träger liegen. 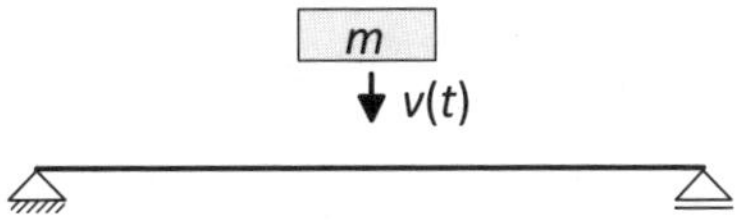 m v(t)
Auf den Träger wirkt die nach oben gerichtete Kraft $P(t)$ P(t) P Sprung t = 0 t 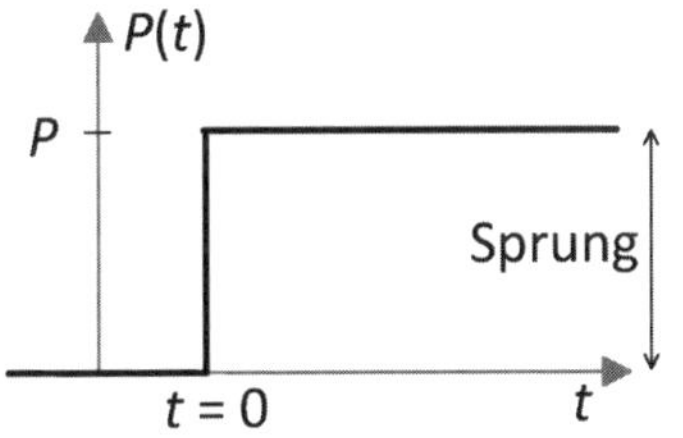	Die auf den Träger einwirkende Kraft $P(t)$ ist nach unten gerichtet. 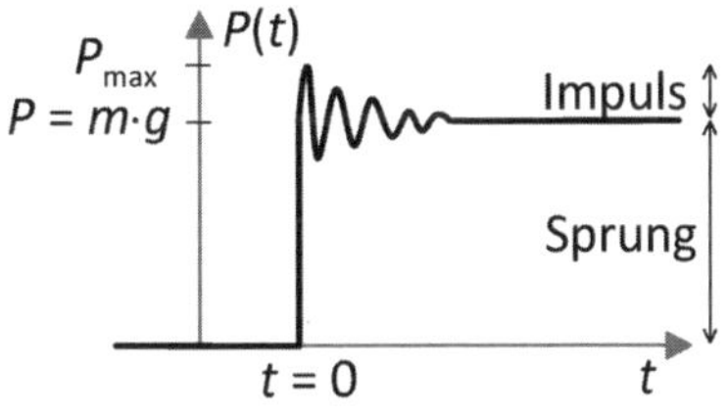 P(t) P_{max} $P = m \cdot g$ Impuls Sprung t = 0 t
+ kraftgesteuerte Sprungbelastung + kein Impuls	+ weggesteuerter Aufprall + $P(t)$ übersteigt $m \cdot g$ wegen Impuls aus Abbremsung der fallenden Masse
Vergrößerungsfaktor V gegenüber der statischen Last + $\max V = 2{,}0$ + $\max \hat{u} = 2 \cdot u_{stat}$ + Schwingung um die neue stat. Ruhelage	Vergrößerungsfaktor V gegenüber der statischen Last + $\max V \geq 2{,}0$ + $\max \hat{u} \geq 2 \cdot u_{stat}$ + Schwingung um die neue stat. Ruhelage

Analog der Impulsreaktion tritt die Maximalamplitude beim ersten Ausschlag aus, die Schwingung strebt mit der Zeit asymptotisch gegen die neue statische Ruhelage $\hat{P}/k$.

Impulsbelastung und Sprungbelastung sind für sich genommen leicht verständliche Phänomene. Die Schwierigkeit kann jedoch darin bestehen, reale Vorgänge richtig einzuordnen.

Dabei kann das Beispiel in Tab. 5.2 helfen. Darin wird ein Lastabwurf (= reine Sprungbelastung) mit dem Aufprall einer Masse auf ein Tragwerk (= Sprungbelastung plus Impuls) verglichen. Im letzteren Fall entsteht der Impuls daraus, dass die aufprallende Masse m von ihrer Fallgeschwindigkeit auf $v = 0$ abgebremst werden muss.

Abb. 5.28: Beispiel 5-8: Schrottplatzkran mit Magnetgreifer

Beispiel 5-8: Schrottplatzkran mit Magnetgreifer bei plötzlicher Lastaufnahme

Gegeben: Eine Kranbrücke mit Magnetgreifer darf als statisch bestimmter Träger auf zwei Stützen angesehen werden.

Am Magnetgreifer hängt zunächst keine Nutzlast. Der Kranführer möchte Schrott aufnehmen und schaltet den Strom ein, so dass der Schrott plötzlich am Magneten hängt (Sprungbelastung).

- Kranbrücke: HEB 600, $\mu = 230$ kg/m
- Spannweite Kranbrücke $l = 20$ m
- In der Mitte des Brückenträgers steht die Katze mit einem Magnetgreifer. Die Masse von Katze und Greifer beträgt $m_2 = 1000$ kg.
- aufzunehmende Schrottmasse $m_3 = 5000$ kg
- Lehr'sche Dämpfung $D = 3$ %

Gesucht: Berechnung des maximalen Biegemoments in der Kranbrücke infolge der Schwingung durch die plötzliche Lastaufnahme.

Lösung: (Einheiten in N, m, s, kg)

1.) Ermittlung der Eigenfrequenz der Kranbrücke nach der Lastaufnahme, d.h. mit der Zusatzmasse.

   - Reduzierte Masse des Einfeldträgers mit Massenbelegung nach Abs. 3.3.5: $m_{1,\text{red}} = 0,5 \cdot \mu \cdot l = 0,5 \cdot 230 \cdot 20 = 2300$ kg.
   - Gesamtmasse EFS nach der Lastaufnahme, in Trägermitte wirkend: $m = m_{1,\text{red}} + m_2 + m_3 = 2300 + 1000 + 5000 = 8300$ kg
   - Trägersteifigkeit HEB 600: $EI = 2,1 \cdot 10^{11} \cdot 0,00171 = 3,591 \cdot 10^8$ Nm^2
   - Federsteifigkeit eines Einfeldträgers bei mittiger Einzellast: $k = 48 \cdot EI/l^3 = 48 \cdot 3,591 \cdot 10^8/20^3 = 2,155 \cdot 10^6$ N/m
   - $\omega = \sqrt{k/m} = \sqrt{2,155 \cdot 10^6/8300} = 16,1133$ 1/s
   - $\omega_D = \omega \cdot \sqrt{1-D^2} = 16,113 \cdot \sqrt{1-0,03^2} = 16,106$ 1/s

2.) Bestimmung der Ruhelage der Kranbrücke vor der Lastaufnahme bezogen auf das unverformte System:
Der Träger wird durch eine Gleichstreckenlast $p = \mu \cdot 10 = 2300$ N/m und eine mittige Einzellast aus Katzgewicht von $P_0 = m_2 \cdot 10 = 1000 \cdot 10 = 10000$ N beansprucht.

$$w_0 = \frac{5 \cdot p \cdot l^4}{384 \cdot EI} + \frac{P_0 \cdot l^3}{48 \cdot EI}$$
$$= \frac{5 \cdot 2300 \cdot 20^4}{384 \cdot 3{,}591 \cdot 10^8} + \frac{10000 \cdot 20^3}{48 \cdot 3{,}591 \cdot 10^8} = 0{,}01334 + 0{,}00464 = 0{,}01798 \text{ m}$$

w_0 ist die statische Durchbiegung des Kranbrückenträgers aus seinem Eigengewicht plus dem Katzgewicht ohne die Hublast.

3.) Wegfunktion $u(t)$ in [m] bezogen auf den statischen Ruhezustand vor der Lastaufnahme mit Gl. 5.50. Die aufzunehmende Last hat die Größe $P = m_3 \cdot 10 = 50000$ N

$$\beta = \arctan\left(\frac{D}{\sqrt{1-D^2}}\right) = \arctan\left(\frac{0{,}03}{\sqrt{1-0{,}03^2}}\right) = \arctan 0{,}0300 = 0{,}0300$$
$$u(t) = \frac{P}{k} \cdot \left(1 - \frac{e^{-D \cdot \omega \cdot t}}{\sqrt{1-D^2}} \cdot \cos(\omega_D \cdot t - \beta)\right)$$
$$= \frac{50000}{2{,}155 \cdot 10^6} \cdot \left(1 - \frac{e^{-0{,}03 \cdot 16{,}113 \cdot t}}{\sqrt{1-0{,}03^2}} \cdot \cos(16{,}106 \cdot t - 0{,}030)\right)$$
$$u(t) = 0{,}02320 \cdot \left(1 - e^{-0{,}1611 \cdot t} \cdot \cos(16{,}106 \cdot t - 0{,}030)\right)$$

4.) Maximales Biegemoment in der Kranbrücke infolge der Schwingung als Addition der Momentenanteile aus dynamischer Last und aus Eigengewichten vor der Lastaufnahme:

- Max. Schwingungsauslenkung aus der Funktion $u(t)$ bei $\cos(\pi) = -1$:

$$16{,}106 \cdot t - 0{,}030 = \pi \quad \rightarrow \quad t = 0{,}197 \text{ s}$$
$$\rightarrow \quad u_{max} = u(t = 0{,}197) = 0{,}02320 \cdot (1 + 0{,}969 \cdot 1) = +0{,}0457 \text{ m}$$

- Dynamische Federkraft im EFS:

$$\hat{F} = k \cdot u_{max} = 2{,}155 \cdot 10^6 \cdot 0{,}0457 = 98431 \text{ N} \tag{5.53}$$

- Als Eigengewicht ist das Trägergewicht $p = 2300$ N/m und das Gewicht von Katze und Greifer vor dem Lastsprung $P_0 = 10000$ N anzusetzen.
- Das Eigengewicht der Nutzlast (Schrott) ist bereits in der dynamischen Kraft $\hat{F}$ berücksichtigt.

$$M = \left(\frac{\hat{F} \cdot l}{4}\right) + \left(\frac{p \cdot l^2}{8} + \frac{P_0 \cdot l}{4}\right) = \frac{98431 \cdot 20}{4} + \frac{2300 \cdot 20^2}{8} + \frac{10000 \cdot 20}{4} = 657154 \text{ Nm}$$

5.) Wegfunktion $w(t) = w_0 + u(t)$ in [m], bezogen auf den unverformten Zustand vor dem Lastensprung, siehe Abb. 5.29:

$$w(t) = 0{,}01798 + u(t)$$
$$= 0{,}01798 + 0{,}02320 \cdot \left(1 - e^{-0{,}1611 \cdot t} \cdot \cos(16{,}106 \cdot t - 0{,}030)\right)$$

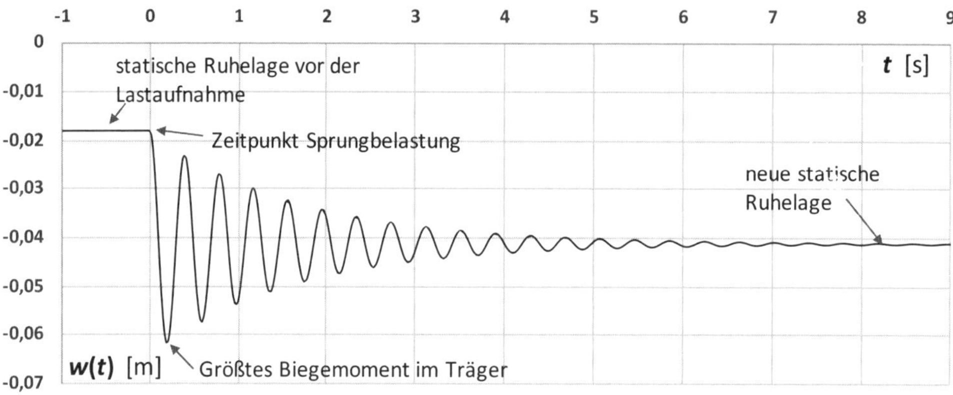

Abb. 5.29: Beispiel 5-8: Weg-Zeitfunktion $w(t)$ der Nutzlast des Schrottplatzkrans infolge der Sprungbelastung, bezogen auf den unverformten Zustand vor dem Lastensprung

5.5 Lösungsverfahren für beliebig belastete EFS

5.5.1 Beschreibung einer Anregung im Zeit- und im Frequenzbereich

Bevor wir uns weiteren Lösungsverfahren zuwenden, wird zunächst gezeigt, dass eine beliebige periodische Last als Summe von harmonischen Lasten betrachtet werden kann, wie in Abb. 5.30 skizziert.

Zur grundlegenden Betrachtung, Beschreibung und Analyse können Schwingungen im Zeit- und Frequenzbereich dargestellt werden, siehe Abb. 5.30 und 5.31. Eine zeitlich veränderliche Zustandsgröße kann dabei aus der Überlagerung einer konstanten Funktion und verschiedenen harmonischen Funktionen mit einer Grundperiode und deren Vielfachen gewonnen werden. Der zu betrachtende Zeitverlauf wird durch die Anpassung von Amplitude und Phase der zu überlagernden harmonischen Funktionen erreicht [Ros05].

Im Frequenzbereich wird die Darstellung als Amplitudenspektrum durch die Angabe der zur jeweiligen Frequenz, Grundperiode und Vielfache gehörigen Amplitude gegeben.

Mit Hilfe der Fourier-Analyse können beliebige periodische Beanspruchungs-Zeit-Verläufe in eine Summe harmonischer Anregungen gesplittet werden. Zur Beschreibung der Mathematik der Fourier-Analyse wird auf [PW18], Kap. 31 verwiesen. Die tatsächliche Zeitfunktion wird dann durch eine Fourier-Reihe dargestellt. Je genauer die Fourier-Analyse betrieben wird – also je mehr Fourier-Glieder $i = 1, 2, ...n$ in der Reihe berücksichtigt werden – desto besser wird die Funktion durch die Reihe angenähert, siehe Abb 5.32.

Die Systemantwort eines EFS auf eine beliebige periodische Anregung lässt sich so als Linearkombination verschiedener Schwingungen infolge harmonischer Anregungen verstehen.

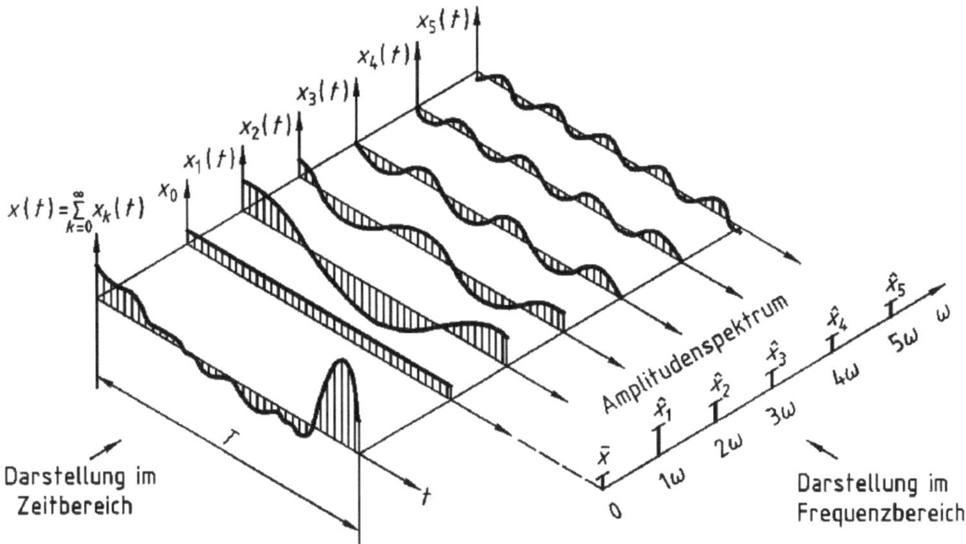

Abb. 5.30: Darstellung der periodischen Funktion $x(t)$ mit der Grundkreisfrequenz $\omega = 2 \cdot \pi / Tt$ im Zeit- und Frequenzbereich nach DIN 1311-1, 02/2002, Bild 10

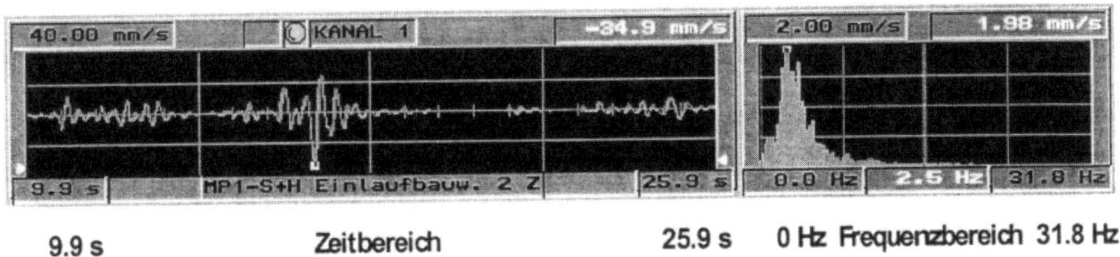

Abb. 5.31: Messergebnis einer Sprengung, Darstellung im Zeit- und Frequenzbereich [Ros05]

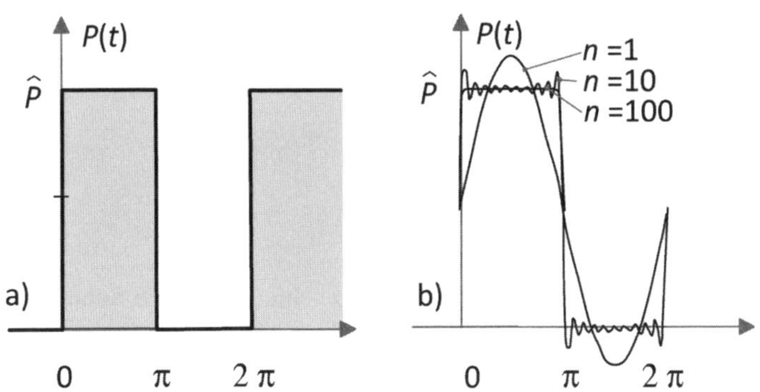

Abb. 5.32: Einfluss der Anzahl n der Fourier-Glieder einer Fourier-Reihe auf die Güte der Annäherung einer periodischen Funktion: a) Rechteckfunktion; b) Näherung der Rechteckfunktion über eine Fourier-Reihe mit 1, 10 und 100 Gliedern (nach [PW18], S. 1612)

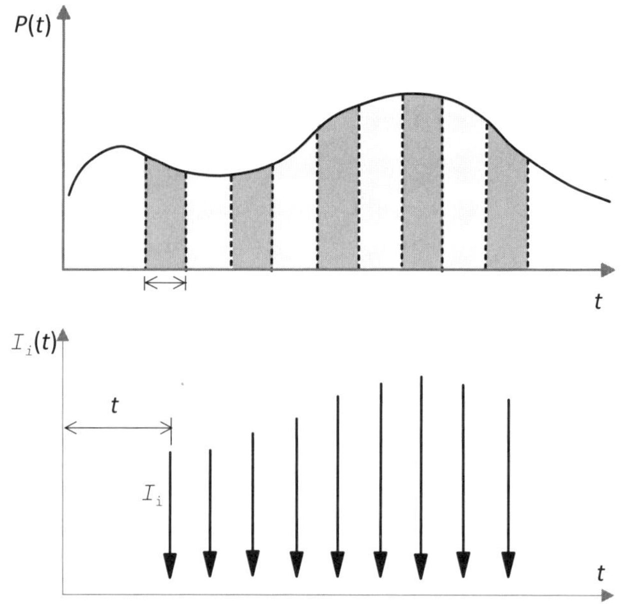

Abb. 5.33: Aufteilung der stetigen Belastung in Einzelimpulse (nach [GKB⁺84])

5.5.2 Das Duhamel-Integral

Zur Bestimmung der Antwort eines Einmassenschwingers unter beliebiger Belastung kann man sich des Duhamel-Integrals bedienen: Teilt man, wie in Abb. 5.33 dargestellt, eine Belastung in Einzellasten im zeitlichen Abstand Δt auf und bringt diese als Einzelkraftimpulse $I_i = P_i \cdot \Delta t$ auf den EFS auf, so lässt sich für jeden Einzelimpuls getrennt die entsprechende Schwingungsantwort mit der Impulsreaktionsfunktion $h(t)$ und Gl. 5.43 ermitteln:

$$u_i(t) = I_i \cdot h(t - T_i) \tag{5.54}$$

Die Aufsummierung der verschiedenen Reaktionen aus allen Einzelimpulsen liefert die Gesamtantwort des Schwingers, siehe Abb. 5.34.

$$u(t) = \sum_{i=0}^{n-1} (P_i \cdot h(t - T_i) \cdot \Delta T) \quad \text{mit: } t = n \cdot \Delta T \tag{5.55}$$

Führt man den Grenzübergang $\Delta T \to dt$ durch, so schreibt sich die Summe aus Gl. 5.55 als Integral:

$$u(t) = \int_{i=0}^{n-1} P_i \cdot h(t - T_i) dt \tag{5.56}$$

Obwohl die rechnerische Anwendung des Duhamel-Integrals nicht vertieft werden soll, wird das Prinzip in Beispiel 5-10 einmal grafisch veranschaulicht, da es zum Verständnis der Berechnung von Systemantworten beitragen kann.

Beispiel 5-10: Duhamel-Integral und EFS

Der zweistöckige Geschossrahmen in Abb. 5.34 (als EFS modellierbar, siehe oben Bsp. 5-1 nach [GKB+84]) wird durch einen Schnellschlaghammer kurzzeitigen Stößen in regelmäßigen Abständen unterworfen. Gesucht sind für $D \approx 0$ die Schwingungsverläufe des Systems für zwei verschiedene Verhältnisse des zeitlichen Stoßabstandes ΔT zur Eigenschwingzeit T: a) $\Delta T = T$ und b) $\Delta T = T/4$

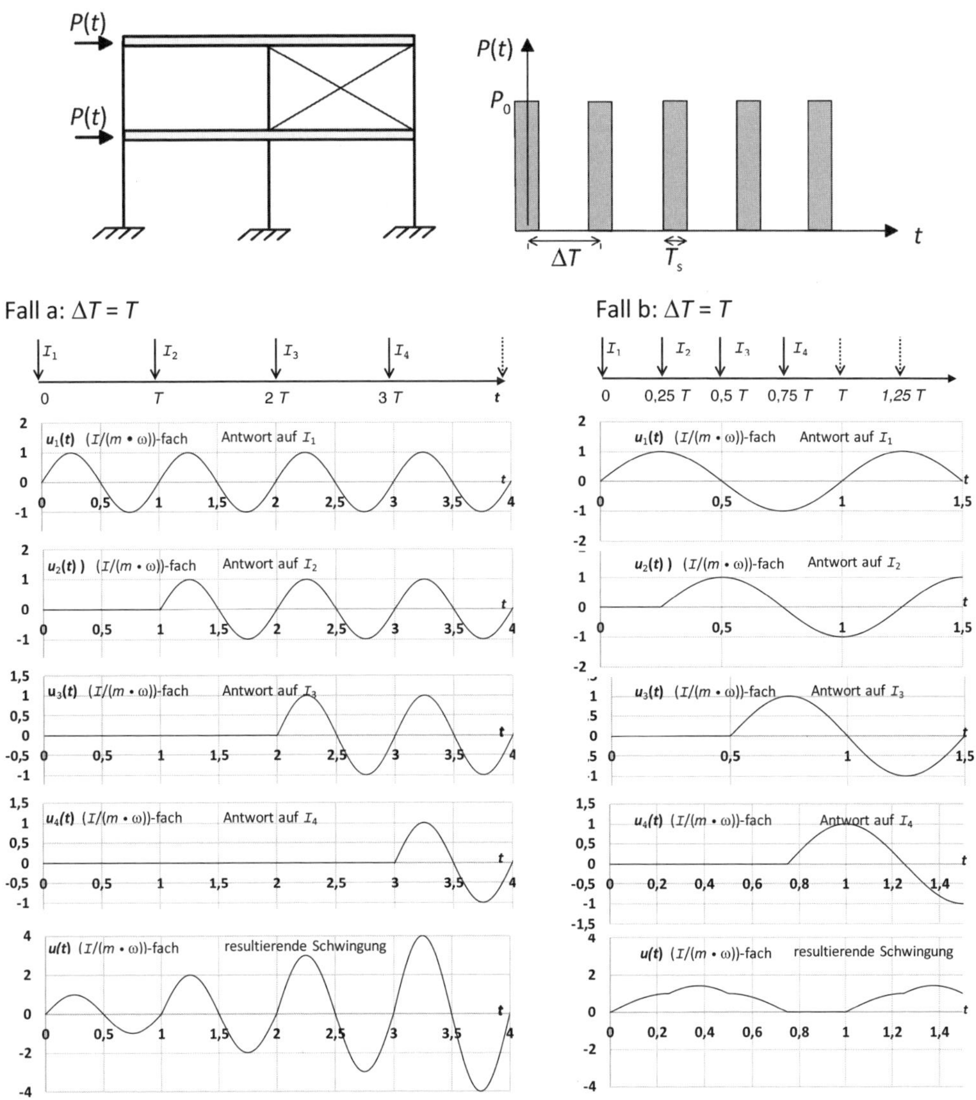

Abb. 5.34: Bsp. 5-10: Tragwerk (oben links) und Einzelimpulse (oben rechts). Unten: Systemantwort mit Duhamel-Integral für zwei Fälle: a) $\Delta T = T$; b) $\Delta T = T/4$. Die unteren Diagramme mit den resultierenden Schwingungen ergeben sich jeweils als Summe der vier oberen Verläufe.

Der Lastimpuls beträgt jeweils: $I = P_0 \cdot T_s$, siehe Abb. 5.34 oben rechts. Nach Gl. 5.55 setzt sich die Systemantwort aus den Anteilen infolge der Einzelimpulse zusammen, welche im ungedämpften Fall aus reinen Sinus-Schwingungen mit der Eigenkreisfrequenz ω bestehen. Die Lösung erfolgt für beide Fälle anschaulich graphisch, siehe Abb. 5.34.

5.5.3 Differenzenverfahren

Beispielhaft für numerische Verfahren wird das für die Berechnung von EFS unter beliebigen Belastungen hervorragend geeignete Differenzenverfahren erläutert. Zum Hintergrund siehe [PW18], Kap. 27–29 und [GHSW19], Kap.7.

Das Differenzenverfahren ist ein aus der Statik bekanntes Verfahren zur numerischen Lösung von mathematischen Randwertproblemen. Dabei werden die Differentialbeziehungen näherungsweise durch algebraische Gleichungen mit Differenzenquotienten ersetzt. Die Geschwindigkeit und die Beschleunigung ergeben sich für die in Abb. 5.35 dargestellte Wegfunktion zu:

$$\dot{u}_i = \frac{u_{i+1} - u_{i-1}}{2 \cdot \Delta t} \tag{5.57}$$

$$\ddot{u}_i = \left(\frac{u_{i+1} - u_i}{\Delta t} - \frac{u_i - u_{i-1}}{\Delta t}\right) \cdot \frac{1}{\Delta t} = \frac{u_{i+1} - 2 \cdot u_i + u_{i-1}}{(\Delta t)^2} \tag{5.58}$$

Der Zeitschritt ist Δt. Der Index i kennzeichnet die physikalischen Größen zum Zeitpunkt $t = t_i = i \cdot \Delta t$. Gl. 5.57 und 5.58 werden in die DGl der Schwingung eingesetzt:

$$m \cdot \ddot{u}(t) + c \cdot \dot{u}(t) + k \cdot u(t) = P(t) \tag{5.59}$$

Daraus ergibt sich schließlich die Verschiebung u_{i+1} des nächsten Zeitschrittes $(i+1)$ zu:

$$u_{i+1} = \frac{(P_i - k \cdot u_i) \cdot (\Delta t)^2 + \frac{c \cdot \Delta t}{2} \cdot u_{i-1} + m \cdot (2 \cdot u_i - u_{i-1})}{m + \frac{c \cdot \Delta t}{2}} \tag{5.60}$$

Nun wird der Iterationszähler um 1 hochgesetzt ($i := i+1$) und die Gleichungen 5.57, 5.58 und 5.60 werden erneut berechnet. Dieser Ablauf setzt sich fort, bis der Verschiebungsverlauf für den gewünschten Zeitraum vorliegt. In Beispiel 5-11 wird gezeigt, wie sich der Algorithmus leicht mit Hilfe eines Tabellenkalkulationsprogrammes umsetzen lässt.

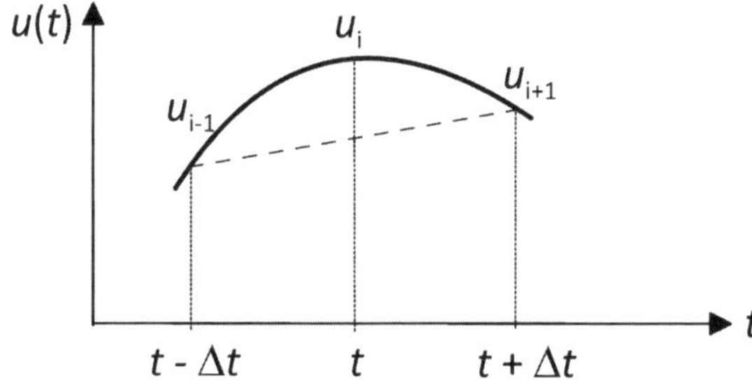

Abb. 5.35: Funktion $u(t)$, die mit dem Differenzenverfahren beschrieben werden soll.

Beispiel 5-11: Berechnung der Systemantwort eines EFS mit dem Differenzenverfahren

Gegeben: Ein Mast (Abb. 5.36) trägt an seiner Spitze die Masse $m = 20000$ kg. Der Mastschaft besteht aus einem Rechteckvollquerschnitt $b/d = 0,40/0,40$ m^2 aus Beton C20/25. Die Dämpfung betrage $D = 2$ %. Zum Zeitpunkt $t = 0$ befindet sich das System in Ruhe. Zum Zeitpunkt $t = 0$ beginnt die Wirkung der Belastung $P(t)$, siehe Skizze.

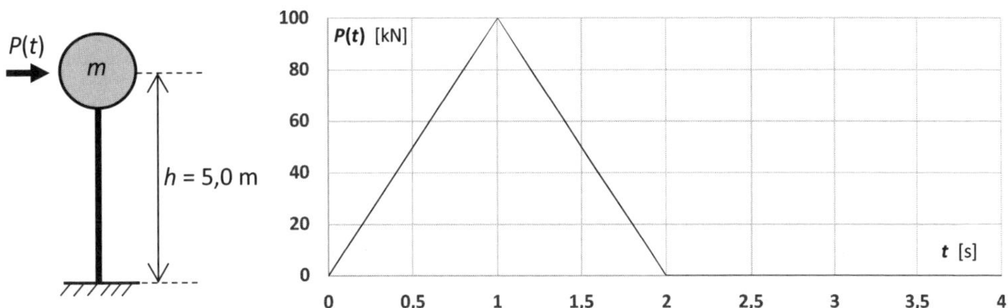

Abb. 5.36: Beispiel 5-11: Tragwerk und Belastung

Gesucht: Systemantwort $u(t)$ des Mastes mit dem Differenzenverfahren

Lösung: Die Vorwerte ergeben sich zu:

- $EI = 6,1866 \cdot 10^7$ N/m^2
- $k = 3 \cdot EI/h^3 = 3 \cdot 6,1866 \cdot 10^7/5^3 = 1,4848 \cdot 10^6$ N/m
- $c = 2 \cdot D \cdot \sqrt{m \cdot k} = 2 \cdot 0,02 \cdot \sqrt{20000 \cdot 1,4848 \cdot 10^6} = 6893$ kg/s
- $\omega = \sqrt{k/m} = \sqrt{1,4848 \cdot 10^6/20000} = 8,6163$ 1/s

Die Berechnung erfolgt mit Hilfe eines Tabellenkalkulationsprogrammes. Die Tabelle ist in Abb. 5.37 dargestellt. Folgende Arbeitsschritte sind auszuführen:

- Vorauswahl einer sinnvollen Zeitschrittgröße Δt für das Differenzenverfahren. Das Ergebnis wird ungenau oder sogar falsch, wenn Δt zu groß gewählt ist. Ist der Zeitschritt zu kurz, wird – was eher weniger schlimm ist – die Tabelle sehr lang. Zunächst wählen wir: $t = 0,2$ s und erstellen damit die linke Spalte (A) der Tabelle.
- Die Lastordinate $P(t)$ (Abb. 5.36) wird nun in die zweite Spalte (B) für alle Zeitschritte eingetragen.
- In die zweite Zeile der Tabelle geben wir die Anfangswerte von Weg u_0, Geschwindigkeit $\dot{u}_0$ und Beschleunigung $\ddot{u}_0$ ein, die in diesem Beispiel alle 0 sind.
- Die Werte von u_i und u_{i-1} in den Zellen (C3) und (D3) werden aus (D2) und (E2) übernommen. Die Gleichungen 5.57, 5.58, 5.60 programmieren wir in die Zellen (E3), (F3) und (G3).
- Nun kopieren wir die Zellen (C3) bis (G3) in die Zeilen darunter. Die Zeile 22 z.B. sieht nun so aus wie unten in Abb. 5.37 angegeben. Bei der Programmierung ist darauf zu achten, dass es absolute Zellbezüge gibt, die sich nicht verändern, z.B. der Zeitschritt in Zelle ($J$10). Aus Gründen der Übersichtlichkeit sind die absoluten Zellbezüge in den Formeln unten in Abb. 5.37 weggelassen worden.

F22 fx =((C22-$K$8*E22)*$K$10^2+$K$7*$K$10*D22/2+$K$6*(2*E22-D22))/($K$6+$K$7*$K$10/2)

i	t [s]	$P(t)$ [N]	u_{i-1} [m]	u_i [m]	u_{i+1} [m]	$\dot{u}(t)$	$\ddot{u}(t)$
0	0	0	0	0	0	0	0
1	0,2	20000	0	0	0,0387	0,0967	0,9667
2	0,4	40000	0	0,0387	0,0411	0,1027	-0,9061
3	0,6	60000	0,0387	0,0411	0,0414	0,0068	-0,0530
4	0,8	80000	0,0411	0,0414	0,0775	0,0911	0,8954
5	1	100000	0,0414	0,0775	0,0820	0,1016	-0,7898
6	1,2	80000	0,0775	0,0820	0,0054	-0,1802	-2,0289
7	1,4	60000	0,0820	0,0054	0,0343	-0,1192	2,6388
8	1,6	40000	0,0054	0,0343	0,0401	0,0867	-0,5796
9	1,8	20000	0,0343	0,0401	-0,0310	-0,1633	-1,9196
10	2	0	0,0401	-0,0310	-0,0084	-0,1212	2,3403
11	2,2	0	-0,0310	-0,0084	0,0368	0,1693	0,5649
12	2,4	0	-0,0084	0,0368	-0,0266	-0,0456	-2,7138
13	2,6	0	0,0368	-0,0266	-0,0094	-0,1153	2,0164
14	2,8	0	-0,0266	-0,0094	0,0336	0,1506	0,6430
15	3	0	-0,0094	0,0336	-0,0228	-0,0335	-2,4847
16	3,2	0	0,0336	-0,0228	-0,0100	-0,1091	1,7288
17	3,4	0	-0,0228	-0,0100	0,0307	0,1336	0,6988
18	3,6	0	-0,0100	0,0307	-0,0194	-0,0234	-2,2685
19	3,8	0	0,0307	-0,0194	-0,0105	-0,1028	1,4741
20	4	0	-0,0194	-0,0105	0,0279	0,1182	0,7357

Daten EFS

m	20000	kg
c	6893	kg/s
k	1,48E+06	N/m
Zeitschritt	0,2	s

=E21

=F21

=((C22-K8*E22)*K10^2+K7*K10*D22/2+K6*(2*E22-D22))/(K6+K7*K10/2) (Gl. 5.60)

=(F22-D22)/2/K10 (Gl. 5.57)

=(F22-2*E22+D22)/K10^2 (Gl. 5.58)

Abb. 5.37: Beispiel 5-11: Tabelle zur Berechnung der Systemantwort eines EFS infolge $P(t)$.

Die so berechnete Wegfunktion $u(t)$ wird als Diagramm dargestellt, siehe Abb. 5.38 oben.

Im letzten Schritt gilt es nun, die Qualität des Ergebnisses zu bewerten – schließlich haben wir eine numerische Berechnung ausgeführt. Wenn der Zeitschritt Δt zu groß gewählt wurde, dann weicht das Ergebnis von der richtigen Lösung ab. Aber was ist die richtige Lösung?

Eine Möglichkeit der Überprüfung besteht darin, den Zeitschritt Δt_1 zu halbieren ($\Delta t_2 = \Delta t_1/2$), die Funktionen $u(t)$, $\dot{u}(t)$ und $\ddot{u}(t)$ mit dem verkleinerten Zeitschritt Δt_2 neu zu berechnen und die Ergebnisse miteinander zu vergleichen. Stimmen die mit den unterschiedlichen Zeitschritten berechneten Funktionen mit ausreichender Genauigkeit überein, ist der Zeitschritt Δt_1 nicht zu groß gewählt. Stimmen sie nicht überein, gilt es, den Zeitschritt zu verkleinern.

Abb. 5.38 (unten) zeigt die Wegfunktion $u(t)$, die mit einem auf 1/20 reduzierten Zeitschritt von $\Delta t = 0,01$ s ermittelt wurde. Vergleicht man den so berechneten Verlauf mit demjenigen aus $\Delta t = 0,2$ s (Abb. 5.38 oben), so stellt man fest, dass sich der Verlauf mit der kleineren Schrittweite von demjenigen mit dem größeren Zeitschritt gravierend unterscheidet. Daraus lässt sich folgern, dass der Zeitschritt $\Delta t = 0,2$ s zu groß ist.

Eine weitere Verringerung des Zeitschritts von $\Delta t = 0,01$ s auf $\Delta t = 0,005$ s führt nur noch zu sehr kleinen, nicht mehr relevanten Änderungen. Daraus kann abgeleitet werden, dass der Zeitschritt $\Delta t = 0,01$ s angemessen ist. Die maximale Auslenkung beträgt $\hat{u} = 7,49$ cm. Tab. 5.3 zeigt die maximale Verschiebung für verschiedene Zeitschritte.

Tab. 5.3: Beispiel 5-11: Ergebnisqualität als Funktion der Zeitschrittgröße

Zeitschritt Δt	Verschiebung $\hat{u}$
0,2 s	8,2 cm
0,1 s	7,73 cm
0,05 s	7,57 cm
0,01 s $\Rightarrow$ geeignet!	7,49 cm
0,005 s	7,49 cm

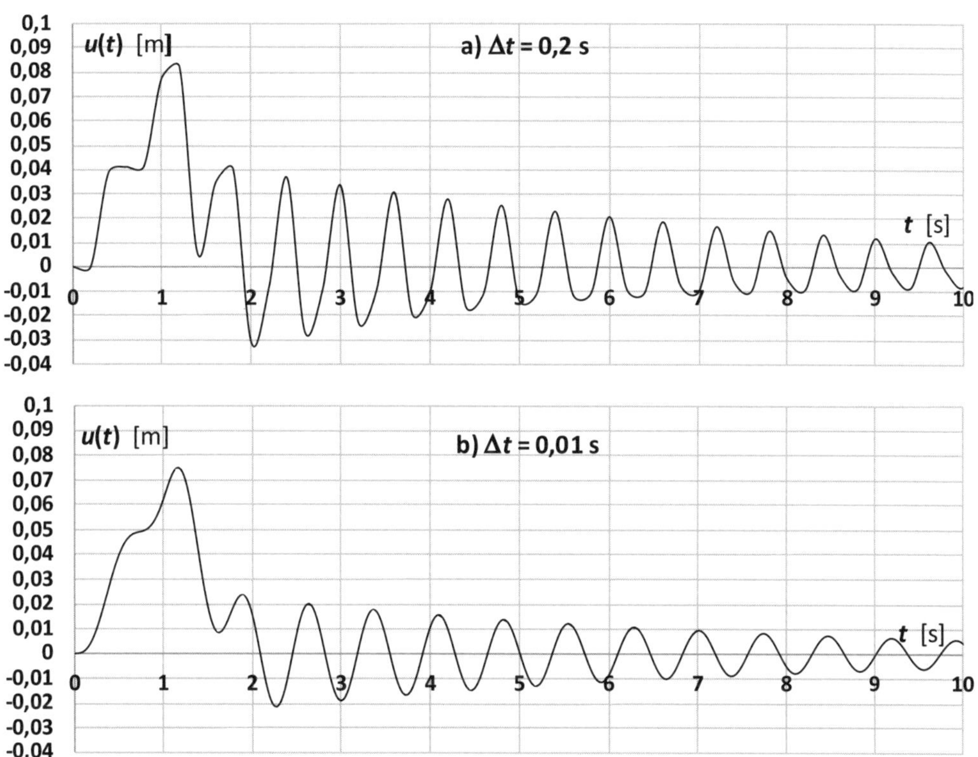

Abb. 5.38: Beispiel 5-11: $u(t)$ für die Zeitschritte $\Delta t = 0,2$ s (oben) und $\Delta t = 0,01$ s (unten). Beide Verläufe unterscheiden sich deutlich, woraus zu folgern ist, dass der Zeitschritt 0,2 s ungeeignet ist.

5.5.4 Ermittlung der dynamischen Überhöhung mit Stoßspektren

5.5.4.1 Definition von Stoßspektren und Antwortspektren

Wir betrachten einen beliebigen stoßartig belasteten EFS. Manchmal genügt es, nur die maximalen Werte von Verschiebung, Geschwindigkeit oder Beschleunigung zu berechnen, während der Zeitverlauf dieser Größen nicht von Interesse ist. Dann ist es ausreichend, nur den dynamischen Überhöhungsfaktor φ zu kennen, mit dem wir eine statische Größe multiplizieren müssen, um die dynamische Systemantwort zu erhalten. Dabei kann ein geeignetes Stoßspektrum helfen.

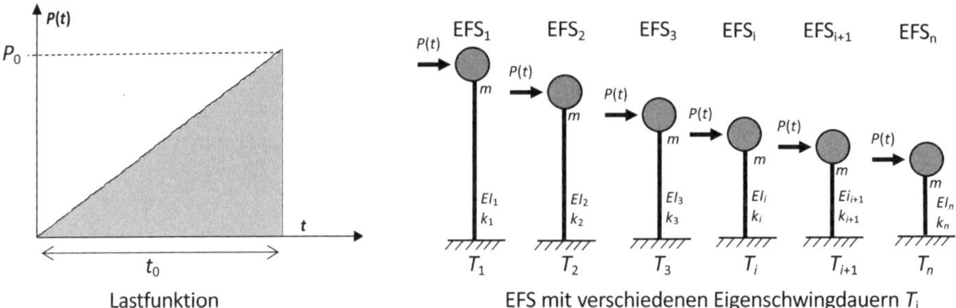

Berechnung der Systemantworten für die i = 1, n EFS

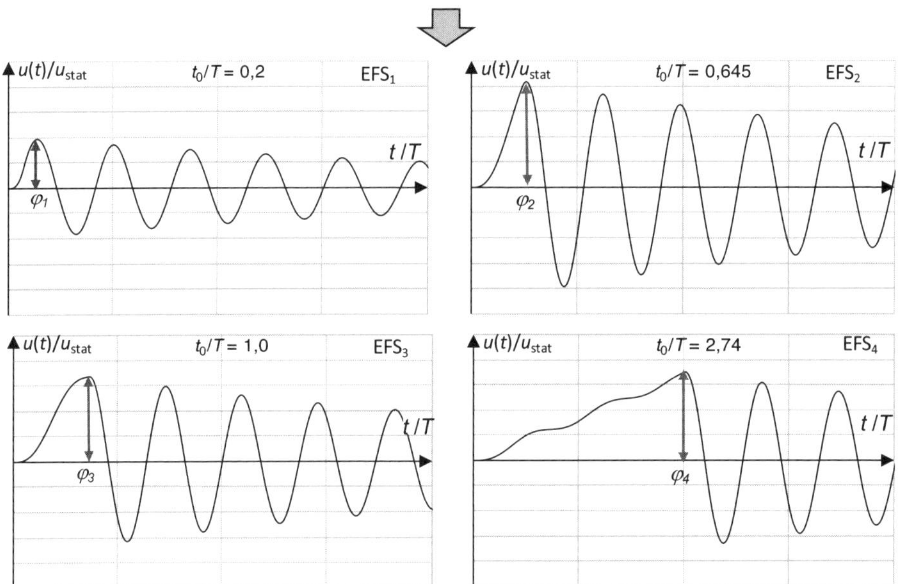

Ergebnisse der Einzelberechnungen im Stoßspektrum kondensieren

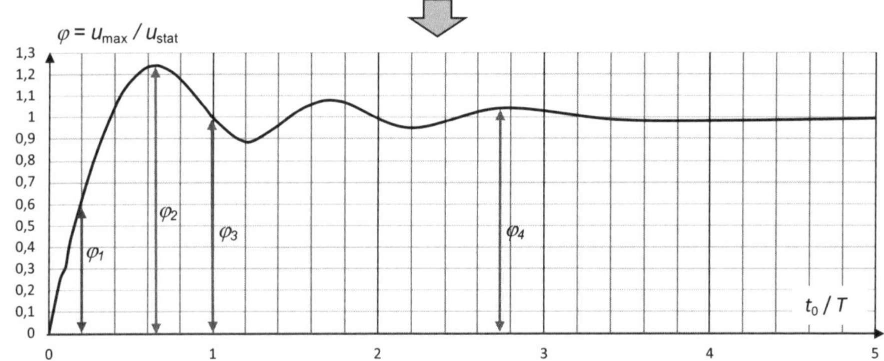

Abb. 5.39: Entwicklung des Stoßspektrums für die maximale Auslenkung eines EFS $u_{max} = \varphi \cdot u_{stat} = \varphi \cdot P_0/k$ *infolge einer Dreieckslast der Dauer* t_0.

Ein Stoßspektrum ist eine Funktion (meist als Diagramm dargestellt), die in Abhängigkeit der Periode T des EFS und einer Eingangsgröße (z.B. einer bestimmten Stoßbelastung) die gesuchte Schwingungsantwort des Tragwerks (z.B. max. Beschleunigung, max. Geschwindigkeit, max. Auslenkung) liefert. Abhängig von der gesuchten Größe kann man ein Stoßspektrum auch als Beschleunigungs-, Geschwindigkeits- oder Verschiebungsspektrum bezeichnen.

Stoßspektren werden auch als Schockspektren oder als Antwortspektren [GKB$^+$84] bezeichnet. Manchmal – wie in diesem Buch – wird der Begriff Antwortspektrum alleine auf eine Fußpunkterregung im Erdbebenfall bezogen verwendet.

Abb. 5.39 (unten) zeigt ein Beispiel für ein Stoßspektrum, aus dem sich für einen EFS mit der Periodendauer T infolge einer Dreieckslast mit der Ordinate P_0 und der Wirkzeit t_0 die maximale Verschiebung zu $u_{\max} = \varphi \cdot u_{\text{stat}} = \varphi \cdot P_0/k$ bestimmen lässt.

Stoßspektren liefern prinzipiell keine Aussage über den Zeitpunkt der maximalen Antwort oder über den Zeitverlauf der Schwingung.

5.5.4.2 Entwickeln eines Stoßspektrums

Zum Aufstellen eines Stoßspektrums sind umfangreiche Rechnungen notwendig.

Wird beispielsweise das Stoßspektrum der Verschiebung infolge eines dreieckförmigen $P(t)$-Verlaufs gesucht (Abb. 5.39), so ermittelt man zunächst die maximalen Auslenkungen für EFS mit verschiedenen Eigenschwingdauern T. Die Ergebnisse werden in ein Diagramm eingetragen. Abb. 5.39 stellt den Vorgang dar. Weitere Stoßspektren sind in Abb. 5.41 enthalten.

Beispiel 5-12: Berechnung der Systemantwort eines EFS mit einem Stoßspektrum

Gegeben: Ein Stockwerksrahmen (Abb. 5.40) kann als EFS betrachtet werden, weil die Bewegungen der beiden starren Geschossmassen gegeneinander wegen der Verbände vernachlässigt werden können. Die Gesamtmasse $m_1 + m_2$ hat damit nur eine einzige (horizontale) Bewegungsmöglichkeit.

- Steifigkeit einer Stütze: $k_E = 3000$ kNm^2
- Geschossmassen: $m_1 = m_2 = 40$ t
- Impulsdauer: $t_0 = 0,4$ s; Kraftordinate: $P_0 = 600$ kN

Gesucht: Maximale horizontale Geschossauslenkung $u_{\max}$ mit einem Stoßspektrum

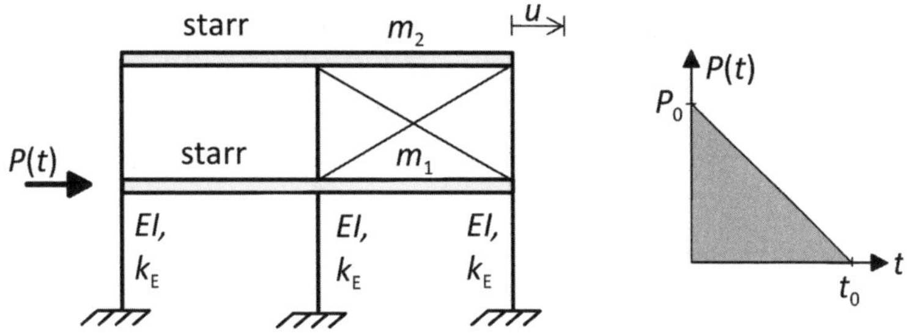

Abb. 5.40: Beispiel 5-12: Tragwerk (links) und einwirkende Last (rechts)

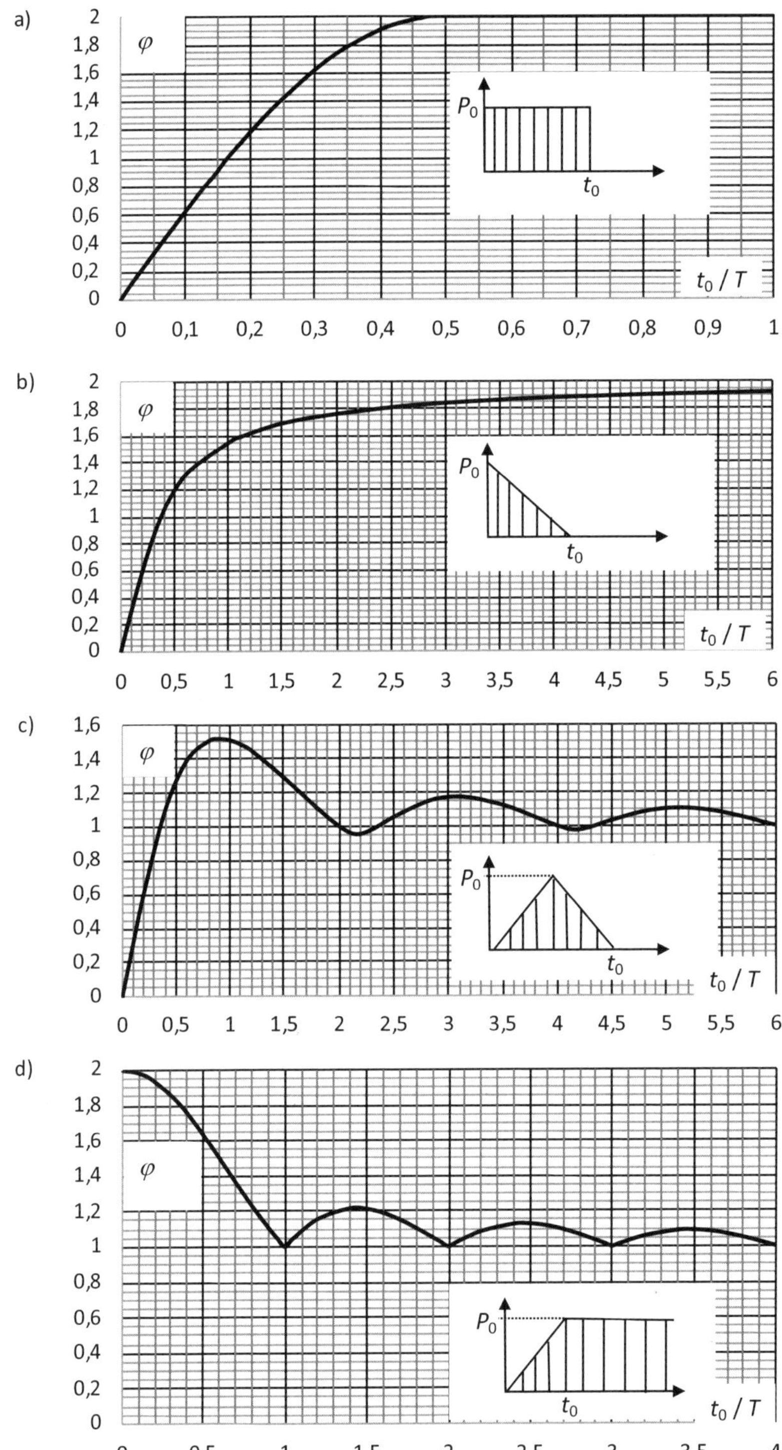

Abb. 5.41: Stoßspektren für die maximale Auslenkung $u_{\max} = \varphi \cdot u_{\text{stat}} = \varphi \cdot P_0/k$ eines EFS infolge verschiedener Lastverläufe $P(t)$.

Lösung Beispiel 5-12:

- Gesamtsteifigkeit aus 3 Stützen: $k = 3 \cdot k_E = 9000$ kNm^2
- $m = m_1 + m_2 = 80$ t
- Eigenkreisfrequenz $\omega = \sqrt{k/m} = \sqrt{9000/80} = 10,61$ 1/s
- Eigenschwingdauer: $T = 2 \cdot \pi/\omega = 2 \cdot \pi/10,61 = 0,592$ s
- Der Eingangswert für das Stoßspektrum ist $t_0/T = 0,4/0,592 = 0,675$.
- Aus dem passenden Stoßspektrum (Abb. 5.41 b) lässt sich damit ablesen: $\varphi = 1,35$
- Damit ergibt sich die maximale Systemantwort zu:

$$u_{\max} = u_{\text{stat}} \cdot \varphi = \frac{P_0}{k} \cdot \varphi = \frac{600}{9000} \cdot 1,35 = 0,090 \text{ m} \tag{5.61}$$

- Aus der Auslenkung $u_{\max} = 9,0$ cm können die Schnittgrößen zurückgerechnet werden.

5.6 Aufgaben und Fragen zur Lernkontrolle

Aufgabe 5-1: Fragen

Frage a: Ein Tragwerk, das als EFS mit der Eigenkreisfrequenz ω modelliert werden kann, wird durch eine dynamische Kraft $P(t) = \hat{P} \cdot \sin(\Omega \cdot t)$ harmonisch angeregt. Die dynamische Schwingungsamplitude $\hat{u}$ wird nun mit der Vergrößerungsfunktion V_1 (Gl. 5.12) ermittelt. Für das Tragwerk sollen die maximalen Schnittgrößen infolge der dynamischen Last berechnet werden, um damit einen Nachweis im Grenzzustand der Tragfähigkeit (GZT) zu führen.

- Lassen sich die maximalen Schnittgrößen aus dynamischer Last für einen Nachweis im GZT mit $\hat{u} = V_1 \cdot \hat{P}/k$ bestimmen oder sind dafür weitere Größen zu berechnen? Wenn ja: welche?
- Wie lautet die Antwort, wenn ein Ermüdungsnachweis zu führen ist?

Frage b: Sie wollen die Beanspruchung eines als EFS modellierbaren Tragwerks infolge einer dynamischen Anregung berechnen. Nennen Sie einen Fall, in dem es für die Qualität der Berechnungsergebnisse sehr wichtig ist, den Dämpfungsgrad des Tragwerks möglichst präzise zu kennen. In welchen Fällen reicht es dagegen aus, den Dämpfungsgrad grob abzuschätzen?

Frage c: Ein EFS wird mit der Anregungsfrequenz Ω harmonisch krafterregt. Sie haben die dynamische Wegamplitude $\hat{u}$ errechnet und wollen die Beschleunigungsamplitude mit der Formel $\hat{\ddot{u}} = \hat{u} \cdot \Omega^2$ berechnen. Bei einem frei schwingenden EFS berechnet sich dagegen die Beschleunigungsamplitude zu $\hat{\ddot{u}} = \hat{u} \cdot \omega^2$. Erklären Sie die Herleitung der Formel und begründen Sie, warum einmal Ω und das andere mal ω einzusetzen ist.

Frage d: Ein EFS wird harmonisch durch eine Kraft angeregt, deren Wirkung zum Zeitpunkt t_0 einsetzt. Gesucht ist der Verschiebungsverlauf $u(t)$ im eingeschwungenen Zustand. Da Sie die Dämpfung nicht genau kennen, setzten Sie sie der Einfachheit mit $D = 0$ an. Nun wollen Sie die Lösung numerisch mit dem Differenzenverfahren nach Abs 5.5.3 bestimmen. Lassen sich auf diesem Wege die Wegamplituden im eingeschwungenen Zustand berechnen oder nicht? Begründung?

Aufgabe 5-2: Krafterregte Schwingung eines Mastes

Zu Abs. 5.2, 5.3; Schwierigkeitsgrad: leicht

Gegeben ist ein als masselos anzusehender Mast (Biegesteifigkeit $EI = 15000$ kNm^2, Höhe $h = 3$ m) mit der Punktmasse $m = 5$ t an der Spitze. Das logarithmische Dämpfungsdekrement betrage $\Lambda = 0,060$. Die Punktmasse wird durch eine harmonische Kraft angeregt:
$P(t) = \hat{P} \cdot \sin(\Omega \cdot t)$ mit $\hat{P} = 200$ N

Die Anregungsfrequenz Ω sei so groß, dass das Frequenzverhältnis $\eta = 1,00$ ist (Resonanz).

Gesucht:

- Eigenkreisfrequenz ω des EFS.
- maximale Auslenkung $\hat{u}$ der Mastspitze im eingeschwungenen Zustand.
- Maximales Biegemoment M_{max} im Mast.

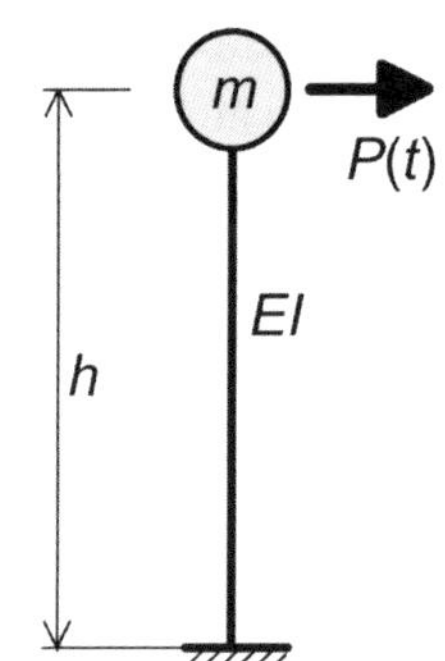

Abb. 5.42: Aufgabe 5-2

Aufgabe 5-3: Krafterregte Schwingung eines Tragwerks

Zu Abs. 3.3, 5.2, 5.3; Schwierigkeitsgrad: leicht

Gegeben ist das schon aus Aufgabe 3-5 bekannte Tragwerk (Abb. 5.43). Auf die Masse m wirkt nun die Kraft $P(t)$.

- Alle Angaben aus Aufgabe 3-5 gelten auch hier.
- $m = 1000$ kg
- Federsteifigkeit $k = 10,42$ kN/m
- Eigenkreisfrequenz $\omega = 3,23$ 1/s
- $D = 5$ %
- harmonische Anregung
  $P(t) = P_0 \cdot \sin(\Omega \cdot t)$
  mit: $P_0 = 5$ kN und $\Omega = 10,0$ 1/s

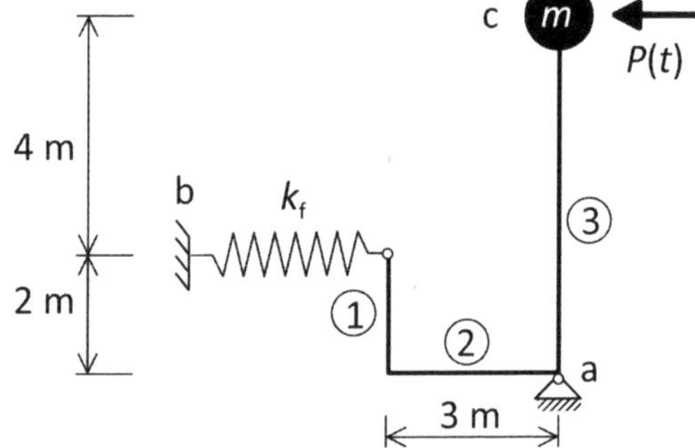

Abb. 5.43: Aufgabe 5-3

Gesucht: Für die angegebene Belastung soll die maximale dynamische Horizontalverschiebung $\hat{u}$ der Masse m im eingeschwungenen Zustand und das maximale Moment M_{max} an Knoten a infolge $\hat{u}$ bestimmt werden.

Aufgabe 5-4: Berechnung eines EFS mit dem Differenzenverfahren

Zu Abs. 5.5.3; Schwierigkeitsgrad: mittel

Gegeben ist der EFS aus Aufgabe 5-3 mit allen dort angegebenen Daten, siehe oben.

Gesucht ist der mit dem Differenzenverfahren (Abs. 5.5.3) errechnete Verschiebungs-Zeit-Verlauf $u(t)$, der grafisch dargestellt werden soll. Insbesondere ist zu überprüfen, ob die in Aufgabe 5-3 errechnete maximale Auslenkung im eingeschwungenen Zustand während des Einschwingvorganges übertroffen wird oder nicht.

Aufgabe 5-5: Unwuchterregung eines Tragwerks

Zu Abs. 3.3, 5.2, 5.3; Schwierigkeitsgrad: mittel

Gegeben ist ein aus dem Stabzug a-b-c-d bestehendes Maschinengerüst wie abgebildet. Zwei Punktmassen m_1 und m_2 sind als in den Punkten b und c wirkend anzunehmen. Die Stabmassen sind vernachlässigbar. In den Punkten b und c sind die Stäbe durch Gelenke verbunden.

- $m_1 = 4{,}0$ t, darin enthalten: drehende Masse $m_e = 1{,}0$ t, Exzentrizität $e = 2{,}0$ cm
- $m_2 = 9{,}0$ t
- $EI_1 = 40\,000$ kNm^2; $EI_2 = 15\,000$ kNm^2
- logarithmisches Dämpfungsdekrement $\Lambda = 0{,}08$

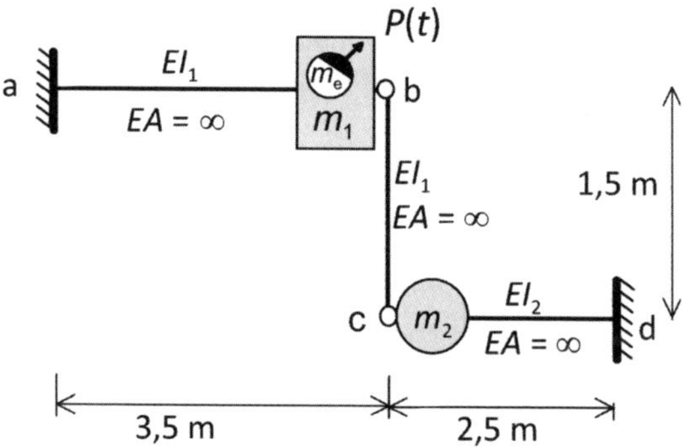

Abb. 5.44: Aufgabe 5-5

Gesucht:

a) Berechnen Sie die Kennwerte des EFS (k, m, c) und die Frequenzen f und ω.
b) Die Masse m_1 in Punkt b ist ein Motor (drehende Masse m_e, Exzentrizität e), der sich mit einer Anregungsfrequenz $0 < \Omega \leq 50$ 1/s drehen kann. Was ist die größte zu erwartende Schwingungsamplitude $\hat{u}$ der Masse m_2, und bei welcher Anregungskreisfrequenz Ω tritt sie auf? Skizzieren Sie die Schwingungsfigur des Tragwerks.
c) Wie groß ist bei $\hat{u}$ aus Aufgabenteil b) das maximale Biegemoment im linken Horizontalstab a-b und wo wirkt es?
d) Geben Sie die Bewegungsgleichung zu Aufgabenteil b) bei der ungünstigsten Anregungsfrequenz an und setzen Sie alle Zahlen und Einheiten ein.

Aufgabe 5-6: Seilkraft aus dynamischer Belastung (Unwuchterregung)

Zu Abs. 3.3, 5.2, 5.3; Schwierigkeitsgrad: mittel

Gegeben: Auf einem als gewichtslos und starr anzunehmenden 10 m langen Balken (Abb. 5.45) ist 4 m rechts vom linken Auflager eine Maschine mit der Masse m montiert. Rechts ist der Balken an einem 5 m langen Seil aufgehängt. Die Maschine rotiert.

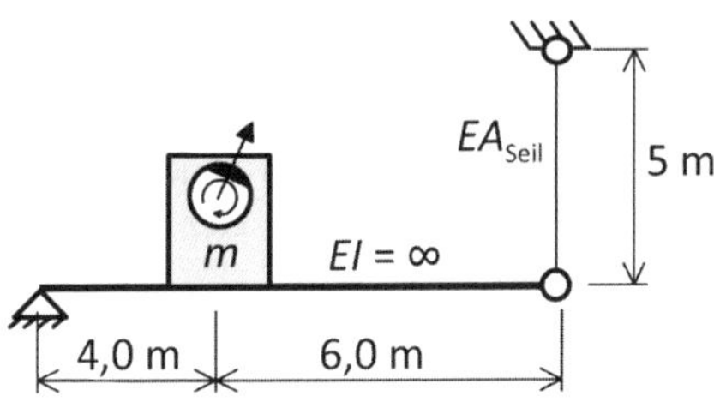

Abb. 5.45: Aufgabe 5-6

- Gesamtmasse der Maschine $m = 1000$ kg
- drehende Masse $m_e = 90$ kg
  (m_e ist in der Gesamtmasse m enthalten)
- Unwucht $e = 20$ cm (Exzentrizität)
- Anregungskreisfrequenz $\Omega = 20,0$ 1/s
- Lehr'sches Dämpfungsmaß $D = 5$ %
- Seilsteifigkeit: $EA_{Seil} = 40$ kN

Gesucht:

a) Kenndaten des EFS: k, ω
b) Auslenkung (Schwingungsamplitude) $\hat{u}$ der angeregten Masse m im eingeschwungenen Zustand.
c) maximale Seilkraft S als Summe aus dynamischen und statischen Anteilen.
d) Bewegungsgleichung des angeregten EFS mit eingesetzten Zahlenwerten und Einheiten

Aufgabe 5-7: Antennenmast mit Fußpunkterregung

Zu Abs. 5.2; Schwierigkeitsgrad: mittel

Gegeben ist ein auf der Spitze eines schwingenden Hochhauses montierter Antennenmast (Abb. 5.46) mit einer Höhe $h = 4,1$ m. Der Mast besteht aus einem stählernen Rundrohr mit einem Außendurchmesser von $d = 22$ cm und einer Blechdicke von $t = 0,5$ cm. An der Spitze des Mastes, der näherungsweise als massefrei angesehen werden darf, sind Antennen montiert, die zusammen als Punktmasse mit $m = 3,9$ t betrachtet werden dürfen. Der Fußpunkt der Antenne auf dem Dach des schwingenden Hochhauses bewegt sich mit einer Wegamplitude von $\hat{y}_F = 1,1$ cm bei einer Anregungskreisfrequenz von $\Omega = 5,9$ 1/s. Die Dämpfung der Antenne beträgt $D = 3,11$ %.

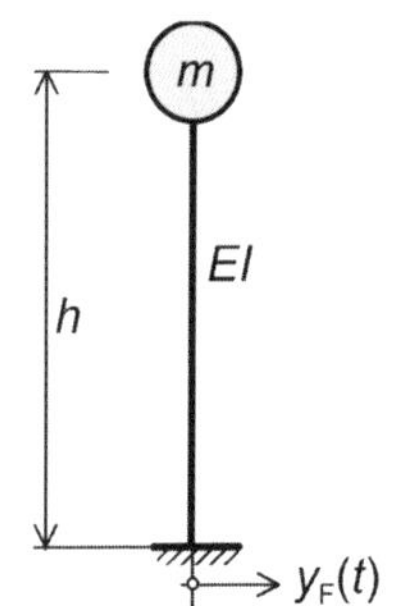

Abb. 5.46: Aufg. 5-7

Gesucht sind im eingeschwungenen Zustand die relative und die absolute Wegamplitude der Punktmasse an der Mastspitze $\hat{u}_{rel}$ und $\hat{u}_{abs}$ infolge der Fußpunktbewegung.

Aufgabe 5-8: Ein EFS wird mit einem kurzzeitigen Impuls belastet

Zu Abs. 5.4; Schwierigkeitsgrad: leicht

Gegeben ist ein EFS, der durch einen kurzzeitigen Impuls (Abb. 5.47) beansprucht wird.

- $m = 100$ t
- $k = 1 \cdot 10^7$ N/m
- $D = 1$ %
- Impuls mit $P_0 = 2\,000$ kN und $T_s = 0{,}001$ s

Gesucht sind die max. Federkraft $\hat{F}$ und die Wegfunktion $u(t)$ der Masse infolge des Kraftimpulses.

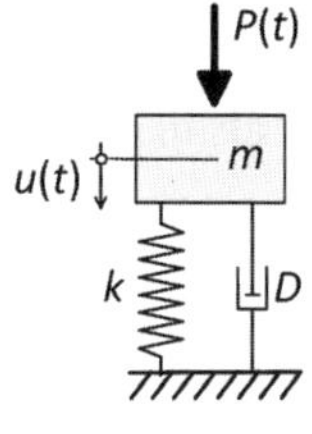

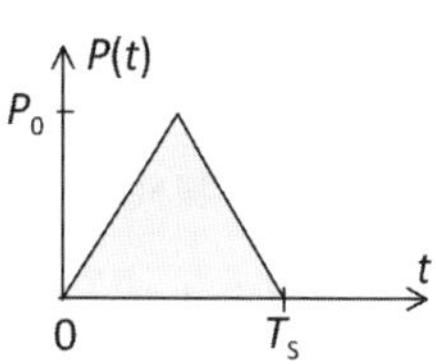

Abb. 5.47: Aufgabe 5-8

Aufgabe 5-9: Systemantwort eines Wagens infolge $P(t)$

Zu Abs. 5.4, 5.5.4; Schwierigkeitsgrad: leicht

Gegeben: Ein Wagen auf reibungsfrei rollenden Rädern ist an einem Puffer mit der Federsteifigkeit k abgestellt und kann als EFS berechnet werden, siehe Abb. 5.48.

- Wagenmasse $m = 6$ t
- Federsteifigkeit $k = 200$ kN/m
- Belastungsfunktion $P(t)$ siehe Abb. 5.48 mit $P_0 = 10$ kN und $t_{\text{Ende}} = 0{,}2$ s

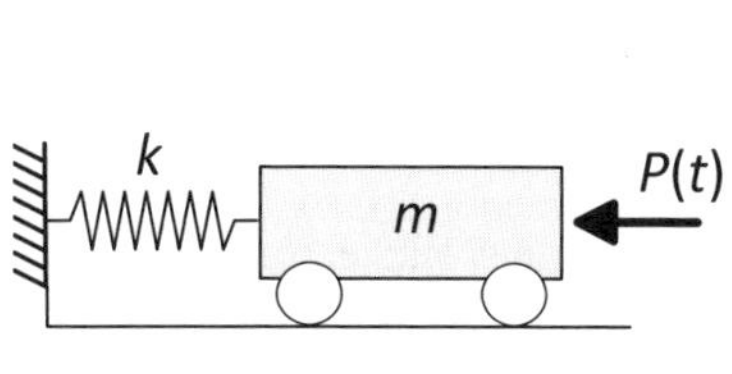

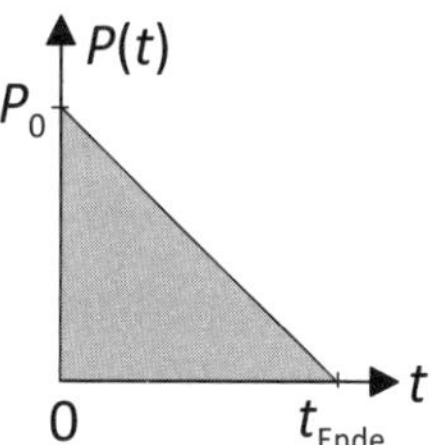

Abb. 5.48: Aufgabe 5-9: Wagen mit zeitabhängiger Belastung

Gesucht:

a) statische Auslenkung des EFS u_{stat}
b) Eigenfrequenz f des EFS
c) Auswahl eines geeigneten Berechnungsverfahrens für Aufgabenteil d)
d) max. Auslenkung $u_{\max}$

Aufgabe 5-10: Stockwerkrahmen unter Stoßbeanspruchung

Zu Abs. 5.4, 5.5.4; Schwierigkeitsgrad: leicht

Gegeben: Der Rahmen aus Beispiel 5-7 wird wie in Abb 5.49 dargestellt beansprucht.

- $m = 272$ t
- Stützen: $k = 1,751 \cdot 10^9$ N/m, als masselos anzusehen.
- Riegel: $EI = \infty$
- $P_0 = 4450$ kN und $t_{\text{Ende}} = 0,05$ s

Gesucht sind die maximale Riegelauslenkung $u_{\max}$ und die horizontale Auflagerkraft $H_{\max}$.

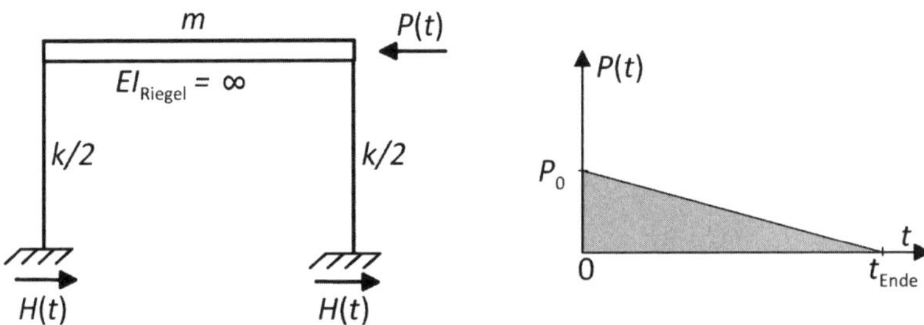

Abb. 5.49: Aufgabe 5-10: Rahmentragwerk und zeitabhängige Last

Aufgabe 5-11: Stockwerkrahmen durch $P(t)$ beansprucht

Zu Abs. 5.4, 5.5; Schwierigkeitsgrad: mittel

Gegeben: Ein Rahmen (Abb. 5.50) wird durch die Kraft $P(t)$ mit $P_0 = 40$ kN und $t_{\text{Ende}} = 0,03$ s dynamisch beansprucht. Die als dehnstarr und masselos zu betrachtenden Stützen (IPE 240) werden um die starke Achse gebogen. Die mit den unten zweiwertig gelagerten Stützen oben biegesteif verbundene Geschossdecke ($m = 15$ t) kann näherungsweise als starr betrachtet werden. Das Lehr'sche Dämpfungsmaß beträgt 1 %.

Gesucht:

a) maximale Riegelauslenkung $u_{\max}$ und zugehöriges Biegemoment in einer der Stützen.
b) $u(t)$ numerisch mit Hilfe des Differenzenverfahrens für $0 \leq t \leq 15$ s samt Darstellung.

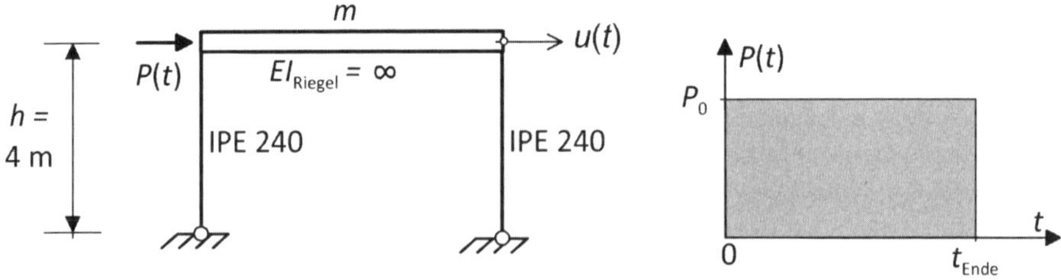

Abb. 5.50: Aufg. 5-11: Rahmentragwerk und zeitabhängige Last

Aufgabe 5-12: EFS mit Impuls- und Sprungbelastung

Zu Abs. 2.1, 2.2, 5.4; Schwierigkeitsgrad: höher

Gegeben: Feder-Masse-System mit sehr geringer Dämpfung (EFS)

- Die Masse $m_1 = 300$ kg befindet sich zum Zeitpunkt $t = 0$ in Ruhelage 1.
- Die Geschwindigkeit zum Zeitpunkt $t = 0$ ist $\dot{u}_0 = 0$ m/s.
- $k = 2000$ N/m; Dämpfung soll vernachlässigt werden.

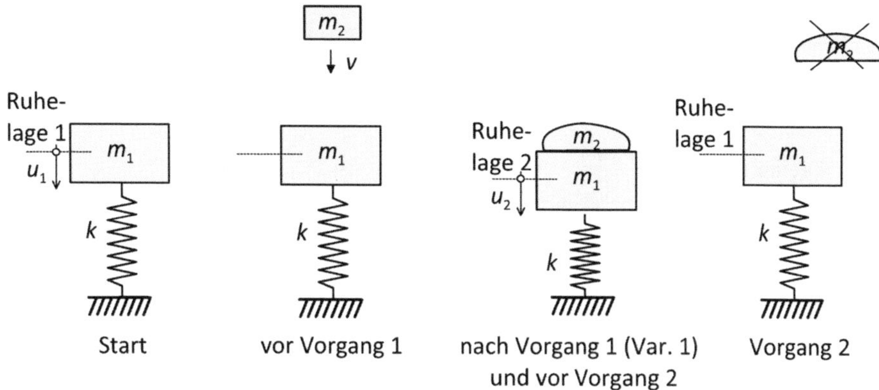

Abb. 5.51: Aufgabe 5-12: Vorgang 1 und Vorgang 2

Vorgang 1 – Variante 1: Eine Masse $m_2 = 50$ kg prallt zum Zeitpunkt $t = 0$ aus 2 m Höhe fallend auf die Masse m_1 und bleibt darauf liegen (vollplastischer Stoß). Nach dem Aufprall schwingt die Masse $(m_1 + m_2)$ um die neue Ruhelage 2.

Aufgabenteil a: Berechnen Sie den Impuls der Masse m_2 vor dem Aufprall, geben Sie die Wegfunktion $u_2(t)$ der Gesamtmasse $(m_1 + m_2)$ nach dem Aufprall bezogen auf die neue Ruhelage 2 an und berechnen Sie die Amplitude $\hat{u}$.

Aufgabenteil b: Ermitteln Sie alternativ zu a) mit einer Energiebetrachtung ($\Sigma E = ?$) die Wegamplitude der Masse und zeigen Sie, dass das Ergebnis mit der unter a) errechneten Amplitude übereinstimmt. Wählen Sie dabei als Bezugshorizont der potentiellen Energie die Ruhelage 2.

Vorgang 2: Nach dem vollständigen Abklingen der Schwingung aus Vorgang 1 befindet sich die Masse in Ruhelage 2. Nun wird die Masse m_2 plötzlich wieder von der Masse m_1 entfernt.

Aufgabenteil c: Geben Sie die Wegfunktion $u_1(t)$ bezogen auf Ruhelage 1 an und berechnen Sie die maximale auf Ruhelage 1 bezogene Auslenkung $u_{1,\max}$.

Vorgang 1 – Variante 2 Alternativ zu Vorgang 1: Der Stoß der fallenden Masse m_2 auf die Masse m_1 sei kein vollplastischer, sondern ein volleleastischer Stoß. Es soll angenommen werden, dass die Masse m_2 nach dem Abrall kein zweites Mal auf m_1 trifft.

Aufgabenteil d: Wie ändern sich die Ergebnisse aus Aufgabenteil a?

- Um welche Ruhelage (bezogen auf Ruhelage 1) schwingt m_1 nach dem Aufprall?
- Geben Sie $u(t)$ bezogen auf die neue Ruhelage an und berechnen Sie die Amplitude $\hat{u}$.

6 Schwingungen von Systemen mit mehreren Freiheitsgraden

6.1 DGl-System bei zwei Freiheitsgraden

6.1.1 Allgemeines

6.1.1.1 Freiheitsgrade

Wir greifen zunächst die in Abs. 3.1 bereits begonnene Diskussion über Freiheitsgrade (DOF) noch einmal auf. Um eine statische Berechnung mit der Finite-Element-Methode (FEM) durchführen zu können, wird das zu berechnende Tragwerk zunächst in Knoten diskretisiert [Wer21]. Jeder Knoten weist in der Ebene drei Freiheitsgrade (zwei Translationen u_x, u_z und eine Rotation φ_y) auf. Im Raum werden pro Knoten sechs Freiheitsgrade unterschieden: drei Translationen u_x, u_y, u_z und drei Rotationen $\varphi_x, \varphi_y, \varphi_z$.

Der einhüftige Rahmen in Abb. 6.1, der mit 5 Knoten (2 Auflagerknoten a und b und 3 weitere Knoten 1, 2 und 3) beschrieben ist, weist also z.B. in der Ebene zunächst $5 \cdot 3 = 15$ Freiheitsgrade auf. Der linke Auflagerpunkt ist vertikal und horizontal gelagert; die beiden zugehörigen Verschiebungsfreiheitsgrade können daher gesperrt werden. Dasselbe gilt für den vertikalen Freiheitsgrad des rechten Auflagers. Eine statische FEM-Berechnung des so diskretisierten Tragwerks wäre also mit $15 - 2 - 1 = 12$ Freiheitsgraden (Unbekannten) möglich.

Für eine dynamische Betrachtung sind solche Freiheitsgrade wichtig, die mit einer Masse belegt sind. Tragwerke bestehen zwar grundsätzlich aus kontinuierlich verteilten Massen und verfügen deshalb über unendlich viele Freiheitsgrade. Es führt jedoch zu einer deutlichen Reduzierung des Rechenaufwandes, das Tragwerk zu diskretisieren, die Massen als in einzelnen Punkten

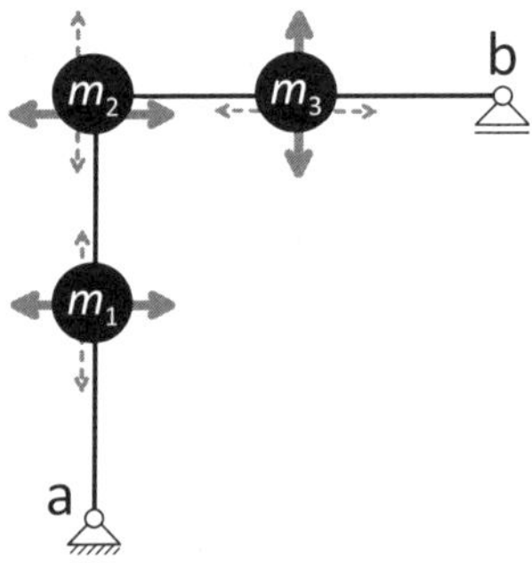

Abb. 6.1: Einhüftiger Rahmen mit drei Punktmassen. Die dicken grauen Pfeile stellen die unabhängigen massenbelegten Freiheitsgrade dar. Dünne Pfeile: abhängige Freiheitsgrade

(Knoten) konzentriert zu betrachten und so die Anzahl der Freiheitsgrade zu reduzieren. Die Anzahl der mit Masse belegten Freiheitsgrade ist verantwortlich für die Zahl der Eigenformen – darauf wird weiter unten einzugehen sein.

Die drei Massen m_1 bis m_3 des einhüftigen Rahmens (Abb. 6.1) haben in der Ebene zunächst $3 \cdot 3 = 9$ Freiheitsgrade. Betrachtet man die Massen als Punktmassen, die nicht über eine Drehträgheit verfügen, so sind nur der horizontale und der vertikale Freiheitsgrad mit Masse belegt. Damit liegen nur $3 \cdot 2 = 6$ massebelegte Freiheitsgrade vor.

Diese Anzahl lässt sich weiter reduzieren, wenn – unter der Annahme kleiner Verformungen – der biegeweiche, einhüftige Rahmen als näherungsweise dehnstarr ($EA = \infty$) angesehen wird:

- Die vertikale Auflagerung links am Stützenfuß führt in Verbindung mit der Dehnstarre der Stütze dazu, dass die vertikalen Verschiebungsfreiheitsgrade der Massen m_1 und m_2 gesperrt werden können. Die Zahl der Freiheitsgrade reduziert sich von 6 auf 4.
- Die Horizontalverschiebungen der Masse m_3 kann wegen $EA = \infty$ mit der horizontalen Verschiebung der Masse m_2 gleichgesetzt werden. Die Zahl der Freiheitsgrade reduziert sich damit von 4 auf 3.
- Von ursprünglich 9 Freiheitsgraden bleiben für den einhüftigen Rahmen in Abb. 6.1 links also nur 3 massebelegte, unabhängige Freiheitsgrade übrig: m_1-horizontal, m_2-horizontal und m_3-vertikal!
- Daraus folgt, dass das Tragwerk in Abb. 6.1 drei Eigenfrequenzen und -formen besitzt.

6.1.1.2 Beschreibung von Systemen mit zwei massenbelegten Freiheitsgraden (ZFS)

Im Folgenden werden einige Zusammenhänge bei Systemen mit mehreren Freiheitsgraden an Systemen mit nur zwei massenbelegten Freiheitsgraden (ZFS), die sehr einfach berechenbar sind, gezeigt. ZFS können händisch oder mit Tabellenkalkulationsprogrammen berechnet werden. Bei Systemen mit mehr als zwei Freiheitsgraden ist das kaum möglich; sie werden üblicherweise numerisch mit dafür geschaffenen Computerprogrammen berechnet. Einen hervorragenden Überblick liefert [Wer21], Kap. 5.

Während ein EFS stets als System mit einer Masse, einer Feder und einem Dämpfungselement dargestellt werden kann, gibt es unterschiedliche Zweifreiheitsgradschwinger (ZFS). Abb. 6.2 zeigt drei Beispiele:

- Abb. 6.2 a) zeigt einen ZFS, der aus zwei Massen, zwei Federn, zwei Dämpferelementen besteht.
- Die allgemeinste Form eines ZFS ist in Abb. 6.2 c) mit zwei Massen, drei Federn und drei Dämpferelementen dargestellt. Beliebige ZFS lassen sich in dieser Form idealisieren.
- Der Mast in Abb. 6.2 b) ist ein Biegeschwinger mit 2 Punktmassen und zwei Freiheitsgraden. Die Dämpfung kann z.B. durch den Lehr'schen Dämpfungsgrad angegeben werden. Ein solches System kann – wie jeder andere ZFS – in die rechts dargestellte allgemeine Form eines ZFS umgewandelt werden. Dabei kann die Federsteifigkeit k_3 allerdings auch einen negativen Wert erhalten.

Der Begriff „Zweifreiheitsgradschwinger" (ZFS) ist übrigens etwas ungenau, denn präzise müsste es eigentlich heißen „zwei mit Masse belegte Freiheitsgrade", was aber ein wenig lang wäre. Der in der Literatur auch häufig verwendete alternative Begriff „Zweimassenschwinger" ist

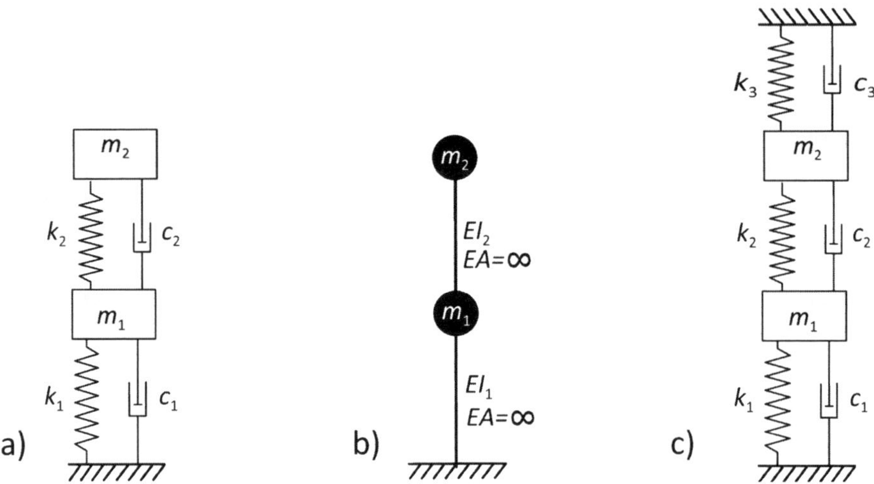

Abb. 6.2: Verschiedene ZFS a) mit zwei Massen und zwei Federn; b) ZFS als biegeweicher, dehnstarrer Mast; c) ZFS mit drei Federn in allgemeinster Form

aber ebenfalls unpräzise, denn jeder Massenpunkt kann grundsätzlich bis zu sechs Freiheitsgrade aufweisen. Wir wollen daher bei „ZFS" bleiben und meinen damit stets, auch wenn es nicht besonders betont ist, zwei mit Masse belegte Freiheitsgrade.

6.1.1.3 Aufstellen der Gleichgewichtsgleichungen für einen ZFS

Wir betrachten ein Zweifreiheitsgradsystem (ZFS) bestehend aus zwei Massen, zwei Federn, zwei Dämpfern und zwei Kräften, siehe Abb. 6.3 links. Nun schneiden wir nacheinander beide Massen frei und schreiben Gleichgewicht an. Die Gleichung für die untere Masse m_1 (Abb. 6.3 rechts) lautet:

$$\underbrace{m_1 \cdot \ddot{u}_1}_{\text{Trägheitskraft}} + \underbrace{c_1 \cdot \dot{u}_1 - c_2 \cdot (\dot{u}_2 - \dot{u}_1)}_{\text{Dämpfungskraft}} + \underbrace{k_1 \cdot u_1 - k_2 \cdot (u_2 - u_1)}_{\text{Federkraft}} = P_1 \tag{6.1}$$

Für die obere Masse m_2 (Abb. 6.3 Mitte) ergibt sich:

$$\underbrace{m_2 \cdot \ddot{u}_2}_{\text{Trägheitskraft}} + \underbrace{c_2 \cdot (\dot{u}_2 - \dot{u}_1) + c_3 \cdot \dot{u}_2}_{\text{Dämpfungskraft}} + \underbrace{k_2 \cdot (u_2 - u_1) + k_3 \cdot u_2}_{\text{Federkraft}} = P_2 \tag{6.2}$$

Folgende Kräfte wirken:

- Die D'Alembert'schen **Trägheitskräfte** $(m_i \cdot \ddot{u}_i)$ wirken entgegen der Verschiebung.
- Die **Federkräfte** $(k_i \cdot \Delta u)$ ergeben sich aus den Produkten der Federkonstanten mit der Federlängung.
- Die **Dämpfungskräfte** $(c_i \cdot \Delta\dot{u})$ ergeben sich aus den Produkten der Dämpfungskonstante mit den Differenzgeschwindigkeiten (Kap. 4).

Die Gleichungen 6.1 und 6.2 werden in Matrixform geschrieben.

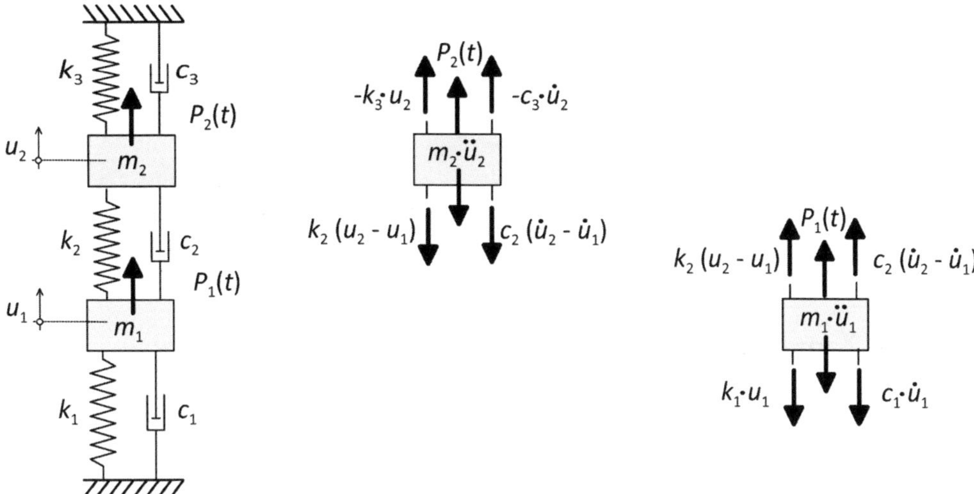

Abb. 6.3: ZFS (links) samt äußeren Lasten; Freigeschnittene Massen mit Schnittkräften (rechts)

Das **DGl-System des allgemeinen ZFS** (Abb. 6.3 links) lautet:

$$\begin{pmatrix} m_1 & 0 \\ 0 & m_2 \end{pmatrix} \cdot \begin{pmatrix} \ddot{u}_1 \\ \ddot{u}_2 \end{pmatrix} + \begin{pmatrix} c_1 + c_2 & -c_2 \\ -c_2 & c_2 + c_3 \end{pmatrix} \cdot \begin{pmatrix} \dot{u}_1 \\ \dot{u}_2 \end{pmatrix} + \begin{pmatrix} k_1 + k_2 & -k_2 \\ -k_2 & k_2 + k_3 \end{pmatrix} \cdot \begin{pmatrix} u_1 \\ u_2 \end{pmatrix} = \begin{pmatrix} P_1 \\ P_2 \end{pmatrix} \tag{6.3}$$

Nun werden die Matrixglieder verallgemeinert mit c_{ij} bzw. k_{ij} bezeichnet. Die allgemeine Form der Gl. 6.3 bei zwei Freiheitsgraden lautet damit:

$$\begin{pmatrix} m_1 & 0 \\ 0 & m_2 \end{pmatrix} \cdot \begin{pmatrix} \ddot{u}_1 \\ \ddot{u}_2 \end{pmatrix} + \begin{pmatrix} c_{11} & c_{12} \\ c_{21} & c_{22} \end{pmatrix} \cdot \begin{pmatrix} \dot{u}_1 \\ \dot{u}_2 \end{pmatrix} + \begin{pmatrix} k_{11} & k_{12} \\ k_{21} & k_{22} \end{pmatrix} \cdot \begin{pmatrix} u_1 \\ u_2 \end{pmatrix} = \begin{pmatrix} P_1 \\ P_2 \end{pmatrix} \tag{6.4}$$

In Matrixschreibweise für Systeme mit beliebig vielen (n) Freiheitsgraden und mit $\underline{\ddot{u}} = \underline{\ddot{u}}(t)$, $\underline{\dot{u}} = \underline{\dot{u}}(t)$, $\underline{u} = \underline{u}(t)$ und $\underline{P} = \underline{P}(t)$ lässt sich anschreiben:

$$\underline{M} \cdot \underline{\ddot{u}} + \underline{C} \cdot \underline{\dot{u}} + \underline{K} \cdot \underline{u} = \underline{P} \tag{6.5}$$

Die **Massenmatrix** $\underline{M}$ ist entkoppelt, nur die Diagonalelemente enthalten von 0 verschiedene Werte, nämlich die einzelnen, den Freiheitsgraden zugeordneten Massen.

Möglichkeiten zur Ermittlung der **Steifigkeitsmatrix** $\underline{K}$ werden in Abs. 6.1.2 gezeigt.

Der Aufbau der **Dämpfungsmatrix** $\underline{C}$ wird weiter unten in Abs. 6.3 diskutiert.

Linearität wird vorausgesetzt, so dass ein gekoppeltes, lineares DGl-System mit konstanten Koeffizienten vorliegt. Das bedeutet:

- Die Verformungen sind klein, physikalische und geometrische Nichtlinearitäten können unberücksichtigt bleiben.
- Die Dämpfungskräfte verhalten sich proportional zu den Geschwindigkeiten.
- Die Federkräfte verhalten sich proportional zu den Verschiebungen.

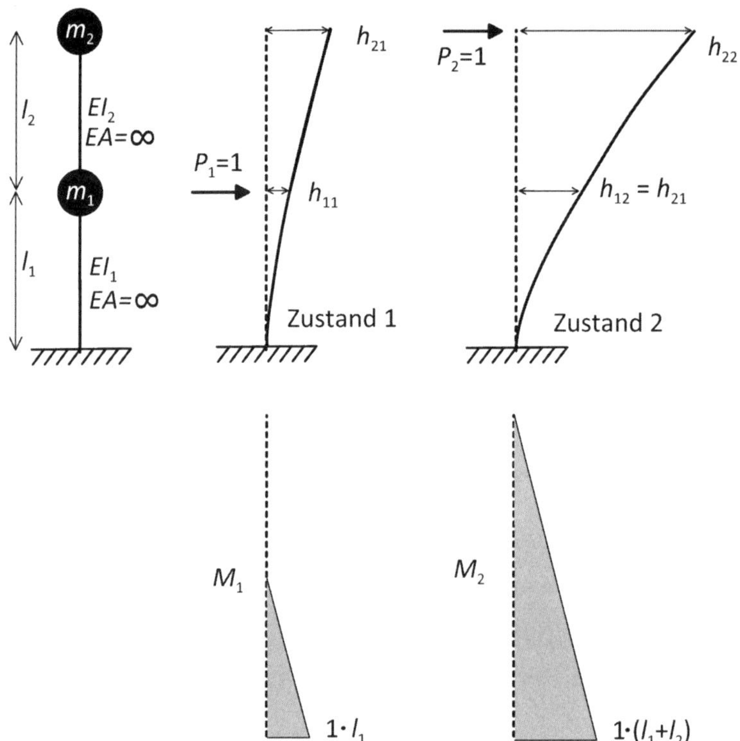

Abb. 6.4: Zustand 1 und Zustand 2 zur Ermittlung der Elemente der Steifigkeitsmatrix

6.1.2 Ermittlung der Steifigkeitsmatrix $\underline{K}$ für einen ZFS

6.1.2.1 Verfahren der Verformungseinflusszahlen (VdV) für einen ZFS

Die Steifigkeitsmatrix $\underline{K}$ lässt sich wie folgt bestimmen, siehe Abb. 6.4, siehe [PW18], Abs. 4.9.4.3:

1) Für jeden Verschiebungsfreiheitsgrad $j = 1, 2...n$ wird nacheinander eine Einheitskraft $P_j = 1$ in Verschiebungsrichtung angesetzt, für jeden Verdrehungsfreiheitsgrad das Einheitsmoment $P_j = 1$.
2) Die Verformung h_{ij} infolge von $P_j; j = 1, 2....n$ wird für jeden Freiheitsgrad $i = 1, 2...n$ bestimmt. Als Ergebnis liegt die quadratische Matrix der Verschiebungen $\underline{H}$ vor. Für einen Zweifreiheitsgradschwinger ergibt sich die symmetrische Matrix:

$$\underline{H} = \begin{pmatrix} h_{11} & h_{12} \\ h_{21} & h_{22} \end{pmatrix} \tag{6.6}$$

Zur Berechnung der Verformungen h_{ij} können z.B. eine Formelsammlung [JR22], der Arbeitssatz ([JR22], S. 4.31) oder ein beliebiges Stabwerksprogramm verwendet werden. Liegen ausschließlich Verformungen infolge Biegung und Normalkräften vor, ergibt sich mit den Schnittgrößen M_i und N_i infolge der Einheitskraftgröße P_i und den Schnittgrößen

M_j und N_j infolge der Einheitskraftgröße P_j :

$$h_{ij} = \int \frac{M_i \cdot M_j}{EI} \cdot dx + \int \frac{N_i \cdot N_j}{EA} \cdot dx \tag{6.7}$$

3) Das Invertieren der Matrix $\underline{H}$ liefert die Steifigkeitsmatrix: $\underline{K} = \underline{H}^{-1}$:
Die Inverse einer mit einer Konstanten a multiplizierten, quadratischen 2×2 Matrix $a \cdot \underline{H}$ ergibt sich zu:

$$(a \cdot \underline{H})^{-1} = \frac{1}{a \cdot (h_{11} \cdot h_{22} - h_{12} \cdot h_{21})} \begin{pmatrix} h_{22} & -h_{12} \\ -h_{21} & h_{11} \end{pmatrix} \tag{6.8}$$

4) Die statischen Gleichgewichtsbedingungen lauten: $\underline{K} \cdot \underline{u} = \underline{P}$

Beispiel 6-1: Steifigkeitsmatrix für einen Mast mit zwei Massen als ZFS

Gegeben ist der in Abb 6.4 dargestellte Mast mit folgenden Daten:

- $m_1 = m_2 = 100$ kg
- $l_1 = l_2 = 5$ m
- $EI = EI_1 = EI_2 = 1{,}0 \cdot 10^7$ N m^2; $EA = \infty$

Gesucht: Steifigkeitsmatrix mit dem VdV

Lösung: Mit Hilfe der Koppeltafeln ([JR22], Abs. 3.2) lassen sich die Elemente der Verformungsmatrix leicht ermitteln:

a) Für h_{11} wird der Verlauf M_1 (Abb. 6.4 unten links) mit sich selbst gekoppelt:

$$h_{11} = \int \frac{M_1 \cdot M_1}{EI} \cdot dx = \frac{l_1}{3 \cdot EI} \cdot (1 \cdot l_1)^2 = \frac{l_1^3}{3 \cdot EI} = \frac{5^3}{3 \cdot 10^7} = 4,167 \cdot 10^{-6} \text{ m/N}$$

b) Für h_{22} wird der Verlauf M_2 (Abb. 6.4 unten rechts) mit sich selbst gekoppelt:

$$h_{22} = \int \frac{M_2 \cdot M_2}{EI} \cdot dx = \frac{(l_1 + l_2)}{3 \cdot EI} \cdot (1 \cdot (l_1 + l_2))^2 = \frac{(l_1 + l_2)^3}{3 \cdot EI} = \frac{10^3}{3 \cdot 10^7} = 3,333 \cdot 10^{-5} \text{ m/N}$$

c) Für $h_{12} = h_{21}$ wird der Verlauf M_1 mit dem Verlauf M_2 gekoppelt (Trapez mal Dreieck):

$$h_{12} = \int \frac{M_1 \cdot M_2}{EI} \cdot dx = \frac{l_1}{6 \cdot EI} \cdot (1 \cdot l_2 + 2 \cdot (1 \cdot (l_1 + l_2)) \cdot (1 \cdot l_1) = 1{,}0417 \cdot 10^{-5} \text{ m/N}$$

Die Verformungsmatrix lautet damit:

$$\underline{H} = \begin{pmatrix} 4,167 & 10,42 \\ 10,42 & 33,33 \end{pmatrix} \cdot 10^{-6} \text{ m/N}$$

Die Steifigkeitsmatrix $\underline{K}$ ergibt sich als Inverse der Verformungsmatrix $\underline{H}$:

$$\underline{K} = \begin{pmatrix} k_{11} & k_{12} \\ k_{21} & k_{22} \end{pmatrix} = \frac{1}{h_{11} \cdot h_{22} - h_{12} \cdot h_{21}} \begin{pmatrix} h_{22} & -h_{12} \\ -h_{21} & h_{11} \end{pmatrix}$$
$$= \frac{10^6}{(4,167 \cdot 33,33 - 10,42^2)} \begin{pmatrix} 33,33 & -10,42 \\ -10,42 & 4,167 \end{pmatrix}$$
$$K = \begin{pmatrix} 1,100 \cdot 10^6 & -0,3438 \cdot 10^6 \\ -0,3438 \cdot 10^6 & 0,1375 \cdot 10^6 \end{pmatrix} \text{ N/m}$$

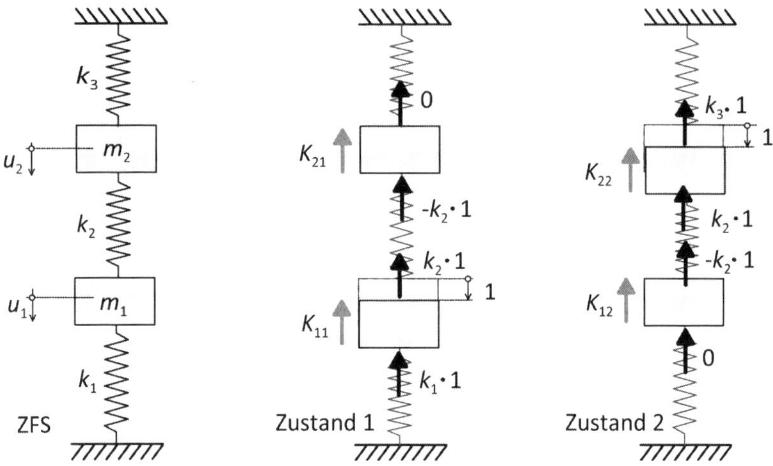

Abb. 6.5: Ermittlung der Steifigkeitsmatrix eines ZFS in ungedämpftem Zustand

6.1.2.2 Verfahren der Krafteinflusszahlen (VdK) für einen ZFS

Alternativ lässt sich die Steifigkeitsmatrix eines ZFS statt mit der oben beschriebenen Methode auch über Einheitsverformungszustände und die Berechnung der zugehörigen, auf die Massen wirkenden Kräfte ermitteln. In [PW18], Abs. 4.9.4.2. wird das Verfahren auch für die Anwendung auf Systeme mit mehr als zwei Freiheitsgraden gezeigt.

Der ZFS sei als allgemeines Feder-Masse-System gegeben, siehe Abb. 6.5. Ist das System nicht als Feder-Masse-System gegeben, wie z.B. der Mast aus Abb. 6.4, dann kann die Steifigkeitsmatrix von Hand möglicherweise einfacher mit dem Verfahren der Verformungseinflusszahlen (Abs. 6.1.2.1) ermittelt werden.

Zur Bestimmung der Steifigkeitsmatrix eines ZFS mit dem VdK geht man wie folgt vor:

1) Gegeben ist ein ZFS nach Abb. 6.5 mit den Werten für m_1, m_2, k_1, k_2, k_3.
2) Aufbringung von Einheitsverschiebungszustand 1 mit $u_1 = 1 \quad u_2 = 0$ und Einheitsverschiebungszustand 2 mit $u_1 = 0$, $u_2 = 1$.
3) Die auf die Masse i im Zustand j wirkende Kraft K_{ij} ergibt sich als Summe der im Zustand j auf die Masse i wirkenden Federkräfte als Produkt der Federsteifigkeit mit der Einheitsverschiebung 1. Es lässt sich nach Abb. 6.5 anschreiben:

$$\begin{aligned} k_{11} &= k_1 \cdot 1 + k_2 \cdot 1 \\ k_{21} &= k_{12} = -k_2 \cdot 1 \\ k_{22} &= +k_2 \cdot 1 + k_3 \cdot 1 \end{aligned} \tag{6.9}$$

4) Angabe der Steifigkeitsmatrix

Die **Steifigkeitsmatrix des allgemeinen ZFS** in Abb. 6.5 lautet:

$$\underline{K} = \begin{pmatrix} k_{11} & k_{12} \\ k_{21} & k_{22} \end{pmatrix} = \begin{pmatrix} k_1 + k_2 & -k_2 \\ -k_2 & +k_2 + k_3 \end{pmatrix} \tag{6.10}$$

Zwei Anmerkungen:

- Wenn die Steifigkeitsmatrix eines beliebigen ZFS gegeben ist, lässt sich das System – z.B. der Mast aus Bsp. 6-1 – über die Rückrechnung der Federsteifigkeiten k_1 bis k_3 nach Gl. 6.10 in das Ersatzsystem nach Abb. 6.5 transformieren.
- Die explizite Angabe der Steifigkeitsmatrix wie in Gl. 6.10 ist nur bei einem ZFS sinnvoll möglich, nicht bei Systemen mit mehr als zwei Freiheitsgraden.

6.2 Eigenfrequenzen und Eigenformen eines ZFS

Nachdem die Steifigkeitsmatrix $\underline{K}$ berechnet ist, wird nun für einen ZFS gezeigt, wie Eigenfrequenzen und Eigenformen berechnet werden können. Bei den baupraktisch geringen Dämpfungsgraden darf – wie beim EFS – davon ausgegangen werden, dass der Einfluss der Dämpfung auf Eigenfrequenzen und Eigenformen vernachlässigbar ist.

6.2.1 Die Eigenfrequenzen des ZFS

Das DGl-System $\underline{M} \cdot \underline{\ddot{u}} + \underline{K} \cdot \underline{u} = 0$ des unbelasteten, ungedämpften Tragwerks nach Gl. 6.5 lautet:

$$\begin{pmatrix} m_1 & 0 \\ 0 & m_2 \end{pmatrix} \cdot \begin{pmatrix} \ddot{u}_1 \\ \ddot{u}_2 \end{pmatrix} + \begin{pmatrix} k_{11} & k_{12} \\ k_{21} & k_{22} \end{pmatrix} \cdot \begin{pmatrix} u_1 \\ u_2 \end{pmatrix} = \begin{pmatrix} 0 \\ 0 \end{pmatrix} \tag{6.11}$$

Man nimmt nun an, dass sich die Größe der Verschiebungen u_1, u_2 analog zum EFS harmonisch mit der Zeit verändert, ihr Verhältnis untereinander u_1/u_2 aber gleich bleibt. So kommt man zum Lösungsansatz des DGl-Systems:

$$\begin{pmatrix} u_1 \\ u_2 \end{pmatrix} = \begin{pmatrix} \hat{u}_1 \\ \hat{u}_2 \end{pmatrix} \cdot \sin(\omega \cdot t + \varphi_0) \tag{6.12}$$

$$\begin{pmatrix} \dot{u}_1 \\ \dot{u}_2 \end{pmatrix} = \begin{pmatrix} \hat{u}_1 \\ \hat{u}_2 \end{pmatrix} \cdot \omega \cdot \cos(\omega \cdot t + \varphi_0) \tag{6.13}$$

$$\begin{pmatrix} \ddot{u}_1 \\ \ddot{u}_2 \end{pmatrix} = -\begin{pmatrix} \hat{u}_1 \\ \hat{u}_2 \end{pmatrix} \cdot \omega^2 \cdot \sin(\omega \cdot t + \varphi_0) \tag{6.14}$$

Darin ist analog zur Lösung der Schwingungsdifferentialgleichung des EFS Gl. 3.13 ω die Eigenkreisfrequenz und φ_0 der Phasenwinkel. Einsetzen in das DGl-System $\underline{M} \cdot \underline{\ddot{u}} + \underline{K} \cdot \underline{u} = 0$ liefert:

$$\underline{M} \cdot (-\underline{\hat{u}} \cdot \omega^2 \cdot \sin(\omega \cdot t + \varphi_0)) + \underline{K} \cdot (\underline{\hat{u}} \cdot \sin(\omega \cdot t + \varphi_0)) = 0 \tag{6.15}$$

Der Sinus-Ausdruck lässt sich herauskürzen:

$$-\underline{M} \cdot \underline{\hat{u}} \cdot \omega^2 + \underline{K} \cdot \underline{\hat{u}} = 0 \tag{6.16}$$

Diese Gleichung stellt ein lineares, homogenes GLS (Gleichungssystem) dar:

$$(\underline{K} - \omega^2 \cdot \underline{M}) \cdot \underline{\hat{u}} = 0 \tag{6.17}$$

Angeschrieben in Matrixform ergibt sich daraus:

$$\begin{pmatrix} k_{11} - \omega^2 \cdot m_1 & k_{12} \\ k_{21} & k_{22} - \omega^2 \cdot m_2 \end{pmatrix} \cdot \begin{pmatrix} \hat{u}_1 \\ \hat{u}_2 \end{pmatrix} = 0 \tag{6.18}$$

Das damit vorliegende homogene, lineare GLS besitzt nur dann eine nicht triviale Lösung, wenn für die Koeffizientenmatrix $\underline{A}$ gilt: $\det(\underline{A}) = 0$ (siehe [San15], Abs. 4.8.6):

$$\det \underline{A} = \det \begin{pmatrix} k_{11} - \omega^2 \cdot m_1 & k_{12} \\ k_{21} & k_{22} - \omega^2 \cdot m_2 \end{pmatrix} = 0 \tag{6.19}$$

Das Anschreiben der Determinante in Gl. 6.19 führt mit $k_{12} = k_{21}$ zu einer quadratischen Gleichung in ω^2:

$$(k_{11} - \omega^2 \cdot m_1) \cdot (k_{22} - \omega^2 \cdot m_2) - k_{12}^2 = 0 \tag{6.20}$$

Die Lösung der bezüglich ω^2 quadratischen Gleichung liefert die beiden **Eigenkreisfrequenzen ω_j des ZFS**.

Beispiel 6-2 – Teil a: Eigenfrequenzen eines Stockwerkrahmens

Gegeben: Der zweigeschossige Stockwerkrahmen aus Abb. 6.6 kann als ZFS angesehen werden

- Massen $m_1 = m_2 = m = 40000$ kg
- Geschosshöhen $h_1 = h_2 = h$
- Federsteifigkeiten $k_1 = k_2 = k = 2 \cdot (12 \cdot EI/h^3) = 9000000$ N/m

Gesucht: Eigenfrequenzen des ungedämpften ZFS

Lösung: (Einheiten in kg, m, s, N)

1.) Die Steifigkeitsmatrix liegt mit Gl. 6.10 bereits vor.
Sie lautet mit $k_3 = 0$ und $k_1 = k_2 = k = 9000000$ N/m:

$$\underline{K} = \begin{pmatrix} k_{11} & k_{12} \\ k_{21} & k_{22} \end{pmatrix} = \begin{pmatrix} k_1 + k_2 & -k_2 \\ -k_2 & +k_2 \end{pmatrix} = \begin{pmatrix} 18000000 & -9000000 \\ -9000000 & 9000000 \end{pmatrix} \text{ N/m}$$

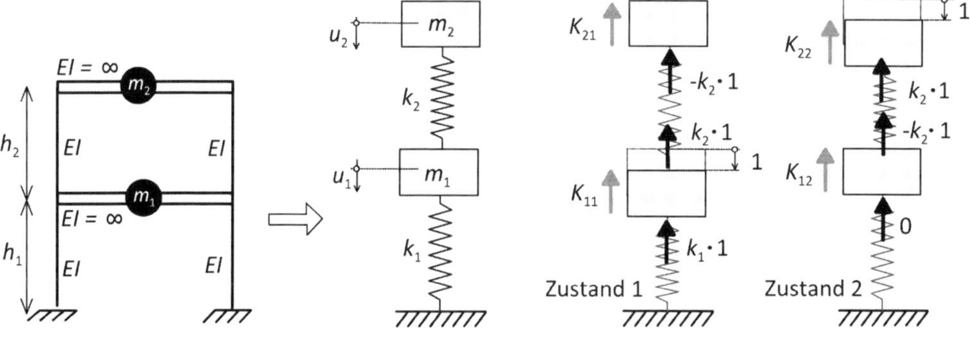

Abb. 6.6: Beispiel 6-2 Teil a: Stockwerkrahmen

2.) Die Massenmatrix lässt sich mit $m_1 = m_2 = m = 40\,000$ kg anschreiben zu:

$$\underline{M} = \begin{pmatrix} m_{11} & 0 \\ 0 & m_{22} \end{pmatrix} = \begin{pmatrix} m_1 & 0 \\ 0 & m_2 \end{pmatrix} = \begin{pmatrix} 40\,000 & 0 \\ 0 & 40\,000 \end{pmatrix} \text{kg}$$

3.) Das DGl-System des unbelasteten Tragwerks lautet nach Gl. 6.5 mit den Ergebnissen aus den Schritten 1 und 2:

$$\begin{pmatrix} 40\,000 & 0 \\ 0 & 40\,000 \end{pmatrix} \cdot \begin{pmatrix} \ddot{u}_1 \\ \ddot{u}_2 \end{pmatrix} + \begin{pmatrix} 18\,000\,000 & -9\,000\,000 \\ -9\,000\,000 & 9\,000\,000 \end{pmatrix} \cdot \begin{pmatrix} u_1 \\ u_2 \end{pmatrix} = \begin{pmatrix} 0 \\ 0 \end{pmatrix}$$

4.) Nun lautet das sich aus dem Lösungsansatz des DGl-Systems ergebende Gleichungssystem nach Gl. 6.18

$$\begin{pmatrix} k_{11} - \omega^2 \cdot m_1 & k_{12} \\ k_{21} & k_{22} - \omega^2 \cdot m_2 \end{pmatrix} \cdot \begin{pmatrix} \hat{u}_1 \\ \hat{u}_2 \end{pmatrix} = 0$$

$$\Rightarrow \begin{pmatrix} 18\,000\,000 - \omega^2 \cdot 40\,000 & -9\,000\,000 \\ -9\,000\,000 & 9\,000\,000 - \omega^2 \cdot 40\,000 \end{pmatrix} \cdot \begin{pmatrix} \hat{u}_1 \\ \hat{u}_2 \end{pmatrix} = 0$$

Aus der Nullsetzung der Determinante der Koeffizientenmatrix ergibt sich die quadratische Gleichung

$$\begin{aligned} \det =& (k_{11} - \omega^2 \cdot m_1) \cdot (k_{22} - \omega^2 \cdot m_2) - k_{12}^2 = 0 \\ \Rightarrow \quad & (18\,000\,000 - \omega^2 \cdot 40\,000) \cdot (9\,000\,000 - \omega^2 \cdot 40\,000) - 9\,000\,000^2 = 0 \\ \Rightarrow \quad & \omega^4 - 675 \cdot \omega^2 + 50\,625 = 0 \end{aligned}$$

Die beiden Lösungen der quadratischen Gleichung in ω^2 ergeben die Eigenkreisfrequenzen des Stockwerkrahmens:

$$\begin{aligned} \omega_1^2 &= 85{,}942 \quad \Rightarrow \quad \omega_1 = 9{,}271 \text{ 1/s} \\ \omega_2^2 &= 589{,}06 \quad \Rightarrow \quad \omega_2 = 24{,}270 \text{ 1/s} \end{aligned}$$

Damit lauten die beiden Eigenfrequenzen:

$$\begin{aligned} f_1 &= \frac{\omega_1}{2 \cdot \pi} = \frac{9{,}271}{2 \cdot \pi} = 1{,}48 \text{ Hz} \\ f_2 &= \frac{\omega_2}{2 \cdot \pi} = \frac{24{,}27}{2 \cdot \pi} = 3{,}86 \text{ Hz} \end{aligned}$$

6.2.2 Die Eigenformen des ZFS

Die beiden Eigenkreisfrequenzen des ZFS ω_j, $j = 1,2$ – eine für jeden Freiheitsgrad – sind nun berechnet, siehe oben. Nun stellt sich die Frage: In welcher Form schwingt der ZFS? Die zu einer Eigenkreisfrequenz gehörige Schwingungsform wird als Eigenform bezeichnet. Zu jeder Eigenkreisfrequenz gehört eine eigene Eigenform. Die beiden Eigenformen des ZFS wollen wir nun berechnen. Dazu gehen wir wieder von dem oben hergeleiteten GLS 6.18 des ZFS aus:

$$\begin{pmatrix} k_{11} - \omega_j^2 \cdot m_1 & k_{12} \\ k_{21} & k_{22} - \omega_j^2 \cdot m_2 \end{pmatrix} \cdot \begin{pmatrix} \hat{u}_{1,j} \\ \hat{u}_{2,j} \end{pmatrix} = 0 \tag{6.21}$$

Die erste Gleichung daraus lautet:

$$(k_{11} - \omega_j^2 \cdot m_1) \cdot \hat{u}_{1,j} + k_{12} \cdot \hat{u}_{2,j} = 0 \tag{6.22}$$

Da die beiden Gleichungen des homogenen GLS 6.21 definitionsgemäß linear abhängig sind, kann eine der beiden Unbekannten $(\hat{u}_{1,j}, \hat{u}_{2,j})$ frei bestimmt werden, z.B. $\hat{u}_{2,j} = 1$:

$$(k_{11} - \omega_j^2 \cdot m_1) \cdot \hat{u}_{1,j} + k_{12} \cdot 1 = 0 \tag{6.23}$$

Der noch fehlende Wert $\hat{u}_{1,j}$ der Eigenform j lässt sich nun berechnen.

Die **Eigenform** j **des ZFS** ergibt sich mit der Eigenkreisfrequenz ω_j zu:

$$\hat{u}_{1,j} = \frac{-k_{12}}{k_{11} - \omega_j^2 \cdot m_1} \qquad \hat{u}_{2,j} = 1 \tag{6.24}$$

Dabei kommt es nur auf das Verhältnis $\hat{u}_{1,j}/\hat{u}_{2,j}$ an, nicht auf deren absolute Zahlenwerte.

Im Folgenden sollen die Vektoren der Eigenformen (Eigenvektoren) als $\underline{a}_j^T = (a_{1j}; a_{2j}, a_{3j} ... a_{nj})$ bezeichnet werden, mit dem 2. Index j = Nummer der Eigenform.

Zu einem System mit n Freiheitsgraden gehören $j = 1, 2 ... n$ Eigenvektoren $\underline{a}_j$. Diese werden häufig spaltenweise zur Eigenformmatrix $\underline{A}$ zusammengefasst. Für den ZFS ergibt sich:

$$\underline{A} = \begin{pmatrix} \underline{a}_1 & \underline{a}_2 \end{pmatrix} = \begin{pmatrix} a_{11} & a_{12} \\ a_{21} & a_{22} \end{pmatrix} = \begin{pmatrix} \hat{u}_{11} & \hat{u}_{12} \\ \hat{u}_{21} & \hat{u}_{22} \end{pmatrix} \tag{6.25}$$

Orthogonalität der Eigenformen

Eigenformen (Eigenvektoren) haben eine besondere Eigenschaft, auf der ein wichtiges Verfahren zur Berechnung der Systemantwort von Mehrfreiheitsgradschwingern beruht: Die auf die Masse bezogenen Eigenvektoren stehen senkrecht aufeinander, wie in [PW18], Abs. 4.9.4.4 hergeleitet wird. Das auf die jeweiligen Massen bezogene Skalarprodukt zweier Eigenvektoren ergibt sich auf Grund der Orthogonalität zu null:

$$m_1 \cdot a_{11} \cdot a_{12} + m_2 \cdot a_{21} \cdot a_{22} = 0 \tag{6.26}$$

Beispiel 6-2 – Teil b: Eigenformen eines Stockwerkrahmens

Gegeben: Fortsetzung des Beispiels 6-2, Teil a (Stockwerkrahmen), Abb. 6.7 links.

Gesucht: Eigenformen des Stockwerkrahmens als ZFS

Lösung: (Einheiten in kg, m, s, N)

1) Berechnung der ersten Eigenform zugehörig zu $\omega_1 = 9,271$ 1/s:
   Aus der 1. Gleichung des GLS 6.18 ergibt sich:

   $$(k_{11} - \omega_1^2 \cdot m_1) \cdot \hat{u}_{11} + k_{12} \cdot \hat{u}_{21} = 0$$

   Da die beiden Gleichungen des GLS 6.18 linear abhängig sind, kann eine der beiden Unbekannten $(\hat{u}_1, \hat{u}_2)$ frei bestimmt werden, z.B. $\hat{u}_{21} = 1$:

   $$(k_{11} - \omega_1^2 \cdot m_1) \cdot \hat{u}_1 + k_{12} \cdot 1 = 0$$

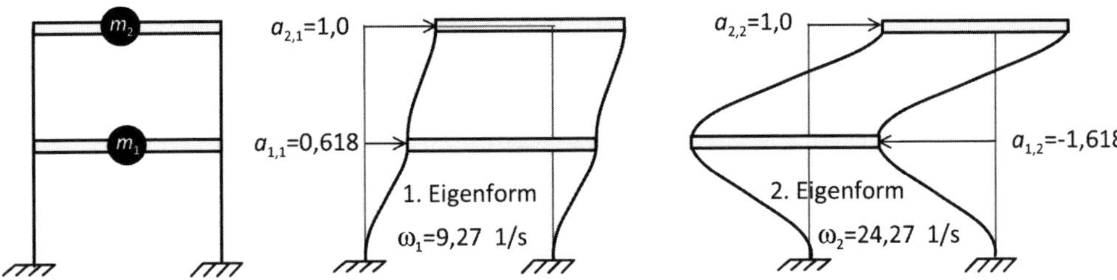

Abb. 6.7: Eigenformen und -frequenzen für den Stockwerkrahmen als ZFS, Beispiel 6-2, Teil b

Der zugehörige Wert $\hat{u}_{11}$ lässt sich nun mit $k_{11} = 18\,000\,000$ N/m und $k_{12} = -9\,000\,000$ N/m berechnen:

$$\hat{u}_{11} = \frac{-k_{12}}{k_{11} - \omega^2 \cdot m_1} = \frac{9\,000\,000}{18\,000\,000 - 9,271^2 \cdot 40\,000} = 0,6180$$

Die durch $\hat{u}_{11} = a_{11} = 0,6180$ und $\hat{u}_{21} = a_{21} = 1$ beschriebene Figur wird erste Eigenform genannt, siehe Abb. 6.7 mitte.

2) Berechnung der zweiten Eigenform zugehörig zu $\omega_2 = 24,27$ 1/s:
Analog kann nun mit Gl. 6.24 auch die zweite Eigenform mit der Vorgabe $\hat{u}_{22} = 1$ berechnet werden:

$$\hat{u}_{12} = \frac{-k_{12}}{k_{11} - \omega_2^2 \cdot m_1} = \frac{9\,000\,000}{18\,000\,000 - 24,27^2 \cdot 40\,000} = -1,618$$

Die durch $\hat{u}_{12} = a_{12} = -1,618$ und $\hat{u}_{22} = a_{22} = 1$ beschriebene Figur wird zweite Eigenform genannt, siehe Abb. 6.7 rechts.

3) Die Eigenformen des Stockwerkrahmens werden zur Matrix $\underline{A}$ zusammengefasst:

$$\underline{A} = \begin{pmatrix} a_{11} & a_{12} \\ a_{21} & a_{22} \end{pmatrix} = \begin{pmatrix} 0,618 & -1,618 \\ 1 & 1 \end{pmatrix}$$

4) Nachweis der massenbezogenen Orthogonalität (als Probe): Das massenbezogene Skalarprodukt der beiden Eigenvektoren ergibt 0, da sie orthogonal zueinander stehen.

$$m_1 \cdot a_{11} \cdot a_{12} + m_2 \cdot a_{21} \cdot a_{22} = 40000 \cdot 0,618 \cdot (-1,618) + 40000 \cdot 1 \cdot 1 = 0 \quad \checkmark$$

6.2.3 Entkoppelte Mehrfreiheitsgradsysteme

Man spricht von einem entkoppelten System, wenn die verschiedenen Eigenformen unabhängig voneinander schwingen und sich nicht gegenseitig beeinflussen. Die allermeisten Mehrfreiheitsgradsysteme sind nicht entkoppelt.

Ein entkoppeltes System stellt z.B. eine Punktmasse mit mehreren Bewegungsmöglichkeiten dar, die in jeder Koordinatenrichtung von einer Feder gehalten ist, siehe Abb. 6.8.

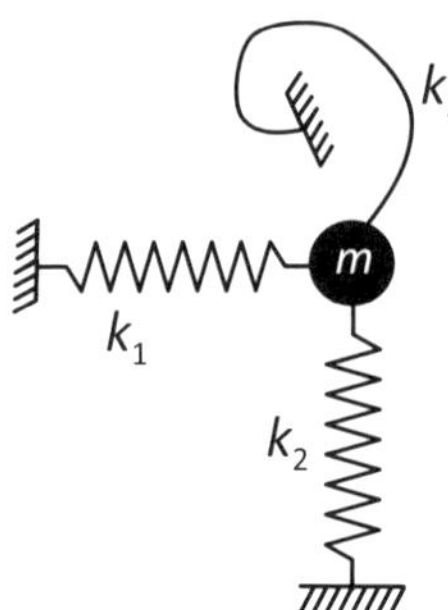

Abb. 6.8: In der Ebene schwingende Masse mit drei entkoppelten Freiheitsgraden: 2 Verschiebungsfreiheitsgrade und einer Verdrehung

6.3 Ermittlung der Dämpfungsmatrix

6.3.1 Lehr'sche Dämpfung der verschiedenen Eigenformen

Mit dem Begriff Dämpfung wird die Eigenschaft eines Systems beschrieben, Energie zu dissipieren. Die Grundlagen der Dämpfung eines EFS wurden weiter oben in Kap. 4 erläutert. Tab. 4.1 enthält die verschiedenen Dämpfungsparameter und ihre Umrechnung.

Die Situation der Dämpfung bei Mehrfreiheitsgradsystemen (MFS) ist komplexer als beim EFS. Regt man bei einem Tragwerk unterschiedliche Eigenformen an, so lassen sich auch unterschiedliche Dämpfungswerte für jede Eigenform messen. Die zu höheren Eigenfrequenzen gehörigen Eigenformen weisen mehr Schwingungsknoten und mehr Krümmungen auf. Damit einher geht eine zunehmende Strukturdämpfung, siehe [PW18], Abs. 7.2.7.

In [PW18], Abs. 7.3.3 werden zwei mögliche Ansätze benannt, die Lehr'sche Dämpfung für höhere Eigenformen ausgehend von der Lehr'schen Dämpfung D_1 für die zur kleinsten Eigenfrequenz ω_1 gehörigen Eigenform abzuschätzen. Der erste lautet für die modale Dämpfung der Eigenform $j = 1,2...n$:

$$D_j = j \cdot D_1 \tag{6.27}$$

Der zweite Ansatz lautet:

$$D_j = \left(\frac{\omega_j}{\omega_1}\right)^e \cdot D_1 \quad \text{mit} \quad 0,5 \leq e \leq 0,7 \tag{6.28}$$

Wenn man einen Wert D_j zwischen den Werten aus den beiden Ansätzen wählt, erhält man meist eine brauchbare Abschätzung.

Die Dämpfungskräfte $(\underline{C} \cdot \underline{\dot{u}})$ werden als geschwindigkeitsproportional angesehen (viskose Dämpfung).

Zur Bestimmung der Dämpfungsmatrix kommen z.B. die im Folgenden skizzierten Verfahren in Frage.

6.3.2 Rayleigh'sche Dämpfung

Zur Bestimmung der Dämpfungsmatrix $\underline{C}$ eines MFS (Mehrfreiheitsgradschwingers) kann die sog. Rayleigh-Dämpfung ([PW18], Abs. 7.2.7) angesetzt werden, die auf auf eine Veröffentlichung von J.W. Rayleigh aus dem Jahr 1894 zurückgeht. Die Dämpfungsmatrix wird dabei als Linearkombination von Steifigkeitsmatrix $\underline{K}$ und Massenmatrix $\underline{M}$ gebildet:

$$\underline{C} = \alpha \cdot \underline{M} + \beta \cdot \underline{K} \tag{6.29}$$

Bei niedrigeren Eigenfrequenzen überwiegt der massenproportionale Anteil, bei höheren Eigenfrequenzen der steifigkeitsproportionale Anteil.

Das Lehr'sche Dämpfungsmaß D_j für eine Eigenkreisfrequenz ω_j lässt sich nach Rayleigh angeben zu (Herleitung siehe [PW18], Abs. 7.2.7):

$$D_j = \frac{1}{2} \cdot \left(\frac{\alpha}{\omega_j} + \beta \cdot \omega_j\right) \tag{6.30}$$

Die Werte α und β wählt man so, dass die Lehr'sche Dämpfung für zwei Eigenkreisfrequenzen ω_1 und ω_2 (z.B. die beiden niedrigsten Eigenkreisfrequenzen) die vorgegebenen Werte D_1 bzw. D_2 annehmen. Eingesetzt in Gl. 6.30 ergibt sich ein Gleichungssystem mit folgender Lösung:

$$\alpha = 2 \cdot \frac{D_1 \cdot \omega_2 - D_2 \cdot \omega_1}{\omega_2^2 - \omega_1^2} \cdot \omega_1 \cdot \omega_2 \tag{6.31}$$

$$\beta = 2 \cdot \frac{D_2 \cdot \omega_2 - D_1 \cdot \omega_1}{\omega_2^2 - \omega_1^2} \tag{6.32}$$

Über die Angabe von α und β ist die Dämpfungsmatrix $\underline{C}$ im Rahmen der Rayleigh-Dämpfung festgelegt. Die so bestimmte Dämpfungsmatrix enthält dann für die zwei ausgewählten Eigenfrequenzen ω_1 und ω_2 die richtigen Dämpfungswerte, während sich die Dämpfungswerte für die anderen Eigenfrequenzen nach Gl. 6.30 ergeben. Die Zweckmäßigkeit der Wahl von α und β sollte im konkreten Fall überprüft werden. Gegebenenfalls können die beiden Werte so angepasst werden, dass die Dämpfung über einen genügend großen Frequenzbereich geeignet approximiert wird, siehe [Wer21], Abs. 5.2.3.

Beispiel 6-2 – Teil c: Dämpfungsmatrix des ZFS mit Rayleigh-Dämpfung

Gegeben: Stockwerkrahmen nach Abb. 6.6 (siehe oben).

Für die kleinste Eigenfrequenz ($\omega_1 = 9{,}271$ 1/s) darf eine Lehr'sche Dämpfung von 1 % angenommen werde. Für die zweite Eigenfrequenz ($\omega_2 = 24{,}270$ 1/s) ist kein Dämpfungswert bekannt, er soll abgeschätzt werden.

Steifigkeits- und Massenmatrix werden aus Bsp. 6-2, Teil a übernommen (Einheiten in kg, N, m, s):

$$\underline{K} = \begin{pmatrix} 18\,000\,000 & -9\,000\,000 \\ -9\,000\,000 & 9\,000\,000 \end{pmatrix} \text{ N/m}$$

$$\underline{M} = \begin{pmatrix} 40\,000 & 0 \\ 0 & 40\,000 \end{pmatrix} \text{ kg}$$

Gesucht: Dämpfungsmatrix $\underline{C}$ mit Rayleigh-Dämpfung

Lösung:

1) Abschätzung der Lehr'schen Dämpfung für die zweite Eigenfrequenz $j = 2$ nach Gl. 6.27 und Gl. 6.28, basierend auf $D_1 = 1\%$:

$$D_2 = 2 \cdot D_1 = 2 \cdot 0,01 = 0,02$$

$$D_2 = \left(\frac{\omega_2}{\omega_1}\right)^e \cdot D_1 = \left(\frac{24,270}{9,271}\right)^e \cdot 0,01 = 0,0178 \quad \text{mit} \quad e = 0,6$$

Gewählt: $D_2 = 0,019$

2) Parameter α und β für die Rayleigh-Dämpfung nach Gl. 6.31 und Gl. 6.32:

$$\alpha = 2 \cdot \frac{D_1 \cdot \omega_2 - D_2 \cdot \omega_1}{\omega_2^2 - \omega_1^2} \cdot \omega_1 \cdot \omega_2$$

$$= 2 \cdot \frac{0,01 \cdot 24,27 - 0,019 \cdot 9,271}{24,27^2 - 9,271^2} \cdot 9,271 \cdot 24,27 = 0,059531 \text{ 1/s}$$

$$\beta = 2 \cdot \frac{D_2 \cdot \omega_2 - D_1 \cdot \omega_1}{\omega_2^2 - \omega_1^2} = 2 \cdot \frac{0,019 \cdot 24,27 - 0,01 \cdot 9,271}{24,27^2 - 9,27^2} = 0,0014647 \text{ s}$$

3) Die Dämpfungsmatrix $\underline{C}$ ergibt sich nach Gl. 6.29 zu (alle Einheiten in kg, m, s, N):

$$\underline{C} = \alpha \cdot \underline{M} + \beta \cdot \underline{K} = 0,05953 \cdot \underline{M} + 0,001465 \cdot \underline{K} = \begin{pmatrix} 28745 & -13182 \\ -13182 & 15563 \end{pmatrix} \text{ kg/s}$$

4) Die Dämpfungsmatrix $\underline{C}$ passt genau zu den unter 1) angenommenen Dämpfungswerten D_1 und D_2 für die beiden Eigenformen. Das lässt sich verifizieren: Man lenke das Tragwerk rechnerisch in der ersten Eigenform aus (Anfangswerte $u_{1,0} = 0,618$ und $u_{2,0} = 1,0$) und simuliere dann eine freie Schwingung. Es stellt sich eine freie gedämpfte Schwingung in der ersten Eigenkreisfrequenz ein. Mit einem geeigneten Verfahren, z.B. der weiter unten in Abs. 6.5 beschriebenen direkten numerischen Integration, wird der Verlauf $u(t)$ bestimmt. Aus dem Abklingverhalten der Schwingungsamplituden lässt sich wie in Abs. 4.4 gezeigt das Lehr'sche Dämpfungsmaß für die erste Eigenform zu $D_1 = 0,01$ zurückrechnen. Im zweiten Schritt lenkt man das Tragwerk in der zweiten Eigenform aus und geht wie gerade beschrieben vor. Aus dem sich ergebenden Verlauf $u(t)$ errechnet sich das Lehr'sche Dämpfungsmaß für die zweite Eigenform zu $D_2 = 0,019$.

6.3.3 Modale Dämpfung

Ein Nachteil der Rayleigh'schen Dämpfung ist der Umstand, dass die Dämpfungsmatrix nur für zwei Eigenkreisfrequenzen genau justiert werden kann, während sie für die weiteren Eigenkreisfrequenzen mehr oder weniger stark abweicht.

Ein wichtiges Verfahren zur Berechnung von Mehrfreiheitsgradschwingern ist die weiter unten in Abs. 6.6 beschriebene modale Analyse, bei der das dynamische Verhalten des Gesamttragwerks durch eine Anzahl zu überlagernder modaler EFS, die durch die generalisierten Massen und Steifigkeiten beschrieben werden, approximiert werden kann.

Für jeden zu einer Eigenfrequenz ω_j gehörigen modalen EFS kann ein eigener Dämpfungswert D_j angegeben werden. So lässt sich die tatsächliche Dämpfung genauer erfassen als mit der Rayleigh-Dämpfung.

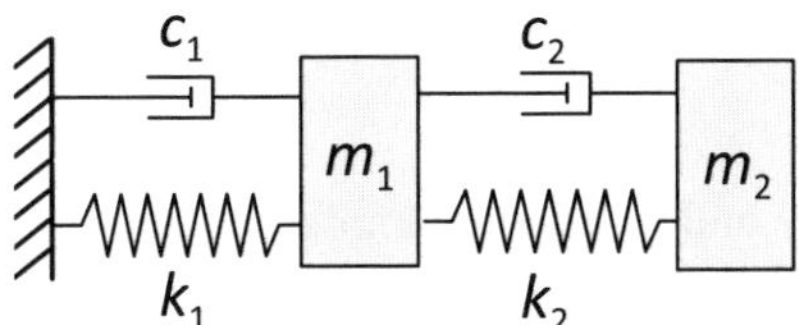

Abb. 6.9: ZFS mit zwei Massen, zwei Federn und zwei Dämpfungselementen

Beim Umgang mit den verschiedenen Dämpfungsparametern ist zu beachten, dass Lehr'sches Dämpfungsmaß D und logarithmisches Dekrement Λ einheitenlose Größen sind. Die der einzelnen Eigenform j zugeordneten Zahlenwerte D_j und Λ_j gelten für das originale Tragwerk und die modalen EFS gleichermaßen.

Das gilt nicht für die massen- und steifigkeitsabhängigen Elemente der Dämpfungsmatrix C, deren Werte von den Massen und Steifigkeiten bzw. von den generalisierten Massen und Steifigkeiten (siehe unten Abs. 6.6) abhängen.

6.3.4 Explizite Angabe der Dämpfungsmatrix bei ZFS

Für einen ZFS nach Abb. 6.9 kann die Steifigkeitsmatrix $\underline{K}$ mit Gl. 6.10 explizit angegeben werden. Die zugehörige Dämpfungsmatrix $\underline{C}$ ist in Gl. 6.3 enthalten. Die Matrizen lauten:

$$\underline{C} = \begin{pmatrix} c_1 + c_2 & -c_2 \\ -c_2 & c_2 \end{pmatrix} \quad \text{und} \quad \underline{K} = \begin{pmatrix} k_1 + k_2 & -k_2 \\ -k_2 & k_2 \end{pmatrix} \tag{6.33}$$

Diese explizite Angabe der Dämpfungsmatrix kann dann vorteilhaft sein, wenn die Lehr'schen Dämpfungsgrade der Dämpfungselemente 1 und 2 in Abb. 6.9 unterschiedlich sind:

Beispiel: Während für die Verbindung der Masse m_1 mit der Auflagerung eine Dämpfung von $D = 0,01$ gegeben ist, soll die Masse m_2 mit zugehöriger Feder und einstellbarem Dämpferelement einen Schwingungsdämpfer mit der deutlich höheren Dämpfung $D = 0,05$ abbilden, siehe weiter unten in Kap. 9.

In diesem Fall liefert die Rayleigh'sche Dämpfung, mit der ja ein konstanter Dämpfungswert für das gesamte Tragwerk in einer bestimmten Eigenform unterstellt wird, keine passenden Werte für die Dämpfungsmatrix $\underline{C}$.

Die noch unbekannten Werte für c_1 und c_2 können ausgehend von der bekannten Lehr'schen Dämpfung D_1 und D_2 wie bei einem EFS abgeschätzt werden:

$$c_1 = D_1 \cdot 2 \cdot \sqrt{m_1 \cdot k_1} \quad \text{und} \quad c_2 = D_2 \cdot 2 \cdot \sqrt{m_2 \cdot k_2} \tag{6.34}$$

Achtung: Die Indizes 1 und 2 in c_1 und c_2 (Gl. 6.34) beziehen sich auf die Dämpfungselemente des ZFS in Abb. 6.9, nicht auf die beiden Eigenformen! Im Unterschied dazu beziehen sich die Indizes j in D_j nach Gl 6.30 nicht auf einzelne Dämpfungselemente, sondern auf das gesamte in der Eigenform j schwingende Tragwerk!

Für schwingende Systeme mit mehr als zwei Freiheitsgraden ist eine solche explizite Angabe der Steifigkeitsmatrix und der Dämpfungsmatrix im Allgemeinen nicht mehr möglich.

Beispiel 6-2 – Teil d: Explizite Angabe der Dämpfungsmatrix des ZFS

Gegeben: Fortführung von Beispiel 6-2, Teil c.

Die Dämpfungskonstanten c_1 und c_2 beider Dämpferelemente in Abb. 6.9 sollen so angenommen werden, dass sie der Lehr'schen Dämpfung $D = 1\ \%$ bei einem einfachen Feder-Masse-Dämpfer-System entsprechen.

Gesucht: Explizite Angabe der Dämpfungsmatrix $\underline{C}_A$

Lösung: Nach Gl. 6.33 ergibt sich bei $m_1 = m_2 = 40\,000$ kg und $k_1 = k_2 = 9\,000\,000$ N/m:

$$c_1 = 0,01 \cdot 2 \cdot \sqrt{40\,000 \cdot 9\,000\,000} = 12\,000 \text{ kg/s}$$

$$c_2 = 0,01 \cdot 2 \cdot \sqrt{40\,000 \cdot 9\,000\,000} = 12\,000 \text{ kg/s}$$

$$\underline{C}_A = \begin{pmatrix} c_1 + c_2 & -c_2 \\ -c_2 & c_2 \end{pmatrix} = \begin{pmatrix} 24\,000 & -12\,000 \\ -12\,000 & 12\,000 \end{pmatrix} \text{ kg/s}$$

Zum Vergleich wird die Dämpfungsmatrix $\underline{C}_B$ analog zu Beispiel 6-2, Teil c mit der Rayleigh-Dämpfung unter der Annahme $D = \text{const} = 1\ \%$ berechnet. Das mit Gl. 6.29 – Gl. 6.32 berechenbare Ergebnis lautet (ohne Rechenweg):

$$\underline{C}_B = \begin{pmatrix} 16\,100 & -5\,367 \\ -5\,367 & 10\,733 \end{pmatrix} \text{ kg/s}$$

Bewertung der Ergebnisse:

- Eine numerische Simulation (Zeitverlaufsberechnung) des Ausschwingversuches wie in Bsp. 6-2, Teil c, 4) beschrieben mit der explizit angegebenen Dämpfungsmatrix $\underline{C}_A$ liefert im vorliegenden Fall in der 1. Eigenform eine Lehr'sches Dämpfung von 0,6 % und in der 2. Eigenform eine Dämpfung von 1,6 %.
- Die Rayleigh'sche Dämpfungsmatrix $\underline{C}_B$ weicht deutlich von der explizit angegebenen Matrix $\underline{C}_A$ ab.
- Nur bei schwingenden Systemen mit zwei dynamischen Freiheitsgraden (ZFS) und auch nur bei sehr unterschiedlichen Dämpfungsgraden der einzelnen Dämpfungselemente kann es im Einzelfall sinnvoll sein, die Dämpfungsmatrix explizit anzugeben. Im Regelfall ist die Rayleigh'sche Dämpfungsmatrix bzw. die modale Dämpfung vorzuziehen.

6.4 Krafterregung des ZFS: Lösung im Frequenzbereich

Wir nehmen an, dass die Massen unseres schwingenden Systems durch zeitabhängige Kräfte angeregt werden und wollen nun die Systemantwort berechnen. Dafür stehen mehrere Verfahren bereit, siehe Abb. 6.10, z.B.:

- **Direkte Integration im Zeitbereich**
  Mit der direkten numerischen Integration im Zeitbereich ([Wer21], Abs. 5.6.2 und [PW18], Kap. 7.3) löst man das gekoppelte DGL-System durch schrittweise Integration numerisch. So kann die Systemantwort als Zeitverlauf vollständig berechnet werden.
  Die Vorgehensweise ähnelt dem oben in Abs. 5.5.3 beschriebenen Differenzenverfahren für den EFS. Für die numerische Integration gibt es mehrere Vorgehensweisen. In Abs. 6.5

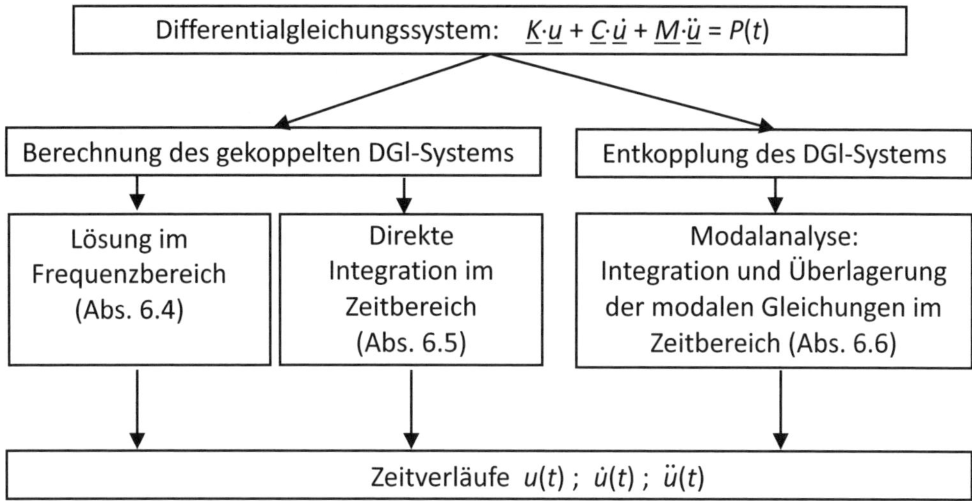

Abb. 6.10: Berechnungsverfahren für krafterregte Schwingungen nach [Wer21], Bild 5.20.

wird das Differenzenverfahren für einen ZFS gezeigt. Ein für beliebige MFS gebräuchliches Verfahren ist das sog. Newmark-Verfahren.

- **Modalanalyse**

  Mit der Modalanalyse ([PW18], Abs. 7.2; [Wer21], Abs. 5.6.3), lässt sich ein komplexer MFS (Mehrfreiheitsgradschwinger) mit n Freiheitsgraden auf ein System von $m \leq n$ EFS reduzieren und entkoppeln. Das sehr gebräuchliche Verfahren wird auch Entwicklung nach Eigenformen genannt.

  Im Rahmen der modalen Reduktion werden üblicherweise nur die relevantesten Eigenformen – das sind meist diejenigen mit den niedrigeren Eigenkreisfrequenzen – in die Berechnung der Systemantwort einbezogen. So wird Rechenaufwand gespart, ohne auf eine hinreichende Ergebnisgenauigkeit zu verzichten.

  Die einzelnen modalen EFS werden berechnet und linear überlagert.

  Die Modalanalyse wird häufig angewendet, wenn das Schwingungsverhalten linear ist und die Dämpfung die im Bauwesen üblichen Größenordnungen nicht wesentlich übersteigt.

  Die Modalanalyse ist in den meisten Softwareprogrammen für dynamische Berechnungen implementiert. Das Verfahren wird in Abs. 6.6 diskutiert.

- **Lösung im Frequenzbereich** ([Wer21], Abs. 5.6.)

  Die Berechnung der Systemantwort eines harmonisch angeregten schwingenden Systems kann im Frequenzbereich erfolgen, indem das gekoppelte DGL-System mit den üblichen mathematischen Vorgehensweisen gelöst wird.

  Beispiel 6-2, Teil e zeigt die partikuläre Lösung für den ungedämpften ZFS unter harmonischer Krafterregung. Durch die Beschränkung auf die partikuläre Lösung wird nur der eingeschwungene Zustand der Systemantwort bestimmt.

  Die Vorgehensweise ist für einen harmonisch erregten ZFS einfach durchführbar, bei Systemen mit mehr als zwei Freiheitsgraden jedoch als Handrechnung nicht mehr praktikabel.

Beispiel 6-2 – Teil e: Lösung im Frequenzbereich für einen krafterregten ZFS

Gegeben: Angaben und Ergebnisse aus Bsp. 6-2, Teil a und Teil b, siehe oben

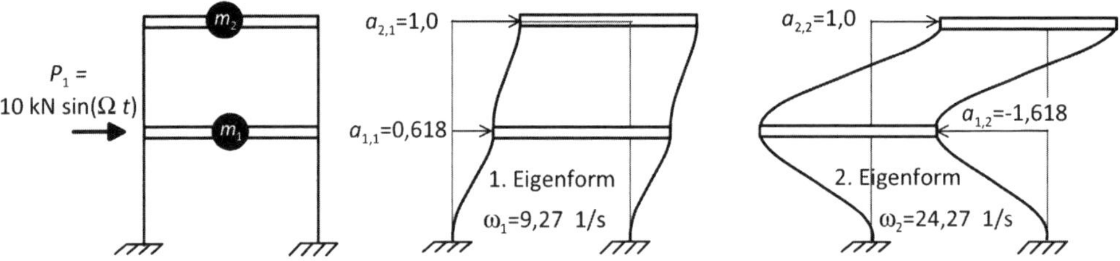

Abb. 6.11: Beispiel 6-2, Teil e: Rahmen mit Belastung und Eigenformen

- $m_1 = m_2 = m = 40\,000$ kg
- $k_1 = k_2 = k = 9\,000\,000$ N/m
- Eigenfrequenzen aus Bsp. 6-2 a: $\omega_1 = 9,27$ 1/s und $\omega_2 = 24,27$ 1/s
- Eigenformen aus Bsp. 6-2 b wie abgebildet
- Anregungskreisfrequenz $\Omega = 11,0$ 1/s
- Kraft an der unteren Masse 1: $P_1(t) = \hat{P}_1 \cdot \sin(\Omega \cdot t)$ mit $\hat{P}_1 = 10\,000$ N
- Kraft an der oberen Masse 2: $P_2 = 0$
- Der Dämpfungsgrad sei klein und darf vernachlässigt werden.

Gesucht: (als Fortsetzung der Teile a und b des Beispiels 6-2)

- Die Wegfunktionen $u_1(t)$ und $u_2(t)$ der beiden Massen im eingeschwungenen Zustand.
- Vergrößerungsfunktion $V(\eta)$ für die Verschiebung der Masse m_2, bezogen auf $\eta = \Omega/\omega_1$

Lösung:

1) Zunächst wird die harmonische Anregung der unteren Masse m_1 in das DGl-System des ungedämpften ZFS aus Bsp. 6-2 a übernommen:

$$\begin{pmatrix} m & 0 \\ 0 & m \end{pmatrix} \cdot \begin{pmatrix} \ddot{u}_1 \\ \ddot{u}_2 \end{pmatrix} + \begin{pmatrix} 2 \cdot k & -k \\ -k & k \end{pmatrix} \cdot \begin{pmatrix} u_1 \\ u_2 \end{pmatrix} = \begin{pmatrix} \hat{P}_1 \cdot \sin(\Omega \cdot t) \\ 0 \end{pmatrix}$$

2) Der DGl-Lösungsansatz für die harmonische Krafterregung aus Kap. 5, Gl. 5.5 wird auf den ZFS übertragen. Der ZFS schwingt mit der Anregungsfrequenz Ω. Damit ergibt sich:

$$\underline{u} = \underline{\hat{u}} \cdot \sin(\Omega \cdot t) \quad \text{und} \quad \underline{\ddot{u}} = -\Omega^2 \cdot \underline{u}$$

Nach Herauskürzen der Winkelfunktionen bleibt ein lineares Gleichungssystem für den Amplitudenvektor $\underline{\hat{u}}$, das wir – allerdings ohne Lastvektor – schon aus Gl. 6.18 kennen:

$$\begin{pmatrix} 2 \cdot k - \Omega^2 \cdot m & -k \\ -k & k - \Omega^2 \cdot m \end{pmatrix} \cdot \begin{pmatrix} \hat{u}_1 \\ \hat{u}_2 \end{pmatrix} = \begin{pmatrix} \hat{P}_1 \\ 0 \end{pmatrix}$$

3) Zunächst sollen die Wegfunktionen $u_1(t)$ und $u_2(t)$ der beiden Massen im eingeschwungenen Zustand bestimmt werden. Dazu werden zunächst über die Lösung des Gleichungs-

systems z.B. mit der Cramerschen Regel (siehe [San15], S. 167) die Schwingungsamplituden bestimmt und dann die Wegfunktionen angeschrieben.

a) Wegamplitude $\hat{u}_1$ für die untere Masse 1

$$\hat{u}_1 = \frac{(k-\Omega^2\cdot m)\cdot\hat{P}_1}{m^2\cdot\Omega^4-3\cdot k\cdot m\cdot\Omega^2+k^2}$$
$$= \frac{(9\,000\,000-11^2\cdot 40\,000)\cdot 10\,000}{40\,000^2\cdot 11^4-3\cdot 9\,000\,000\cdot 40\,000\cdot 11^2+9\,000\,000^2} = -0{,}00158\text{ m}$$

b) Wegamplitude $\hat{u}_2$ für die obere Masse 2

$$\hat{u}_2 = \frac{k\cdot\hat{P}_1}{m^2\cdot\Omega^4-3\cdot k\cdot m\cdot\Omega^2+k^2}$$
$$= \frac{9\,000\,000\cdot 10\,000}{40\,000^2\cdot 11^4-3\cdot 9\,000\,000\cdot 40\,000\cdot 11^2+9\,000\,000^2} = -0{,}00343\text{ m}$$

c) Damit lassen sich die Wegfunktionen angeben zu:

$$u_1(t) = \hat{u}_1\cdot\sin(\Omega\cdot t) = -1{,}58\text{ mm}\cdot\sin(11{,}0\cdot t)$$
$$u_2(t) = \hat{u}_2\cdot\sin(\Omega\cdot t) = -3{,}43\text{ mm}\cdot\sin(11{,}0\cdot t)$$

4) Nun soll die Vergrößerungsfunktion für die Wegamplitude $\hat{u}_2$ der oberen Masse 2 als Funktion des auf die kleinere Eigenkreisfrequenz ω_1 bezogenen Frequenzverhältnisses η berechnet werden. Dazu wird in der Gleichung für $\hat{u}_2$ ersetzt: $\Omega = \eta\cdot\omega_1$.

$$\hat{u}_2 = \frac{k\cdot\hat{P}_1}{m^2\cdot\Omega^4-3\cdot k\cdot m\cdot\Omega^2+k^2} = \frac{k\cdot\hat{P}_1}{m^2\cdot\eta^4\cdot\omega_1^4-3\cdot k\cdot m\cdot\eta^2\cdot\omega_1^2+k^2}$$

Setzt man $\omega_1 = 9{,}27$ 1/s, m und k ein und führt $u_{1,\text{stat}} = u_{2,\text{stat}} = \hat{P}_1/k$ ein [4], so ergibt sich nach kurzer Zwischenrechnung die Vergrößerungsfunktion für den Weg $u_2(t)$ der oberen Masse (Abb. 6.12):

$$V(\eta) = \frac{\hat{u}_2}{u_{2,\text{stat}}} = \left|\frac{1}{(1-\eta^2)\cdot(1-0{,}146\cdot\eta^2)}\right|$$

Der Graph der Vergrößerungsfunktion (Abb. 6.12) zeigt, dass es erwartungsgemäß nun zwei Resonanzstellen gibt, die erste bei Erreichen der ersten Eigenfrequenz $\omega_1 = 9{,}27$ 1/s ($\eta = 1{,}0$), die zweite bei Erreichen der zweiten Eigenfrequenz $\omega_2 = 24{,}3$ 1/s ($\eta = 2{,}62$).

5) Überprüfung der unter 3) berechneten Wegamplitude $\hat{u}_2$ der oberen Masse 2 infolge $\Omega = 11{,}0$ 1/s mit der Vergrößerungsfunktion:

$$\eta = \frac{\Omega}{\omega_1} = \frac{11}{9{,}27} = 1{,}187$$
$$V = \left|\frac{1}{(1-\eta^2)\cdot(1-0{,}146\cdot\eta^2)}\right| = \left|\frac{1}{(1-1{,}187^2)\cdot(1-0{,}146\cdot 1{,}187^2)}\right| = 3{,}08$$
$$\hat{u}_2 = u_{2,\text{stat}}\cdot V = \frac{\hat{P}_1}{k_1}\cdot V = \frac{10\,000}{9\,000\,000}\cdot 3{,}08 = 0{,}00343\text{ m} = 3{,}43\text{ mm}$$

[4] Die statische Verschiebung der oberen Masse $u_{2,\text{stat}}$ entspricht der statischen Verschiebung der unteren Masse $u_{1,\text{stat}}$, da sich infolge der an der unteren Masse wirkenden Last obere und untere Masse statisch gleich verschieben müssen.

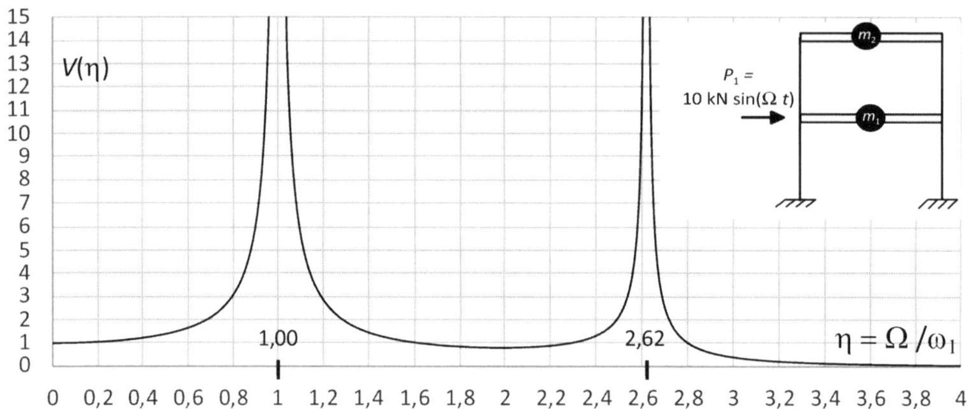

Abb. 6.12: Beispiel 6-2, Teil e: Vergrößerungsfunktion für die Wegamplitude $\hat{u}_2$ der oberen Masse m_2 im eingeschwungenen Zustand. Bei $\eta = \Omega/\omega_1 = 1,0$ wird die erste, bei $\eta = 2,62$ wird die zweite Eigenfrequenz angeregt.

Die gerade in Beispiel 6-2, Teil e gezeigte Berechnungsweise der Systemantwort im Frequenzbereich ist bei einer Vergrößerung der Anzahl der Freiheitsgrade keine geeignete Vorgehensweise für die Handrechnung mehr. Für den ungedämpften ZFS unter harmonischer Anregung führt sie jedoch schnell zur Lösung.

6.5 Direkte Integration im Zeitbereich für einen ZFS

Für den in Abb. 6.13 dargestellten allgemeinen ZFS sind die Massenmatrix $\underline{M}$, die Steifigkeitsmatrix $\underline{K}$ (siehe Abs. 6.1.2) und die Dämpfungsmatrix $\underline{C}$ (siehe Abs. 6.3) bekannt.

Außerdem liegt der Belastungsvektor $\underline{P}(t)$ vor.

Zum Zeitpunkt $t_0 = 0$ sind der Wegvektor $\underline{u}_0$ und der Geschwindigkeitsvektor $\underline{\dot{u}}_0$ bekannt.

Zur Herleitung der Rekursionsformeln für das Differenzenverfahren wird auf [PW18], Abs. 7.3 verwiesen. Im Folgenden wird ein Berechnungsalgorithmus für einen ZFS vorgestellt, der sich leicht in ein EXCEL-Rechenblatt umsetzen lässt. Der Zeitschritt wird hier mit der Variablen i bezeichnet, ausnahmsweise steht i also nicht für den Freiheitsgrad.

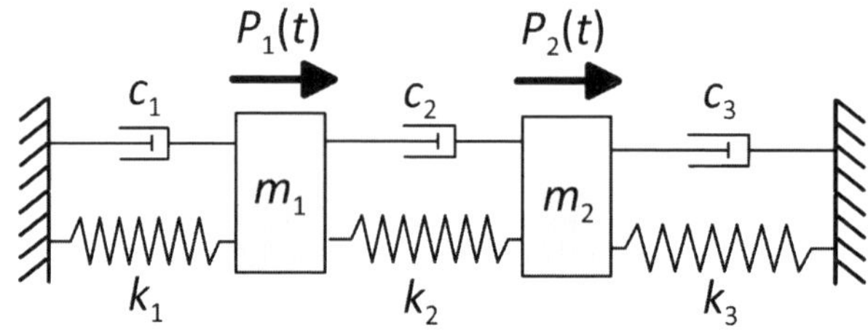

Abb. 6.13: Krafterregter ZFS in der allgemeinen Form

Berechnungsalgorithmus für den allgemeinen ZFS unter beliebiger Last

1) Vorbereitung der Rechnung:
   - Schritt $i = 0$: Stelle die Anfangswerte zum Zeitpunkt $t_i = t_0$ von Wegen, Geschwindigkeiten und Kräften fest:

$$\underline{u}_{i=0} = \begin{pmatrix} u_{1,0} \\ u_{2,0} \end{pmatrix} \quad ; \quad \underline{\dot{u}}_{i=0} = \begin{pmatrix} \dot{u}_{1,0} \\ \dot{u}_{2,0} \end{pmatrix} \quad ; \quad \underline{P}_{i=0} = \begin{pmatrix} P_{1,0} \\ P_{2,0} \end{pmatrix} \tag{6.35}$$

   - Die Systemantwort von $t = t_0$ bis zum Zeitpunkt $t = t_E$ ist gesucht. Lege die Zeiten t_0 und t_E fest.
   - Die Systemmatrizen liegen in der folgenden Form vor:

$$\underline{M} = \begin{pmatrix} m_1 & 0 \\ 0 & m_2 \end{pmatrix} \quad ; \quad \underline{C} = \begin{pmatrix} c_{11} & c_{12} \\ c_{21} & c_{22} \end{pmatrix} \quad ; \quad \underline{K} = \begin{pmatrix} k_{11} & k_{12} \\ k_{21} & k_{22} \end{pmatrix} \tag{6.36}$$

   - Bestimme die Zeitschrittlänge Δt. Sie sollte 1/10 der kleinsten Eigenschwingperiode T_1 nicht überschreiten. Wenn die Lasteinwirkung – wie z.B. bei einem Stoß – nur die Dauer ΔT hat, sollte zusätzlich gelten: $\Delta t \leq 1/10 \cdot \Delta T$
   - Bestimme für alle Schritte i mit $t_i = t_0 + i \cdot \Delta t \leq t_E$ die diskretisierten Kräfte $\underline{P}_i^{\mathrm{T}} = \begin{pmatrix} P_1(t_i) & P_2(t_i) \end{pmatrix} = \begin{pmatrix} P_{1,i} & P_{2,i} \end{pmatrix}$
   - Bestimme die Inverse der Massenmatrix:

$$\underline{M}^{-1} = \frac{1}{m_1 \cdot m_2 - 1} \cdot \begin{pmatrix} m_2 & -1 \\ -1 & m_1 \end{pmatrix} \tag{6.37}$$

2) Start mit Zeitschritt $i := 1$: Berechne die folgenden Vektoren zum Zeitpunkt $t_1 = t_0 + i \cdot \Delta t$:

$$\underline{s}_1 = (2 \cdot \underline{M} - \underline{K} \cdot \Delta t^2) \cdot \underline{u}_{i-1} + 2 \cdot (\underline{M} - \underline{C} \cdot \frac{\Delta t}{2}) \cdot \Delta t \cdot \underline{\dot{u}}_{i-1} + \underline{P}_{i-1} \cdot \Delta t^2 \tag{6.38}$$

$$\underline{u}_1 = \frac{1}{2} \cdot \underline{M}^{-1} \cdot \underline{s}_1 \tag{6.39}$$

3) Für die nachfolgenden Rekursionsschritte werden folgende Matrizen bereitgestellt:

$$\underline{R} = \begin{pmatrix} r_{11} & r_{12} \\ r_{21} & r_{22} \end{pmatrix} = 2 \cdot \underline{M} + \underline{C} \cdot \frac{\Delta t}{2} \tag{6.40}$$

$$\underline{R}^{-1} = \frac{1}{r_{11} \cdot r_{22} - r_{12} \cdot r_{21}} \cdot \begin{pmatrix} r_{22} & -r_{12} \\ -r_{21} & r_{11} \end{pmatrix} \tag{6.41}$$

$$\underline{A} = 2 \cdot \underline{M} - \underline{K} \cdot \Delta t^2 \tag{6.42}$$

$$\underline{B} = \underline{M} - \underline{C} \cdot \frac{\Delta t}{2} \tag{6.43}$$

4) Zeitschritt; setze $i := i + 1$

$$t_i = t_0 + i \cdot \Delta t \tag{6.44}$$

$$\underline{s}_i = \begin{pmatrix} s_{1,i} \\ s_{2,i} \end{pmatrix} = \underline{A} \cdot \underline{u}_{i-1} - \underline{B} \cdot \underline{u}_{i-2} + \underline{P}_{i-1} \cdot \Delta t^2 \tag{6.45}$$

$$\underline{u}_i = \begin{pmatrix} u_{1,i} \\ u_{2,i} \end{pmatrix} = \underline{R}^{-1} \cdot \underline{s}_i \tag{6.46}$$

Wiederhole den Vorgang 4) so oft, bis $t_i = t_E$.

5) Bewerte die numerische Qualität des Ergebnisses. Gegebenenfalls Zeitschritt Δt verkleinern und Berechnung wiederholen.

Bei der Umsetzung des Algorithmus in ein EXCEL-Rechenblatt sollte man die Ergebnisse für einen Rekursionsschritt 4) zusammen mit den zugehörigen Kraftordinaten $P_{1,i}$ und $P_{2,i}$ aus Schritt 1) in eine einzige Tabellenzeile schreiben, damit die Datenreihen mit $u_{1,i}$ und $u_{2,i}$ in Spalten stehen. So lassen sich die Ergebnisse leicht als Diagramm darstellen, siehe Bsp. 6-3.

Beispiel 6-3: Masse mit Schwingungsdämpfer als ZFS (Abb. 6.14; siehe [PW18], Abs. 7.3.2)

Gegeben: Ein Mast (k_1; c_1) hat an der Spitze eine Einzelmasse m_1. Der Mast sei massefrei. Um windinduzierte Schwingungen zu vermeiden, wird an der Masse ein Schwingungsdämpfer (k_2; c_2) mit der Masse m_2 angebracht, siehe ZFS in Abb. 6.14.

- Mast: $m_1 = 10\,000$ kg; $k_1 = 200\,000$ N/m; $c_1 = 300$ Ns/m
- Dämpfer: $m_2 = 500$ kg; $k_2 = 8000$ N/m; $c_2 = 3000$ Ns/m

Im Rahmen eines Ausschwingversuchs sollen die Hauptmasse m_1 samt Dämpfermasse m_2 um 0,10 m ausgelenkt und dann losgelassen werden.

Gesucht: Die bei dem Ausschwingversuch zu erwartenden Weg-Zeit-Verläufe $\underline{u}(t)$ sollen mit der direkten numerischen Integration vorab simuliert werden.

Lösung: Die Systemmatrizen ergeben sich zu (siehe Gl. 6.10 und Gl. 6.33):

$$\underline{M} = \begin{pmatrix} m_1 & 0 \\ 0 & m_2 \end{pmatrix} = \begin{pmatrix} 10\,000 & 0 \\ 0 & 500 \end{pmatrix} \quad \text{kg}$$

$$\underline{K} = \begin{pmatrix} k_1 + k_2 & -k_2 \\ -k_2 & k_2 \end{pmatrix} = \begin{pmatrix} 208\,000 & -8000 \\ -8000 & 8000 \end{pmatrix} \quad \text{N/m}$$

$$\underline{C} = \begin{pmatrix} c_1 + c_2 & -c_2 \\ -c_2 & c_2 \end{pmatrix} = \begin{pmatrix} 3300 & -3000 \\ -3000 & 3000 \end{pmatrix} \quad \text{Ns/m}$$

Um den Zeitschritt zu bestimmen, werden die Schwingdauern von Mast und Dämpfer als EFS abgeschätzt, denn die Eigenfrequenzen des ZFS sind nicht bekannt:

$$T_1 = \frac{2\cdot\pi}{\sqrt{k_1/m_1}} = \frac{2\cdot\pi}{\sqrt{200000/10000}} = 1{,}40 \text{ s}$$

$$T_2 = \frac{2\cdot\pi}{\sqrt{k_2/m_2}} = \frac{2\cdot\pi}{\sqrt{8000/500}} = 1{,}57 \text{ s}$$

Für den Zeitschritt Δt soll gelten: $\Delta t < \min(T_1; T_2)/10 = 0{,}14$ s

Gewählt: $\Delta t = 0{,}05$ s.

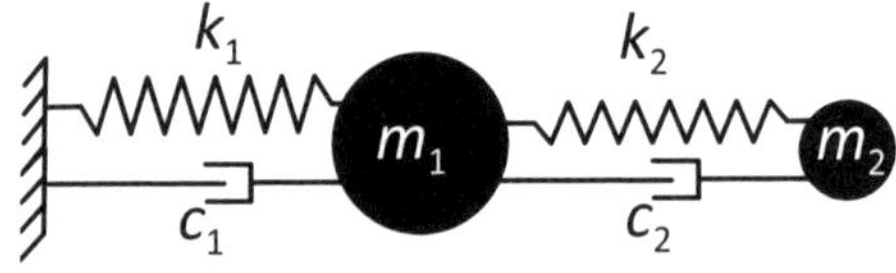

Abb. 6.14: Beispiel 6-3 mit Hauptmasse m_1 und Dämpfermasse m_2

Die Ergebnisse aus dem oben angegebenen Algorithmus werden in den Abb. 6.15 und 6.16 gezeigt.

i	t_i [s]	$P_{1,i}$ [N]	$P_{2,i}$ [N]	$s_{1,i}$ [kg m]	$s_{2,i}$ [kg m]	$u_{1,i}$ [m]	$u_{2,i}$ [m]
0	0	0	0			0,1000	0,1000
1	0,05	0	0	1950,000	100,000	0,0975	0,1000
2	0,1	0	0	902,050	49,950	0,0902	0,0986
3	0,15	0	0	784,624	48,654	0,0785	0,0949
4	0,2	0	0	629,622	45,846	0,0631	0,0880
5	0,25	0	0	445,077	41,262	0,0447	0,0776
6	0,3	0	0	240,306	34,819	0,0243	0,0637
7	0,35	0	0	25,458	26,605	0,0029	0,0466
8	0,4	0	0	-188,976	16,863	-0,0185	0,0269
9	0,45	0	0	-392,657	5,960	-0,0389	0,0053
10	0,5	0	0	-575,884	-5,639	-0,0572	-0,0173
11	0,55	0	0	-730,047	-17,403	-0,0727	-0,0397
12	0,6	0	0	-848,020	-28,774	-0,0846	-0,0611
13	0,65	0	0	-924,484	-39,195	-0,0923	-0,0802
14	0,7	0	0	-956,157	-48,147	-0,0955	-0,0962
15	0,75	0	0	-941,930	-55,176	-0,0942	-0,1082
16	0,8	0	0	-882,895	-59,919	-0,0884	-0,1157
17	0,85	0	0	-782,273	-62,122	-0,0785	-0,1183
18	0,9	0	0	-645,237	-61,654	-0,0649	-0,1157

Abb. 6.15: Beispiel 6-3, Berechnungsergebnisse für die Zeit $0 \leq t \leq 0,9$ s. Angegeben sind neben der Zeit t_i die Lasten $P_{1,i}$ und $P_{2,i}$ (hier: null), die Komponenten des Hilfsvektors $s_{i,j}$ und die Verschiebungen $u_{1,i}$ der Hauptmasse m_1 und $u_{2,i}$ der Dämpfermasse m_2

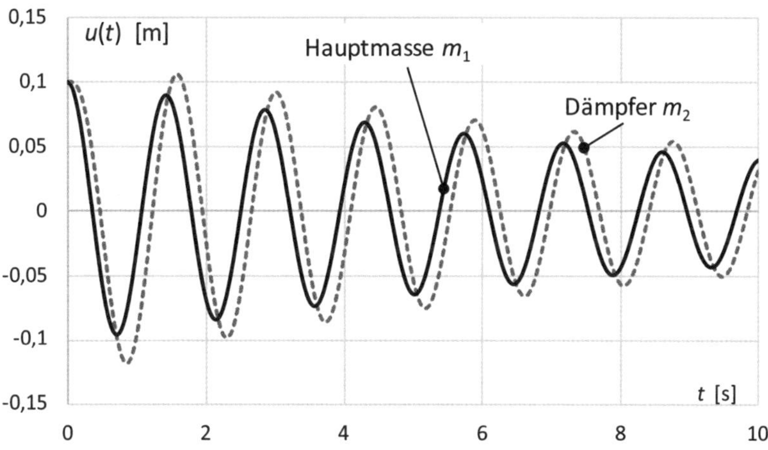

Abb. 6.16: Beispiel 6-3: Bewegung der Masse an der Mastspitze (Hauptmasse, schwarz, durchgezogen) $u_1(t)$. Die Dämpfermasse m_2 (grau, gestrichelt) bewegt sich mit $u_2(t)$ leicht nachlaufend gegenüber der Hauptmasse m_1.

6.6 Modalanalyse

6.6.1 Grundgedanke und Ziel der modalen Reduktion

Ein System von $i = 1, 2...n$ mit Masse belegten Freiheitsgraden wird durch ein gekoppeltes Differentialgleichungssystem für die n Bewegungsmöglichkeiten $u_i(t)$ beschrieben (vgl. Gl. 6.5). Mit Hilfe der Modalanalyse können die n gekoppelten Differentialgleichungen in n voneinander unabhängige I

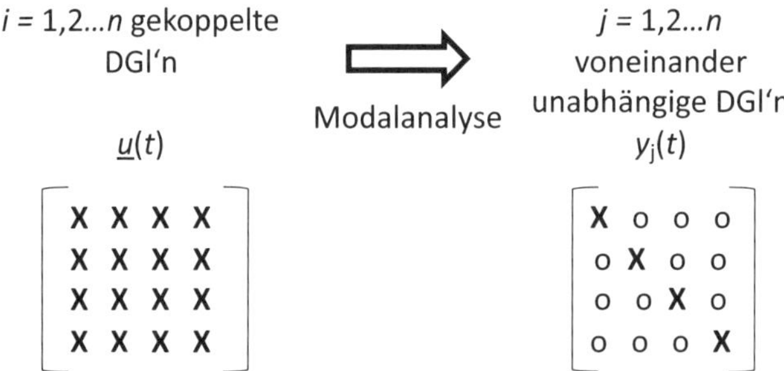

Abb. 6.17: Mit der Modalanalyse werden die voll besetzten Systemmatrizen $\underline{K}$ und $\underline{C}$ (links) in Diagonalmatrizen (rechts) umgewandelt

Ein System mit $i = 1, 2...n$ Freiheitsgraden lässt sich in ein mathematisch äquivalentes System aus $j = 1, 2...n$ Einfreiheitsgradschwinger (EFS) umwandeln.

Die gesuchte Systemantwort $\underline{u}(t)$ lässt sich finden, indem die Systemantworten $y_j(t)$ der $j = 1, 2...n$ EFS linear überlagert werden. Als Proportionalitätsfaktoren dienen die Elemente der Matrix $\underline{A}$ der Eigenvektoren. Aus $\underline{u} = \underline{A} \cdot \underline{y}$ ergibt sich:

$$u_i(t) = \underbrace{a_{i,1} \cdot y_1(t)}_{\text{EFS 1}} + \underbrace{a_{i,2} \cdot y_2(t)}_{\text{EFS 2}} + ... + \underbrace{a_{i,n} \cdot y_n(t)}_{\text{EFS } n} = \sum_{j=1}^{n} a_{i,j} \cdot y_j(t) \tag{6.47}$$

$a_{i,j}$ ist der Wert der Eigenform j am Freiheitsgrad i und $y_j(t)$ ist die Zeitfunktion, nach der sich die Eigenform j bewegt.

Anschaulich kann dieser Sachverhalt an dem ZFS in Abb. 6.18 erklärt werden: Die Lasten $P \cdot g(t)$ werden so in Komponenten aufgeteilt, dass jede Komponente nur eine Eigenform i anregt. Der Lastanteil $(P_1 + P_2)/2$, des in Abb. 6.18 dargestellten Systems, der den Trägheitskräften der ersten Eigenform proportional ist, regt das System nur zu Schwingungen in der ersten Eigenform an, der Lastanteil $(P_1 - P_2)/2$ regt nur Schwingungen in der zweiten Eigenform an. Durch die lineare Überlagerung der beiden Schwingungen lässt sich die Systemantwort bestimmen.

Wenn man alle $j = 1, 2...n$ Eigenformen in der Modalanalyse mitnehmen würde, erzeugt man zwar ein mathematisch äquivalentes System, spart jedoch keinen Berechnungsaufwand.

Der besondere Vorteil der Modalanalyse ergibt sich erst, wenn im Rahmen der modalen Reduktion ausgenutzt wird, dass i.d.R. wenige (m) Eigenformen ausreichen, um die Systemantwort

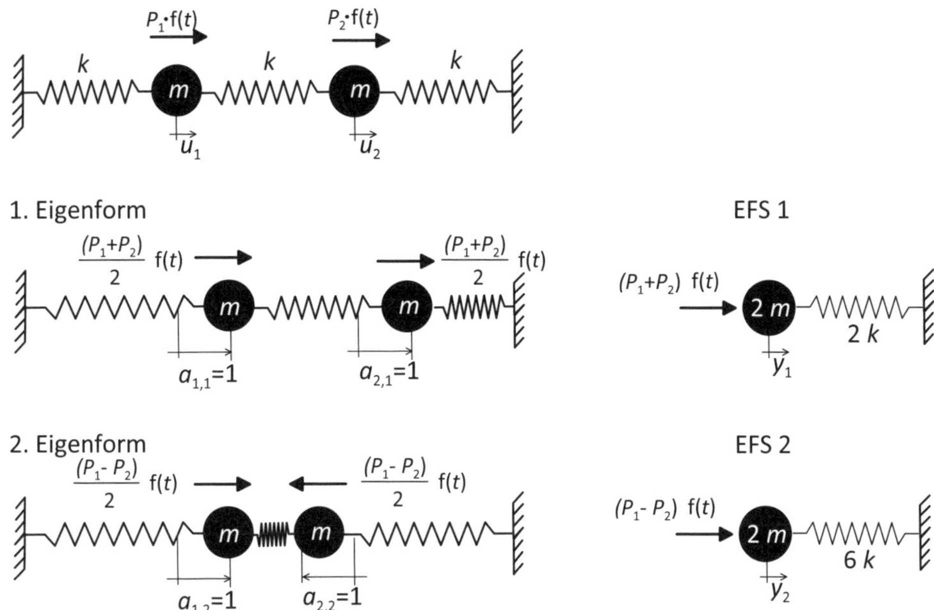

Abb. 6.18: Modalanalyse qualitativ am Beispiel eines ZFS anschaulich gemacht.

hinreichend genau anzunähern.

$$\underline{u} = \sum_{j=1}^{n} \underline{a}_j \cdot y_j = \underbrace{\underline{a}_1 \cdot y_1 + \underline{a}_2 \cdot y_2 + \ldots + \underline{a}_m \cdot y_m}_{\text{wichtige Eigenformen}} + \underbrace{\underline{a}_{m+1} \cdot y_{m+1} + \ldots + \underline{a}_n \cdot y_n}_{\text{weniger wichtige Eigenformen}} \tag{6.48}$$

Die Frage ist jedoch: wie viele Eigenformen $j = 1, 2 \ldots m$ müssen berücksichtigt werden?

Faustregel: m sollte so gewählt werden, dass mindestens alle Eigenformen mit Eigenfrequenzen kleiner als der 1,5-fachen maximalen Anregungsfrequenz berücksichtigt sind.

6.6.2 Generalisierte Größen

Die Weg-Zeit-Funktion einer jeden Eigenform j eines MFS (Mehrfreiheitsgradschwinger) kann als Verschiebungsgleichung eines EFS (Einfreiheitsgradschwinger) gedeutet werden. Die Kenngrößen dieses zu der Eigenform j des MFS gehörenden EFS werden als generalisierte oder verallgemeinerte Größen einer Eigenform bezeichnet. Zu deren Berechnung müssen die Eigenformen $\underline{a}_j$ und die Eigenkreisfrequenz ω_j bekannt sein.

Bei der Ermittlung der generalisierten Größen wird von der Orthogonalität der Eigenvektoren (siehe oben Gl. 6.26) Gebrauch gemacht. Man unterscheidet:

- generalisierte Massenmatrix $\underline{M}^*$
- generalisierte Steifigkeitsmatrix $\underline{K}^*$
- generalisierte Dämpfungsmatrix $\underline{C}^*$
- generalisierter Lastvektor $\underline{P}^*$

Zur Herleitung geht man von dem DGl-System des MFS aus, siehe auch oben Gl. 6.5:

$$\underline{M} \cdot \underline{\ddot{u}} + \underline{C} \cdot \underline{\dot{u}} + \underline{K} \cdot \underline{u} = \underline{P} \tag{6.49}$$

In Gl. 6.49 wird $\underline{u}$ nach Gl. 6.47 und deren Ableitungen eingesetzt (mit $\underline{A}$ Matrix der Eigenvektoren):

$$\underline{u} = \underline{A} \cdot \underline{y} \tag{6.50}$$

Der Ausdruck wird danach von links mit der transponierten Eigenvektormatrix $\underline{A}^T$ durchmultipliziert:

$$\underbrace{\underline{A}^T \cdot \underline{M} \cdot \underline{A}}_{\underline{M}^*} \cdot \underline{\ddot{y}} + \underbrace{\underline{A}^T \cdot \underline{C} \cdot \underline{A}}_{\underline{C}^*} \cdot \underline{\dot{y}} + \underbrace{\underline{A}^T \cdot \underline{K} \cdot \underline{A}}_{\underline{K}^*} \cdot \underline{y} = \underbrace{\underline{A}^T \cdot \underline{P}}_{\underline{P}^*} \tag{6.51}$$

Die Orthogonalität führt dazu, dass die Matrixelemente, die nicht auf der Hauptdiagonalen stehen, zu null werden, z.B.:

$$K^*_{i,j} = \underline{a}_i^T \cdot \underline{K} \cdot \underline{a}_j = 0 \qquad \text{für } i \neq j \tag{6.52}$$

Konkret lässt sich das für die beiden Eigenvektoren und die Steifigkeitsmatrix des Beispiels 6-2a/b demonstrieren:

$$K^*_{1,2} = \underline{a}_1^T \cdot \underline{K} \cdot \underline{a}_2 = \begin{pmatrix} 0,618 & 1 \end{pmatrix} \cdot \begin{pmatrix} 18\,000 & -9000 \\ -9000 & 9000 \end{pmatrix} \cdot \begin{pmatrix} -1,618 \\ 1 \end{pmatrix} = 0$$

Das bedeutet: $\underline{M}^*$, $\underline{K}^*$ und $\underline{C}^*$ sind Diagonalmatrizen ($\underline{M}$ war es auch vorher schon)! Das neue entkoppelte DGl-System lautet:

$$\underline{M}^* \cdot \underline{\ddot{y}} + \underline{C}^* \cdot \underline{\dot{y}} + \underline{K}^* \cdot \underline{y} = \underline{P}^* \tag{6.53}$$

Dieses zum ursprünglichen DGl-System mathematisch äquivalente System besteht aus n unabhängigen DGl'n, die jeweils einen EFS beschreiben!

In Gl. 6.53 wurden alle $j = 1,2...n$ Eigenformen berücksichtigt. Wie bereits oben festgestellt, werden jedoch meist nur die m relevanten Eigenformen mitgenommen, damit der Berechnungsaufwand sinkt, bei akzeptabler Ergebnisgenauigkeit. Im Folgenden wird ein Berechnungsablauf dargestellt, bei dem nur eine Untermenge der relevanten Eigenformen mitgenommen wird.

6.6.3 Berechnungsablauf „Modalanalyse“

Bei der Modalanalyse kann wie folgt vorgegangen werden:

a) **Modale Reduktion:**
Überlegung, wie viele Eigenformen $k = 1,2...m \leq n$ im Rahmen der modalen Reduktion in die Berechnung einbezogen werden sollen, um ein hinreichend genaues Ergebnis zu erzeugen. Um deutlich zu machen, dass meist nicht alle $j = 1,2...n$ Eigenformen berücksichtigt werden, sondern nur ein Teil davon, wird für die relevanten Eigenformen die Indexvariable k statt j verwendet.

b) **Berechnung der relevanten $k = 1,2...m$ Eigenformen und Eigenfrequenzen:**
Eigenkreisfrequenzen ω_k und Eigenformen $\underline{a}_k$ für alle $k = 1,2...m$ Eigenformen berechnen, siehe Kap. 6.2). Die $n \times m$ Matrix der Eigenformen $\underline{A}$ lautet mit ihren Elementen $a_{i,k}$:

$$\underline{A} = \begin{pmatrix} \underline{a}_1 & \underline{a}_2 & ... & \underline{a}_m \end{pmatrix} = \begin{pmatrix} a_{11} & a_{12} & ... & a_{1m} \\ a_{21} & a_{22} & ... & a_{2m} \\ ... & ... & & ... \\ a_{n1} & a_{n2} & ... & a_{nm} \end{pmatrix} \tag{6.54}$$

Für $m < n$ ist $\underline{A}$ keine quadratische Matrix mehr!

c) **Berechnung der generalisierten Größen:**

- generalisierte Massenmatrix (Dimension $m \times m$): $\underline{M}^* = \underline{A}^T \cdot \underline{M} \cdot \underline{A}$
mit $M^*_{ik} = 0$ für $i \neq k$;
Das Diagonalelement (kk) ergibt sich zu: $M^*_{kk} = \underline{a}_k^T \cdot \underline{M} \cdot \underline{a}_k$.
- generalisierte Steifigkeitsmatrix (Dimension $m \times m$): $\underline{K}^* = \underline{A}^T \cdot \underline{K} \cdot \underline{A}$
mit $K^*_{ik} = 0$ für $i \neq k$;
Die Diagonalelemente lassen sich einfacher auch mit $K^*_{kk} = M^*_{kk} \cdot \omega_k^2$ bestimmen.
- generalisierter Lastvektor (Dimension m): $\underline{P}^* = \underline{A}^T \cdot \underline{P}$
Das Vektorelement (k) ergibt sich zu: $P^*_k = \underline{a}_k^T \cdot \underline{P}$.

Beachte: Wenn von den n Eigenformen nur m mitgenommen werden ($m < n$), dann werden aus n Massen vor der Transformation nun $m < n$ generalisierte Massen!

d) **Modale Dämpfung berücksichtigen:**
Bei Vorliegen der Lehr'schen Dämpfung D_k für die Eigenform k wird die Dämpfungskonstante mit $C^*_{kk} = 2 \cdot D_k \cdot \sqrt{M^*_{kk} \cdot K^*_{kk}}$ (siehe oben Tab. 4.1) berechnet.

e) **Systemantworten $y_k(t)$ der $k = 1,m$ EFS berechnen:**
Der EFS $k = 1,2...m$ ist durch die Größen M^*_{kk}, K^*_{kk}, C^*_{kk} und die Belastung P^*_k beschrieben. $y_k(t)$ kann mit einem der in Kap. 5 vorgestellten Verfahren berechnet werden.

f) **Überlagerung der Verschiebungsfunktionen $y_k(t)$ der relevanten $k = 1,2...m$ EFS**
Die Überlagerung der Systemantworten $y_k(t)$ nach Gl. 6.50 unter Verwendung der Matrix $\underline{A}$ der relevanten $k = 1,2...m$ Eigenformen ergibt den gesuchte Lösungsvektor $\underline{u}_j(t)$:

$$\underline{u}_j(t) = \underline{A} \cdot \underline{y}(t) = \underline{a}_1 \cdot y_1(t) + \underline{a}_2 \cdot y_2(t) + ... + \underline{a}_m \cdot y_m(t) = \sum_{k=1}^{m} \underline{a}_k \cdot y_k(t) \tag{6.55}$$

Die einzelne Verschiebungsfunktion $u_i(t)$ des Freiheitsgrades i ergibt sich daraus mit a_{ik} als i. Element des Eigenvektors k zu:

$$u_i(t) = a_{i,1} \cdot y_1(t) + a_{i,2} \cdot y_2(t) + ... + a_{i,m} \cdot y_m(t) = \sum_{k=1}^{m} a_{ik} \cdot y_k(t) \tag{6.56}$$

Bei einer händischen Berechnung, wie sie zu Übungszwecken weiter unten erfolgen soll, kann die Ermittlung der EFS-Systemantwort bei einer harmonischen Anregung über die entsprechende Vergrößerungsfunktion V erfolgen, siehe Kap. 5. Bei der Überlagerung der EFS ist dabei auch der Phasenwinkel φ zu berücksichtigen, der bei kleinen Dämpfungen mit $\varphi = 0$ für $\eta < 1$ und $\varphi = \pi$ für $\eta > 1$ angenommen werden kann, siehe Abb. 5.8. Auf die Vorzeichen ist besonders zu achten.

Beispiel 6-2 – Teil f: Systemantwort mit Modalanalyse für einen Stockwerkrahmen (ZFS)

Gegeben:

- Angaben aus Beispiel 6-2, Teile a und b, siehe oben Abb. 6.6.
- Massenmatrix $\underline{M} = \begin{pmatrix} m_1 & 0 \\ 0 & m_2 \end{pmatrix} = \begin{pmatrix} 40 & 0 \\ 0 & 40 \end{pmatrix}$ t
- Eigenformen siehe Beispiel 6-2 Teil b, Abb. 6.19. Die Matrix lautet:
  $\underline{A} = (\underline{a}_1 \quad \underline{a}_2) = \begin{pmatrix} a_{1,1} & a_{1,2} \\ a_{2,1} & a_{2,2} \end{pmatrix} = \begin{pmatrix} 0,618 & -1,618 \\ 1 & 1 \end{pmatrix}$
- Eigenfrequenzen: $\omega_1 = 9,27$ 1/s und $\omega_2 = 24,27$ 1/s
- $\Omega = 11,0$ 1/s
- Der Kraftvektor fasst die an den Massen m_1 und m_2 wirkenden Kräfte zusammen:
  $\underline{P} = \begin{pmatrix} 10 \cdot \sin(\Omega \cdot t) \\ 0 \end{pmatrix}$ kN
- Der Dämpfungsgrad sei klein und darf vernachlässigt werden.

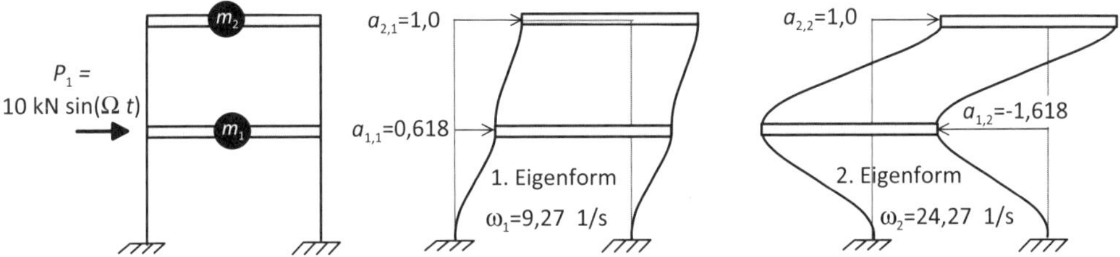

Abb. 6.19: Bsp. 6-2 Teil f: Krafterregter Geschossrahmen mit starren Riegeln aus Beispiel 6-2, Teil a (links); Eigenformen aus Beispiel 6-2, Teil b (rechts)

Gesucht: Wegfunktionen $u_1(t)$ und $u_2(t)$

Anmerkung: Die Aufgabe wurde in Beispiel 6-2, Teil e bereits gelöst. Nun soll sie alternativ mit der modalen Analyse berechnet werden.

Lösung mit der Modalanalyse:

1.) Generalisierte Größen für die erste Eigenfrequenz $\omega_1 = 9,27$ 1/s:
$M_{1,1}^*$ und $K_{1,1}^*$ sind Diagonalelemente der generalisierten Diagonalmatrizen $\underline{M}^*$ und $\underline{K}^*$, P_1^* ist ein Element des generalisierten Lastvektors $\underline{P}^*$:

$$M_{1,1}^* = \underline{a}_1^T \cdot \underline{M} \cdot \underline{a}_1 = (0,618 \quad 1) \cdot \begin{pmatrix} 40 & 0 \\ 0 & 40 \end{pmatrix} \cdot \begin{pmatrix} 0,618 \\ 1 \end{pmatrix}$$

$$= (24,72 \quad 40) \cdot \begin{pmatrix} 0,618 \\ 1 \end{pmatrix} = 55,28 \text{ t}$$

$$K_{1,1}^* = \omega_1^2 \cdot M_{1,1}^* = 9,27^2 \cdot 55,28 = 4750 \frac{\text{t}}{\text{s}^2} = 4750 \text{ kN/m}$$

$$P_1^* = \underline{a}_1^T \cdot \underline{P} = (0,618 \quad 1) \cdot \begin{pmatrix} 10 \cdot \sin(11 \cdot t) \\ 0 \end{pmatrix} = 6,18 \cdot \sin(11 \cdot t) \text{ kN}$$

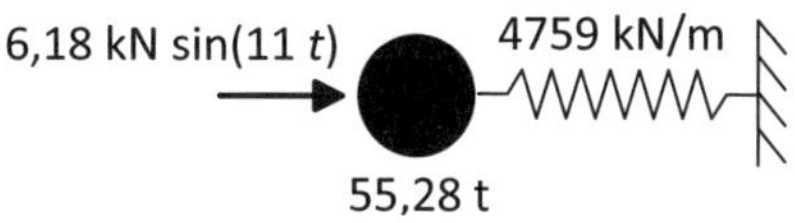

6,18 kN sin(11 *t*)
4759 kN/m
55,28 t

Abb. 6.20: Bsp. 6-2, Teil f: EFS 1

2.) Berechnung des EFS 1 für die erste Eigenform mit der Vergrößerungsfunktion V_1 (siehe oben Gl. 5.12) für die krafterregte Schwingung aus Gl. 5.12 für $D \cong 0$:

$$\eta = \frac{\Omega}{\omega_1} = \frac{11}{9,27} = 1,187$$

$$V_1 = \left|\frac{1}{1-\eta^2}\right| = \left|\frac{1}{1-1,187^2}\right| = 2,45$$

Der Nacheilwinkel für ungedämpfte Systeme nach Abs. 5.2.1.3 mit $\eta = 1,187 > 1$ beträgt $\varphi = \pi$. Er ist bei der Überlagerung in Schritt 5 zu berücksichtigen.
Die Weg-Zeit-Funktion des modalen EFS 1 $y_1(t)$ ergibt sich in [m] zu:

$$y_1(t) = \frac{\hat{P}_1^*}{K_{1,1}^*} \cdot V_1 \cdot \sin(\Omega \cdot t + \varphi) = \frac{6,18}{4750} \cdot 2,45 \cdot \sin(11 \cdot t + \pi)$$

$$\Rightarrow \quad y_1(t) = 0,00319 \cdot \sin(11 \cdot t + \pi)$$

$$\Rightarrow \quad y_1(t) = -0,00319 \cdot \sin(11 \cdot t)$$

3.) Generalisierte Größen für die zweite Eigenfrequenz $\omega_2 = 24,27$ 1/s

$$M_{2,2}^* = \underline{a}_2^T \cdot \underline{M} \cdot \underline{a}_2 = \begin{pmatrix} -1,618 & 1 \end{pmatrix} \cdot \begin{pmatrix} 40 & 0 \\ 0 & 40 \end{pmatrix} \cdot \begin{pmatrix} -1,618 \\ 1 \end{pmatrix}$$

$$= \begin{pmatrix} -64,72 & 40 \end{pmatrix} \cdot \begin{pmatrix} -1,618 \\ 1 \end{pmatrix} = 144,7 \text{ t}$$

$$K_{2,2}^* = \omega_1^2 \cdot M_{2,2}^* = 24,27^2 \cdot 144,7 = 85233 \ \frac{\text{t}}{\text{s}^2} = 85233 \text{ kN/m}$$

$$P_2^* = \underline{a}_2^T \cdot \underline{P} = \begin{pmatrix} -1,618 & 1 \end{pmatrix} \cdot \begin{pmatrix} 10 \cdot \sin(11 \cdot t) \\ 0 \end{pmatrix} = -16,18 \cdot \sin(11 \cdot t) \text{ kN}$$

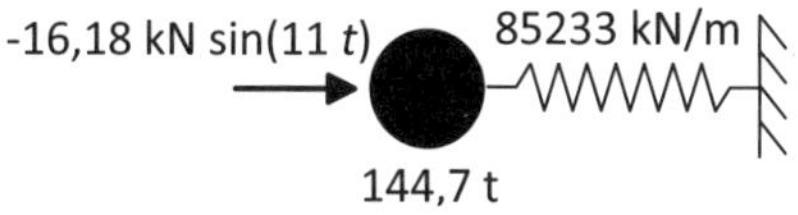

-16,18 kN sin(11 *t*)
85233 kN/m
144,7 t

Abb. 6.21: Bsp. 6-2, Teil f: EFS 2

4.) Berechnung des EFS 2 für die zweite Eigenform mit der Vergrößerungsfunktion V_1 für $D \cong 0$:

$$\eta = \frac{\Omega}{\omega_1} = \frac{11}{24,27} = 0,453$$

$$V_1 = \left|\frac{1}{1-\eta^2}\right| = \left|\frac{1}{1-0,453^2}\right| = 1,259$$

Mit dem Nacheilwinkel $\varphi = 0$ für ungedämpfte Systeme nach Abs. 5.2.1.3 mit $\eta = 0,453 < 1$ ergibt sich die Weg-Zeit-Funktion des modalen EFS 2 $y_2(t)$ in [m]:

$$y_2(t) = \frac{\hat{P}_2^*}{K_{2,2}^*} \cdot V_1 \cdot \sin(\Omega \cdot t + \varphi) = \frac{-16,18}{85233} \cdot 1,259 \cdot \sin(11 \cdot t + 0)$$

$$\Rightarrow \quad y_2(t) = -0,0002389 \cdot \sin(11 \cdot t)$$

5.) Überlagerung der Weg-Zeit-Funktionen von EFS 1 und EFS 2 an Hand der Eigenvektoren $\underline{a}_i$ mit $\underline{u}(t) = \underline{A} \cdot \underline{y}(t) = \underline{a}_1 \cdot y_1(t) + \underline{a}_2 \cdot y_2(t)$:

a.) Weg-Zeit-Funktion für die untere Masse m_1 (Freiheitsgrad 1) mit Gl. 6.55 in [m]:

$$\begin{aligned} u_1(t) &= a_{1,1} \cdot y_1(t) + a_{1,2} \cdot y_2(t) \\ &= 0,618 \cdot (-0,00319 \cdot \sin(11 \cdot t)) - 1,618 \cdot (-0,0002389 \cdot \sin(11 \cdot t)) \\ &= (-0,00197 + 0,000387) \cdot \sin(11 \cdot t) \\ &= -0,00158 \cdot \sin(11 \cdot t) \end{aligned}$$

b.) Weg-Zeit-Funktion für die obere Masse m_2 (Freiheitsgrad 2) in [m]

$$\begin{aligned} u_2(t) &= a_{2,1} \cdot y_1(t) + a_{2,2} \cdot y_2(t) \\ &= 1 \cdot (-0,00319 \cdot \sin(11 \cdot t)) + 1 \cdot (-0,0002389 \cdot \sin(11 \cdot t)) \\ &= (-0,00319 - 0,0002389) \cdot \sin(11 \cdot t) \\ &= -0,00343 \cdot \sin(11 \cdot t) \end{aligned}$$

Die Wegamplituden im eingeschwungenen Zustand betragen $\hat{u}_1 = 1,58$ mm für die untere Masse 1 und $\hat{u}_2 = 3,43$ mm für die obere Masse 2, siehe Abb. 6.22.

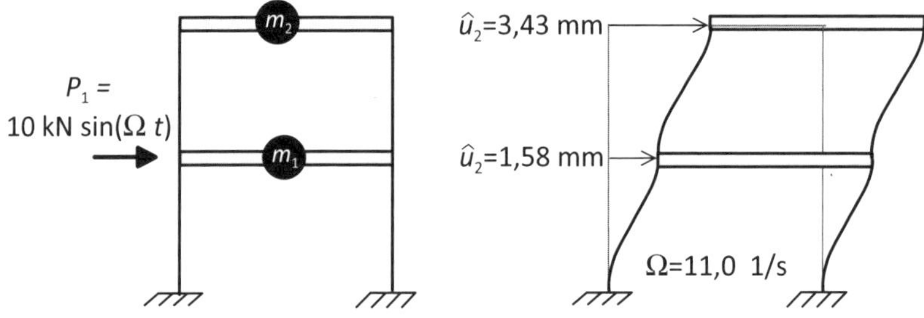

Abb. 6.22: Bsp. 6-2, Teil f: Schwingungsform und maximale Amplituden infolge $P_1(t)$

Die beiden Amplituden $\hat{u}_1(t)$ und $\hat{u}_2(t)$ entsprechen genau den im Teil e des Beispiels 6-2 ermittelten Werten.

Ungeklärt bleibt weiterhin, ob die berechneten Schwingungsamplituden im eingeschwungenen Zustand die tatsächlichen Maximalwerte darstellen und somit die Grundlage für die Nachweise im Grenzzustand der Tragfähigkeit bilden können oder ob es während des Einschwingvorgangs noch größere Verschiebungen gibt. Diese Frage kann der Leser durch Lösung der Aufgabe 6-8 (siehe unten Abs. 6.8) mit dem Verfahren der direkten numerischen Integration selber klären.

Tab. 6.1: Vergleich direkte Integration im Zeitbereich – Modale Analyse bei MFS mit vielen Freiheitsgraden

	Direkte Integration	Modale Analyse
Berücksichtigung der Dämpfung	ja, als Rayleigh'sche Dämpfung oder über Einzeldämpfer, z.B. bei einzelnen Schwingungsdämpfern	ja, als modale Dämpfung über das Lehr'sche Dämpfungsmaß
Entkoppelung des DGL-Systems	nein	ja
Aufwand	höher	geringer, infolge der modalen Reduktion
Genauigkeit	hoch	ausreichend hoch, wenn die relevanten Moden im Rahmen der modalen Reduktion berücksichtigt.
Anwendbarkeit bei Nichtlinearität	ja	nein

6.6.4 Modalanalyse: Anwendungsbereiche

Die Modalanalyse ist eine Alternative zur direkten numerischen Integration des Differentialgleichungssystems im Zeitbereich, siehe Abs. 6.5. Ein Vergleich der Anwendungsbereiche bei MFS mit vielen Freiheitsgraden findet sich in Tab. 6.1.

Wann kann die Modalanalyse zur Berechnung der Systemantwort krafterregter MFS (Mehrfreiheitsgradschwinger) eingesetzt werden? Folgende Bedingungen müssen erfüllt sein:

- Wegen der Überlagerung der modalen EFS wird ein physikalisch und geometrisch lineares Tragwerksverhalten vorausgesetzt.
- Die Verformungen sind klein.
- Die Dämpfungskräfte verhalten sich proportional zur Geschwindigkeit. Die Lehr'sche Dämpfung kann für jeder Eigenform angegeben werden.
- Die Federkräfte sind proportional zu den Verschiebungen.

Wenn eine dieser Voraussetzungen nicht erfüllt ist, dann ist die Modalanalyse kein geeignetes Verfahren zur Ermittlung der Systemantwort.

Was sind die Vorteile der Modalanalyse?

- Während bei der direkten Integration Matrizengleichungen mit – je nach Freiheitsgraden – mehreren Hundert oder sogar mehreren Tausend Unbekannten numerisch zu integrieren sind, was einen erheblich größeren Aufwand bedeutet, erfordert die Modalanalyse nur jeweils die numerische Integration der einzelnen skalaren Gleichungen der relevanten, berücksichtigten EFS.
- Für jede Eigenform k kann ein eigener Dämpfungswert D_k (modale Dämpfung) angegeben und berücksichtigt werden, siehe oben Abs. 6.3.3.

6.7 Dynamische Berechnung von MFS

6.7.1 Vom ZFS zum MFS

In den Abschnitten 6.1 bis 6.6 wurden Verfahren für die Berechnung der dynamischen Systemantworten aufgezeigt, die für ZFS (Zweifreiheitsgradschwinger) und manchmal – aber eben nicht immer – auch für schwingende Systeme mit mehr als zwei Freiheitsgraden geeignet sind. In diesem Abschnitt soll der Blick auf allgemeine MFS (Mehrfreiheitsgradschwingern) mit vielen Freiheitsgraden erweitert werden. Dynamische Berechnungen von beliebigen Tragwerken als MFS erfolgen in der Praxis im Regelfall mit Finite-Element-Methode, siehe unten Abs. 6.7.2.

Aufstellen von Steifigkeitsmatrix und Dämpfungsmatrix

Die Dämpfungsmatrix $\underline{C}$ kann mit einem der in Abs. 6.3 beschriebenen Verfahren aufgestellt werden. Oft wird Rayleigh'sche Dämpfung angenommen und die Werte α und β sind vorzugeben.

Die Steifigkeitsmatrix $\underline{K}$ wird bei FEM-Programmen nicht so aufgestellt, wie oben in Abs 6.1.2 gezeigt. Statt dessen werden die Gesamtsteifigkeitsmatrizen aus den Elementsteifigkeitsmatrizen zusammengesetzt, siehe [Wer21].

Berechnung von Eigenfrequenzen und Eigenformen (siehe oben Abs. 6.2)

Wir gehen bei einem System mit n Freiheitsgraden von den n Bewegungsgleichungen der ungedämpften, freien Schwingung aus, die ein gekoppeltes Differentialgleichungssystem bilden:

$$\underline{M} \cdot \underline{\ddot{u}} + \underline{K} \cdot \underline{u} = 0 \tag{6.57}$$

Der Lösungsansatz dafür lautet:

$$\underline{u} = \underline{a} \cdot \sin(\omega \cdot t) \tag{6.58}$$

$$\underline{\dot{u}} = \underline{a} \cdot \omega \cdot \cos(\omega \cdot t) \tag{6.59}$$

$$\underline{\ddot{u}} = -\underline{a} \cdot \omega^2 \cdot \sin(\omega \cdot t) \tag{6.60}$$

Der Vektor $\underline{a}$ enthält die Amplituden der einzelnen Freiheitsgrade. Setzt man diese Beziehungen in Gl. 6.57 ein, so ergibt sich:

$$(\underline{K} - \omega^2 \cdot \underline{M}) \cdot \underline{a} = 0 \tag{6.61}$$

Diese Gleichung beschreibt die allgemeine Eigenwertaufgabe mit den Eigenwerten ω^2 und den Eigenvektoren $\underline{a}$. Die Aufgabe besteht nun darin, Kombinationen $(\omega^2; \underline{a})$ zu finden, mit denen Gl. 6.61 erfüllt wird, siehe [San15], Kap. 13. Zu den in Dynamikprogrammen integrierten Lösungsverfahren der allgemeinen Eigenwertaufgabe wird auf die Literatur verwiesen. Das in Abs. 6.2 vorgestellte Handberechnungsverfahren für ZFS ist für Systeme mit mehr als zwei Freiheitsgraden nicht mehr geeignet.

Die Wurzel eines Eigenwerts ω^2 wird als Eigenkreisfrequenz bezeichnet. Steifigkeitsmatrix $\underline{K}$ und Massenmatrix $\underline{M}$ haben die Dimension $n \times n$. Darin ist n die Anzahl der massenbelegten Freiheitsgrade. Es lässt sich zeigen, dass die allgemeine Eigenwertaufgabe mit reeller, symmetrischer und positiv definiter Massen- und Steifigkeitsmatrix der Dimension $n \times n$ genau n positive und reelle Eigenwerte hat.

Der zu jedem Eigenwert gehörige Eigenvektor beschreibt die zugehörige Eigenform, also die Schwingungsform, mit der das Tragwerk in der Eigenfrequenz schwingt.

Ein Mehrfreiheitsgradschwinger mit n massenbelegten Freiheitsgraden verfügt über $j = 1,2...n$ Eigenfrequenzen ω_j. Die **Eigenfrequenzen werden in aufsteigender Reihenfolge sortiert**; ω_1 beschreibt die kleinste Eigenfrequenz, ω_n die höchste.
Zu jeder Eigenfrequenz ω_j gehört eine Eigenform $\underline{a}_j$. **Eigenformen werden bei einer Handrechnung oft so normiert**, dass die betragsmäßig größte Einzelkomponente von $\underline{a}_j$ den Wert 1 hat. Computerprogramme erlauben auch die Wahl anderer Normierungen, z.B. lässt sich die Wurzel der Summe der quadrierten Komponenten gleich 1,0 setzen.

Berechnungen von Eigenfrequenzen und Eigenformen werden in der Baupraxis üblicherweise mit einem dafür geeigneten FEM-Programm mit Dynamik-Modul ausgeführt, siehe Abs. 6.7.2.

Abb. 6.23 zeigt einen mit RSTAB berechneten, links eingespannten, 10 m langen HEB-Träger, dessen Massen in sechs Knoten diskretisiert wurden. Da der linke Auflagerknoten unverschieblich ist, gibt es fünf Eigenformen und fünf Eigenfrequenzen.

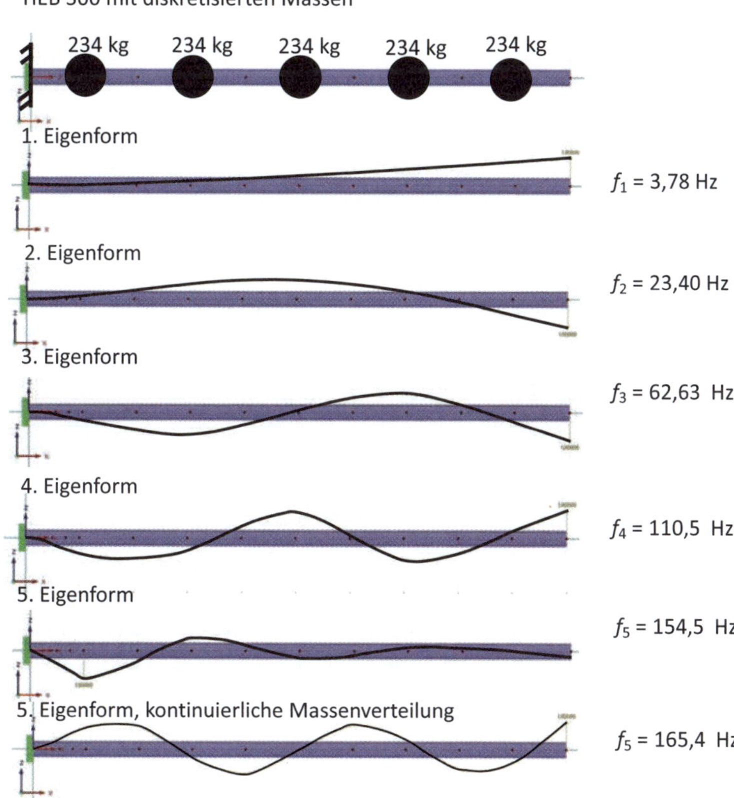

Abb. 6.23: Mit der Software RStab berechnete Eigenformen 1 bis 5 eines 10 m langen Kragarms (Querschnitt: HEB300) mit fünf diskreten Einzelmassen statt kontinuierlicher Massenverteilung. Zum Vergleich wird auch die 5. Eigenform mit kontinuierlicher Massenverteilung angegeben.

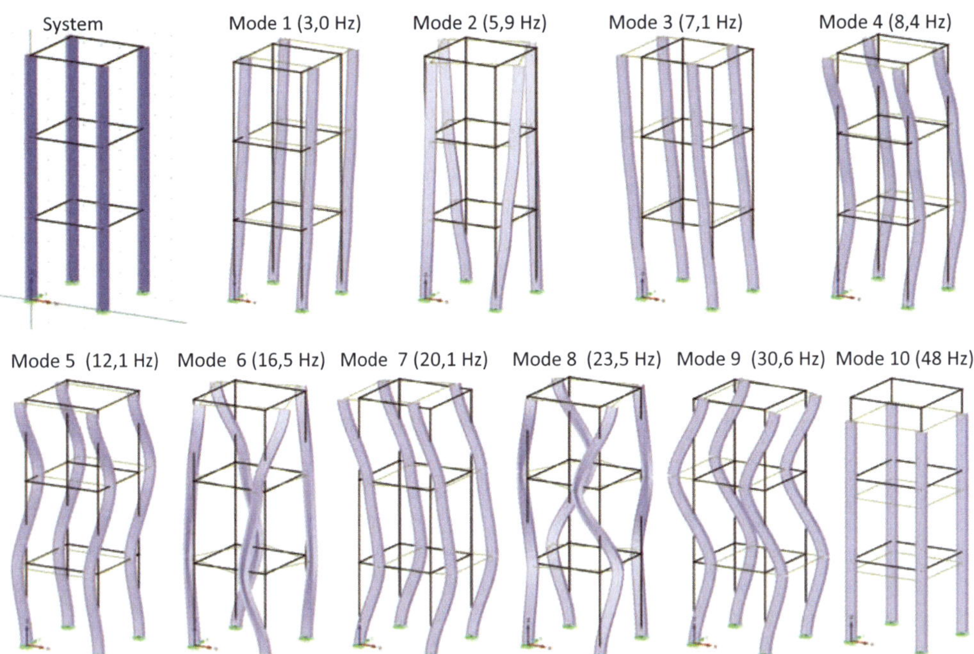

Abb. 6.24: Mit der Software RStab berechnete Eigenformen 1 bis 10 eines dreigeschossigen Stockwerkrahmens mit globalen Biegeeigenformen (z.B. Mode 1), globalen Torsionseigenformen (z.B. Mode 2) und einer reinen Dehnungseigenform (Mode 10)

Abb. 6.24 zeigt die verschiedenen Eigenmoden eines dreistöckigen Gebäudes. Mit höherer Nummer der Eigenform nimmt die Komplexität der Verformungsfigur zu.

Falls einmal kein FEM-Programm mit Dynamik-Modul benutzt werden kann, lässt sich die unterste Eigenkreisfrequenz ω_1 und die zugehörige Eigenform mit dem in Abs. 7.3 geschilderten Rayleigh-Verfahren iterativ ermitteln.

Berechnung der Systemantwort von MFS

Wenn Eigenfrequenzen und Eigenformen bekannt sind, ist als nächster Schritt häufig die Systemantwort auf eine gegebene Anregung (z.B. Krafterregung, Basiserregung) zu bestimmen. Für die Berechnung der Systemantwort von MFS kommen z.B. die oben beschriebenen Verfahren – direkte numerische Integration oder Modalanalyse – in Frage (siehe Abb. 6.10). Die dafür nötigen Algorithmen und auch weitere Verfahren werden ausführlich in [Wer21] diskutiert. Im folgenden Absatz wird überblickartig gezeigt, wie FEM - Programme zur dynamischen Berechnung genutzt werden können.

6.7.2 Dynamische Berechnungen mit FEM-Programmen

Eigenfrequenzen, Eigenformen und Systemantworten von Systemen mit mehreren Freiheitsgraden (MFS) werden üblicherweise nicht mehr von Hand, sondern numerisch mit geeigneten FEM-Programmen, z.B. RSTAB, RFEM, SOFISTIK, ANSYS oder anderen hier nicht genannten Softwareprodukten berechnet. Dabei kommt neben dem Verfahren der direkten Integration häufig auch die Modalanalyse zum Einsatz. Die Finite-Element-Methode wird ausführlich in [Wer21] beschrieben.

Im Folgenden wird Beispiel 6-2 mit dem in der Baupraxis weit verbreiteten Programm RSTAB nachgerechnet. Dabei geht es nicht darum, konkret zu zeigen, wie man RSTAB für die Berechnung von Eigenformen, Eigenfrequenzen oder einer Systemantwort nutzt. Statt dessen sollen prinzipielle Arbeitsschritte aufgezeigt werden, die so oder ähnlich auch bei anderen vergleichbaren Programmen abzuarbeiten sind.

Beispiel 6-2 – Teil g: Dynamische FEM-Analyse für einen Stockwerkrahmen (ZFS)

Gegeben: Der Stockwerkrahmen aus Bsp. 6-2, Teile a bis f mit für die FEM-Rechnung ergänzenden, zu den bisherigen Daten kompatiblen Angaben:

- $h_1 = h_2 = 8,44$ m
- Masse der Riegel: $m_1 = m_2 = 40$ t; alle anderen Massen bleiben unberücksichtigt.
- Stützen: Stahl, HEB 500, $I_y = 107\,200$ cm^4; Dehnsteifigkeit $EA = \infty$
- Riegel: $EI = \infty$; Dehnsteifigkeit $EA = \infty$
- Horizontalkräfte: $P_1(t) = 10,0\ \text{kN} \cdot \sin(\Omega \cdot t)$; $P_2(t) = 0$; $\Omega = 11,0$ 1/s
- Lehr'sches Dämpfungsmaß $D = 2\ \%$.

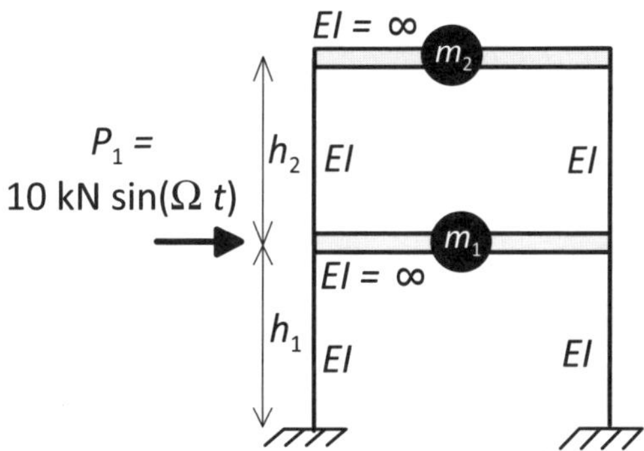

Abb. 6.25: Bsp. 6-2 Teil g

Gesucht: Verschiebungs-Zeit-Verläufe $u_1(t)$ und $u_2(t)$ der Massenpunkte m_1 und m_2

Lösung:

Um die Vergleichbarkeit mit den in Bsp. 6-2, Teile a bis f gezeigten Handrechnungen zu gewährleisten, wurden die bisher berücksichtigten Vereinfachungen – z.B. der Ansatz von zwei Einzelmassen als Punktmassen statt verteilter Massen – bei der FEM-Berechnung auch übernommen. Natürlich besteht der grundsätzliche Vorteil von FEM-Berechnungen gerade darin, dass diese vereinfachenden Ansätze nicht notwendig sind. Statt dessen hätte man dieses Beipiel ohne Mehraufwand z.B. auch mit verteilten Massen und mit den tatsächlichen Steifigkeitsparametern *EI* und *EA* berechnen können.

Im Folgenden zeigen die Abb. 6.26 bis 6.32 den Ablauf der Berechnungen mit RSTAB. Die Schritte werden in den Bildunterschriften erläutert.

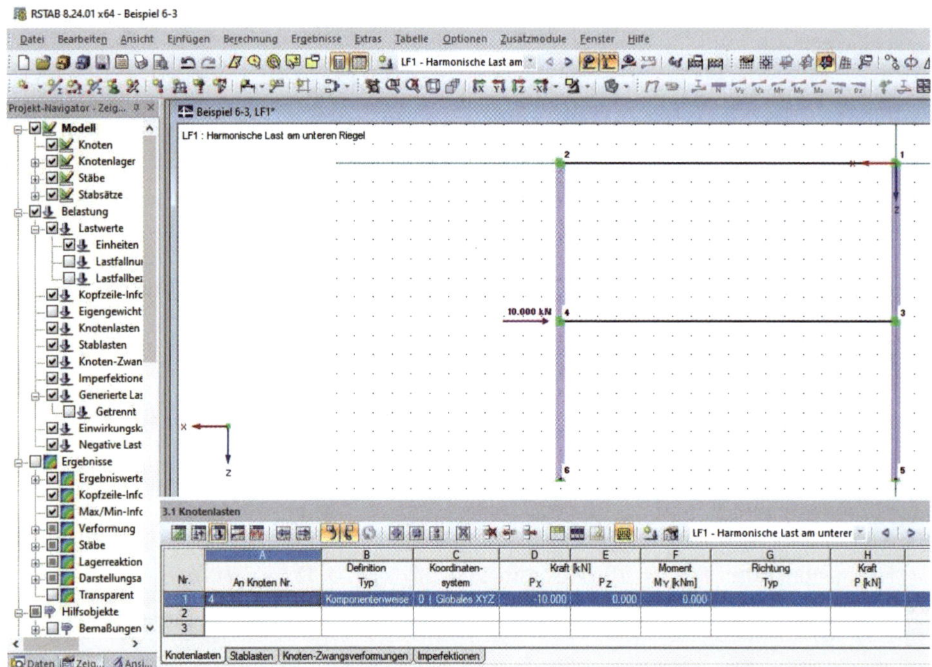

Abb. 6.26: *Schritt 1: Der Stockwerkrahmen wird als Stabwerk modelliert. Eine statische Last $P_{x,\mathrm{Kno4}} = 10$ kN wird wie dargestellt an der unteren Geschossmasse angesetzt.*

Abb. 6.27: *Schritt 2: Das Zusatzmodul DYNAM-Pro wird aktiviert. Im Fenster „Allgemein" wird „Eigenschwingungen" und „Antwortspektrenverfahren / Lineares Zeitverlaufsverfahren" – „Zeitdiagramme" angeklickt.*
Im Fenster „Massenfälle" werden die zu berücksichtigenden Massen definiert, im Fenster „Eigenschwingungsfälle" wird angegeben, welche Fälle berechnet werden sollen.

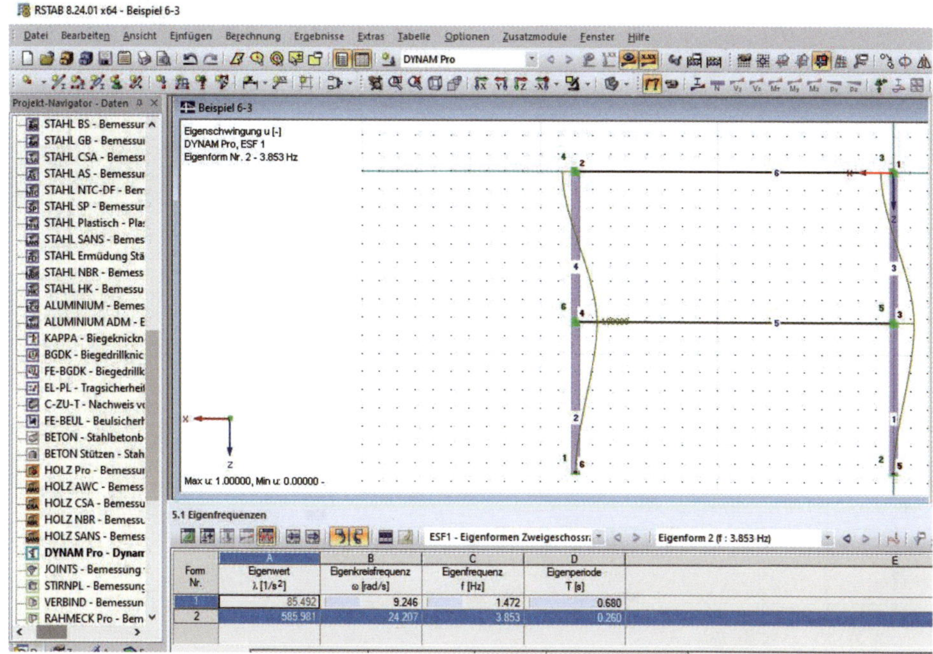

Abb. 6.28: Schritt 3: Die Eigenformen werden berechnet und auf Plausibilität kontrolliert. Im Bild zu sehen ist die zweite Eigenform, bei der der Weg der unteren Masse $a_{1,2} = 1$ gesetzt wurde.

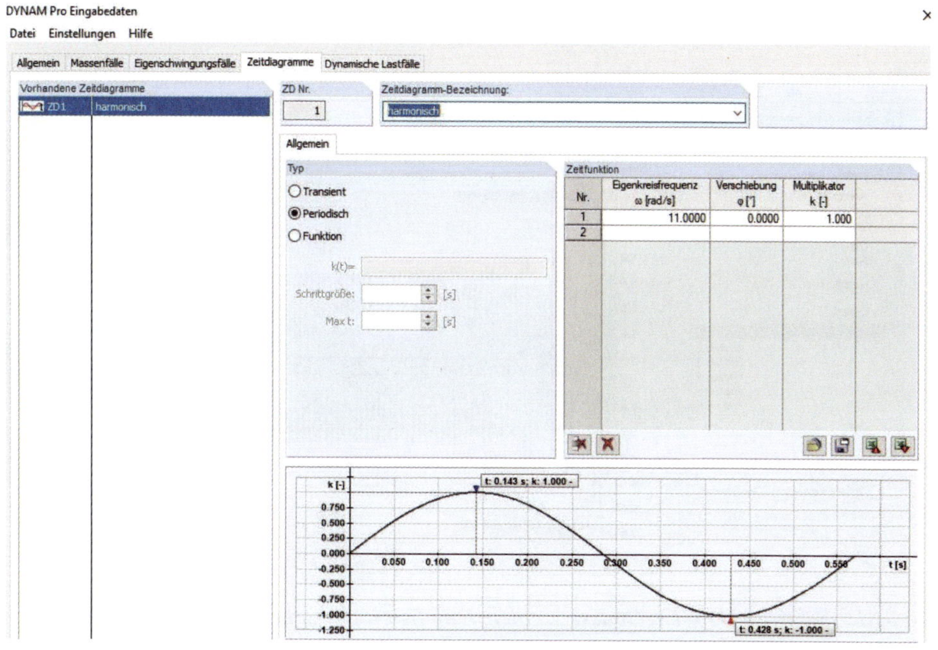

Abb. 6.29: Schritt 4: Die Zeitfunktion für die in Schritt 1 eingegebene Last wird vorgegeben.

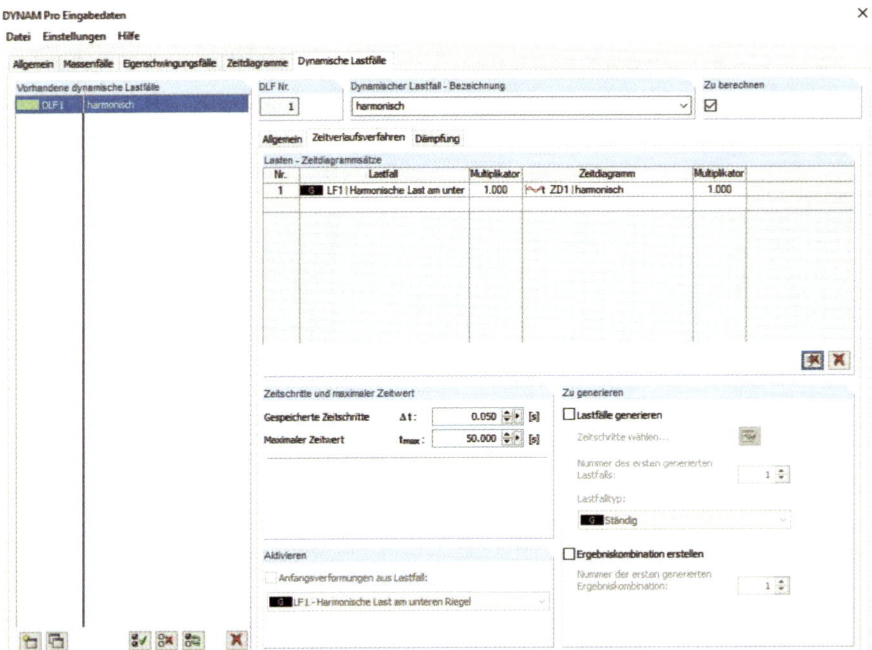

Abb. 6.30: Schritt 5: Der dynamische Lastfall, das Verfahren (lineare modale Analyse) und der Zeitschritt Δt werden eingegeben. Um die Dämpfung zu definieren, können entweder die Parameter α und β der Rayleigh'schen Dämpfung (siehe oben Abs. 6.3) angegeben werden oder Werte der Lehr'schen Dämpfung für jede Eigenform einzeln. Die Berechnung wird gestartet.

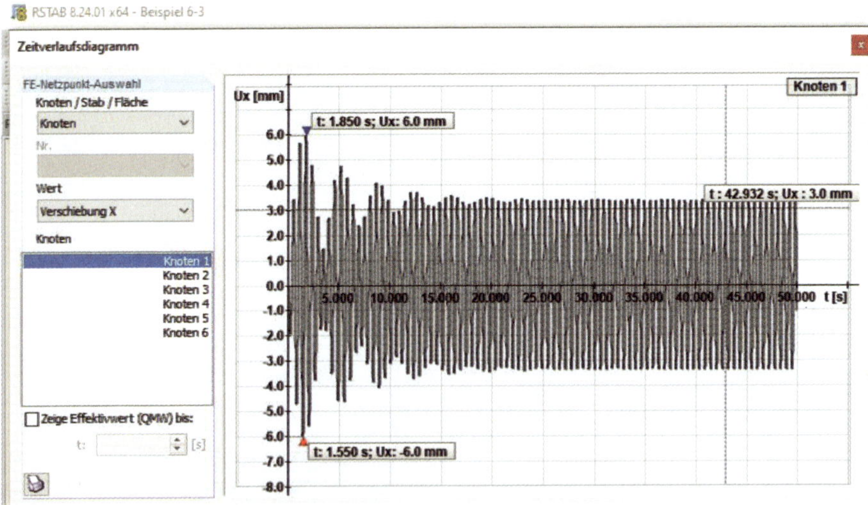

Abb. 6.31: Schritt 6: Die Ergebnisse werden visualisiert. Zu sehen ist die horizontale Verformung der oberen Geschossmasse mit der Amplitude $\hat{u}_2 = 3,4$ mm im eingeschwungenen Zustand und der größeren Verformung $u_{max,2} = 6,0$ mm während des Einschwingvorgangs.

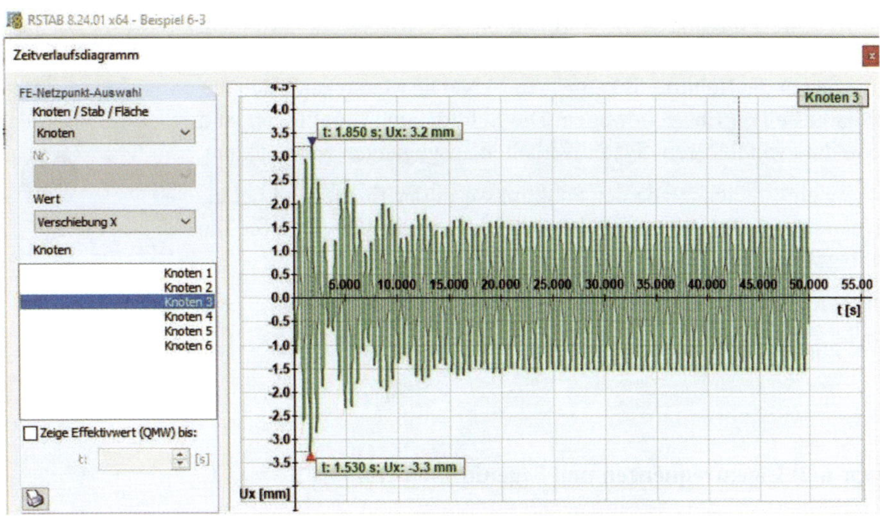

Abb. 6.32: Horizontale Verformung der mittleren Geschossmasse mit $\hat{u}_1 = 1,6$ mm im eingeschwungenen Zustand und $u_{\max,1} = 3,2$ mm während des Einschwingvorgangs.

Schritt 7: Bewertung der Ergebnisse: Die mit dem FEM-Programm errechneten Schwingungsamplituden im eingeschwungenen Zustand entsprechen den in Bsp. 6-2, Teil f von Hand mit der Modalanalyse ermittelten Werten. Allerdings liegen nun zusätzlich auch die Systemantworten während des Einschwingvorgangs vor. Die Knotenverschiebungen während des Einschwingvorgangs übersteigen diejenigen im eingeschwungenen Zustand deutlich, sie sind fast doppelt so groß und damit im Grenzzustand der Tragfähigkeit bemessungsrelevant.

6.8 Aufgaben und Fragen zur Lernkontrolle

Aufgabe 6-1: Fragen

Frage a: Die Massen des ebenen, eingespannten Rahmens in Abb. 6.33 dürfen in 9 Punktmassen diskretisiert werden. Der Rahmen – bestehend aus Stützen und Riegeln – sei biegeweich (EI), jedoch dehnstarr ($EA = \infty$). Wie viele Freiheitsgrade existieren und auf welche Zahl von unabhängigen Freiheitsgraden ließe sich eine dynamische Rechnung reduzieren?

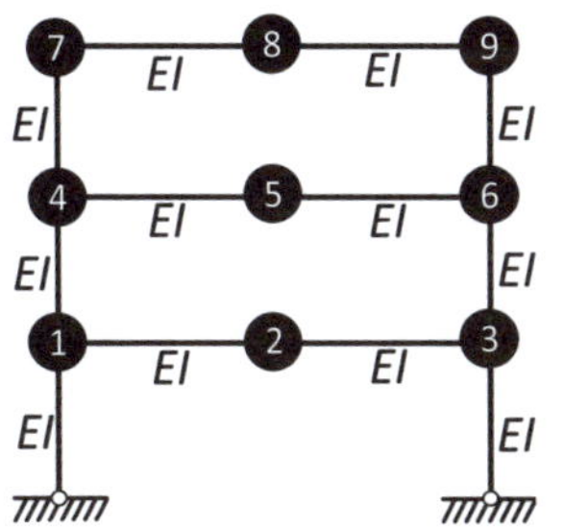

Abb. 6.33: Frage a: Ebenes Rahmentragwerk mit 9 konzentrierten Punktmassen

Frage b: Eine Punktmasse $m = 10$ kg ist wie dargestellt an einem $l = 1,50$ m langen, elastischen Gummiseil pendelnd aufgehängt. Das Gummiseil hat die Dehnsteifigkeit $EA = 1$ kN. Die Masse kann sich nur in der dargestellten Ebene bewegen. Die Schwingungsamplituden sind klein, so dass von linearem Systemverhalten ausgegangen werden kann.

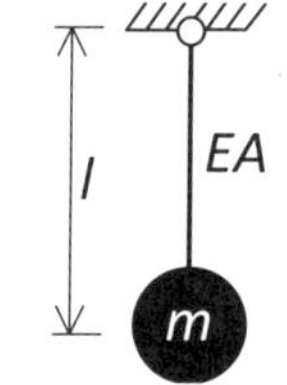

Abb. 6.34: Frage b

b1) Wie viele Freiheitsgrade der Punktmasse in der Ebene sind bei einer dynamischen Betrachtung zu berücksichtigen? Beschreiben Sie die Freiheitsgrade der Punktmasse

b2) Beschreiben und skizzieren Sie die Eigenformen des Systems

b3) Wie groß sind die Eigenfrequenzen f_i des Systems?

Aufgabe 6-2: Eigenfrequenzen und Eigenformen eines ZFS

Zu Abs. 6.2; Schwierigkeitsgrad: einfach

Gegeben ist der ungedämpfte ZFS in Abb. 6.35.

Daten der schwingenden Massen und der sie verbindenden Federn:

- $m_1 = 200$ kg und $k_1 = 75$ kN/m
- $m_2 = 290$ kg und $k_2 = 60$ kN/m

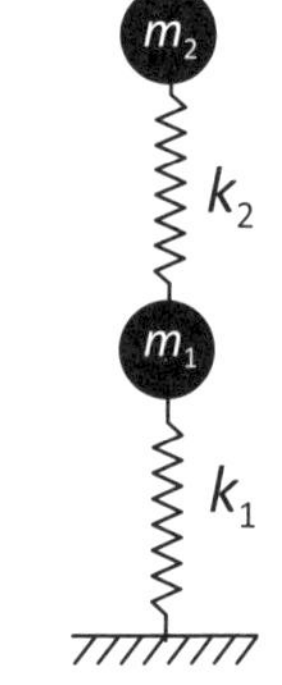

Abb. 6.35: Aufg. 6-2

Gesucht:

a) Eigenkreisfrequenzen des schwingenden Systems

b) Die zur kleineren Eigenkreisfrequenz ω_1 gehörige Eigenform $\underline{a}_1$.

Aufgabe 6-3: Eigenformen und Eigenfrequenzen eines ZFS

Zu Abs. 6.2; Schwierigkeitsgrad: einfach

Gegeben: Zwei Punktmassen, die sich nur horizontal bewegen können, sind untereinander und mit den Auflagern über Federn verbunden.

- $m_1 = 500$ kg; $m_2 = 1000$ kg
- $k_1 = 10$ kN/m; $k_2 = 15$ kN/m; $k_3 = 17$ kN/m

Gesucht: Eigenfrequenzen und Eigenformen des ungedämpften Systems

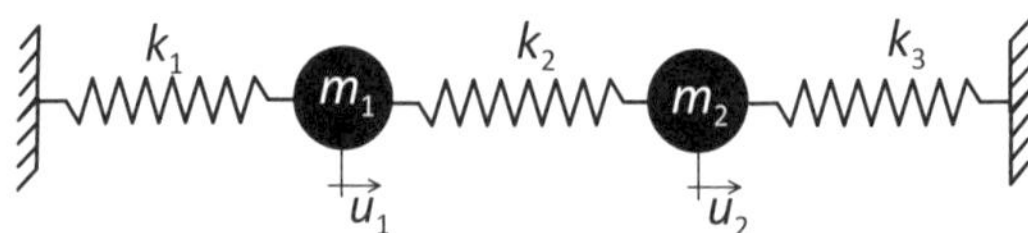

Abb. 6.36: Aufgabe 6-3

Aufgabe 6-4: Modalanalyse eines ZFS

Zu Abs. 6.5 und 6.6; Schwierigkeitsgrad: mittel

Gegeben: Gegeben ist das System aus Aufgabe 6-3 mit den dort berechneten Eigenformen und Eigenfrequenzen, siehe Abb. 6.37 .

- An der Masse m_2 wirkt nun eine zeitabhängige Kraft $P_2(t) = \hat{P}_2 \cdot \sin(\Omega \cdot t)$.
- $\hat{P}_2 = 20$ kN und $\Omega = 7,0$ 1/s
- An der Masse m_1 wirkt keine Kraft.
- Die Lehr'sche Dämpfung betrage 1 % für beide Eigenformen.

Gesucht:

a) Weg-Zeit-Funktionen $u_1(t)$ und $u_2(t)$ der beiden Massen m_1 und m_2 im eingeschwungenen Zustand mit der Modalanalyse. Die Dämpfung darf unberücksichtigt bleiben. Berücksichtigen Sie aber die Nacheilwinkel der modalen EFS!
b) Überprüfen Sie Ihr Ergebnis durch eine Berechnung mit der direkten numerischen Integration. Berücksichtigen Sie dabei die Rayleigh'sche Dämpfung.

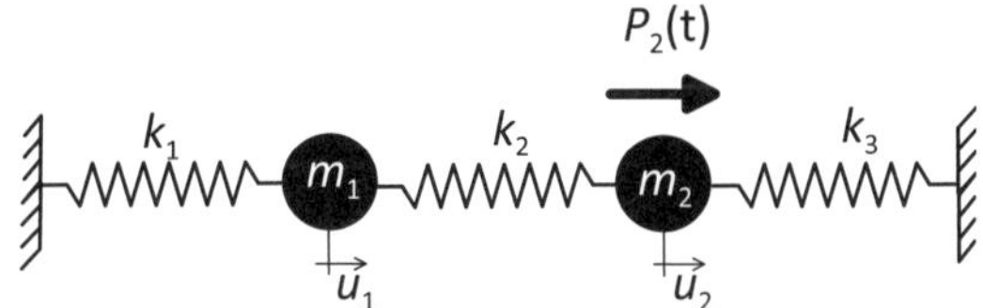

Abb. 6.37: Aufgabe 6-4

Aufgabe 6-5: Eigenfrequenzen und Eigenformen eines Mastes als ZFS

Zu Abs. 6.2; Schwierigkeitsgrad: mittel

Gegeben ist der dehnstarre Mast mit zwei Massen (Abb. 6.38) aus Bsp. 6-1 samt Steifigkeitsmatrix $\underline{K}$.

- $m_1 = m_2 = 100$ kg
- $l_1 = l_2 = 5$ m
- $EI = EI_1 = EI_2 = 1,0 \cdot 10^7$ N m^2
- $EA = \infty$
- Dämpfung darf vernachlässigt werden.
- $\underline{K} = \begin{pmatrix} 1,100 \cdot 10^6 & -0,3438 \cdot 10^6 \\ -0,3438 \cdot 10^6 & 0,1375 \cdot 10^6 \end{pmatrix}$ N/m

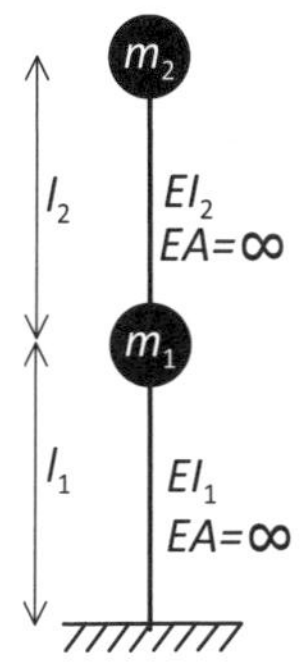

Abb. 6.38: Aufg. 6-5

Gesucht: Eigenkreisfrequenzen und Eigenformen
(Eigenvektoren so normieren, dass die Größtwerte zu 1,0 werden)

Aufgabe 6-6: Berechnung der dynamischen Systemantwort eines ZFS

Zu Abs. 6.2, 6.6; Schwierigkeitsgrad: höher

Gegeben ist ein ZFS als Feder-Masse-System, siehe Abb. 6.39.

- $m_1 = 2,0$ t
- $m_2 = 0,5$ t
- $k_1 = 100$ kN/m
- $k_2 = 80$ kN/m
- $\Omega = 13$ 1/s
- $P(t) = 10\,\text{kN} \cdot \sin(\Omega \cdot t)$
- Der Dämpfungsgrad sei klein und soll vernachlässigt werden.

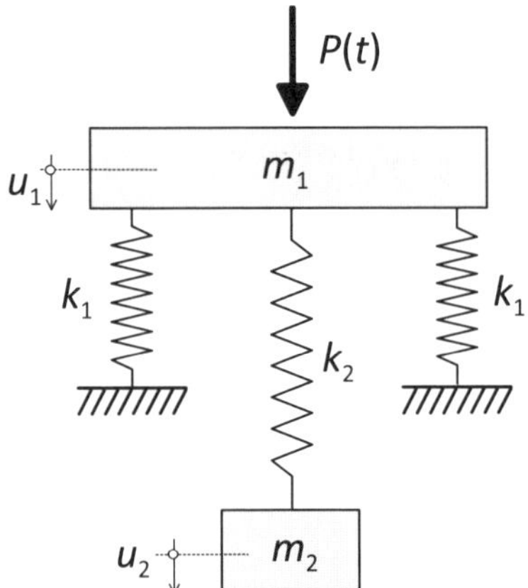

Abb. 6.39: Aufgabe 6-6

Gesucht:

a) Eigenkreisfrequenzen
b) Eigenformen (Normieren Sie die Eigenformen so, dass die Masse m_1 jeweils die Auslenkung +1,000 erhält.)
c) Wegfunktionen $u_1(t)$ und $u_2(t)$ mit der Modalanalyse
d) extremale Federkräfte in beiden Federn im eingeschwungenen Zustand.

Aufgabe 6-7: Modalanalyse eines zweistöckigen Rahmens

Zu Abs. 6.2, 6.6; Schwierigkeitsgrad: höher

Gegeben ist ein zweistöckiger, unten gelenkig gelagerter Rahmen, der als ZFS betrachtet werden soll, siehe Abb. 6.40.

- $h = 5,0$ m
- Masse oberer Riegel: $m_2 = m = 60$ t
- Masse unterer Riegel: $m_1 = 4 \cdot m = 240$ t
- $EI = 10\,000$ kN/m^2
- Die Riegel dürfen als starr angesehen werden.
- $\Omega = 0,75 \cdot \omega_1$, mit ω_1 kleinste Eigenkreisfrequenz
- Kraft auf den unteren Riegel: $P(t) = 13,0$ kN $\cdot \sin(\Omega \cdot t)$
- Auf den oberen Riegel wirkt keine Horizontalkraft.
- Der Dämpfungsgrad sei klein und darf vernachlässigt werden.

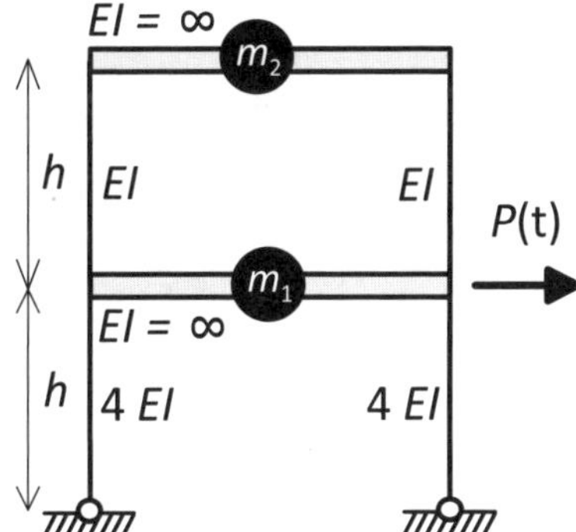

Abb. 6.40: Aufgabe 6-7

Gesucht:

a) Berechnen Sie die Eigenfrequenzen.

b) Berechnen Sie die Eigenformen und stellen Sie sie maßstäblich dar. Skalieren Sie die Eigenformen so, dass die obere Masse m_2 jeweils die Auslenkung +1,000 erhält.

c) Berechnen Sie die Wegfunktion $u_2(t)$ der oberen Masse m_2 mit Hilfe der Modalanalyse.

Aufgabe 6-8: Direkte numerische Integration des Rahmens aus Beispiel 6-2

Zu Abs. 6.5; Schwierigkeitsgrad: höher

Gegeben: Angaben und Ergebnisse aus Bsp. 6-2, Teile a, b und c, siehe Abb. 6.41

- Die Systemmatrizen werden aus Bsp. 6-2 übernommen:

$$\underline{K} = \begin{pmatrix} 18\,000\,000 & -9\,000\,000 \\ -9\,000\,000 & 9\,000\,000 \end{pmatrix} \text{ N/m}$$

$$\underline{M} = \begin{pmatrix} 40\,000 & 0 \\ 0 & 40\,000 \end{pmatrix} \text{ kg}$$

$$\underline{C} = \begin{pmatrix} 28\,745 & -13\,182 \\ -13\,182 & 15\,563 \end{pmatrix} \text{ kg/s}$$

- Anregungskreisfrequenz $\Omega = 11{,}0$ 1/s
- Kraft an der unteren Masse 1: $P_1(t) = \hat{P}_1 \cdot \sin(\Omega \cdot t)$ mit $\hat{P}_1 = 10$ kN
- Kraft an der oberen Masse 2: $P_2 = 0$

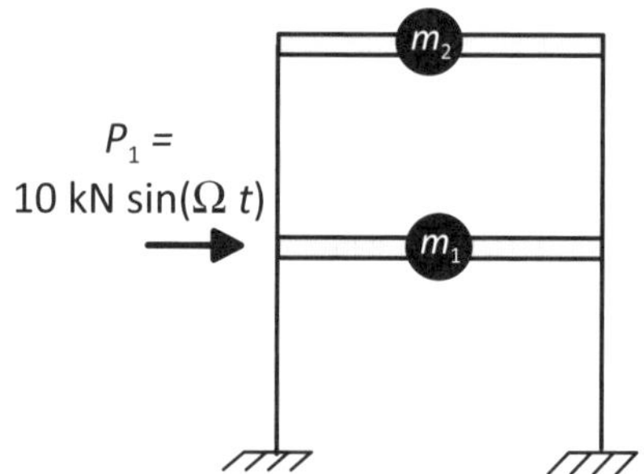

Abb. 6.41: Aufgabe 6-8 Rahmen mit Belastung

Gesucht: (als Fortsetzung der Teile a bis c des Beispiels 6-2)

- Programmieren Sie ein EXCEL-Rechenblatt, mit dem Sie die Aufgabe mit der direkten numerischen Integration im Zeitbereich lösen können. Der Algorithmus ist in Abs. 6.5 angegeben.
- Berechnen Sie den Weg-Zeitverlauf $u_1(t)$ der Masse m_2 für den Zeitraum $0 < t_i < 25$ s.
- In Beispiel 6-2, Teil e in Abs. 6.4 wurde als maximale Amplitude für die obere Masse $\hat{u}_2 = 3{,}43$ mm berechnet. Vergleichen Sie diesen Wert mit dem Ergebnis der hier durchgeführten Berechnung. Worauf ist der Unterschied zurückzuführen?

7 Grundfrequenzen einfacher Tragwerke und iterative Verfahren

7.1 Eigenfrequenzen einfacher Tragwerke mit homogener Massenbelegung

Bauteile – z.B. Balken, Platten, Seile usw. – bestehen aus einer Masse, die über das Bauteilvolumen verteilt ist. Systeme mit verteilten Massen haben grundsätzlich unendlich viele dynamische Freiheitsgrade. Aus Gründen der Rechenvereinfachung werden Bauteilmassen in der Regel in einem oder mehreren Punkten konzentriert betrachtet. So lässt sich die Zahl der dynamischen Freiheitsgrade (Abs. 6.1.1.1) auf die baupraktisch relevanten reduzieren. Das ist die Strategie der vorangegangenen Kapitel, nach der Tragwerke auf EFS, ZFS oder MFS reduziert und diskretisiert wurden.

In diesem Abschnitt werden Eigenfrequenzen einfacher Bauteile mit homogener Massenbelegung angegeben, ohne die Massen in einzelnen Punkten zu konzentrieren.

7.1.1 Biegebalken

Die **Eigenfrequenzen** f_j **eines Biegebalkens mit kontinuierlicher Massenbelegung** μ [Masse/Länge], der Biegesteifigkeit EI und der Länge l ergeben sich in Abhängigkeit von den Lagerungsbedingungen mit den Hilfswerten α_j aus Tab. 7.1 zu:

$$f_j = \frac{\alpha_j^2}{l^2 \cdot 2 \cdot \pi} \cdot \sqrt{\frac{EI}{\mu}} \tag{7.1}$$

Zur Herleitung siehe [BA87], Kap. B3 und vor allem [PW18], Kap. 10.

Beispiel 7-1: Kleinste Eigenfrequenz eines statisch bestimmt gelagerten Biegebalkens

Gegeben: Statisch bestimmt gelagerter Einfeldträger auf zwei Stützen, l = 10 m, Walzprofil HEB 300, es wirkt nur die Eigenmasse des Trägers.

Gesucht: Kleinste Eigenfrequenz

Tab. 7.1: Eigenformen und Frequenzkoeffizienten α_j^2 für Biegebalken (j: Nummer der Eigenfrequenz) nach [KR80], S. 228

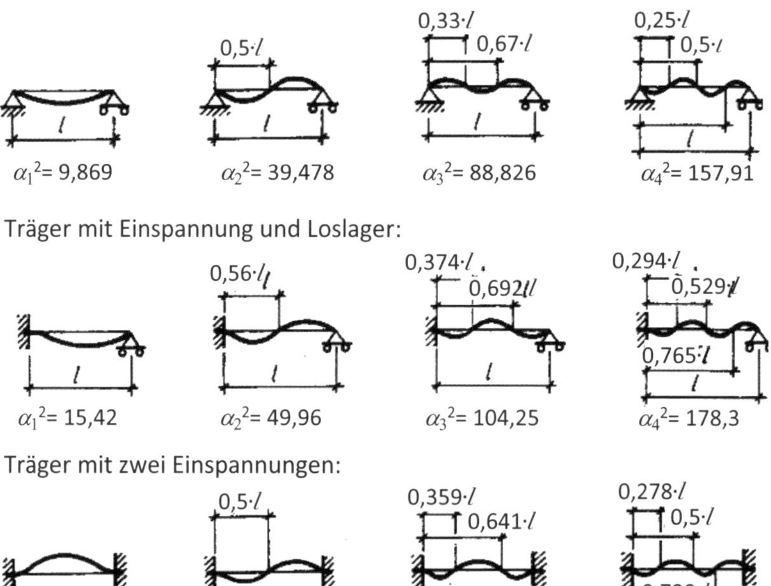

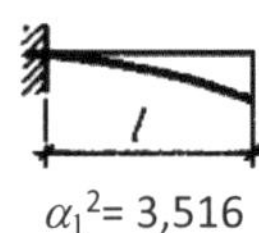

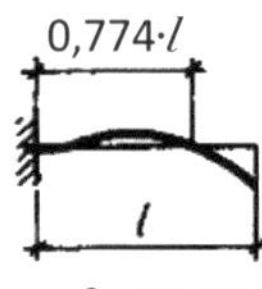

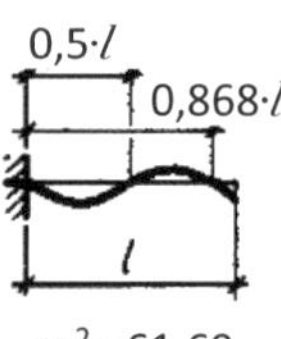

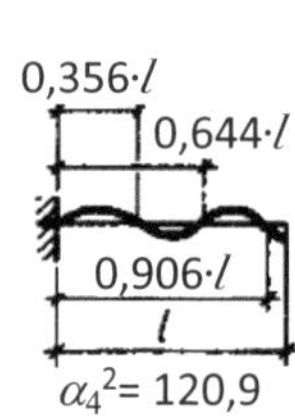

Lösung:

1) Aus Profiltabellen und Formelsammlung lässt sich für einen HEB 300 ablesen:
   - $I_y = 25\,170\ \text{cm}^4 = 2{,}517 \cdot 10^{-4}\ \text{m}^4$
   - Massenbelegung $\mu = 117$ kg/m
   - $E = 21\,000\ \text{kN/cm}^2 = 2{,}1 \cdot 10^{11}\ \text{N/m}^2$
2) Der die Lagerungsbedingungen berücksichtigende Koeffizient aus Tab. 7.1 lautet für die unterste Eigenschwingung des beidseitig statisch bestimmt gelagerten Einfeldträgers: $\alpha_1^2 = 9{,}869$
3) Daraus ergibt sich die kleinste Eigenfrequenz zu (alle Einheiten in N, m, s):

$$f_1 = \frac{\alpha_1^2}{l^2 \cdot 2 \cdot \pi} \cdot \sqrt{\frac{EI}{\mu}} = \frac{9{,}869}{10^2 \cdot 2 \cdot \pi} \cdot \sqrt{\frac{2{,}1 \cdot 10^{11} \cdot 2{,}517 \cdot 10^{-4}}{117}} = 10{,}5\ \text{Hz}$$

Tab. 7.2: Parameter α_j für die Berechnung der Eigenfrequenzen von schwingenden Saiten, Stäben mit Längsschwingung und Torsionsstäben

Auflagerbedingung	Faktor α_j nach [BA87], Kap. B3 j: Nummer der Eigenfrequenz
	$\alpha_j = j \cdot \pi$ $j = 1, 2, \ldots$
	$\alpha_j = -\frac{\pi}{2} + j \cdot \pi$ $j = 1, 2, \ldots$

Abb. 7.1: Schrägseilbrücke im Lechtal, Österreich. Die einzelnen Seile wirken als schwingende Saiten (Foto: Alexander Vogler)

7.1.2 Schwingende Saite

Was ist der Unterschied zwischen einer schwingenden Saite mit zweiwertiger Auflagerung an beiden Enden und einem schwingenden, statisch bestimmt gelagerten Biegebalken auf zwei Stützen? Da beide Systeme eine ähnliche Schwingungsfigur aufweisen, könnte man sie auf den ersten Blick verwechseln. Die beiden Phänomene sind jedoch völlig verschieden: Im schwingenden Biegebalken (EI) wirken Biegemomente M, die Normalkraft bleibt i.d.R. unberücksichtigt. Die Frequenz des schwingenden Biegebalkens wächst mit der Wurzel der Steifigkeit EI. Die schwingende Saite ist dagegen biegeschlaff ($EI = 0$) , eine evtl. vorhandene geringe Biegesteifigkeit bleibt unberücksichtigt. Die Frequenz der schwingenden Seite wächst mit der Wurzel der Seilkraft S.

Die **Eigenfrequenz** f_j **einer schwingenden Saite** der Länge l ergibt sich mit S = Spannkraft der Saite, μ = Masse pro Längeneinheit und α_j nach Tab. 7.2 zu:

$$f_j = \frac{\alpha_j}{l \cdot 2 \cdot \pi} \cdot \sqrt{\frac{S}{\mu}} \tag{7.2}$$

Seile von Hängebrücken (Abb. 7.1) können als Beispiel für schwingende Saiten angesehen werden. Schwingungen von Seilen auch unter Berücksichtigung ihres Durchhanges werden ausführlich in [PW18], Kap. 8 behandelt.

Abb. 7.2: Winderregte Torsionsschwingung der Tacoma Narrows Bridge

7.1.3 Stab bei Längsschwingung

Eine Längsschwingung (Longitudinalschwingung) liegt vor, wenn sich die Stabmassen im Rahmen der Schwingung nur in Stablängsrichtung bewegen, wie z.B. die Stützen in Abb. 6.24 in der 10. Eigenform.

Die **Eigenfrequenz f_j eines Stabes mit Longitudinalschwingungen** ergibt sich mit ρ Dichte (Masse pro Volumeneinheit), l Stablänge, E Elastizitätsmodul und α_j nach Tab. 7.2 zu:

$$f_j = \frac{\alpha_j}{l \cdot 2 \cdot \pi} \cdot \sqrt{\frac{E}{\rho}} \tag{7.3}$$

Ein Beispiel für eine Längsschwingung ist weiter oben in Abb. 6.24 zu erkennen: Der dort abgebildete Mode 10 (10. Eigenform) stellt eine reine Längsschwingung dar.

7.1.4 Torsionsschwingung eines Stabes

Eine Torsionsschwingung liegt vor, wenn sich die Stabquerschnitte um eine Torsionsachse drehen, wie z.B. in Tab. 3.1, vorletzte Zeile.

Die **Eigenfrequenz f_j eines Torsionsschwingers** ergibt sich mit G Schubmodul, I_T Torsionsträgheitsmoment, κ Massenträgheitsmoment pro Längeneinheit (Drehmassenbelegung), l Stablänge und α_j nach Tab. 7.2 zu:

$$f_j = \frac{\alpha_j}{l \cdot 2 \cdot \pi} \cdot \sqrt{\frac{G \cdot I_\mathrm{T}}{\kappa}} \tag{7.4}$$

Für einen Stab mit konstantem Kreisquerschnitt (Radius r; Dichte ρ; Drehträgheitsmoment J; Länge l) ergibt sich die Drehmassenbelegung κ zu (siehe auch oben Tab. 3.1):

$$\kappa = \frac{J}{l} = \frac{\pi \cdot \rho \cdot r^4}{2} \quad [\mathrm{kg\ m}] \tag{7.5}$$

Abb. 7.2 zeigt die winderregte Torsionsschwingung der Tacoma Narrows Bridge im US Bundesstaat Washington kurz vor ihrem Einsturz am 7. November 1940.

7.2 Näherungsformel für die kleinste Eigenfrequenz einfacher Tragwerke

Wir verlassen nun wieder den Bereich der Bauteile mit kontinuierlicher Massenbelegung und kehren zur Annahme konzentrierter Punktmassen zurück.

Für einfache Tragwerksformen existieren Näherungs- oder Abschätzungsformeln für Eigenfrequenzen, von denen einige im Folgenden vorgestellt werden.

7.2.1 Näherung für die kleinste Eigenfrequenz eines Tragwerks als EFS

Zunächst wollen wir die Eigenfrequenz eines EFS einmal nicht über Federsteifigkeit und Masse, sondern als Funktion der gemessenen oder berechneten Einfederung u infolge der Massenkraft ausdrücken.

Dabei gehen wir von der Eigenfrequenz f eines EFS aus:

$$f = \frac{\omega}{2 \cdot \pi} = \frac{\sqrt{k/m}}{2 \cdot \pi} \tag{7.6}$$

Die Federsteifigkeit lässt sich aus der gemessenen Einfederung u infolge der Massenkraft $F = m \cdot g$ ausdrücken:

$$k = \frac{F}{u} = \frac{m \cdot g}{u} \tag{7.7}$$

Eingesetzt in Gl. 7.6 ergibt sich mit $g = 981$ cm/s^2 und u in cm: [5]

$$\begin{aligned} f &= \frac{\sqrt{k/m}}{2 \cdot \pi} = \frac{\sqrt{\frac{m \cdot g}{u \cdot m}}}{2 \cdot \pi} \\ &= \frac{\sqrt{g}/(2 \cdot \pi)}{\sqrt{u}} = \frac{4,9849}{\sqrt{u}} \end{aligned} \tag{7.8}$$

Die **Eigenfrequenz eines EFS** ergibt sich mit der Einfederung u infolge der Schwerkraft, eingesetzt in der Einheit cm, zu:

$$f = \frac{5,0}{\sqrt{u}} \tag{7.9}$$

Zur Berechnung von u lässt man die Schwerkraft in Richtung der erwarteten Bewegungsrichtung der Hauptmasse wirken (also z.B. bei einer vertikalen Struktur in horizontaler Richtung) und rechnet sich die zugehörige Verschiebung u der Hauptmasse aus.
Gl. 7.9 gilt streng für den EFS. Man kann damit jedoch auch die kleinste Eigenfrequenz einfacher vertikal oder horizontal gestreckter Mehrmassensysteme abschätzen.

Ist die Durchbiegung u in m gegeben, so lautet die Beziehung:

$$f = \frac{1}{2 \cdot \sqrt{u}} \quad \text{mit: } u \text{ in m} \tag{7.10}$$

[5] In diesem Buch wird der Einfachheit und der Einheitlichkeit halber konsequent mit einer Erdbeschleunigung von $g = 10$ m/s^2 gerechnet. An dieser Stelle wird davon abweichend der Genauigkeit wegen der Wert 9,81 m/s^2 verwendet.

Beispiel 7-2: Eigenfrequenz eines Masten mit Masse an der Spitze

Gegeben: Ein als masselos anzusehender Mastschaft mit der Biegesteifigkeit EI trägt an seiner Spitze eine Masse m, siehe Abb. 7.3.

- $EI = 1 \cdot 10^9$ kN cm^2
- $m = 1{,}2$ t
- $h = 10$ m

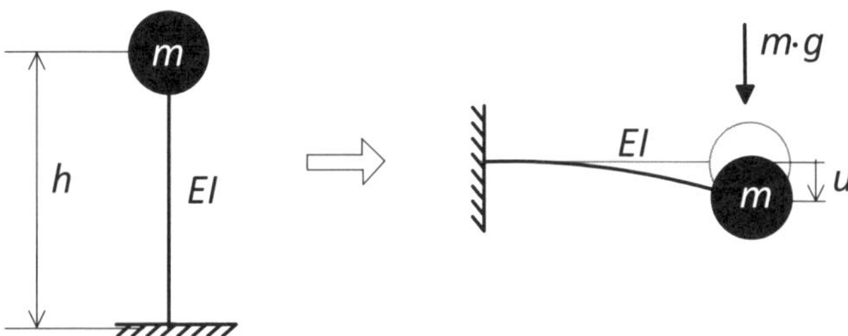

Abb. 7.3: Beispiel 7-2: Eigenfrequenz eines Turms mit einer Masse m an der Spitze nach Gl. 7.9

Gesucht: Eigenfrequenz f mit Näherungsgleichung 7.9.

Lösung:

1) Berechnung der Durchbiegung u
   Da die Bewegungsmöglichkeit des EFS horizontal ist, muss das Tragwerk zur Berechnung der Durchbiegung infolge Schwerkraft gedanklich um 90° gedreht werden.
   Die vertikale Durchbiegung u aus Eigengewicht ergibt sich (in m, s, kg) zu:

$$\begin{aligned} u &= \frac{m \cdot g \cdot h^3}{3 \cdot EI} \\ &= \frac{1200 \text{ kg} \cdot 9{,}81 \text{ m/s}^2 \; 10^3 \text{m}^3}{3 \cdot 10^8 \text{ N m}^2} \\ &= 0{,}03924 \text{ m} = 3{,}924 \text{ cm} \end{aligned}$$

2) Mit $u = 3{,}924$ cm ergibt sich die Eigenfrequenz nach Gl. 7.9 zu:

$$\begin{aligned} f &= \frac{5}{\sqrt{u}} = \frac{5}{\sqrt{3{,}924}} \\ &= 2{,}52 \text{ Hz} \end{aligned}$$

3) Mit Gl. 7.10 und $u = 0{,}03924$ m erhält man das gleiche Ergebnis:

$$\begin{aligned} f &= \frac{1}{2 \cdot \sqrt{u}} = \frac{1}{2 \cdot \sqrt{0{,}03924}} \\ &= 2{,}52 \text{ Hz} \end{aligned}$$

Beispiel 7-3: Eigenfrequenz einer Krananlage

Gegeben: Krananlage, bestehend aus Kranbrücke, Kopfträger und Kranbahnträger. [6]

- 8-t-Einträgerbrückenlaufkran; Katzgewicht: $G_{\text{Katze}} = 3,0$ kN
  - Kranbrückenträger HEB 600, $g = 2,12$ kN/m; Spurweite $s = 15$ m
  - Kopfträger: Rechteckhohlprofil $260 \cdot 180 \cdot 8$; Radstand $a = 2,5$ m
- einfeldrige Kranbahn HEB 340, $g = 1,34$ kN/m und Spannweite $l = 6$ m

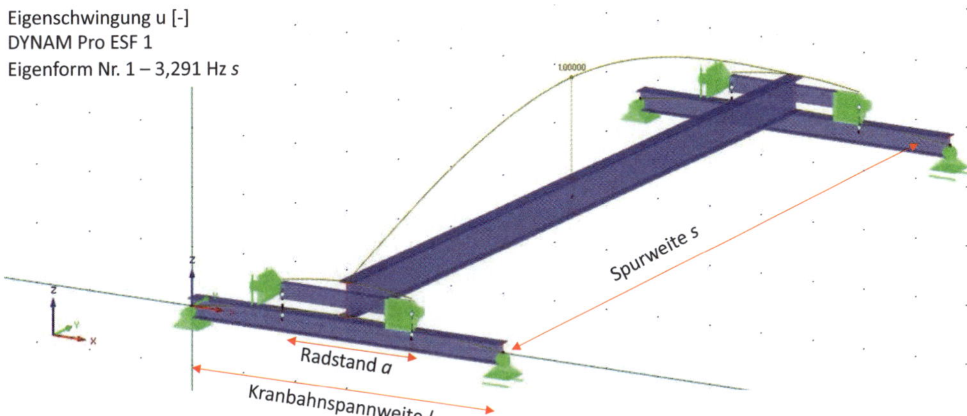

Abb. 7.4: Beispiel 7-3: Eigenfrequenz einer Krananlage

Gesucht: Abschätzung der kleinsten Eigenfrequenz f für die vertikale Eigenschwingung der Krananlage mit Hublast bei mittiger Katzposition

Lösung:

1) Die dargestellte Krananlage ist kein EFS. Dennoch lässt sich die unterste Eigenfrequenz der Krananlage als einfache, horizontale Struktur mit Gl. 7.9 abschätzen.
2) Dazu werden alle Eigenmassen vereinfacht als in der Mitte der Kranbrücke konzentriert angenommen. Die Durchbiegung der Brückenmitte wird von Hand berechnet. In unserem Fall beträgt sie $u = 3,08$ cm. Daraus ergibt sich die minimale Eigenfrequenz:

$$f = \frac{5}{\sqrt{u}} = \frac{5}{\sqrt{3,08 \text{ cm}}} = 2,85 \text{ Hz}$$

3) Wenn man die kleinste Eigenfrequenz unter Berücksichtigung verteilter Massen mit dem Programm RSTAB DYNAM Pro berechnet, ergibt sich die kleinste Eigenfrequenz erwartungsgemäß etwas größer zu $f = 3,29$ Hz.
4) Bestimmt man die Durchbiegung der Brückenmitte mit einem Stabwerksprogramm unter Berücksichtigung der tatsächlichen Massenverteilung, so ergibt sich $u = 2,48$ cm, daraus lässt sich mit Gl. 7.9 eine kleinste Eigenfrequenz von $f = 3,18$ Hz berechnen. Der Fehler beträgt gegenüber der richtigen Lösung ($f = 3,29$ Hz) nur noch 3 %.

[6] Zu Kranbahnen siehe [See20], Abs. 14.3 und [See22]

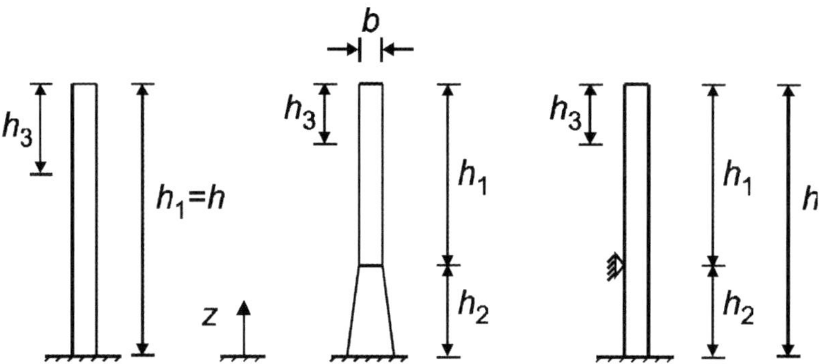

Abb. 7.5: Maße für die Abschätzung der kleinsten Biegeeigenfrequenz von Schornsteinen nach DIN EN 1991-1-4, Bild F.1

7.2.2 Abschätzung von Eigenfrequenzen nach DIN EN 1991-1-4

DIN EN 1991-1-4 (Windlasten), Ausgabe 12/2010, Anhang F enthält zusätzlich zu Gl. 7.9 einige weitere Abschätzungsformeln für Eigenfrequenzen von Bauwerken:

1.) Für ein typisches mehrstöckiges Gebäude der Höhe h in m lässt sich die kleinste Biege-Eigenfrequenz in Hz grob abschätzen zu:

$$f = \frac{46}{h} \tag{7.11}$$

Diese Gleichung kann auch eine Orientierungshilfe für Türme darstellen.

2.) Die Grundbiegeeigenfrequenz von Schornsteinen lässt sich abschätzen mit:

$$f = \frac{\varepsilon_1 \cdot b}{h_{\text{eff}}^2} \cdot \sqrt{\frac{W_s}{W_t}} \quad \text{mit} \quad h_{\text{eff}} = h_1 + \frac{h_2}{3} \tag{7.12}$$

mit (alle Einheiten in m, s, kg):

- b oberer Durchmesser des Schornsteins
- h_1 und h_2 Maße gemäß Abb. 7.5
- W_s Gewicht der Bauwerksteile, die zur Biegesteifigkeit des Schornsteins beitragen
- W_t Gesamtgewicht des Schornsteins
- ε_1 Hilfswert (Dimension Länge/Zeit), der 1000 m/s für Stahlschornsteine und 700 m/s für Schornsteine aus Stahlbeton oder Mauerwerk beträgt.

3.) Die Grundfrequenz für ovalisierende Schwingungen einer langen zylindrischen Schale ohne Aussteifungsringe kann nach DIN EN 1991-1-4, Gl. F.5 abgeschätzt werden.

4.) Die kleinste vertikale Biegeeigenfrequenz einer Platten- oder Kastenträgerbrücke kann nach DIN EN 1991-1-4, Gl. F.6 abgeschätzt werden. Die kleinste Torsionseigenfrequenz ergibt sich nach DIN EN 1991-1-4, Gl. F.7.

7.3 Iterative Ermittlung der kleinsten Eigenfrequenz nach Rayleigh

Für einfache vertikal oder horizontal gestreckte Strukturen (z.B. Abb. 7.4) ist die im letzten Abschnitt gezeigte Abschätzung der kleinsten Eigenfrequenz mit Gl. 7.9 gut geeignet. Wenn jedoch die Struktur nicht gestreckt (z.B. Abb. 7.6) ist und die Bewegungen der Einzelmassen nicht im Wesentlichen in die gleiche Richtung gehen, dann lässt sich Gl. 7.9 nicht mehr anwenden.

Das Rayleigh-Iterationsverfahren kann dagegen bei beliebigen Stabtragwerken – also auch in Fällen, die sich nicht mit Gl. 7.9 behandeln lassen – zum Einsatz kommen, um die erste (kleinste) Eigenfrequenz samt zugehöriger Eigenform zu ermitteln. Die (noch unbekannte) Schwingungsbiegelinie der 1. Eigenform wird durch eine (bekannte) Biegelinie angenähert. Zur Herleitung wird auf die Literatur (z.B. [PW18]) verwiesen. Der Charme des Verfahrens liegt darin, dass die notwendigen Berechnungen mit einem beliebigen Stabwerksprogramm vorgenommen werden können, spezielle Dynamik-Software wird nicht benötigt.

Der Algorithmus für die Berechnung der kleinsten Eigenfrequenz samt zugehöriger Eigenform eines Stabwerks mit $i = 1, 2...n$ massebelegten Freiheitsgraden lautet wie folgt:

1) **Vorbereitung der Iteration**
   - Identifikation der $i = 1, 2...n$ massenbelegten Freiheitsgrade des Stabtragwerks und Bestimmung der zum jeweiligen Freiheitsgrad i gehörigen Masse m_i. Hat eine einzelne Punktmasse z.B. zwei Bewegungsfreiheitsgrade, dann wird sie in der Berechnung für beide Freiheitsgrade berücksichtigt, z.B. als m_i und als m_{i+1}. Zur Identifikation der Freiheitsgrade siehe auch oben Abs. 6.1.1.1.
   - Bei Stabwerken mit kontinuierlicher Massenbelegung kann man wie folgt vorgehen: Die Struktur wird in $i = 1, 2...n$ Abschnitte geteilt, m_i ist die zum Abschnittes i gehörige Punktmasse, die als im Abschnittsschwerpunkt wirkend angesehen wird. Die Zahl n wird so gewählt, dass auf der einen Seite die Ergebnisgenauigkeit ausreichend ist und andererseits der Rechenaufwand erträglich bleibt.
   - Zum Freiheitsgrad i gehört die Verformung u_i, positiv in jeweils positive Koordinatenrichtung.
   - Setze den Iterationszähler zu $k = 0$
   - Lege das Iterationskriterium als relative Fehlertoleranz $\varepsilon_{\text{grenz}}$ fest, z.B. $\varepsilon_{\text{grenz}} = 0,001$
2) **Iterationsschritt:** $k := k + 1$
   - Belastung des Stabwerks durch die in positiver Koordinatenrichtung des jeweiligen Freiheitsgrades wirkenden Kräfte: $F_i^{(k)} = m_i \cdot g \cdot u_i^{(k-1)}$.
     (Nur im ersten Iterationsschritt wird angesetzt: $u_i^{(k-1)} = u_i^{(0)} = 1$)
   - Berechne alle Verformungen $u_i^{(k)}$ infolge der Lasten $F_i^{(k)}$ z.B. mit einem Stabwerksprogramm
   - Berechne die Näherung der untersten Eigenfrequenz $f_1^{(k)}$

$$f_1^{(k)} = \frac{1}{2 \cdot \pi} \cdot \sqrt{\frac{\sum_i F_i^{(k)} \cdot u_i^{(k)}}{\sum_i m_i \cdot (u_i^{(k)})^2}} \tag{7.13}$$

3) **Überprüfung, ob die Iteration der kleinsten Eigenfrequenz abgeschlossen werden kann.**
   - Berechne den relativen Fehler

$$\varepsilon^{(k)} = |\frac{f^{(k)} - f^{(k-1)}}{f^{(k)}}| \tag{7.14}$$

   - Falls $\varepsilon^{(k)} \leq \varepsilon_{\text{grenz}}$: gehe zu Schritt 4
   - Andernfalls: gehe zu Schritt 2
4) Feststellung des Ergebnisses
   - Die unterste Eigenfrequenz ist $f_1^{(k)}$
   - Die zugehörige Eigenform entspricht dem Vektor $\underline{a}_1 = \underline{u}^{(k)}$, der noch beliebig normiert werden kann.
   - Überprüfung der Genauigkeit des Iterationsergebnisses der Eigenform durch Vergleich der Vektoren $\underline{u}^{(k)}$ und $\underline{u}^{(k-1)}$. Gegebenenfalls können weitere Iterationsschritte ausgeführt werden, um das Iterationsergebnis der Eigenform zu verbessern.

Beispiel 7-4: Eigenfrequenz eines Fachwerks mit dem Rayleigh-Iterationsverfahren

Gegeben: Fachwerk gemäß Abb. 7.6, nach [Wer21], Bsp. 5-5, S. 577.

- Baustoff: Stahl, $E = 21\,000$ kN/cm^2
- Alle Stäbe haben die gleiche Querschnittsfläche $A = 0,0040$ m^2
- Punktmasse im Knotenpunkt a: $m_\text{a} = 20$ t
- Punktmasse im Knotenpunkt b: $m_\text{b} = 40$ t
- Punktmasse im Knotenpunkt d: $m_\text{d} = 10$ t
- Genauigkeitsschranke: $\varepsilon_{\text{grenz}} = 0,001$

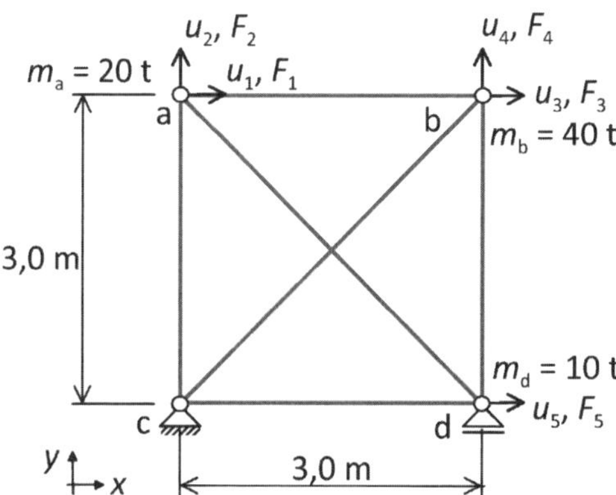

Abb. 7.6: Beispiel 7-4: Fachwerk mit kreuzungsfreien Diagonalen und mit drei Punktmassen in den Knoten a, b und d. Die Stäbe selber sind als massefrei anzusehen.

Gesucht: Kleinste Eigenfrequenz und zugehörige Eigenform

Lösung:

- Vorbereitung der Iteration
  - Iterationszähler $k = 0$
  - 5 massenbelegte Freiheitsgrade u_1 bis u_5, siehe Abb. 7.6
  - Bestimmung der zu den Freiheitsgraden i gehörenden Massen m_i : $m_1 = m_2 = m_a$; $m_3 = m_4 = m_b$; $m_5 = m_d$
  - Berechnung des Tragwerks aus Abb. 7.6 mit einem geeigneten Stabwerksprogramm
- 1. Iterationsschritt
  - $k := k+1 = 0+1 = 1$
  - Lastvektor $\underline{F}^{(1)}$ für die erste Iteration mit $g = 10$ m/s^2 und $u_i^{(k-1)} = u_i^{(0)} = 1$:
    + $F_1^{(1)} = m_1 \cdot g \cdot u_1^{(0)} = m_a \cdot 10 \cdot 1 = 200$ kN
    + $F_2^{(1)} = m_2 \cdot g \cdot u_2^{(0)} = m_a \cdot 10 \cdot 1 = 200$ kN
    + $F_3^{(1)} = m_3 \cdot g \cdot u_3^{(0)} = m_b \cdot 10 \cdot 1 = 400$ kN
    + $F_4^{(1)} = m_4 \cdot g \cdot u_4^{(0)} = m_b \cdot 10 \cdot 1 = 400$ kN
    + $F_5^{(1)} = m_5 \cdot g \cdot u_5^{(0)} = m_d \cdot 10 \cdot 1 = 100$ kN
  - Die Verformungen $u_i^{(1)}$ infolge der Lasten $\underline{F}^{(1)}$ ergeben die erste Näherung für die Eigenform. Sie werden mit dem Stabwerksprogramm ermittelt:

$$\underline{u}^{(1),\mathrm{T}} = \begin{pmatrix} 4,280 & 1,379 & 4,231 & -0,04967 & 1,022 \end{pmatrix} \cdot 10^{-3}\ \mathrm{m}$$

  - Daraus ergibt sich nach Gl. 7.13 die Näherung der Eigenfrequenz $f^{(1)}$

$$\begin{aligned} f^{(1)} &= \frac{1}{2 \cdot \pi} \cdot \sqrt{\frac{\sum_i F_i^{(1)} \cdot u_i^{(1)}}{\sum_i m_i \cdot (u_i^{(1)})^2}} \\ &= \frac{1}{2 \cdot \pi} \cdot \sqrt{\frac{F_1^{(1)} \cdot u_1^{(1)} + F_2^{(1)} \cdot u_2^{(1)} + F_3^{(1)} \cdot u_3^{(1)} + F_4^{(1)} \cdot u_4^{(1)} + F_5^{(1)} \cdot u_5^{(1)}}{m_1 \cdot (u_1^{(1)})^2 + m_2 \cdot (u_2^{(1)})^2 + m_3 \cdot (u_3^{(1)})^2 + m_4 \cdot (u_4^{(1)})^2 + m_5 \cdot (u_5^{(1)})^2}} \\ &= 8,07\ \mathrm{Hz} \end{aligned}$$

- 2. und weitere Iterationsschritte
  - $k := k+1 = 1+1 = 2$
  - Die Komponenten des Lastvektors $\underline{F}^{(2)}$ berechnen sich zu:
    + $F_1^{(2)} = m_1 \cdot g \cdot u_1^{(1)} = 20 \cdot 10 \cdot 4,280 \cdot 10^{-3} = 0,8561$ kN
    + $F_2^{(2)} = m_2 \cdot g \cdot u_2^{(1)} = 20 \cdot 10 \cdot 1,379 \cdot 10^{-3} = 0,2578$ kN
    + $F_3^{(2)} = m_3 \cdot g \cdot u_3^{(1)} = 40 \cdot 10 \cdot 4,231 \cdot 10^{-3} = 1,6923$ kN
    + $F_4^{(2)} = m_4 \cdot g \cdot u_4^{(1)} = 40 \cdot 10 \cdot (-4,967 \cdot 10^{-5}) = -0,01987$ kN
    + $F_5^{(2)} = m_5 \cdot g \cdot u_5^{(1)} = 10 \cdot 10 \cdot 1,022 \cdot 10^{-3} = 0,1022$ kN

- Der Verformungsvektor $\underline{u}^{(2)}$ infolge der Lasten $\underline{F}^{(2)}$ stellt die zweite Näherung für die Eigenform dar (Berechnung mit Stabwerksprogramm):

$$\underline{u}^{(2),\mathrm{T}} = \begin{pmatrix} 19,63 & 4,720 & 20,37 & -5,373 & 4,164 \end{pmatrix} \cdot 10^{-6}\ \mathrm{m}$$

- Daraus ergibt sich nach Gl. 7.13 die Näherung der Eigenfrequenz $f^{(2)} = 7,18$ Hz
- Überprüfung, ob die Iteration angebrochen werden kann:

$$\varepsilon^{(2)} = |\frac{f^{(2)} - f^{(1)}}{f^{(2)}}| = |\frac{7,18 - 8,07}{7,18}| = 0,123 > \varepsilon_{\mathrm{grenz}} = 0,001$$

$\Rightarrow$ Weitere Iterationsschritte sind auszuführen, siehe Tab. 7.3.

Tab. 7.3: Beispiel 7-4: Ergebnisse aus den Iterationsschritten 1 bis 5

Schritt k	1	2	3	4	5
$\underline{F}^{(k)}$ [kN]	200	0,85609	3,9260E-03	1,9164E-05	9,4940E-08
	200	0,27578	9,4400E-04	4,4420E-06	2,1880E-08
	400	1,69200	8,1480E-03	4,0240E-05	1,9992E-07
	400	-0,01987	-2,1492E-03	-1,2784E-05	-6,5720E-08
	100	0,10220	4,1640E-04	2,0330E-06	1,0080E-08
$\underline{u}^{(k)}$ [m]	4,28E-03	1,96E-05	9,58E-08	4,75E-10	2,36E-12
	1,38E-03	4,72E-06	2,22E-08	1,09E-10	5,43E-13
	4,23E-03	2,04E-05	1,01E-07	5,00E-10	2,49E-12
	-4,97E-05	-5,37E-06	-3,20E-08	-1,64E-10	-8,23E-13
	1,02E-03	4,16E-06	2,03E-08	1,01E-10	5,01E-13
$\underline{a}_1^{(k)}$ [-] (normiert)	1,000	0,964	0,952	0,950	0,949
	0,322	0,232	0,221	0,219	0,219
	0,989	1,000	1,000	1,000	1,000
	-0,012	-0,264	-0,318	-0,329	-0,331
	0,239	0,204	0,202	0,202	0,202
$f_1^{(k)}$ [Hz]	8,0682	7,1821	7,1381	7,1356	7,1352
$\varepsilon^{(k)}$ [-]	-	0,12338	0,00617	0,00034	0,00006

- Die Ergebnisse nach dem 4. Iterationsschritt lauten:
  - Eigenfrequenz $f_1 = 7,14$ Hz
  - Die zugehörige Eigenform (Abb. 7.7) hat bei auf 1 normiertem Größtwert die Komponenten:

$$\underline{a}_1^{\mathrm{T}} = \begin{pmatrix} 0,950 & 0,219 & 1,000 & -0,329 & 0,202 \end{pmatrix}$$

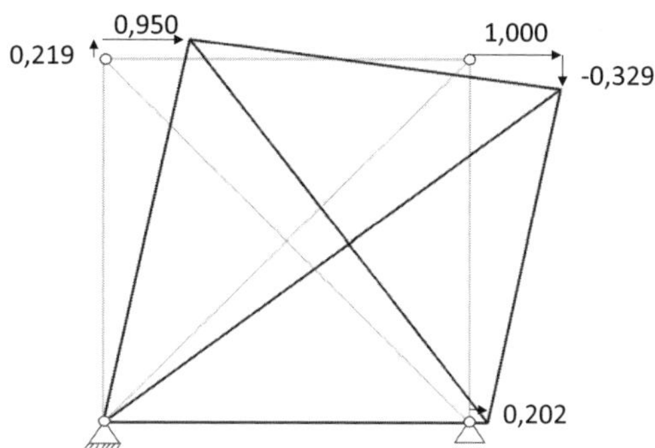

Abb. 7.7: Beispiel 7-4: Eigenform $\underline{a}_1$ (schwarz) zur kleinsten Eigenfrequenz $f_1 = 7,14$ Hz; Die Zahlen an den Pfeilen stellen die Verschiebungskomponenten der Eigenform dar.

7.4 Aufgaben und Fragen zur Lernkontrolle

Aufgabe 7-1: Fragen

Frage a: Die zu den jeweils kleinsten Eigenfrequenzen gehörigen Eigenformen einer schwingenden Saite und eines statisch bestimmt gelagerten Biegebalkens auf zwei Stützen mit kontinuierlicher Massenbelegung sehen auf den ersten Blick sehr ähnlich aus.

a1) Was sind die wesentlichen prinzipiellen Unterschiede der beiden schwingenden Systeme, von welchen Parametern hängen die Eigenfrequenzen ab?

a2) Nennen Sie ein Beispiel für ein Bauwerk oder ein Bauteil, das als „schwingende Saite" anzusehen ist.

Aufgabe 7-2: Eigenfrequenz einer Krananlage

Zu Abs. 7.2; Schwierigkeitsgrad: mittel

Gegeben: Krananlage aus Beispiel 7-3: Im Beispiel wurde die niedrigste Eigenfrequenz mit der dargestellten vertikalen Eigenform berechnet.

Gesucht: Schätzen Sie die niedrigste Eigenfrequenz ab, mit der die Kranbrücke horizontal in x-Richtung (Abb. 7.4) schwingt, wenn die Katze in mittlerer Position steht. Der Kranbrückenträger (Spurweite $s = 15$ m) darf dabei als statisch bestimmt gelagerter Balken (HEB 600; $g = 2,12$ kN/m) auf zwei Stützen angesehen werden. Kopfträger und Kranbahnträger selber bleiben unberücksichtigt. Überlegen Sie, welche Massen in die Berechnungen einfließen sollen und welche nicht.

Aufgabe 7-3: Eigenfrequenz einer Bühnenkonstruktion

Zu Abs. 7.2; Schwierigkeitsgrad: mittel

Gegeben: Bühnenkonstruktion gemäß Beispiel 3-4 aus Abs. 3.3.

Gesucht: Eigenfrequenz f nach Gl. 7.9 unter Berücksichtigung der verteilten Gewichtskraft des Bühnenträgers und der Punktmasse m_2. Vergleich mit den Ergebnissen aus Beispiel 3-4.

Aufgabe 7-4: Versuch zur Bestimmung der Kraft in einem abgespannten Seil

Zu Abs. 7.1; Schwierigkeitsgrad: leicht

Gegeben: Abgespannter Mast wie in Abb 7.8 dargestellt, siehe auch oben Aufgabe 4-4. Bei einem Ausschwingversuch an einem der Seile (nicht an der gesamten Konstruktion) wurde die Seilfrequenz $f = 2,0$ Hz gemessen.

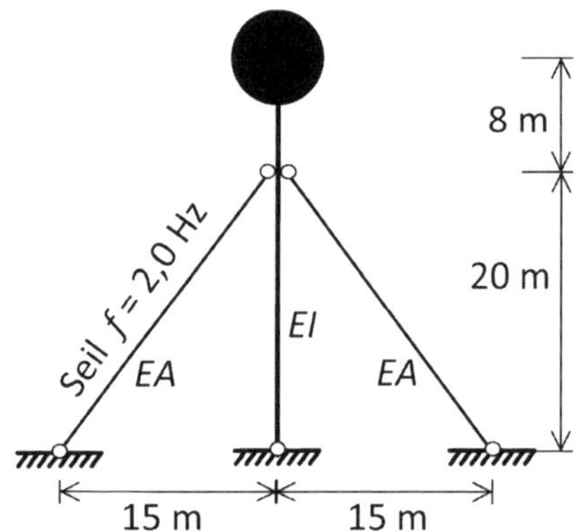

Abb. 7.8: Aufgabe 7-4

- Seilquerschnitt $A = 10$ cm^2
- Eigenmasse der Seile: $\mu = 8$ kg/m

Gesucht: Wie groß sind Seilkraft und Seilspannung?

Zusatzfrage: Der Elastizitätsmodul des Seiles ($E = 16\,000$ kN/cm^2) geht nicht in die Berechnung ein. Was ist der Grund dafür?

Aufgabe 7-5: Kleinste Eigenfrequenz eines Balkens mit dem Rayleigh-Verfahren

Zu Abs. 7.3; Schwierigkeitsgrad: mittel

Gegeben: Einfeldträger, HEB 300, $l = 10$ m, Eigenmasse ($\mu = 117$ kg/m), siehe auch oben Bsp. 7-1. Der Träger soll in vier Abschnitte mit je $l/4 = 2,5$ m Länge aufgeteilt werden.

Gesucht: Kleinste Eigenfrequenz nach dem 1. Iterationsschritt mit dem Rayleigh-Verfahren.

8 Isolierung gegen maschineninduzierte Schwingungen

8.1 Einführung

Das Bestreben, den Resonanzzustand und seine unmittelbare Umgebung zu meiden, wird als Schwingungsisolierung bezeichnet.

Es wird zwischen aktiver und passiver Schwingungsisolierung unterschieden, siehe Abb. 8.1:

- Von **aktiver Schwingungsisolierung** (Abb. 8.1 links) spricht man, wenn die Anregungskräfte aus einer Maschine auf das Tragwerk so reduziert werden, dass sie für das Tragwerk nicht mehr schädlich sind. Das kann z.B. über die Auflagerung einer Maschine auf Federn oder über die Aussteifung des Gebäudes möglich sein, Details siehe Abs. 8.3.
- Bei der **passiven Schwingungsisolierung** (Abb. 8.1 rechts) schirmt man eine Struktur (z.B. ein empfindliches Messgerät) von den Schwingungen seines Fußpunktes in einem Gebäude ab. Auch das kann manchmal durch das Zwischenschalten geeigneter Federn erreicht werden, siehe Abs. 8.4

Näheres zur Schwingungsisolierung findet sich z.B. in [BA87], Abschnitte 3.4, B5 und [SH10]. Siehe auch [AS04] Abs. 9.9 und [GS04].

Sind Bauwerke durch harmonische Lasten beansprucht – z.B. durch Maschinen – so hängt die dynamische Reaktion des Tragwerks von der Kraftamplitude und der Dämpfung, vor allem aber von dem Frequenzverhältnis $\eta = \Omega/\omega$ (Erregerkreisfrequenz / Eigenkreisfrequenz) ab (siehe

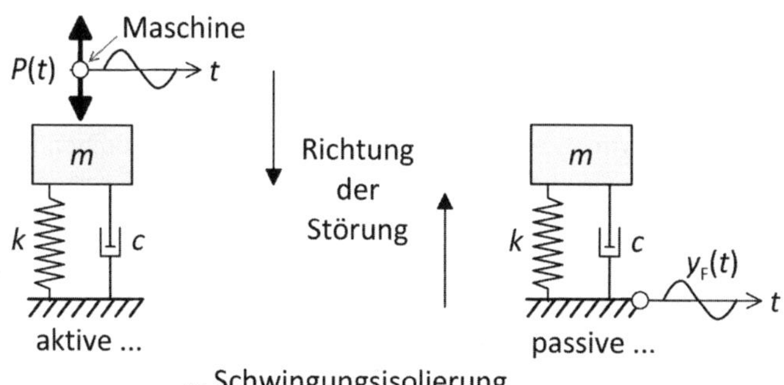

Abb. 8.1: Aktive und passive Schwingungsisolierung einer Masse m nach [PW18], S. 402

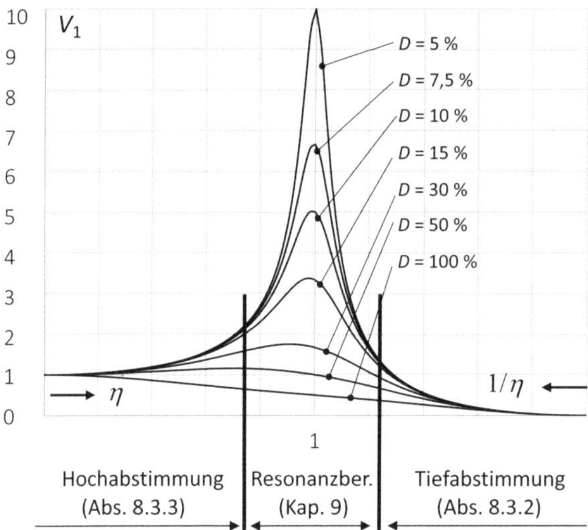

Abb. 8.2: Maßnahmenoptionen bei unterschiedlichen Anregungsverhältnissen η am Beispiel der krafterregten Schwingung eines EFS. Die Grenzwerte für η zwischen Hochabstimmung, Resonanzbereich und Tiefabstimmung sind nur qualitativ zu verstehen.

Kap. 5.2). Für den relevanten modalen EFS eines Tragwerks ist bei einer harmonischen Krafterregung das Verhältnis der dynamischen zur statischen Wegamplitude über die Vergrößerungsfunktion V_1 bestimmbar, siehe oben Gl. 5.12. Über das Frequenzverhältnis η lassen sich drei Bereiche der Vergrößerungsfunktion unterscheiden, siehe Abb. 8.2:

- **Hochabstimmung:** Bei kleinen, deutlich unterhalb der Resonanz liegenden Frequenzverhältnissen $\eta \ll 1,0$ ist die Erregerfrequenz wesentlich kleiner als die Eigenfrequenz. Das Tragwerk hat dann eine bezogen auf die Anregungsfrequenz hohe Eigenfrequenz und wird deshalb als „hochabgestimmt" bezeichnet, siehe unten Abs. 8.3.3. Für die Vergrößerungsfunktion gilt: $V_1 \geq 1,0$. Als Grenze für diesen Bereich könnte man z.B. $\eta \simeq 0,70$ ansehen. Bei einem ungedämpften System bliebe die Vergrößerungsfunktion $V_1 = 1/(1-\eta^2)$ dann unter dem Wert 2,0. Beispiel für ein hochabgestimmtes System ist eine langsam drehende Maschine, die in einem Gebäude mit höherer kleinster Eigenfrequenz aufgestellt ist.
- **Resonanzbereich:** Im Resonanzbereich mit Werten η nahe 1 wird die Vergrößerungsfunktion oft so groß, dass die dynamischen Beanspruchungen durch das Bauwerk nicht mehr aufgenommen werden können. Beispiel: Eine Maschine dreht mit der Frequenz, die einer der Gebäudegrundfrequenzen entspricht. In diesem Fall könnten z.B. Schwingungsdämpfer eingebaut werden, um dem schwingenden System Energie zu entziehen und so die Beanspruchungen in erträglichen Grenzen zu halten. Das wird in Kap. 9 beschrieben.
- **Tiefabstimmung:** Für größer werdende Frequenzverhältnisse $\eta \gg 1,0$ sinkt die Vergrößerungsfunktion wieder stark ab. Im ungedämpften Fall unterschreitet die Vergrößerungsfunktion den Wert 1,0 ab $\eta = \sqrt{2}$. Bei darüber hinausgehenden Werten von η spricht man wegen der unterhalb der Anregung liegenden Eigenfrequenz des Tragwerks von einem tiefabgestimmten System, siehe unten Abs. 8.3.2. Ein Propellerflugzeug mit hochgefahrenem Motor ist ein Beispiel für ein tiefabgestimmtes System.

8.2 Bewertung von Unwuchten, Unwuchterregung

Was sind Unwuchten?

Von einer Unwucht spricht man bei einem rotierenden Körper (Abb. 8.3 a), dessen Rotationsachse nicht einer seiner Hauptträgheitsachsen entspricht. Eine Masse m_e, deren Schwerpunkt den Abstand e von der Drehachse hat, führt zu einer Unwucht $(m_e \cdot e)$. Siehe dazu auch Abs. 5.2.2.

Bei einer statischen Unwucht fällt der Massenschwerpunkt nicht mit der Rotationsachse zusammen, sondern ist um die Exzentrizität e von dieser entfernt.

Bei einer dynamischen Unwucht weisen Rotationsachse und Hauptachse des Rotationskörpers zusätzlich eine Winkelverdrehung zueinander auf.

Unwuchten erzeugen umlaufende Kräfte auf die Lager von rotierenden Systemen. Diese dynamischen Lasten können Schwingungen des Gesamtsystems verursachen. Sowohl statische als auch dynamische Unwuchten lassen sich durch Auswuchten deutlich verringern.

Wenn eine Masse m_e (Rotormasse) mit der Anregungskreisfrequenz Ω und der Exzentrizität e um eine Achse rotiert, wirken nach DIN EN 1991-3, Gl. (3.1) die **Fliehkräfte** F:

$$F = m_e \cdot e \cdot \Omega^2 \tag{8.1}$$

Um Maßnahmen bei Unwuchten diskutieren zu können, wird eine Maschine zunächst einer von drei Gruppen zugeordnet:

- Maschinen mit vorwiegend **rotierenden Teilen** (Abb 8.3 a), z.B. Zentrifuge
- Maschinen mit vorwiegend **oszillierenden Teilen** (Abb 8.3 b), z.B. Stichsäge
- Maschinen mit vorwiegend **stoßenden Teilen** (Abb. 8.3 c), z.B. Pressen

Wie lassen sich rotierende Maschinen einteilen?

Maschinen können im Hinblick auf ihre Betriebsfrequenz f einer von drei Gruppen zugeordnet werden ([BA87], Kapitel 3.4.1), um eine Zuordnung gewisser Maßnahmen zu einzelnen Maschinentypen zu ermöglichen.

Dabei ergeben sich vor allem bei den beiden ersten Gruppen Überschneidungen.

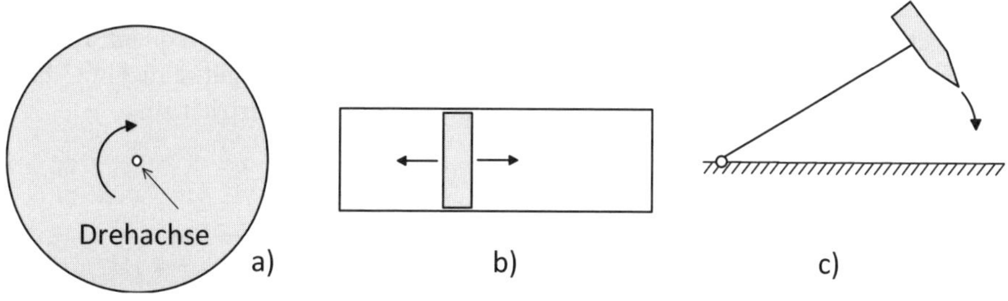

Abb. 8.3: a) rotierende, b) oszillierende oder c) stoßenden Vorgänge

Abb. 8.4: Gebläse als Maschinen mit Unwuchten

- Gruppe 1: niedrige bis mittlere Betriebsfrequenzen
  - $n > 1$ bis 600 U/Min bzw. $0,02 < f < 10$ Hz
  - Kolbenpumpen, Webmaschinen, Druckmaschinen usw.
- Gruppe 2: mittlere bis hohe Betriebsfrequenzen
  - $n > 300$ bis 900 U/Min bzw. $5 < f < 15$ Hz
  - große Dieselmotoren, Gebläse (Abb. 8.4)
- Gruppe 3: hohe Betriebsfrequenzen
  - $n > 900$ U/Min bzw. $f > 15$ Hz
  - Turbinen, kleine Dieselmotoren, Zentrifugen, Vibratoren

Wie wird die Wuchtgütestufe G und die Lasten aus Unwucht festgelegt?

Die Wuchtgüte G ist eine Anforderung an die Qualität der Auswuchtung einer Maschine mit dem Ziel, die dynamischen Lasten aus Unwucht zu begrenzen. In DIN ISO 21940-11 „Mechanische Schwingungen – Auswuchten von Rotoren – Teil 11: Verfahren und Toleranzen für Rotoren mit starrem Verhalten" sind Wuchtgütestufen $G = e \cdot \Omega$ für typische Maschinen angegeben. Ein Ausschnitt findet sich in Tabelle 8.1. So werden z.B. Gebläse, Maschinen des allgemeinen Maschinenbaus, Pumpen, Papiermaschinen und Zentrifugen der Wuchtgütestufe G 6,3 zugeordnet. Das bedeutet, dass das Produkt aus Exzentrizität e und Anregungskreisfrequenz Ω den Wert 6,3 mm/s nicht überschreiten darf. So ergibt sich z.B. bei einer Wuchtgütestufe G 6,3 bei einer Umdrehungszahl von n in Umdrehungen/Minute die zulässige Exzentrizität zu:

$$e_{\text{zul}} = \frac{G}{\Omega} = \frac{6,3}{\Omega} = \frac{6,3 \cdot 60}{2 \cdot \pi \cdot n} \quad \text{mm} \tag{8.2}$$

Damit können dann die auf das Bauwerk wirkenden Unwuchtkräfte nach Gl. 8.1 berechnet werden. Liegen Angaben des Herstellers über die Unwuchtkräfte vor, so können die Berechnungen mit diesen Kräften ausgeführt werden.

Tab. 8.1: Richtwerte für die Wuchtgütestufe von Rotoren mit starrem Verhalten nach DIN ISO 21940-11:2017-03

Maschinentyp: Allgemeine Beispiele	Auswucht-Gütestufe G	Betrag von $e_{per}\,\Omega$ mm/s
Kurbeltriebe für große langsamlaufende Schiffsdiesel ohne Massenausgleich (Kolbengeschwindigkeit unter 9 m/s)	G 4000	4 000
Kurbeltriebe für große langsamlaufende Schiffsdiesel mit Massenausgleich (Kolbengeschwindigkeit unter 9 m/s)	G 1600	1 600
Kurbeltriebe ohne Massenausgleich bei elastischer Aufstellung	G 630	630
Kurbeltriebe ohne Massenausgleich bei starrer Aufstellung	G 250	250
Vollständige Kolbenmotoren von Pkw, Lkw und Lokomotiven	G 100	100
Kurbeltriebe mit Massenausgleich bei elastischer Aufstellung Pkw: Räder, Felgen, Radsätze, Antriebswellen	G 40	40
Antriebswellen (Gelenkwellen, Propellerwellen) Kurbeltriebe mit Massenausgleich bei starrer Aufstellung Maschinen der Landwirtschaft Zerkleinerungsmaschinen	G 16	16
Elektromotoren mit einer Wellenhöhe unter 80 mm Elektromotoren und Generatoren (mit mindestens 80 mm Wellenhöhe) mit höchster Nenndrehzahl bis 950 min^{-1} Gebläse Getriebe Maschinen der Verfahrenstechnik Maschinen des allgemeinen Maschinenbaus Papiermaschinen Pumpen Strahltriebwerke für Flugzeuge Turbolader Wasserturbinen Werkzeugmaschinen Zentrifugen (Separatoren, Dekanter)	G 6,3	6,3
Computerlaufwerke Elektromotoren und Generatoren (mit mindestens 80 mm Wellenhöhe) mit einer Nenndrehzahl über 950 min^{-1} Gasturbinen und Dampfturbinen Kompressoren Textilmaschinen Werkzeugmaschinen-Antriebe	G 2,5	2,5
Antriebe von Audio- und Videogeräten Schleifmaschinen-Antriebe	G 1	1
Kreisel Spindeln und Antriebe von Präzisionsmaschinen	G 0,4	0,4

DIN EN 1991-3:2012-10, „Einwirkungen auf Tragwerke – Teil 3: Einwirkungen infolge Kranen und Maschinen“, Kap. 3 beschreibt die auf Bauwerke anzusetzenden Maschinenlasten. Darin ist festgelegt, dass für die Auswuchtgenauigkeit folgende Situationen berücksichtigt werden sollen:

- ständige Situation: Die neue Maschine ist zunächst planmäßig ausgewuchtet. Die Auswuchtung verschlechtert sich im Laufe des Betriebs langsam bis zu einer festzulegenden Grenze. Diese höhere Unwucht ist für die Bemessung relevant. Beispiel: Wuchtgütestufe um eine Stufe ungünstiger annehmen, z.B. von G 6,3 nach G 16.
- außergewöhnliche Situation: Die Auswuchtung ist durch ein zufälliges Ereignis vollständig gestört. Beispiel: Die Störfallunwucht durch Bruch eines Schaufelrades einer Turbine kann durch 6-fache Lasten aus dem Betriebslastzustand berücksichtigt werden.

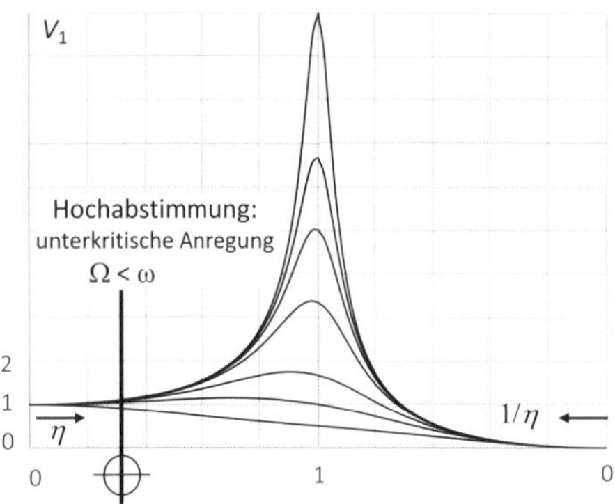

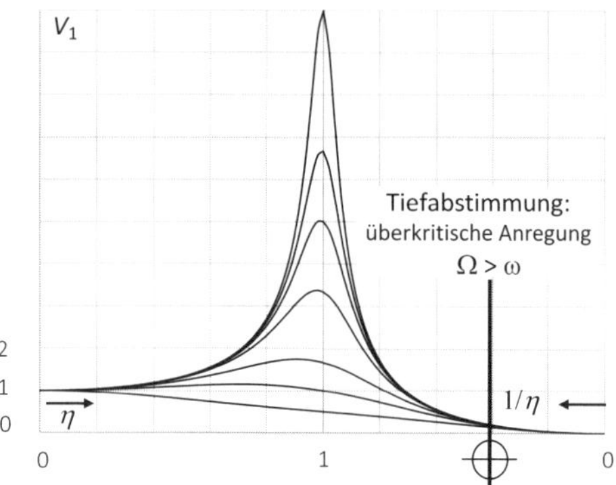

Abb. 8.5: Arten aktiver Schwingungsisolierung nach [PW18], S. 403; Für $\eta > 1$ wurde auf der horizontalen Achse statt η der Wert $1/\eta$ von 0 am rechten Rand beginnend aufgetragen.

Zusätzlich sind bei der Festlegung von Lasten aus Unwucht ggf. weitere, für spezielle Maschinen relevante Fachnormen zu berücksichtigen. Zu den Erregerkräften periodisch arbeitender Maschinenanlagen siehe auch [PW18], Kap. 17.3.

8.3 Aktive Schwingungsisolierung

8.3.1 Arten aktiver Schwingungsisolierung

Im Folgenden werden wir uns mit der aktiven Schwingungsisolierung auseinandersetzen und die Möglichkeiten, das Bauwerk von den Schwingungseinwirkungen einer Maschine abzuschirmen, aufzeigen. Ziel ist es, dass sich die von der Maschine ausgehenden Kräfte nicht mehr störend auf das Bauwerk auswirken können. Ein ausreichender Abstand zum Resonanzfall und eine Reduktion der dynamischen Wegamplituden ließe sich bei Maschinen mit vorwiegend rotierenden oder oszillierenden Teilen grundsätzlich auf folgenden Wegen erreichen:

- Zunächst wird versucht, die Unwucht der drehenden Masse zu reduzieren. Das ist durch Auswuchten möglich. Die Unwucht lässt sich jedoch kaum auf null reduzieren.
- Anpassung der Maschinendrehzahl an die Eigenfrequenzen des Bauwerks. Da der Betreiber seine Maschine in der Regel mit einer im Hinblick auf den Produktionsbetrieb optimierten Drehzahl laufen lassen möchte, ist eine anderen Zielen folgende Anpassung der Drehzahl häufig unerwünscht.
- Schwingungsisolierung durch eine Tief- oder Hochabstimmung, siehe Abb. 8.5. Diese Optionen werden im Folgenden erläutert.

Um die Entscheidung treffen zu können, ob eine Hoch- oder eine Tiefabstimmung in Frage kommt, müssen folgende Daten bekannt sein:

- Maßgebende Eigenfrequenzen des Bauwerks bzw. Bauteils, auf dem die Maschine steht (inkl. Federelementen)
- Maßgebende Anregungsfrequenzen der Maschine und Frequenzen von oberen Harmonischen mit wesentlichen Lastanteilen.

Was sind „obere Harmonische" der Anregung?

Die Grundfrequenz der Anregung f wird als 1. Harmonische bezeichnet, eine Schwingung der doppelten Frequenz $(2 \cdot f)$ als 2. Harmonische oder 1. Oberschwingung. Allgemein ist die Schwingung mit der n-fachen Frequenz der Grundfrequenz $(n \cdot f)$ die n. Harmonische, also die $(n-1)$. Oberschwingung, siehe Beispiel in Abb. 8.6.

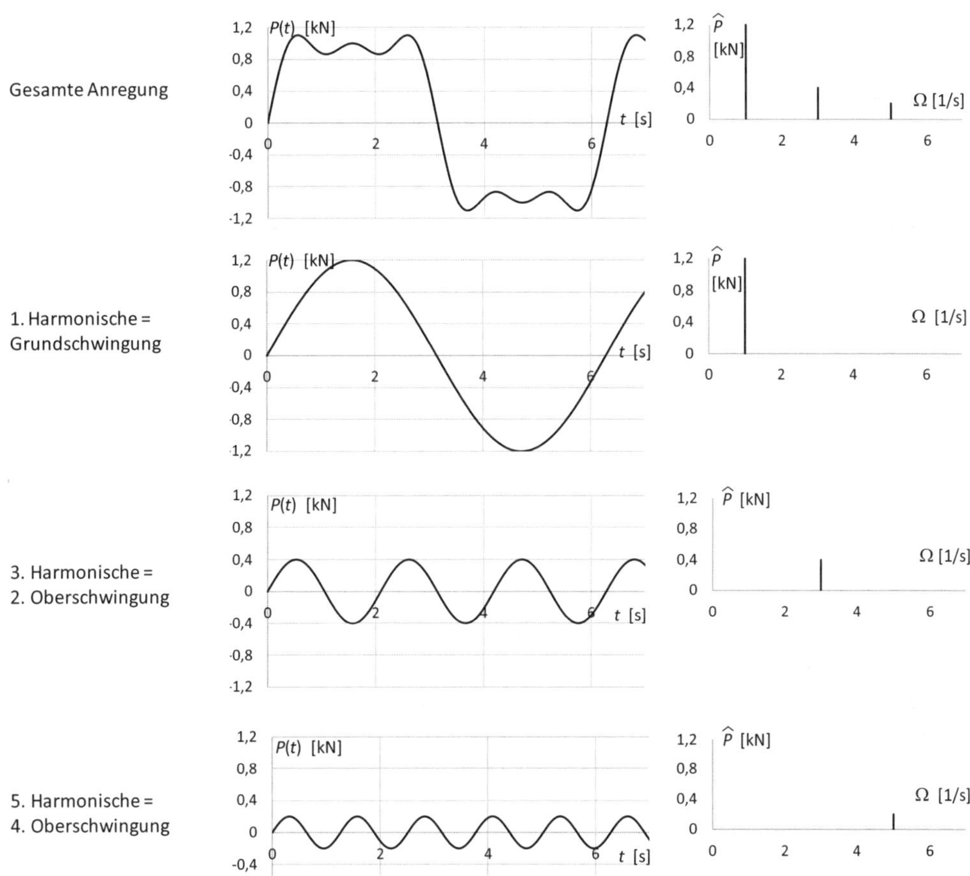

Abb. 8.6: Beispiel für einen Belastungsverlauf, die sich als Summe von Grundschwingung und 3. und 5. Harmonischen beschreiben lässt, dargestellt im Zeitbereich (links) und im Frequenzbereich (rechts). Angegeben sind die Anregungskreisfrequenzen Ω.

Wenn nun die Maschinenfrequenz (Anregungsfrequenz) unterhalb der Eigenfrequenz des Tragwerks liegt, dann ist die Hochabstimmung das Mittel der Wahl, siehe Abs. 8.3.2. Die Vergrößerungsfunktion kann bei einer Hochabstimmung nicht kleiner als 1,0 werden.

Eine Tiefabstimmung (Abs. 8.3.3) kommt im Unterschied dazu dann in Frage, wenn die Anregungsfrequenz oberhalb der Eigenfrequenz des Bauwerks liegt. Die Vergrößerungsfunktion wird dann bei $\eta > \sqrt{2}$ Werte $V < 1,0$ annehmen.

8.3.2 Aktive Schwingungsisolierung durch Hochabstimmung bei rotierenden oder oszillierenden Maschinen

Eine Hochabstimmung, bei der die Anregungskreisfrequenz Ω kleiner ist als die kleinste Eigenkreisfrequenz des Tragwerks ω (siehe oben Abb. 8.5 links), kann nach [BA87] baupraktisch unter folgenden Voraussetzungen sinnvoll sein:

- Die oberste maßgebende Harmonische (Abb. 8.6) der Anregung ist kleiner als $f = 20$ Hz bzw. $\Omega = 125$ 1/s
- Aus produktionstechnischen Gründen sind nur Maschinenschwingungen mit geringen Amplituden zulässig.
- Es liegt eine Maschinen der Gruppe 1 vor (niedrige bis mittlere Betriebsfrequenzen, siehe oben, Abs. 8.2).

Bei einer **Hochabstimmung** liegt die Anregungskreisfrequenz Ω deutlich unter der kleinsten Eigenkreisfrequenz des Tragwerks ω. Die Maschine ist i. d. R. starr mit dem Bauwerk verbunden. Die erforderliche Grundkreisfrequenz des Bauwerks ω ist mindestens:

$$\omega \geq \Omega \cdot n_{\mathrm{h}} \cdot a_{\mathrm{b}} \cdot \gamma \tag{8.3}$$

- a_{b} angestrebtes Abstimmungsverhältnis, z.B. $a_{\mathrm{b}} = \omega/\Omega = 2$
- γ Sicherheitsfaktor, z.B. $1,1 \leq \gamma \leq 1,2$
- n_{h} Nr. der maßgebenden oberen Harmonischen mit wesentlichem dynamischen Lastanteil

Schnittgrößen und Verformungen können bei einer Hochabstimmung günstigstenfalls auf die statischen Werte ($V = 1,0$) reduziert werden, siehe Abb. 8.5, während bei einer Tiefabstimmung auch kleinere Werte möglich sind.

Bei der Ermittlung der Grundfrequenz steifer Bauwerke ist der Einfluss der Nachgiebigkeit des Bodens in der Regel nicht vernachlässigbar, da er eine deutliche Reduktion der untersten Eigenfrequenz des als starr gelagert angenommenen Bauwerks bedingen kann. Zur Frage der dynamischen Bodenkenngrößen siehe [PW18], Kap. 24.

8.3.3 Aktive Schwingungsisolierung durch Tiefabstimmung bei rotierenden oder oszillierenden Maschinen

Eine **Tiefabstimmung** liegt vor, wenn die niedrigste Anregungsfrequenz oberhalb der größten relevanten Eigenfrequenz des Bauwerks liegt, siehe oben Abb. 8.5 rechts.

Als Beispiele für tiefabgestimmte Systeme können Propellerflugzeuge oder Hubschrauber dienen. Wer einmal in einem Propellerflugzeug oder in einem Hubschrauber gesessen ist und erlebt hat, wie der Pilot nach dem Anlassen der Turbinen die Drehzahl kontinuierlich erhöhte, der konnte den kritischen Punkt der Tiefabstimmung kennenlernen: Beim Hochfahren der Motoren vergrößert sich deren Drehfrequenz ständig und erreicht nach kurzer Zeit eine der maßgebenden Eigenfrequenzen des Flugzeugkörpers. Man erkennt das daran, dass das Flugzeug plötzlich stark zu vibrieren beginnt. Würde man die Motoren konstant mit dieser Drehzahl weiterlaufen lassen, würden die Schwingungen des Flugzeugs immer stärker werden, bis es schließlich im Rahmen einer Resonanzkatastrophe zu Schäden am Flugzeugkörper käme.

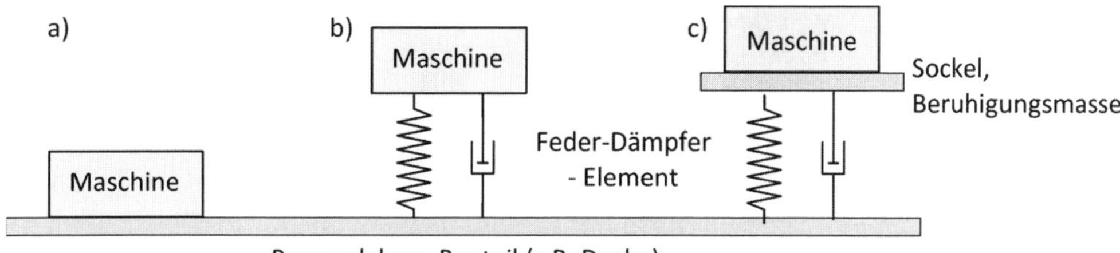

Abb. 8.7: Alternativen für die Maschinenlagerung bei Tiefabstimmung: a) direkte Lagerung, b) Lagerung auf Federn/Dämpfern, c) Lagerung auf Beruhigungsmasse (nach [BA87], S. 64)

Um genau das zu vermeiden, ist es wichtig, eine Anfahrvorschrift zu erlassen und zu beachten: Der gefährliche Frequenzbereich soll dabei möglichst schnell durchfahren werden. Das gilt genauso auch für Maschinen, die in Bauwerken aufgestellt sind.

Eine Tiefabstimmung ist unter folgenden Voraussetzungen sinnvoll [BA87]:

- Die Betriebsfrequenz sollte nicht unter 4 bis 6 Hz liegen (4 Hz $< \Omega/2\pi <$ 6 Hz). Begründung: die Frequenz f des Unterbaus (Bauwerks) wird kaum unter 1,5 bis 3 Hz liegen.
- Höhere Eigenfrequenzen des Bauwerks dürfen nicht mit maßgebenden Harmonischen der dynamischen Lasten zusammenfallen.
- Das Durchfahren der Grundfrequenz des Bauwerks darf keine unzulässig starken Schwingungen hervorrufen! Das lässt sich durch folgende Maßnahmen sicherstellen:
  - Erstellen einer Anfahrvorschrift, durch deren Einhaltung ein ausreichend schnelles Durchfahren der kritischen Frequenzen des Bauwerks beim Hochfahren der Maschine sichergestellt wird.
  - Gewährleistung einer ausreichend hohen Dämpfung. Wenn die material- und bauwerksabhängige Dämpfung (siehe Abs. 4.5) zu klein ist, können evtl. auch Schwingungsdämpfer (siehe Kap. 9) vorgesehen werden, um die Systemantwort ausreichend gering zu halten.
- Eine weiche, federnde Auflagerung der Maschine führt stets zu größeren Verschiebungen: Diese (größeren) Wegamplituden der Maschine dürfen nicht zu produktionstechnischen Problemen führen.

Eigenschaften der Tiefabstimmung:

- Starke Reduktion der Reaktionskräfte möglich (Vergrößerungsfunktion $V \ll 1$ möglich).
- Oft ist ein weicher Unterbau der Maschine erforderlich (z.B. Federn), der bereits statisch hohe Verformungen haben kann.
- Abstimmungsverhältnis $\eta = \Omega/\omega > 2,5$ wird angestrebt (je größer, je besser).

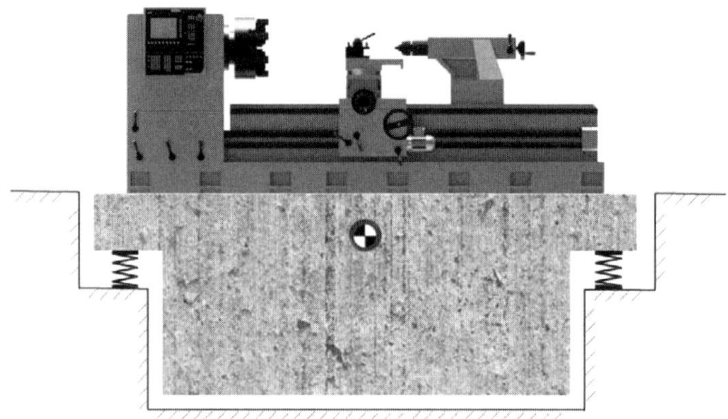

Abb. 8.8: Tiefabstimmung: Maschine auf Beruhigungsmasse (Foto: AMC Mecanocaucho, https://www.mecanocaucho.com/de-NL/news/advices8-de/)

Als konstruktive Lösungen für eine Tiefabstimmung kommen in Frage [BA87]:

a) Direkte Befestigung der Maschine auf dem Bauwerk, siehe Abb. 8.7 a):

- Maschinen der Gruppe 3 (siehe oben, Abs. 8.2)
- Bei zu weichem Tragwerk sind sehr große Verschiebungsamplituden möglich, die zu einer möglicherweise unannehmbaren Beeinträchtigung des Bedienpersonals und der Maschine selbst führen.

b) Lagerung der Maschine auf Federelementen, siehe Abb. 8.7 b):

- Die Maschine ist in sich genügend steif.
- Vorteilhaft ist, dass die Federelemente auch nachträglich eingestellt werden können.
- Es ist darauf zu achten, dass durch die weiche Lagerung das Schwingungsverhalten der Maschine nicht zu ungünstig beeinflusst wird, z.B. durch zusätzliche Torsionsschwingungen

c) Befestigung der Maschine auf einer Beruhigungsmasse, siehe Abb. 8.7 c) und 8.8:

- Maschinen mit sehr hohen Lasten oder mit extremen Schwerpunktlagen
- Maschinen mit ungenügender Eigensteifigkeit für die Lösung b)
- Maschinen mit kleinen Massen, so dass zu weiche Federn notwendig wären

Dank der zusätzlichen Beruhigungsmasse können die Federelemente entsprechend steifer als bei direkter Federung (b) gewählt werden, was zu einer Reduktion der Schwingungsamplituden führt. Daher der Name „Beruhigungsmasse“ (Abb. 8.8). Die Beruhigungsmasse sollte mindestens von gleicher Größenordnung sein wie die Masse der auf ihr montierten Maschine.

Diese Lösung ist schwingungstechnisch sehr oft zweckmäßig. Sie ist jedoch bautechnisch vergleichsweise aufwendig und kann in Bezug auf die Zugänglichkeit der Maschine problematisch sein. Gelegentlich besteht die Möglichkeit (z.B. bei verhältnismäßig dicker Decke oder auf einem Hallenboden), die Beruhigungsmasse in einer auszusparenden Vertiefung unterzubringen, so dass der freie Zugang zur Maschine gewährleistet bleibt.

Abb. 8.9: Paket aus Stahlfedern als Auflagerung einer Maschine bei Tiefabstimmung

Federn und Federelemente für die Lagerungsvarianten b) und c)

Verschiedene Arten von Federn sind auf dem Markt verfügbar ([PW18], Kap. 16):

- Stahlfedern haben einen Anwendungsbereich von etwa 1 bis 8 Hz [BA87]. Es werden Teller- und Schraubenfedern unterschieden. Tellerfedern nach DIN EN 16983:2017-09 kommen eher bei kleinen Federwegen und großen Kräften zum Einsatz. Schraubenfedern werden u.a. in DIN EN 15800, DIN 2096, DIN EN 13906-1 geregelt. Die Federn werden entweder nur einseitig an der Maschine oder aber beidseitig an der Maschine und am Bauwerk bzw. Bauteil befestigt. Abb. 8.9 zeigt ein Beispiel, bei dem eine Maschine auf Federelementen gelagert ist.
- Elastomer- und Gummifedern haben einen Anwendungsbereich von etwa 5 bis 20 Hz, siehe [BA87]. Grundsätzlich sind drei Aufstellungsarten möglich:
  - Befestigungsfreie Aufstellung:
    Flächenhafte Auflagerung der Maschine auf Elastomer- oder Gummimatten. Als Material kann evtl. auch Kork oder Filz zur Anwendung kommen.
  - Einseitige Befestigung an der Maschine:
    Die Federelemente sind punktuell mit der Maschine, nicht aber mit dem Bauwerk verbunden. Diese Befestigungsart erlaubt den Ausgleich von Bauungenauigkeiten und Unebenheiten der Unterlage.
  - Beidseitige Befestigung an der Maschine und am Untergrund:
    Die Federelemente werden punktuell und beidseitig mit der Maschine bzw. dem Bauwerk verbunden. Mit dieser Aufstellungsart können zusätzlich auch horizontale Lastkomponenten in begrenzter Höhe aufgenommen werden.

Was gilt als schwingendes System bei der Tiefabstimmung?

Es werden zwei Fälle unterschieden:

- Wenn die unwuchtige Maschine fest und direkt mit dem Bauwerk verbunden ist (siehe Abb. 8.7 a), wird das gesamte Bauwerk als schwingendes System angesehen. Die Eigenfrequenzen des gesamten Bauwerks sind bei der Frage relevant, welches Abstimmungsverhältnis η vorliegt.

- Häufig wird eine Tiefabstimmung durch eine entkoppelnde Auflagerung der Maschine auf dem Bauwerk auf Federn erreicht (siehe Abb. 8.7 b, c). Dann wird nur die Maschine samt ihrer federnden Auflagerung als schwingendes System zur Bestimmung von η betrachtet, nicht das gesamte Bauwerk.

8.3.4 Aktive Schwingungsisolierung bei Maschinen mit stoßenden Teilen

Maschinen mit stoßenden Teilen (siehe Abb. 8.3) können periodische Stöße oder Einzelstöße (transiente Lasten) verursachen. Der durch die betreffende Maschine auf das Bauwerk ausgeübte zeitliche Verlauf der Last wird als Stoßverlauf bezeichnet.

Welche Maßnahmen zur Schwingungsisolierung sind möglich?

Eine Hochabstimmung kommt selten in Betracht, weil das Fourier-Spektrum der Last im allgemeinen sehr breitbandig ist, d. h. über ein breites Frequenzband werden maßgebende Lastanteile abgegeben. Es ist kaum möglich, die kleinste Eigenfrequenz des Bauwerks hoch genug einzustellen.

Als Maßnahme für Maschinen mit vorwiegend stoßenden Teilen kommt in erster Linie eine Tiefabstimmung im Sinne einer möglichst weichen Lagerung in Frage, siehe Abb. 8.8 b) oder c). Folgende Voraussetzungen sollten für eine Tiefabstimmung erfüllt sein:

1) Die beim Stoßbetrieb entstehenden, verhältnismäßig großen Verschiebungsamplituden der Maschine müssen für den Produktionsbetrieb akzeptabel sein. Bei üblichen Produktionsmaschinen der metall- und kunststoffverarbeitenden Industrie ist diese Voraussetzung oft nicht gegeben.
   Allerdings kann der Einsatz einer Beruhigungsmasse (siehe oben Abb. 8.8) dieses Problem wesentlich entschärfen, so dass eine Tiefabstimmung trotzdem vorgenommen werden kann.
   Eine Anwendung der Tiefabstimmung ist auch bei Hammerwerken üblich; der zusätzliche Einbau einer Beruhigungsmasse ist auch in diesem Fall üblich.
2) Die auf das Bauwerk übertragene dynamische Last muss von diesem problemlos aufgenommen werden können. Das Bauwerk und deren Bauteile sind entsprechend zu bemessen.

Sofern diese Voraussetzungen erfüllt sind, kann die Tiefabstimmung von Maschinen mit vorwiegend stoßenden Teilen so erfolgen, wie das bei den Maschinen mit vorwiegend rotierenden Teilen der Fall ist.

Von den weiter oben in Abb. 8.7 dargestellten Möglichkeiten einer Tiefabstimmung eignet sich die Möglichkeit c) (Befestigung der Maschine auf einem schwingungsisolierten Sockel, Beruhigungsmasse) am besten. Verglichen mit der Möglichkeit b) (Lagerung der Maschine nur auf Federelementen ohne Beruhigungsmasse) können die resultierenden Verschiebungen deutlich reduziert werden.

Eine direkte Befestigung der Maschine auf einem relativ weichen Bauwerk bzw. Bauteil kommt höchstens in Frage, wenn die Stoßbelastung gering ist. Dabei sollte beachtet werden, dass auch höhere Eigenfrequenzen des Bauwerks maßgeblich angeregt werden könnten.

Beispiel 8-1: Schwingungsisolierung einer hängenden Maschine (aktive Isolierung)

Gegeben: An der Deckenkonstruktion aufgehängte Maschine

- Masse $m = 20$ t
- Aufhängung der Maschine an der Decke mittels Federn
- Die Deckenkonstruktion darf als starr angesehen werden.
- dynamische, harmonische Last: $P(t) = 70$ kN $\cdot \sin(\Omega \cdot t)$
- $n = 1000$ Umdrehungen/min
- Die Dämpfung darf vernachlässigt werden.

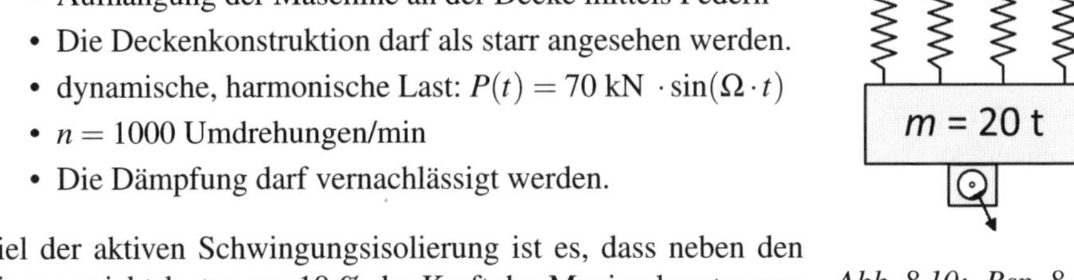

Abb. 8.10: Bsp. 8-1

Ziel der aktiven Schwingungsisolierung ist es, dass neben den Eigengewichtslasten nur 10 % der Kraft des Maximalwertes von $P(t)$ auf die Deckenaufhängung übertragen werden.

Gesucht:

a) Entscheidung: Hochabstimmung oder Tiefabstimmung?
b) Bemessung der Gesamtfedersteifigkeit k
c) Berechnung der maximalen Schwingungsamplitude $\hat{u}$

Lösung: (Alle Einheiten in N, m, s)

a) Hochabstimmung oder Tiefabstimmung?
Die Forderung, dass die dynamische Last nur 10 % der statischen Last betragen darf ($V_1 = 0,1$), ist nur mit einer Tiefabstimmung zu erfüllen, da für die Hochabstimmung gilt: $V_1 \geq 1,0$.

b) Bemessung der Gesamtfedersteifigkeit k:
Nach Gl. 5.15 gilt:

$$V_1 = \frac{\hat{u}}{u_{\text{stat}}} = 0,1 = \left| \frac{1}{1-\eta^2} \right|$$

$$\Rightarrow \quad \eta = 3,317$$

Mit $\eta = \Omega/\omega$ und $\Omega = (1000/60) \cdot 2 \cdot \pi = 104,7$ 1/s ergibt sich: $\omega = 31,6$ 1/s
Daraus errechnet sich die erforderliche Gesamtfedersteifigkeit zu:

$$\omega = \sqrt{\frac{k}{m}}$$

$$\Rightarrow \quad k = \omega^2 \cdot m = 31,6^2 \cdot 20000 = 1,99 \cdot 10^7 \text{ N/m}$$

c) Die maximale Schwingungsamplitude beträgt:

$$\hat{u} = V_1 \cdot u_{\text{stat}} = V_1 \cdot \frac{\hat{P}}{k} = 0,1 \cdot \frac{70000}{1,99 \cdot 10^7} = 3,52 \cdot 10^{-4} \text{ m}$$

$$= 0,352 \text{ mm}$$

Beispiel 8-2: Schwingungsisolierung eines Webereigebäudes (aktive Isolierung)

Gegeben: Bestandsgebäude, der 1. Stock ist mit Webmaschinen bestückt, siehe Abb. 8.11. (Beispiel nach [BA87], S. 114)

- Der Maschinensaal soll auf moderne Webmaschinen, die statt mit 200 U/Min mit bis zu 286,5 U/min ($\Omega = 30{,}0$ 1/s) laufen, umgerüstet werden. Die ersten 5 Harmonischen liefern nennenswerte Anteile zur dynamischen Last.
- Die Grundfrequenz der Decke beträgt $f = 21$ Hz; $\omega = 131{,}9$ 1/s.
- Messungen der Geschossdecke ergaben Schwinggeschwindigkeiten von bis zu 24 mm/s. Zulässig sind gemäß DIN 4150 nur maximal 10 mm/s.
- Aus produktionstechnischen Gründen sind nur Maschinenschwingungen mit horizontalen Amplituden von 1,0 mm zulässig. Gemessen wurden jedoch 1,2 mm.
- Die Tragkonstruktion besteht zum größten Teil aus einer 18 cm dicken, durchlaufenden Stahlbetondecke mit Spannweiten von 4,70 m bis 5,88 m, die auf Unterzügen im Abstand von 5,88 m aufliegen.

Gesucht:

a) Welche Anregungsfrequenzen müssen bei der Lösung beachtet werden?
b) Wie kann eine Lösung des Problems aussehen?

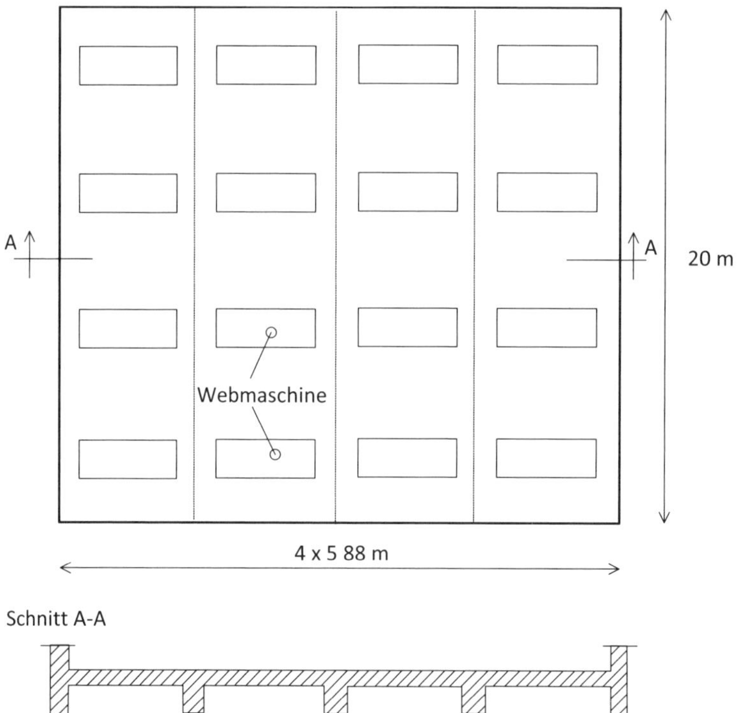

Abb. 8.11: Bsp. 8-2: Geschossdecke mit Webmaschinen, Grundriss und Schnitt, unmaßstäblich; nach [BA87], S. 114

Lösung:

a) Die Anregung der Decke erfolgt offensichtlich durch die 4. und 5. Harmonische:

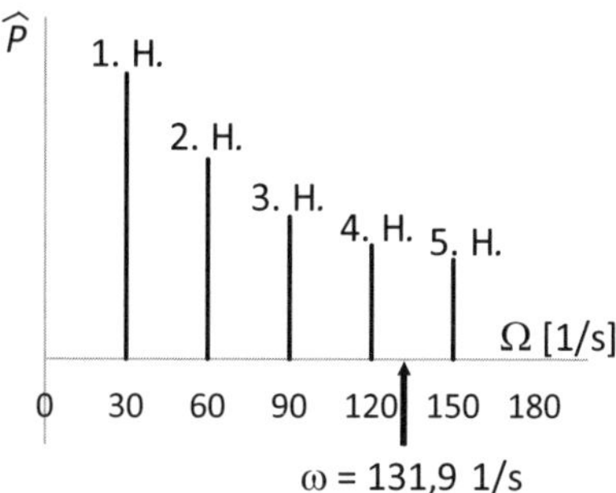

Abb. 8.12: Anregung im Frequenzbereich mit maßgebenden Harmonischen, Lastordinaten qualitativ

b) Zur Lösung des Problems bestehen folgende grundsätzliche Optionen:

- **Tiefabstimmung:** Eine Auflagerung der Webstühle auf Federn bedeutet, dass die Anregungsfrequenzen der Decke sinken; die Vergrößerungsfunktion ist reduziert. Damit wird erreicht:

  ∗ Die Deckenschwingung wird reduziert und in Folge sinkt die Schwinggeschwindigkeit der Decke auf ein zulässiges Maß. (✓)

  ∗ Die weichere Auflagerung auf Federn bedeutet, dass die Webmaschinen auch horizontal noch größere Wegamplituden als 1,2 mm erleiden. Diese sind nicht zulässig. (–)

  ⇒ Eine Tiefabstimmung kommt deshalb definitiv nicht in Frage, da die Maschinenamplituden schon jetzt zu groß sind.

- Eine **Hochabstimmung** zur Schwingungsisolierung bedeutet, die Decke weiter auszusteifen und so die kleinste Eigenfrequenz ω der Decke zu vergrößern. η steigt und die Vergrößerungsfunktion V reduziert sich. Dadurch können sowohl die Schwinggeschwindigkeit der Decke als auch die horizontalen Schwingwege der Webmaschinen auf ein erträgliches Maß sinken.
  Mit einer Verstärkung der Decken durch zusätzliche Unterzüge mit geeigneten HE-Profilen (siehe Abb 8.13) wurde das Problem gelöst.

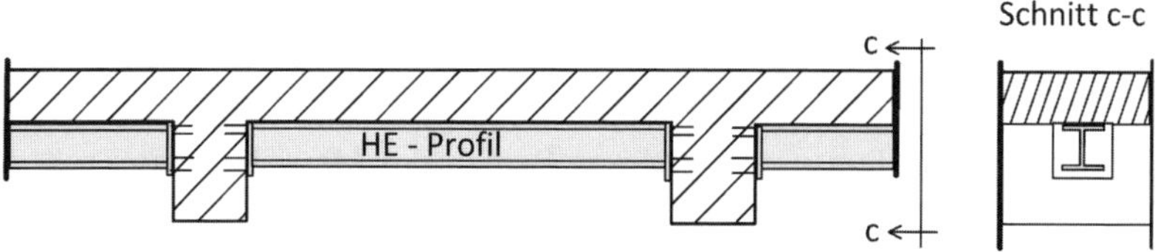

Abb. 8.13: Hochabstimmung durch Aussteifung der Deckenplatte mit geeigneten HE-Profilen (unmaßstäbliche Skizze), nach [BA87], S. 114

8.4 Passive Schwingungsisolierung

Bei der passiven Schwingungsisolierung schirmt man eine schwingungsempfindliche Maschine oder ein Messgerät von den Schwingungseinflüssen aus dem Fundament oder der Unterkonstruktion ab. Einige Maschinen und Geräte können nur dann funktionieren, wenn die durch die Verschiebung $y_F(t)$, die Geschwindigkeit $\dot{y}_F(t)$ und die Beschleunigung $\ddot{y}_F(t)$ beschreibbaren Bewegungen des Untergrunds innerhalb bestimmter Grenzen bleiben. Es liegt eine Fußpunkterregung vor. Mit der Vergrößerungsfunktion V_5 (siehe Abs. 5.2.3) kann die dynamische Wegamplitude berechnet werden zu $\hat{u} = \hat{y}_F \cdot V_5$.

Die Einführung von Federn zwischen Maschinen und Untergrund hat nun eine ganz andere Auswirkung als bei der aktiven Schwingungsisolierung: Während eine Tiefabstimmung und die dadurch notwendige weichere Auflagerung bei der aktiven Schwingungsisolierung i.d.R. zu größeren Amplituden führt, kann die Einführung geeigneter Federn bei der passiven Schwingungsisolierung die Wegamplituden reduzieren, weil die Maschine die vom Untergrund erzwungene Wegamplitude nun nicht mehr vollständig mitmachen muss. Das wird in folgendem Beispiel deutlich:

Beispiel 8-4: Schwingungsisolierung eines Messgeräts (passive Isolierung)

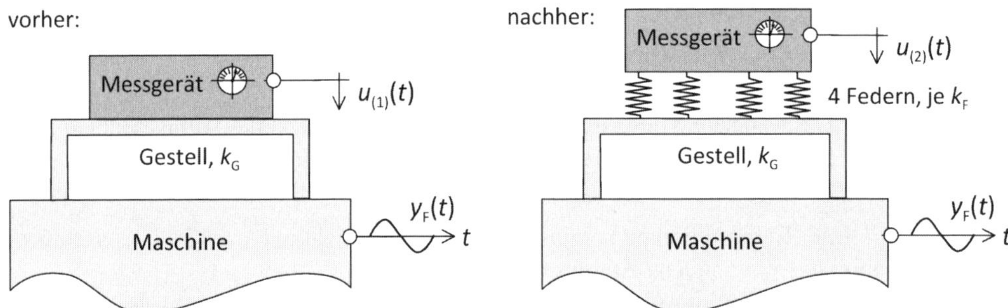

Abb. 8.14: Beispiel 8-4: Schwingungsisolierung eines Messgerätes; links: Ausgangszustand; rechts: mit Schwingungsisolierung

Gegeben: Ein Messgerät (siehe Abb. 8.14 links) mit der Masse $m = 12$ kg ist wie dargestellt über ein Gestell (Federsteifigkeit k_G) auf einer gleichmäßig rotierenden Maschine montiert.

Die Eigenfrequenz des auf dem Gestell montierten Messgeräts beträgt $f = 72$ Hz.

Schwingungsmessungen am Messgerät ergaben eine absolute Wegamplitude von $\hat{u}_{(1)} = 24\ \mu$m bei einer Erregerfrequenz der Maschine von $\Omega = 345,57$ 1/s .

Die Amplitude $\hat{u}_{(1)}$ ist für einen problemlosen Betrieb des Messgerätes zu groß, sie soll im Rahmen einer passiven Isolierung des Messgerätes durch Zwischenschalten von 4 Federn (siehe Abb. 8.14 rechts) auf den Wert $\hat{u}_{(2)} = 0,5\ \mu$m reduziert werden. Die Dämpfung darf vernachlässigt werden. (Beispiel nach [AS04])

Gesucht: Wie groß muss die Federkonstante k_F der 4 Einzelfedern gewählt werden, damit die Wegamplitude im zulässigen Bereich bleibt?

Lösung:

1) Das Messgerät lässt sich als EFS (Einfreiheitsgradschwinger) idealisieren. Die Federsteifigkeit aus der Lagerung auf dem Gestell k_G wird aus der gegebenen Frequenz f zurückgerechnet.

$$\omega = f \cdot 2 \cdot \pi = 72 \cdot 2 \cdot \pi = 452 \text{ 1/s}$$

$$\omega = \sqrt{\frac{k_g}{m}} \quad \Rightarrow \quad k_G = \omega^2 \cdot m = 452^2 \cdot 12 = 2{,}456 \cdot 10^6 \text{ N/m}$$

2) Rückrechnung der Bewegungsamplitude der Maschine (Fußpunkt) $\hat{y}_F$ im Istzustand aus der Amplitude des Messgerätes.
Das Frequenzverhältnis ist:

$$\eta = \frac{\Omega}{\omega} = \frac{345{,}57}{452} = 0{,}764$$

Die Vergrößerungsfunktion V_5 der Fußpunkterregung eines EFS nach Abs. 5.2.3, Gl. 5.27 ergibt sich mit $D = 0$ zu:

$$V_5 = V_1 = \left|\frac{1}{1-\eta^2}\right| = \left|\frac{1}{1-0{,}764^2}\right| = 2{,}40$$

Der Weg $\hat{y}_F$ des Fußpunkts lässt sich nun aus V_5 und der Bewegungsamplitude des Messgerätes $\hat{u}_{(1)}$ zurückrechnen:

$$\hat{y}_F = \hat{u}_{(1)}/V_5 = 24\ \mu\text{m}\ /2{,}40 = 10\ \mu\text{m}$$

3) Berechnung der Eigenkreisfrequenz ω_{soll} des auf Gestell und Federn gelagerten Messgeräts.

$$\hat{u}_{\text{soll}} = \hat{u}_{(2)} = 0{,}5\ \mu\text{m} = \hat{y}_F \cdot V_5 = 10\ \mu\text{m}\ \cdot V_5$$

$$V_5 = 0{,}5\ \mu\text{m}/10\ \mu\text{m} = 0{,}05$$

$$V_5 = 0{,}05 = \left|\frac{1}{1-\eta_{\text{soll}}^2}\right|$$

$$\Rightarrow \eta_{\text{soll}} = 4{,}58$$

$$\Rightarrow \omega_{\text{soll}} = \frac{\Omega}{\eta_{\text{soll}}} = \frac{345{,}57}{4{,}58} = 75{,}5 \text{ 1/s}$$

4) Federsteifigkeit k_{ges} aus ω_{soll} und der Masse m des Messgerätes zurückrechnen:

$$k_{\text{ges}} = \omega_{\text{soll}}^2 \cdot m = 75{,}5^2 \cdot 12 = 68\,400 \text{ N/m}$$

5) Da Gestell und die 4 Federn in Reihe (hintereinander) geschaltet sind, ergibt sich:

$$\frac{1}{k_{\text{ges}}} = \frac{1}{4 \cdot k_F} + \frac{1}{k_G} \quad \Rightarrow \quad \frac{1}{4 \cdot k_F} = \frac{1}{68\,400} - \frac{1}{2{,}456 \cdot 10^6}$$

$$\Rightarrow k_F = 17\,591 \text{ N/m}$$

Ergebnis: Es werden 4 Federn mit je $k_F = 17\,591$ N/m benötigt.

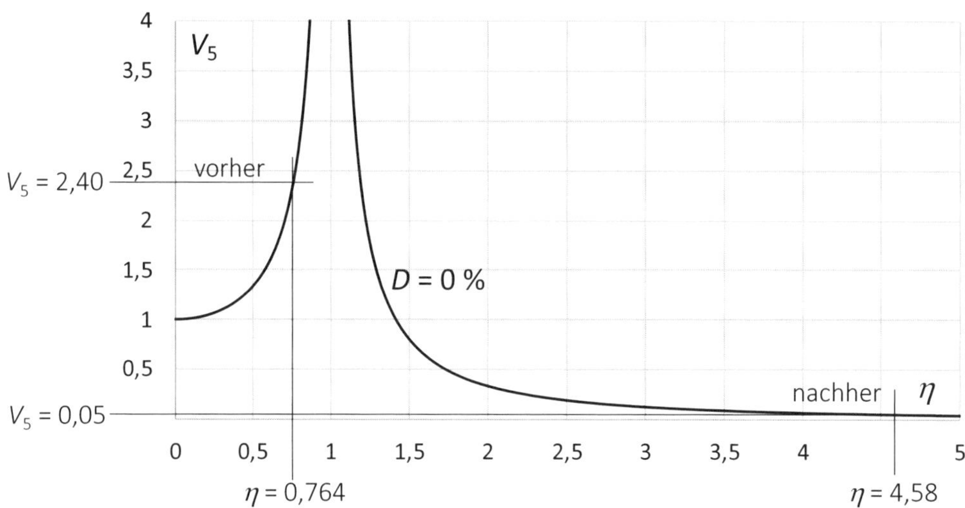

Abb. 8.15: Beispiel 8-4: Vergrößerungsfunktion V_5 ($D = 0$) vor und nach dem Einbau der Federn

8.5 Aufgaben und Fragen zur Lernkontrolle

Aufgabe 8-1: Fragen

Frage a: Eine mit der maximalen Kreisfrequenz Ω_{max} drehende unwuchtige Maschine wird in einem Gebäude so montiert, dass eine Tiefabstimmung vorliegt. Welche Gefahr für das Gebäude besteht beim Starten und Hochfahren der Maschine bis zur Betriebsdrehzahl und wie kann man dieser Gefahr begegnen?

Aufgabe 8-2: Auflagerung eines Kompressors

Zu Abs. 5.2, 8.2, 8.3; Schwierigkeitsgrad: leicht

Gegeben: Ein Kompressor (Abb. 8.16) ist symmetrisch auf $2 \cdot 4 = 8$ Federelemente gestellt, die alle als gleich belastet angesehen werden können. Die Federpakete sind auf ein Maschinenfundament montiert, das die Lasten aus der Maschine abträgt. Das Fundament darf als starr betrachtet werden, ebenso der Kompressor. Die Dämpfung darf vernachlässigt werden.

- Gesamtmasse des Kompressors $m_{\text{ges}} = 3,0$ t (inklusive rotierender Masse)
- rotierende Masse $m_{\text{e}} = 1,0$ t
- Kompressordrehzahl $n = 500$ U/Min
- Wuchtgüte des Kompressors nach DIN ISO 21 940-11: $G = e \cdot \Omega = 16$ mm/s

Gesucht:

a) Berechnen Sie die Fliehkraft $\hat{P}$ der rotierenden Masse.
b) Wie groß muss bei einer Hochabstimmung des Systems die Federsteifigkeit von jedem der 8 Federelemente mindestens sein, damit die dynamische Kraft aus dem Kompressor auf die Maschinenfundamente insgesamt $\hat{F} = 2,0$ kN nicht überschreitet?

Abb. 8.16: Aufgabe 8-2: auf 8 Federelementen gelagerter Kompressor

Aufgabe 8-3: Auflagerung eines Schnellschlaghammers

Zu Abs. 5.2, 8.3; Schwierigkeitsgrad: mittel

Gegeben: Eine Schnellschlaghammer soll mit einem Federpaket (4 Federn mit der Federsteifigkeit $k/4$ pro Ecke) aufgelagert werden. Die Gesamtmasse des Schnellschlaghammers (inkl. Sockel) beträgt $m = 13,0$ t. Der Schnellschlaghammer verursacht im Regelbetrieb vertikal gerichtete Erregerkräfte mit der Amplitude $\hat{P} = 35$ kN bei einer Frequenz von 191 Schlägen/Minute. Alle 4 Federn werden dabei gleich beansprucht. Näherungsweise darf die Belastung als harmonische Last $P(t) = \hat{P} \cdot \sin(\Omega \cdot t)$ betrachtet werden. Unter ihrem Einfluss führt der Schnellschlaghammer reine Vertikalschwingungen aus. Die Dämpfung soll unberücksichtigt bleiben.

Gesucht: Die Steifigkeit des symmetrisch angeordneten Federpakets ist so abzustimmen, dass von den Erregerkräften $P(t)$ maximal 25 % auf den Untergrund übertragen werden.

a) Welche Abstimmungsart kommt in Frage? Begründung?
b) Wie groß muss die Gesamtfedersteifigkeit k des Federpakets gewählt werden?
c) Wie groß ist die Wegamplitude $\hat{u}$ der Maschine im eingeschwungenen Zustand?

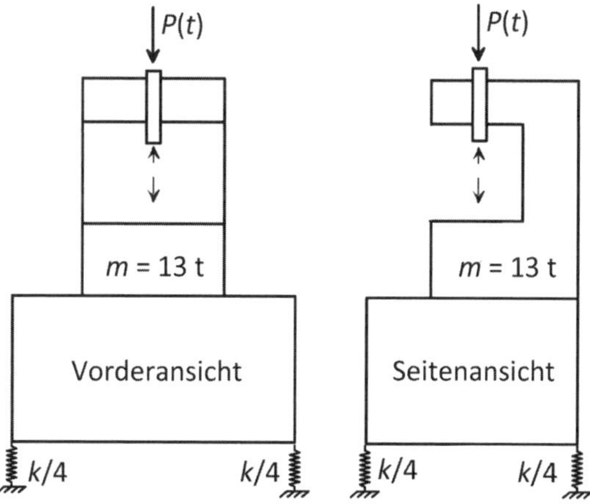

Abb. 8.17: Aufgabe 8-3: Schnellschlaghammer

Aufgabe 8-4: Beruhigungsmasse

Zu Abs. 5.2, 8.3; Schwierigkeitsgrad: mittel

Gegeben: Auf dem Dach eines Bürogebäudes ist eine Maschine aufgestellt worden, die für die Belüftung des Gebäudes sorgt. Die Maschinenmasse beträgt $m_1 = 0,5$ t. Die Maschine dreht mit $n = 1500$ U/min. Daraus resultiert eine harmonische Beanspruchung $P(t) = \hat{P} \cdot \sin(\Omega \cdot t)$. Die Maschine ist auf zwei Federn aufgelagert, die zusammen die Federsteifigkeit $k = 5,0$ kN/cm aufweisen. Die Dämpfung des Systems kann unberücksichtigt bleiben. Es stellte sich heraus, dass die durch den Betrieb der Maschine verursachten Beanspruchungen des Gebäudes für die Gebäudenutzer eine Belästigung darstellen. Da der Austausch der Federn zu aufwändig wäre, wird geplant, die Maschine mit einer Beruhigungsmasse m_2 zu verbinden, so dass die Masse der schwingenden Maschine dann $m = m_1 + m_2$ wird.

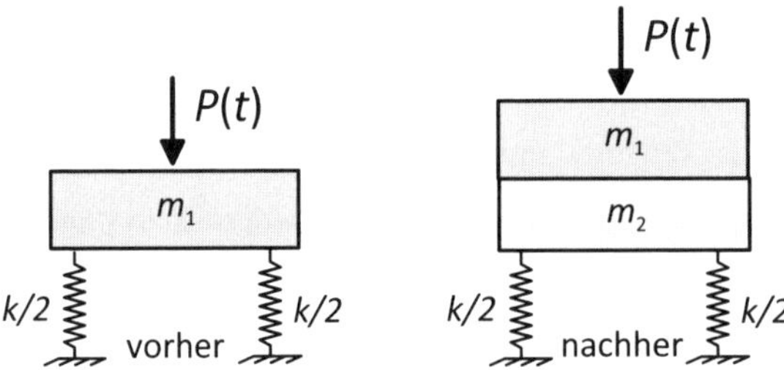

Abb. 8.18: Aufgabe 8-4: Maschine vor und nach der Ertüchtigung durch eine Beruhigungsmasse

Gesucht: Wie groß muss die Masse m_2 gewählt werden, damit die Beanspruchungen des Gebäudes aus den Schwingungen der Maschine (d.h. die Summe der maximalen dynamischen Federkräfte) auf 2 % von $\hat{P}$ sinken?

Aufgabe 8-5: Variantenuntersuchung Auflagerung Maschinenfundament ([PW18], S. 407)

Zu Abs. 5.2, 8.3; Schwierigkeitsgrad: höher

Gegeben: Quaderförmiges Maschinenfundament aus Stahlbeton mit Maschine, siehe Abb. 8.19.

- Fundamentabmessungen Länge 3,0 m; Breite 2,5 m; Höhe 1,5 m; $\rho = 2,5$ t/m^3
- Maschinenmasse: 3,375 t, Gewichtskraft wirkt in der Fundamentmitte
- Maschine läuft mit $n = 600$ U/Min; die statische Kraftamplitude beträgt dabei $\hat{P} = 15$ kN
- Dämpfung darf vernachlässigt werden
- Lagerungsalternativen für das Fundament, siehe Abb. 8.19, siehe auch Abs. 3.3.4:

  1 starre Lagerung (theoretische Annahme)

  2 Lagerung auf gewachsenem Baugrund, Bettungsmodul $b = 2,5 \cdot 10^8$ N/m^3

  3 Lagerung auf elastischer Unterlage und gewachsenem Baugrund
  E-Modul der elastischen Unterlage: $E = 1,5 \cdot 10^6$ N/m^2 bei $t = 10$ cm Dicke

  4 Lagerung über 30 gleichmäßig verteilte Stahlfedern je $k = 2 \cdot 10^5$ N/m auf starrem Untergrund

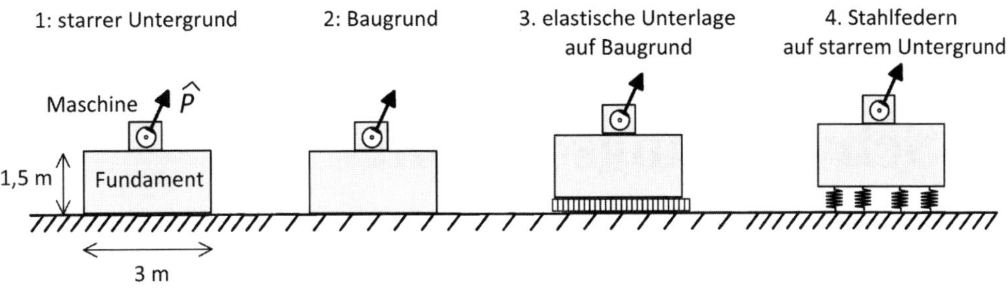

Abb. 8.19: Aufgabe 8-5: Lagerungsalternativen 1 bis 4 für das Maschinenfundament

Gesucht: Bewertung der Lagerungsalternativen $i = 1$ bis $i = 4$ mit dem Ziel optimaler aktiver Schwingungsisolierung (f_i; $V_{1,(i)}$; $\hat{F}_i$). Dabei soll auch die dynamische Einfederung ($\hat{u}_i$) und die gesamte Einfederung ($u_{i,\text{ges}}$) betrachtet werden. Tragen Sie die Fälle 1 bis 4 in das Diagramm der Vergrößerungsfunktion (Abb. 8.20) ein.

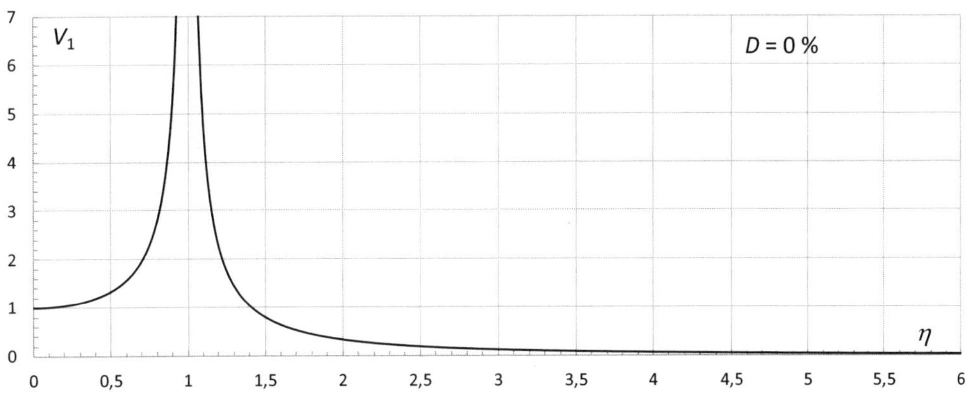

Abb. 8.20: Aufgabe 8-5: In das Diagramm mit der Vergrößerungsfunktion $V_{1,(i)}$ sollen die Varianten 1 bis 4 eingetragen werden.

9 Schwingungsdämpfer

9.1 Einführung

In Kap. 8 wurde gezeigt, dass bei ausreichendem Abstand der relevanten Anregungs- zu den Eigenfrequenzen (Resonanzferne) oft die Schwingungsisolierung das Mittel der Wahl ist, um die Beanspruchungen des Bauwerks auf eine geeignete Größe zu reduzieren. Bei einem EFS (Einfreiheitsgradschwinger) ist diesen Bedingung erfüllt, wenn für das Anregungsverhältniss gilt: $\eta \ll 1$ oder $\eta \gg 1$, siehe oben Abb. 8.2.

Wenn jedoch die Anregungsfrequenz oder eine ihrer maßgebenden Harmonischen im Bereich einer Eigenfrequenz des Bauwerks ist, dann ist es zuweilen nicht möglich, die Beanspruchungen so weit zu reduzieren, dass Tragfähigkeit und Gebrauchstauglichkeit des Bauwerks gewährleistet sind.

In solchen Fällen ist der Einsatz von Schwingungsdämpfern eine Möglichkeit, die Tragwerksbeanspruchung zu reduzieren. Schwingungsdämpfer entziehen dem schwingenden System mechanische Energie.

Die Begriffe „Dämpfer" und „Tilger" werden in der Literatur häufig unterschiedlich verwendet. Im Folgenden sollen die Begriffe wie folgt definiert sein, siehe auch [PW18], Abs. 18.1:

- Ein Dämpfer ist ein an das zu bedämpfende Bauwerk befestigtes, gedämpftes Feder-Masse-System, siehe Abb. 9.1 a) oder b).
- Erfolgt die Ankopplung der Zusatzmasse allein mit einer Feder – also ungedämpft – dann spricht man von einem Tilger, siehe Abb. 9.1 c). Nur im ungedämpften Fall gelingt in einem sehr schmalen Frequenzband die restlose Auslöschung (Tilgung) der Schwingung.

Schwingungsdämpfer werden z.B. bei turmartigen, hohen Bauwerken eingesetzt, die zu winderregten Schwingungen neigen. Der Aspire Tower (Abb. 9.2) wurde an an einer für Winde be-

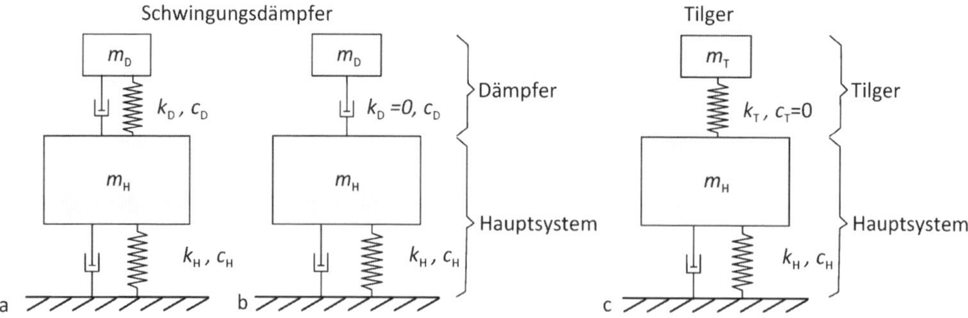

Abb. 9.1: Dämpfer (a, b) und Tilger (c) nach [PW18], S. 1090

Abb. 9.2: Der Aspire Tower, Doha, Quatar wurde durch den Einbau von Schwingungsdämpfern gebrauchstauglich gemacht (Foto: https://commons.wikimedia.org/wiki File: Reach_by_Joe_Chua_Agdeppa_(6142874233).jpg)

sonders anfälligen Stelle auf einer Halbinsel im persischen Golf in Doha gebaut. Die Schwingungsamplitude an der Gebäudespitze infolge des Bemessungswindes betrug 45 cm. Für die Standsicherheit des Gebäudes war dieser große Schwingungsweg zwar unproblematisch, bei den Nutzern eines in 250 m Höhe gelegenen Luxusrestaurants hätte er jedoch mit Sicherheit zu Übelkeit geführt. Durch den Einbau eines Schwingungsdämpfers mit 140 t Masse konnten die Amplituden auf ein akzeptables Maß reduziert werden.

Ebenso können Schwingungsdämpfer z.B. dafür eingesetzt werden, um die vertikalen oder horizontalen menschenerregten Schwingungen von Fußgängerbrücken zu reduzieren.

Mit dem Einsatz von Schwingungsdämpfern können folgende Ziele verfolgt werden:

- Tragsicherheit gewährleisten
- Gebrauchstauglichkeit sicherstellen
- Ermüdung begrenzen

Bei Hochhäusern steht häufig die Gebrauchstauglichkeit gegenüber der Tragsicherheit im Vordergrund, wie folgendes Beispiel zeigt: Das Hochhaus „Taipeh 101“ in Taipeh/Taiwan (Abb. 9.5) ist mehr als $h = 500$ m hoch. Eine an der Gebäudespitze gemessene horizontale Schwingungsamplitude von 1 m bedeutet für das Gebäude eine Durchbiegung von $h/500$, was für seine Tragfähigkeit unkritisch ist. Die Gebrauchstauglichkeit ist dagegen nicht mehr gewährleistet. Denn Menschen, die sich während der Schwingung ganz oben in diesem Gebäude aufhalten, fühlen sich nicht mehr wohl.

Ruscheweyh hat in [Rus82] die in Tab. 9.1 angegebenen Grenzwerte für die Beschleunigungen festgelegt.

Tab. 9.1: Einfluss der horizontalen Beschleunigung (bezogen auf die Erdbeschleunigung g) auf das Wohlbefinden der Bewohner nach [Rus82]

Gemessene Beschleunigung	Wahrnehmung
$< 0{,}5\ \%\ g$	nicht spürbar
0,5 % bis 1,5 % g	spürbar
1,5 % bis 5 % g	lästig
5 % bis 15 % g	unzulässig

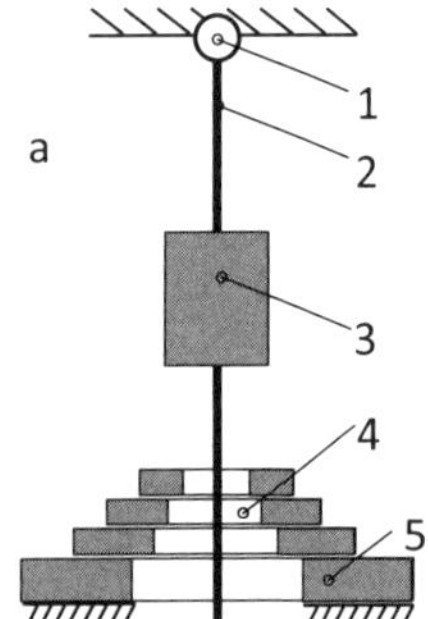

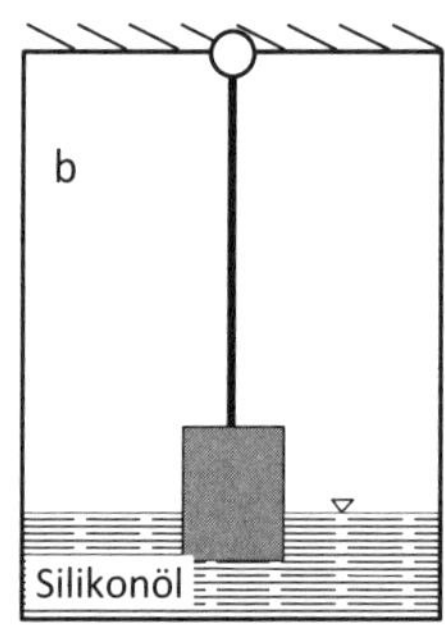

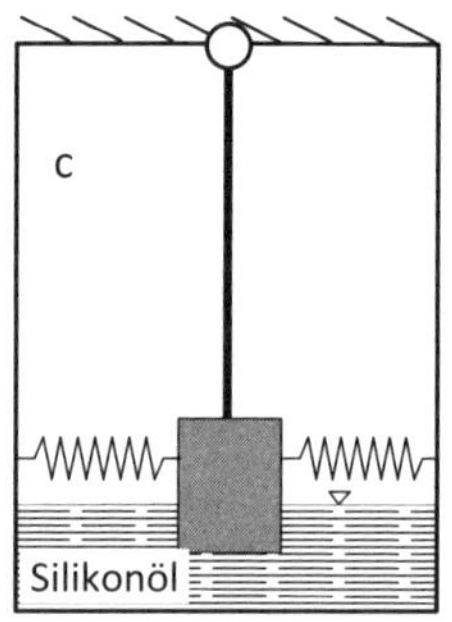

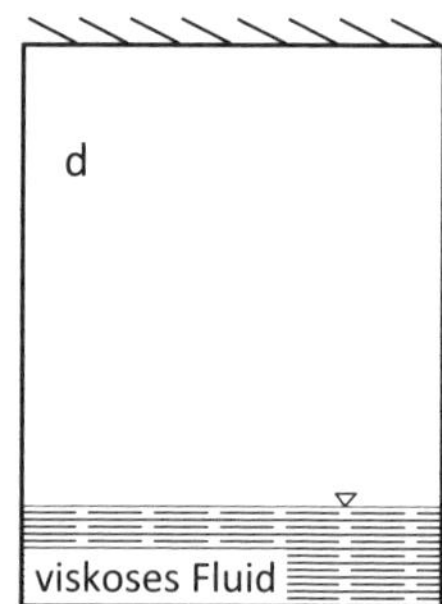

Abb. 9.3: Bauarten von horizontalen Schwingungsdämpfern: a) Pendeldämpfer mit geschichteten Reibplatten nach Petersen/Maurer Söhne: Die Bauteile mit Nummern sind im Text erklärt; b) Pendel in Silikonöl; c) Pendel in Silikonöl mit seitlichen Federn; d) Fluiddämpfer

9.2 Bauarten von Schwingungsdämpfern

Es kommen verschiedenste Bauarten je nach Anwendungsfall zum Einsatz. Einige Beispiele für horizontal wirkende Dämpfer sind in Abb. 9.3 dargestellt. Die Funktionsweise der mit einem viskosen Fluid arbeitenden Dämpfer b) bis d) ist offensichtlich. Der Pendeldämpfer Abb. 9.3 (a) ist über ein Kugelgelenk oben mit dem Bauwerk verbunden (1). Am Pendel (2) ist eine justierbare Dämpfermasse (3) befestigt. Die in ihrer Größe und hinsichtlich ihres Loches in der Mitte gestaffelten Reibplatten (4) werden je nach Pendelausschlag vom Pendelstab mitgenommen. Das untere Verbindungsglied zum Bauwerk ist die anpassbare Bodenplatte (5).

Abb. 9.4 zeigt einen typischer Vertikaldämpfer (a) gegen vertikale Schwingungsformen und einen einachsiger Horizontaldämpfer (b) gegen horizontale Schwingungsformen.

Ein spektakuläres Beispiel für den Einsatz von Schwingungsdämpfern findet sich in Abb. 9.5: Bei der Insel Taiwan treffen die eurasische und die philippinische Kontinentalplatte aufeinander, so dass Taiwan mit über 4000 Erdbeben pro Jahr eine der aktivsten Erdbebenregionen der Welt ist. Außerdem rasen jährlich bis zu neun Taifune über die Insel. In Taipeh, der Hauptstadt von Taiwan, wurde im Jahr 2004 der Bau des eben bereits angesprochenen Hochhauses „Taipeh 101" fertiggestellt. Zwischen dem 88. und dem 92. Stockwerk befindet sich eine 660 t schwere, aus einzelnen Scheiben gefertigte, kugelförmige Dämpfermasse mit einem Durchmesser von 5,5 m, die mit ölhydraulischen Stoßdämpferelementen den Schwankungen des Gebäudes entgegenwirkt. Die maximale Beschleunigung der Gebäudespitze bei extremen Windereignissen oder Erdbeben konnte durch den Schwingungsdämpfer etwa halbiert werden.

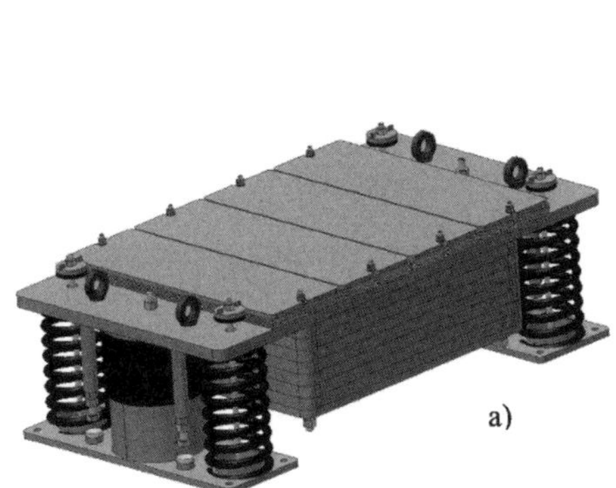

Abb. 9.4: a) typischer Vertikaldämpfer und b) einachsiger Horizontaldämpfer nach [ND05]

Abb. 9.5: Schwingungsdämpfer im Hochhaus „Taipeh 101" (Fotos: links oben: Armand du Plessis; links unten: http://taiwanscout.com/wordpress/taipeh-101/; rechts: AngMoKio – Eigenes Werk, CC BY-SA 3.0, https://commons.wikimedia.org/w/index.php?curid=10334348)

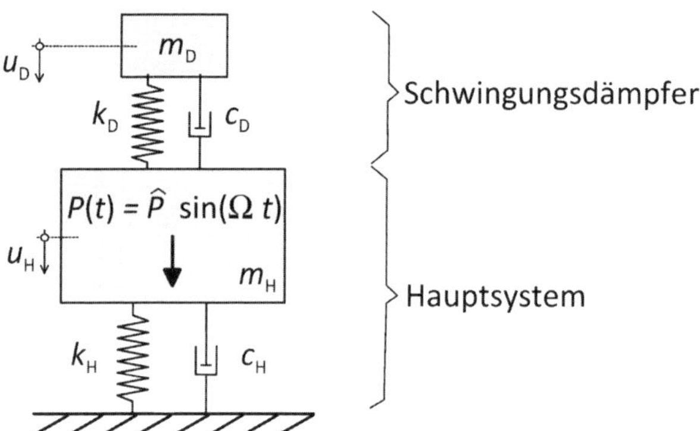

Abb. 9.6: Schwingungsdämpfer (Index D) auf harmonisch angeregter Hauptmasse (Index H)

9.3 Optimale Parameter für Schwingungsdämpfer

Wir betrachten einen modalen EFS, der eine relevante, schwingungsgefährdete Eigenform des zu untersuchenden Tragwerks beschreibt. Der modale EFS wird nun um einen Schwingungsdämpfer ergänzt, so dass das schwingende System – bestehend aus der modalen Tragwerksmasse (Hauptmasse) und der Dämpfermasse – als ein Zweifreiheitsgradschwinger (ZFS) angesehen werden kann, siehe Abb. 9.6.

Schneidet man die Massen des ZFS, dessen Hauptmasse m_H durch die Kraft $\hat{P} \cdot \sin(\Omega \cdot t)$ harmonisch angeregt wird, frei und schreibt für beide Massen m_H und m_D Gleichgewicht an, so ergibt sich das schon aus den Gl. 6.1 und 6.2 her bekannte Differentialgleichungssystem des ZFS:

$$\begin{aligned} &m_H \cdot \ddot{u}_H + c_H \cdot \dot{u}_H + k_H \cdot u_H - c_D \cdot (\dot{u}_D - \dot{u}_H) - k_D \cdot (u_D - u_H) = \hat{P} \cdot \sin(\Omega \cdot t) \\ &m_D \cdot \ddot{u}_T + c_D \cdot (\dot{u}_D - \dot{u}_H) + k_D \cdot (u_D - u_H) = 0 \end{aligned} \tag{9.1}$$

Die Lösung des DGl-Systems eines ZFS nach dem Verfahren der direkten numerischen Integration wird in Abs. 6.5 erläutert, dort ist ein in ein EXCEL-Rechenblatt umsetzbarer Algorithmus angegeben, mit dem die Systemantworten für beliebige ZFS ermittelt werden können. [PW18], Abs. 18.2.1.1 enthält weitere Ableitungen und Angaben für ein System aus Hauptmasse und Dämpfermasse. Es lässt sich zeigen ([BA87], Anhang B.7), dass für einen optimal abgestimmten Dämpfer folgende Regeln gelten: :

1) Die **optimale Dämpferfrequenz** ergibt sich mit $f_H = \sqrt{k_H/m_H}/(2 \cdot \pi)$ zu:

$$f_{D,opt} = \frac{f_H}{1 + m_D/m_H} \tag{9.2}$$

f_D wird darin als Eigenfrequenz des als EFS betrachteten, fest aufgelagerten Dämpfers angesehen:

$$f_D = \frac{\sqrt{k_D/m_D}}{2 \cdot \pi} \tag{9.3}$$

Die optimale Federsteifigkeit des Schwingungsdämpfers errechnet sich zu

$$k_{D,opt} = k_H \cdot \frac{m_H/m_D}{(1 + m_H/m_D)^2} \tag{9.4}$$

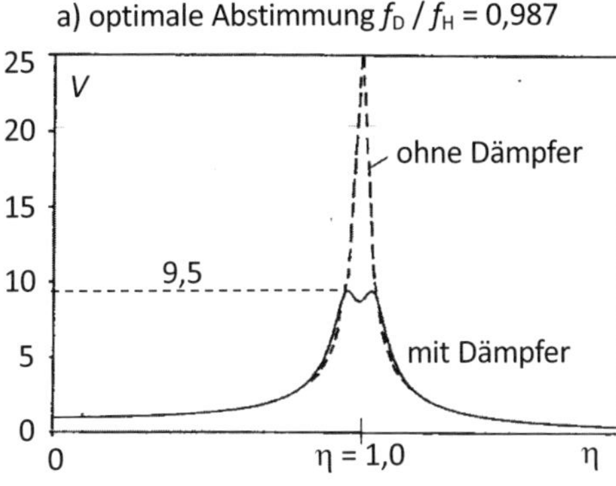

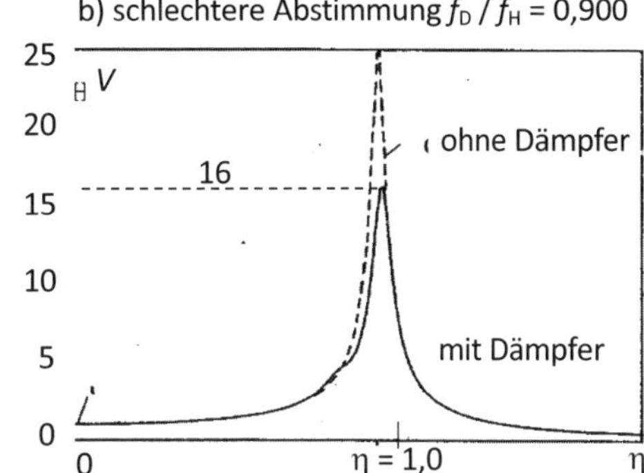

Abb. 9.7: Frequenzganglinie des Hauptsystems, Dämpfermasse $m_D = 0{,}01 \cdot m_H$, Dämpfung $D_H = 2\ \%$ und $D_D = 6{,}6\ \%$ mit optimal eingestelltem Frequenzverhältnis (links) und schlechter eingestelltem Frequenzverhältnis (rechts); nach [BA87], S. 174

Die Kenntnis der maßgebenden Eigenfrequenz der zu bedämpfenden Masse f_H ist von elementarer Wichtigkeit. Gegebenenfalls muss sie nach Fertigstellung des Bauwerks gemessen werden.

Das in Abb. 9.7 über die Vergrößerungsfunktion (Frequenzganglinie) beschriebene Beispiel zeigt, wie wichtig die richtige Abstimmung des Dämpfers ist: Für eine Dämpfermasse von $m_D = 0{,}01 \cdot m_H$ wurde eine nahezu optimale Dämpferfrequenz (Gl. 9.2) von $f_D = 0{,}987 \cdot f_H$ gewählt (Abb. 9.7 links). Gegenüber dem ungedämpften Fall ergibt sich eine Reduktion des Vergrößerungsfaktors von 25 auf ca. 9,5.

Ist der Dämpfer mit $f_D/f_H = 0{,}900$ suboptimal abgestimmt (Abb. 9.7 rechts), reduziert sich der Vergrößerungsfaktor nur auf ca. 16.

2) Das **Lehr'sche Dämpfungsmaß** des Dämpfers D_D ist dann optimal eingestellt, wenn gilt:

$$D_{D,\text{opt}} = \sqrt{\frac{3 \cdot (m_D/m_H)}{8 \cdot (1 + m_D/m_H)^3}} \quad \text{und} \quad c_{D,\text{opt}} = D_{D,\text{opt}} \cdot 2 \cdot \sqrt{m_D \cdot k_D} \tag{9.5}$$

Wie stark sich eine suboptimale Wahl der Lehr'schen Dämpfung des Dämpfers auswirkt, lässt sich dem Beispiel aus Abb. 9.8 entnehmen: Bei der optimalen Dämpfereinstellung mit $D_{D,\text{opt}} = 9{,}1\ \%$ ergibt sich ein Vergrößerungsfaktor von ca. 7, während sich bei $D_D = 3\ \%$ eine Vergrößerung von ca. 11 ergibt.

Das optimale Dämpfungsmaß des Tilgers kann u.U. experimentell durch schrittweises Variieren des Lehrschen Dämpfungsmaßes D_D des Dämpfers festgestellt werden.

3) Die **Masse des Dämpfers**: Ganz entscheidend für die Wirksamkeit des Dämpfers ist das Massenverhältnis m_D/m_H. Einerseits ist der Dämpfer um so wirksamer, je größer die Dämpfermasse gewählt wird. Vor allem die Breitbandigkeit der Dämpfung nimmt mit zunehmender Dämpfermasse zu.

In [WBT13] wird beispielhaft eine Fußgängerbrücke mit Dämpfer untersucht, bei der der maximale Wert der Vergrößerungsfunktion von $V = 10$ bei 2 % Dämpfermasse über $V = 6{,}4$ bei 5 % Dämpfermasse bis zu $V = 5{,}1$ bei 8 % Dämpfermasse reduziert wird.

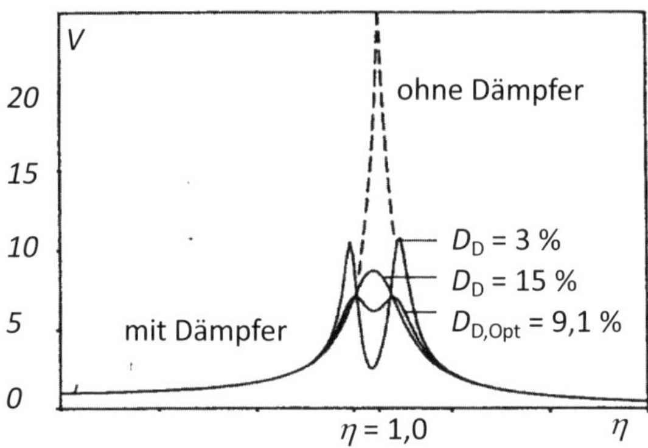

Abb. 9.8: Frequenzganglinie der Vergrößerungsfunktion V eines EFS ($m_H = 21,83$ t) mit Schwingungsdämpfer, Dämpfermasse $m_D = 0,5$ t, Frequenzverhältnis $f_D/f_H = 0,974$ bei verschiedenen Lehr'schen Dämpfungen D_D des Dämpfers (nach [BA87], S. 175)

Verringert man die Dämpfermasse, so vergrößert sich bei sonst gleichbleibenden Verhältnissen auch die maximale Wegamplitude der Dämpfermasse, die in der Regel ein Mehrfaches der Amplitude des Hauptsystems beträgt.
Beispiel 9-1 weiter unten zeigt die Berechnung der Dämpferamplitude, die bei der Berücksichtigung der Abmaße des Dämpfergehäuses zu berücksichtigen ist. Dies hat wiederum Einfluss auf die Größe des vorzuhaltenden Dämpfergehäuses.
Auf der anderen Seite ist es offensichtlich, dass eine zu große Dämpfermasse unwirtschaftlich ist. Die Wahl einer Dämpfermasse von 1/20 der Hauptmasse stellt oft einen guten Kompromiss aus den vorgenannten Überlegungen dar:

$$m_{D,opt} = m_H/20 \tag{9.6}$$

In der Praxis kommen allerdings auch Dämpfermassen zum Einsatz, die bis auf 1/50 der Hauptmasse reduziert wurden.

Die vorangegangenen Überlegungen zeigen, wie sensitiv das schwingende System auf eine Veränderung von Systemparametern reagiert.

Einmal eingestellte Systemparameter können sich im Laufe der Jahre verändern, siehe [WBT13]. Deshalb ist es wichtig, Schwingungsdämpfer so einzubauen, dass sie stets gewartet und justiert werden können.

Bei der Planung des Schwingungsdämpfers vor Erstellung des Tragwerks sollte auch berücksichtigt werden, dass die Eigenfrequenzen und die modalen Massen des fertiggestellten Tragwerks von denen des mechanischen Modells bei der Tragwerksplanung abweichen können.

Zusammenfassend lässt sich festhalten:

- Das Hauptsystem reagiert sehr empfindlich auf die Veränderung der Dämpferfrequenz.
- Die Wirksamkeit eines Dämpfers ist um so höher, je höher die Dämpfermasse relativ zur Hauptmasse ist. Sinnvoll kann ein Verhältnis $m_D/m_H = 1/20$ sein.
- Die Eigenfrequenz des Dämpfersystems sollte nach Gl. 9.2 etwas kleiner als die Frequenz des Hauptsystems eingestellt werden, abhängig vom Massenverhältnis m_D/m_H.

- Schwingungsdämpfer sollten wenn möglich nicht alleine auf Grund theoretischer Berechnungen dimensioniert werden. Besser ist es, die Dämpferdimensionierung erst auf der Basis von Schwingungsmessungen am fertigen Bauwerk durchzuführen.
- Schwingungsdämpfer verändern die Frequenzganglinie des Hauptsystems nur in der Nähe der Resonanzfrequenz!
- Schwingungsdämpfer können sich im Laufe der Nutzungsdauer „verstellen". Sie sollen deshalb in eingebautem Zustand stets für Wartung und Feinjustierung zugänglich sein.
- Die Bewegungen des Dämpfers betragen regelmäßig ein Vielfaches der Bauwerksbewegung, wie das Beispiel 9-1 (weiter unten) zeigen wird.

Wann ist der Einsatz von Schwingungsdämpfern grundsätzlich sinnvoll und wann nicht?

- Bei Bauwerken mit nicht allzu großer Masse und kleiner innerer Dämpfung sind Schwingungsdämpfer sinnvoll.
- Bauwerke mit sehr großer Masse und solche, die trotz hoher innerer Dämpfung stark schwingen, können mit Schwingungsdämpfern nur unbefriedigend beruhigt werden.
- Wenn mehrere Eigenfrequenzen des Bauwerks nahe beieinander liegen bzw. durch die Last wesentlich angeregt werden, ist die Wirkung eines einzelnen Schwingungsdämpfers im Allgemeinen nicht befriedigend.
  In diesem Fall wäre die Möglichkeit zu untersuchen, jede Eigenform getrennt zu bedämpfen. Dabei wird die modale Masse der jeweiligen Eigenform berücksichtigt.
  Die Dämpfer werden dann an der Stelle der jeweiligen Maxima der Schwingungsbiegelinie montiert, siehe unten Abb. 9.10.

Abb. 9.9 zeigt ein Beispiel für den erfolgreichen Einsatz von Schwingungsdämpfern bei einer Fußgängerbrücke mit zwei Feldern mit 32 m und 66 m Spannweite.

Nach Fertigstellung der Brücke stellte sich heraus, dass sie auf Grund der kleinsten Eigenfrequenz $f_{\mathrm{H}} = 1,34$ Hz und der geringen Dämpfung $D_{\mathrm{H}} = 0,2$ % schwingungsgefährdet war. Versuche ergaben, dass eine im Gleichschritt gehende Personengruppe zu Schwinggeschwindigkeiten von über 130 mm/s führen konnte. Ein weiterer Versuch mit einer synchron in Feldmitte hüpfende Personengruppe (Lastfall Vandalismus) führte zu einem unkontrollierten Aufschwingen der Brücke.

Schon beim Entwurf der Brücke wurde ein späterer Dämpfereinbau optional eingeplant. Mit dem dann erfolgten Einbau von zwei vertikal wirkenden Schwingungsdämpfern mit einem Federweg von $+/-45$ mm in der Mitte des langen Feldes konnte das Problem gelöst werden.

Erneute Versuche zeigten, dass die Dämpfung nach Einbau der Tilger von 0,2 % auf $D = 6$ % gestiegen war. Die Schwinggeschwindigkeit durch die im Gleichschritt marschierende Gruppe konnte um ca. 90 % reduziert werden.

9.4 Einbauposition des Schwingungsdämpfers

Der Dämpfer sollte grundsätzlich dort eingebaut werden, wo bei der zu bedämpfenden Eigenform die größte Auslenkung zu erwarten ist. Stets gibt der zu bedämpfende Freiheitsgrad auch die Wirkungsrichtung des Dämpfers vor.

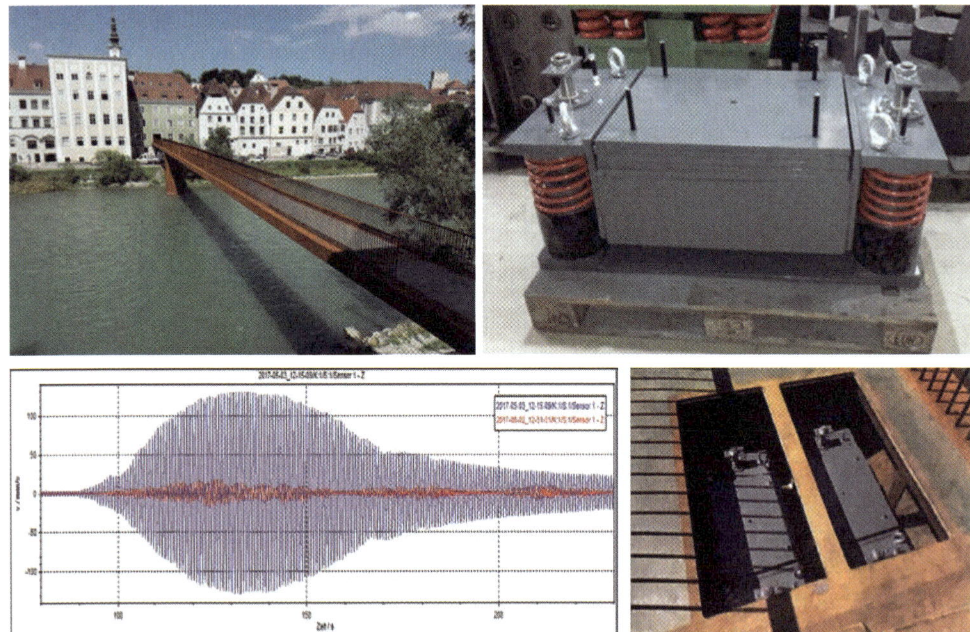

Abb. 9.9: Zweifeldrige Fußgängerbrücke in Steyr/Österreich über die Enns ($f_H = 1,34$ Hz; $D_H = 0,2$ %) mit zwei eingebauten Dämpfern (links oben). Eingesetzter Schwingungsdämpfer der Firma KTI Schwingungstechnik GmbH mit $m_D = 1,3$ t und $f_D = 1,34$ Hz (rechts oben). Eingebaute Schwingungstilger (unten rechts). Messschrieb einer im Gleichschritt gehenden Menschengruppe vor (blau) und nach (rot) Einbau der Dämpfer (unten links). (Quelle: KTI Projektbericht Nr. 11, KTI Schwingungstechnik GmbH, Mettmann, 2017) und [Sch19])

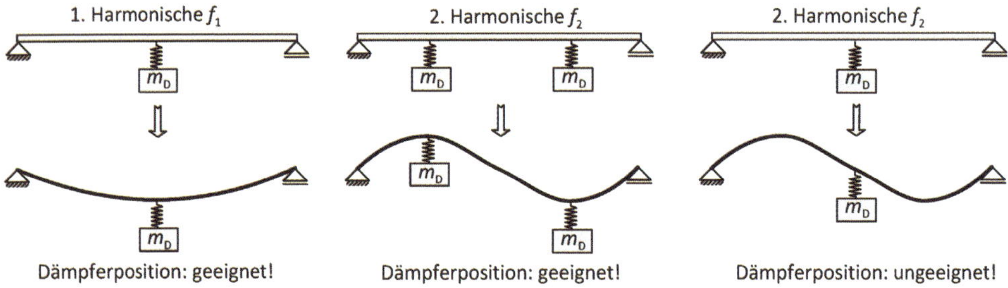

Abb. 9.10: Geeignete und ungeeignete Dämpferpositionen abhängig von der Eigenform der zu bedämpfenden Schwingungsform

Soll beispielsweise bei einer als Einfeldträger gebauten Brücke die vertikale Grundschwingung gedämpft werden, so wird der Schwingungsdämpfer an der Brückenunterseite in Feldmitte aufgehängt. Sollen dagegen Oberschwingungen abgedämpft werden, sind die Dämpfer in den jeweiligen Schwingungsbäuchen vorzusehen, siehe Abb. 9.10.

Beispiel 9-1: Schwingungsdämpfer für eine Fußgängerbrücke

Eine statisch bestimmt gelagerte, einfeldrige Fußgängerbrücke (Abb. 9.10 links) soll durch den Einbau eines Schwingungsdämpfers ertüchtigt werden, um Schäden aus Vandalismus (mutwillige Schwingungsanregung) zu verhindern. Als ungünstigster Lastfall soll die mutwillige Schwingungsanregung durch Personen auf der Brücke berücksichtigt werden. Vandalismus kann als örtlich feste Kraftanregung an ungünstigster Position (z.B. Feldmitte eines einfeldrigen Brückenträgers) angenommen werden. Die Aufgabenstellung ist nach [Kra07], S. 160 formuliert.

Gegeben: EFS der relevanten Eigenschwingung (Grundschwingung) der Brücke mit

- reduzierter Masse $m_{\mathrm{H}} = 42,935$ t (reduzierte Masse: siehe Abs. 3.3.5)
- Federsteifigkeit $k_{\mathrm{H}} = 5195$ kN/m
- dynamischer, harmonischer Last: $P(t) = \hat{P} \cdot \sin(\Omega \cdot t)$ mit $\Omega = \omega_{\mathrm{H}} = \sqrt{k_{\mathrm{H}}/m_{\mathrm{H}}}$
- Die Kraftamplitude (statische Anregungskraft) ist mit $\hat{P} = 4,235$ kN festgesetzt, das entspricht der Gewichtskraft von ca. 5 Personen.
- Die Lehr'sche Dämpfung der Brücke darf zu $D_{\mathrm{H}} = 0,01$ angenommen werden.

Gesucht:

- Amplitude bei der mutwilligen Anregung im Resonanzfall ($\Omega = \omega$) vor Einbau des Schwingungsdämpfers
- Dimensionierung der Parameter eines optimalen Schwingungsdämpfers
- Berechnung der Amplitude der Brückenschwingung nach Einbau des Dämpfers.

Lösung: (Alle Einheiten in N, m, kg, s)

1.) Amplitude im Resonanzfall ($\Omega = \omega_{\mathrm{H}}$) vor Einbau des Dämpfers

- Die Vergrößerungsfunktion ergibt sich nach Gl. 5.14 im Resonanzfall zu

$$V_1 \cong 1/(2 \cdot D) = 1/(2 \cdot 0,01) = 50$$

- Daraus ergibt sich die dynamische Wegamplitude:

$$\hat{u} = V_1 \cdot u_{\mathrm{stat}} = V_1 \cdot \frac{\hat{P}}{k_{\mathrm{H}}} = 50 \cdot \frac{4235}{5,195 \cdot 10^6} = 0,0408 \text{ m} = 40,8 \text{ mm}$$

- Die Eigenfrequenz der Brücke als EFS ohne eingebauten Dämpfer beträgt:

$$\omega_{\mathrm{H}} = \sqrt{\frac{k_{\mathrm{H}}}{m_{\mathrm{H}}}} = \sqrt{\frac{5,195 \cdot 10^6}{42935}} = 11,0 \text{ 1/s}$$

Das entspricht einer Frequenz von $f = 1,75$ Hz. Dieser Wert liegt genau in dem durch gehende Fußgänger angeregten Bereich, ist also als kritisch einzustufen. Eine mutwillige Schwingungsanregung in diesem Freqenzbereich ist leicht möglich.

2.) Dimensionierung eines optimalen Schwingungsdämpfers

- Ein ideales Massenverhältnis von $m_{\mathrm{H}}/m_{\mathrm{D}} = 20$ konnte bei dieser Brücke nachträglich nicht realisiert werden. Gewählt wurde statt dessen: $m_{\mathrm{H}}/m_{\mathrm{D}} = 63,5$. Die Dämpfermasse beträgt damit: $m_{\mathrm{D}} = 42935/63,5 = 676$ kg.

- Die optimale Federsteifigkeit des Dämpfers wird damit nach nach Gl. 9.4:

$$k_{\mathrm{D,opt}} = k_{\mathrm{H}} \cdot \frac{m_{\mathrm{H}}/m_{\mathrm{D}}}{(1+m_{\mathrm{H}}/m_{\mathrm{D}})^2} = 5,195 \cdot 10^6 \cdot \frac{63,5}{(1+63,5)^2} = 7,93 \cdot 10^4 \text{ N/m}$$

- Das optimale Lehr'sche Dämpfungsmaß des Dämpfers beträgt nach Gl. 9.5:

$$D_{\mathrm{D,opt}} = \sqrt{\frac{3 \cdot (m_{\mathrm{D}}/m_{\mathrm{H}})}{8 \cdot (1+m_{\mathrm{D}}/m_{\mathrm{H}})^3}} = \sqrt{\frac{3/63,5}{8 \cdot (1+1/63,5)^3}} = 0,0751$$

3.) Softwaregestütze Berechnung der Vergrößerungsfunktion nach Einbau des Dämpfers

- Es wird das Programm RFEM [DS21] mit dem Zusatzmodul DYNAM Pro verwendet. Es ist darauf zu achten, dass unterschiedliche Dämpfungsgrade für Hauptsystem und Schwingungsdämpfer berücksichtigt werden können, siehe Abs. 6.3.
- Um einfach zu bleiben, wird die Brücke hier lediglich als ZFS betrachtet. Sowohl das Hauptsystem als auch der Dämpfer werden als RFEM-Dämpferelemente modelliert, die über die Federsteifigkeiten k und die Dämpfungskonstanten c definiert sind.
- Dämpfungskonstante c_{H} für die Brücke aus Lehr'scher Dämpfung $D_{\mathrm{H}} = 0,01$, siehe Tab. 4.1:

$$c_{\mathrm{H}} = D_{\mathrm{H}} \cdot 2 \cdot \sqrt{m_{\mathrm{H}} \cdot k_{\mathrm{H}}} = 0,01 \cdot 2 \cdot \sqrt{42935 \cdot 5195000} = 9446 \text{ kg/s}$$

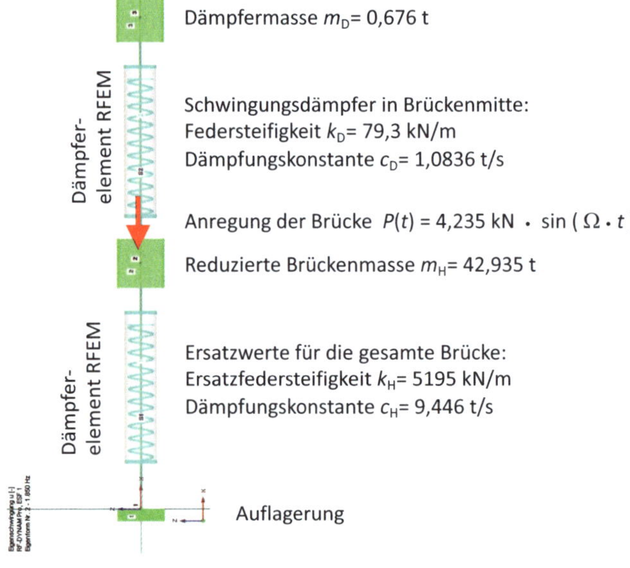

Abb. 9.11: RFEM-Modell der Brücke mit Dämpfer als ZFS. Der ZFS kann alternativ mit der numerischen Integration im Zeitbereich berechnet werden, siehe Abs. 6.5.

- Dämpfungskonstante c_{D} für den Dämpfer aus Lehr'scher Dämpfung $D_{\mathrm{D}} = 0,0751$:

$$c_{\mathrm{D}} = D_{\mathrm{D}} \cdot 2 \cdot \sqrt{m_{\mathrm{D}} \cdot k_{\mathrm{D}}} = 0,0751 \cdot 2 \cdot \sqrt{676 \cdot 79300} = 1100 \text{ kg/s}$$

- Durch den Einbau des Schwingungsdämpfers verschiebt sich die Eigenfrequenz etwas: aus $\omega = 11,0$ 1/s werden nun die beiden nahe beieinander liegenden und an den beiden Maxima der blauen Kurve b) in Abb. 9.12 erkennbaren Eigenfrequenzen des ZFS: $\omega_1 = 10,25$ 1/s und $\omega_2 = 11,62$ 1/s.
- Die Vergrößerungsfunktion V kann Abb. 9.12 für drei Fälle entnommen werden: Die Brücke ohne Dämpfer (a); die Brücke mit Dämpfer, bei der nur der eingeschwungene Zustand berücksichtigt wird (b); die Brücke mit Dämpfer unter Berücksichtigung auch des Einschwingvorgangs. Die Vergrößerungsfunktion konnte durch den eingebauten Dämpfer von 50 auf 9,3 reduziert werden.
- Die maximale Brückendurchbiegung infolge Vandalismus (Resonanz bei einer Lastamplitude von $\hat{P} = 4235$ N) beträgt:

$$\hat{u}_{\mathrm{H}} = V \cdot u_{\mathrm{stat}} = V \cdot \frac{\hat{P}}{k_{\mathrm{H}}} = 9,3 \cdot \frac{4235}{5,195 \cdot 10^6} = 0,0076 \text{ m} = 7,6 \text{ mm}$$

- Die maximale Wegamplitude des Schwingungsdämpfers ist mit $\hat{u}_{\mathrm{D}} = 50$ mm erwartungsgemäß erheblich größer als die Wegamplitude der Brücke (Faktor 6,58).

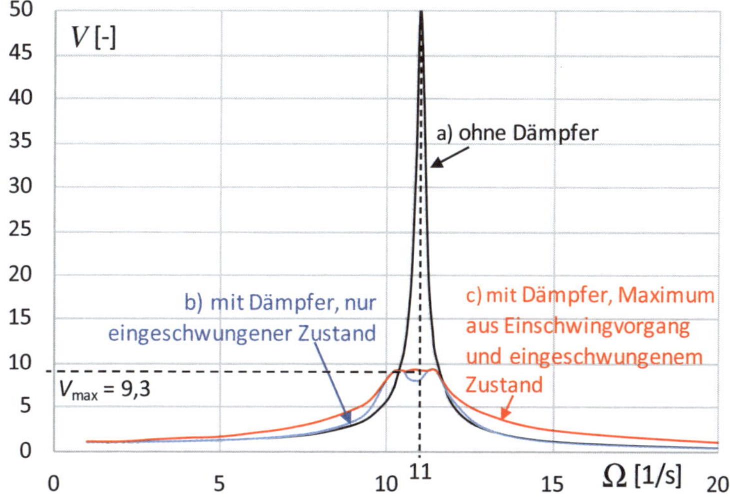

Abb. 9.12: Bsp. 9-1: Vergrößerungsfunktion $V = \hat{u}/u_{\mathrm{stat}}$ als Funktion der Anregungsfrequenz Ω a) Brücke ohne Dämpfer; b) Brücke mit Dämpfer, nur eingeschwungener Zustand (blau); c) Brücke mit Dämpfer unter Einbeziehung auch des Einschwingvorgangs (rot)

Die durch Vandalismus verursachbaren Verformungen der Hamburger Fußgängerbrücke können durch den Einbau des Schwingungsdämpfers auf weniger als 1/5 reduziert werden. Der eingebaute Dämpfer wirkt sich hauptsächlich auf die hier untersuchte Eigenform mit der kleinsten Eigenfrequenz aus. In einem weiteren Schritt wäre zu untersuchen, ob weitere Eigenformen abgedämpft werden müssen.

9.5 Aufgaben und Fragen zur Lernkontrolle

Aufgabe 9-1: Parameter für Schwingungsdämpfer festlegen

Zu Abs. 5.2, 9.3; Schwierigkeitsgrad: b) leicht; a) und c): mittel

Gegeben: Ein EFS (Abb. 9.13) soll mit einem Schwingungsdämpfer versehen werden, da die Geschwindigkeitsamplitude $\hat{\dot{u}}$ infolge der Unwuchterregung zu hoch ist.

- $k_\mathrm{H} = 30\,000$ kN/m; $D_\mathrm{H} = 1$ %
- $m_\mathrm{H} = 30,0$ t (inklusive der drehenden Masse)
- drehende Masse $m_\mathrm{e} = 1000$ kg; Exzentrizität $e = 25,2$ mm
- Drehzahlbereich: $0 \leq \Omega \leq 40$ 1/s

Gesucht:

a) Wie groß ist die maximale Schwinggeschwindigkeit des EFS (ohne Schwingungsdämpfer) und bei welchem Wert Ω tritt sie auf?
b) Legen Sie den Schwingungsdämpfer aus. Geben Sie dazu die wirtschaftlichsten/optimalen Werte $m_\mathrm{D,opt}$, $D_\mathrm{D,opt}$ und $k_\mathrm{D,opt}$ des Schwingungsdämpfers an.
c) Wie groß ist die max. Schwinggeschwindigkeit mit eingebautem Schwingungsdämpfer?

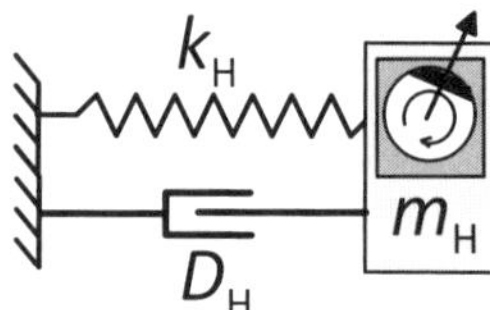

Abb. 9.13: Aufgabe 9-2: Zu bedämpfender EFS

Aufgabe 9-2: Fortsetzung von Beispiel 9-1 Fußgängerbrücke

Zu Abs. 5.2, 9.3; Schwierigkeitsgrad: mittel

Gegeben: Daten der Brücke und ihrer Grundschwingung wie in Bsp. 9-1, siehe oben. Im Unterschied zu Bsp. 9-1 soll ein anderer Schwingungsdämpfer benutzt werden mit dem für optimal gehaltenen Massenverhältnis $m_\mathrm{H}/m_\mathrm{D,Opt} = 20$.

Gesucht: Unabhängig von der Frage, ob der Einbau eines so schweren Schwingungsdämpfers in die Fußgängerbrücke möglich ist, soll untersucht werden, wie sich die Veränderung der Dämpfermasse auswirkt.

a) Festlegung der optimalen Werte für Federsteifigkeit und für Lehr'sche Dämpfung des Schwingungsdämpfers mit der optimalen Masse.
b) Berechnung der maximalen Vergrößerungsfunktion V und der Amplitude $\hat{u}$ der Brückenschwingung nach Einbau des optimierten Dämpfers. Wählen Sie ein geeignetes Berechnungsverfahren aus, z.B. die direkte Integration im Zeitbereich mit dem in Abs. 6.5 angegebenen Algorithmus oder eine Berechnung mit einem FEM-Programm.

10 Überblick über weitere dynamische Anregungsarten

Diese Kapitel führt in zwei weitere wichtige Anregungsarten ein: Zunächst stehen die winderregten Schwingungen mit ihren unterschiedlichen Phänomenen im Fokus. Danach betrachten wir von Menschen induzierte Schwingungen von Fußgängerbrücken.

10.1 Windinduzierte Schwingungen

10.1.1 Vorbemerkung

Wie die bereits oben in Abs. 1.4.3 erwähnten Windeinwirkungen auf Bauwerke zu berücksichtigen sind, beschreibt DIN EN 1991-1-4. Windeinwirkungen können sich wegen ihres böigen Charakters über Zeit und Ort stark verändern und führen daher grundsätzlich zu dynamischen Belastungen der Bauwerke.

Besonders schlanke Bauwerke können auf diese dynamischen Windbeanspruchungen mit Schwingungen reagieren, siehe z.B. Abb. 10.1. Dabei sind nicht nur böeninduzierte Schwingungen des Bauwerks in Windrichtung möglich. Durch Wirbelablösungen kann es auch zu Schwingungen des Bauwerks quer zur Windrichtung kommen.

Wenn sich auf Grund der Schwingungsverformungen des Bauwerks die Umströmungsverhältnisse am Baukörper laufend ändern, können Selbstanregungsmechanismen wie z.B. Galloping in Gang gesetzt werden, die wir von der im Jahr 1940 eingestürzten Tacoma Bridge her kennen.

Im Folgenden wird ein kurzer Einblick in das Thema der winderregten Schwingungen gegeben mit dem Ziel, vor allem die verschiedenen auftretenden Phänomene zu beschreiben. Ausführlichere Darstellungen und Beispielrechnungen findet man z.B. in [PC08], [SH10] und [PW18].

Abb. 10.1: Winderregte vertikale Schwingungen eines Stadiondaches mit einer Eigenschwingdauer von ca. 4 s. Links: Tiefster Punkt der Dachschwingung; Rechts: höchster Punkt

10.1.2 Böeninduzierte Schwingungen in Windrichtung

Windböen können Schwingungen eines Bauwerks in Windrichtung bewirken, die im Extremfall resonanzartig überhöht sind. Nicht alle Bauwerke gelten bezüglich der Böenwirkung als schwingungsanfällig. Nur dann, wenn die Verformungen eines Bauwerks infolge der Böenschwingungen mindestens 10% größer sind als die Verformungen infolge des als statisch angenommenen maximalen Winddrucks (Vergrößerungsfunktion $V \geq 1,1$), gilt das Bauwerk als schwingungsanfällig.

Als in diesem Sinne nicht schwingungsanfällig gelten gemäß DIN EN 1991-1-4NA, NA.C.2 u.a. folgende Bauwerke:

- Wohn-, Büro- und Industriegebäude mit einer Höhe bis zu 25 m und ihnen in Form oder Konstruktion ähnliche Gebäude
- Baukonstruktionen, die als Kragträger wirken und bei denen folgendes Kriterium eingehalten ist:

$$\frac{x_s}{h} \leq \frac{\Lambda}{\left(\sqrt{\frac{h_{ref}}{h} \cdot \frac{h+b}{b}} + 0,125 \cdot \sqrt{\frac{h}{h_{ref}}}\right)^2} \tag{10.1}$$

  - x_s ist die Kopfpunktverschiebung unter Eigenlast in Windrichtung wirkend angenommen.
  - Λ ist das logarithmische Dämpfungsdekrement[7] nach DIN EN 1991-1-4, Anhang F mit dem Mindestwert $\Lambda = 0,100$ bei Massivbauten, $\Lambda = 0,050$ bei Stahlbauten und $\Lambda = 0,080$ bei Stahlverbundbauweise.
  - b ist die Breite des Bauwerks.
  - h ist die Höhe des Bauwerks.
  - $h_{ref} = 25$ m

Bei als nicht schwingungsanfällig einzustufenden Bauwerken wird die Windeinwirkung durch eine statische Ersatzlast erfasst. Bei schwingungsanfälligen Bauwerken wird die dynamische Überhöhung infolge resonanzartiger Bauwerksschwingungen durch den Strukturbeiwert $c_s c_d$ erfasst. Der Strukturbeiwert erfasst außerdem die Unterschiedlichkeit des Böengeschwindigkeitsdruckes über gesamte, auch große Lasteinzugsflächen. Die Berechnung von $c_s c_d$ wird in DIN EN 1991-1-4/NA, Anhang NA.C beschrieben.

10.1.3 Wirbelinduzierte Querschwingungen

Bei der Umströmung eines Körpers kann es infolge der Reibung zwischen der Oberfläche des Bauwerks und der Luftströmung sowie infolge der Druckunterschiede zu Wirbelablösungen kommen. Die Wirbel lösen sich alternierend von gegenüberliegenden Seiten eines Bauwerks ab und erzeugen wechselnde Kräfte auf das Bauwerk, siehe Abb. 10.2. Abb. 10.3 zeigt das Phänomen am Beispiel des Wolkenbildes infolge der Windumströmung einer Insel. Gut erkennbar sind die abwechselnd auf beiden Seiten abgelösten Wirbel.

Ein Bauwerk kann zu Schwingungen angeregt werden, wenn die Frequenz der Wirbelablösungen einer der Bauwerkseigenfrequenzen entspricht. Wirbelerregte Querschwingungen sind nach

[7] Für das logarithmische Dämpfungsdekrement nutzt DIN EN 1991-1-4 die Bezeichnung δ. Wir bleiben bei Λ, denn δ wird in diesem Buch für die Abklingkonstante verwendet.

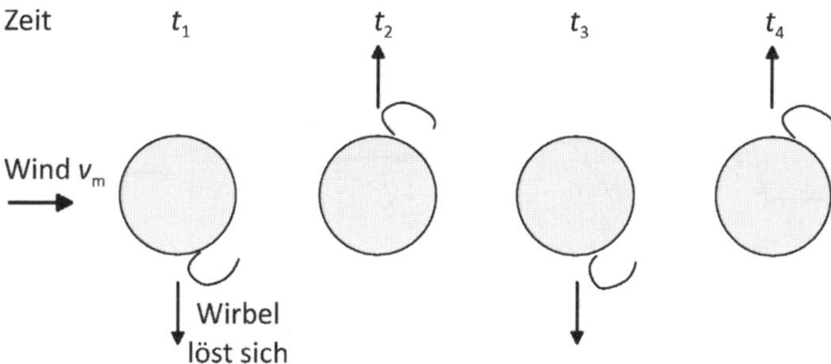

Abb. 10.2: Periodische Kräfte auf den windumströmten Körper infolge Wirbelablösungen (nach [Wer22], S. 4.90)

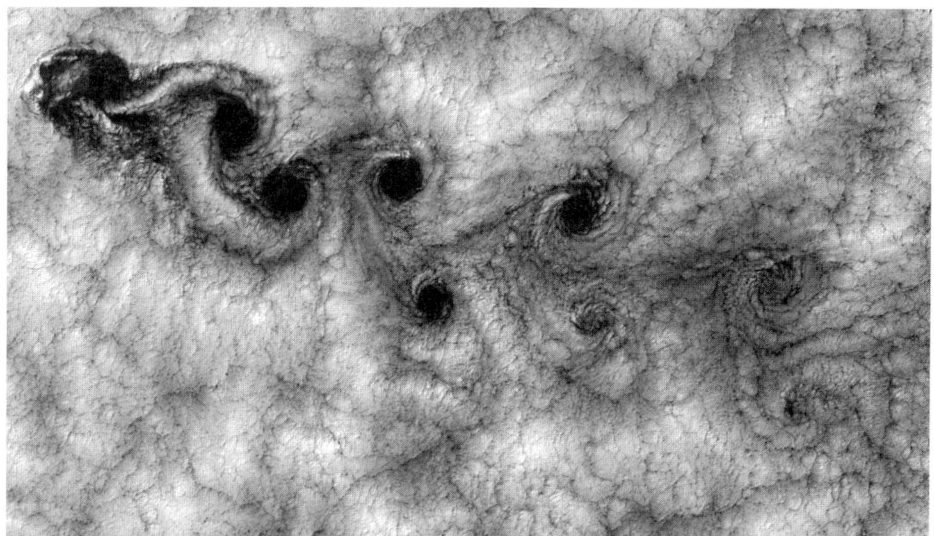

Abb. 10.3: Landsat 7 Foto einer Wirbelstraße infolge der Windumströmung der Robinson Crusoe Inseln am 15.9.1999 (Quelle: https://de.wikipedia.org/wiki/KarmanscheWirbelstraße)

DIN EN 1991-1-4, Anhang E zu untersuchen, wenn das Verhältnis der größten zur kleinsten Bauwerksabmessung in der Ebene senkrecht zur Windrichtung den Wert 6 überschreitet.

Sie brauchen dagegen nicht untersucht zu werden, wenn gilt:

$$1,25 \cdot v_{\mathrm{m}} < v_{\mathrm{crit},j} = \frac{b \cdot f_{j,\mathrm{y}}}{St} \tag{10.2}$$

- b ist die maßgebende Breite des Querschnitts im Bereich der Wirbelerregung, an dem die maximale modale Auslenkung der Bauwerksstruktur auftritt.
- $f_{j,\mathrm{y}}$ ist die Eigenfrequenz der j-ten Eigenform für Schwingungen quer zur Windrichtung.
- v_{m} ist die mittlere 10-Minuten-Windgeschwindigkeit nach DIN EN 1991-1-4, 4.3.1(1) am Querschnittsbereich, an dem die Wirbelerregung auftritt.
- $v_{\mathrm{crit},j}$ ist die kritische Windgeschwindigkeit für die j-te Eigenform.

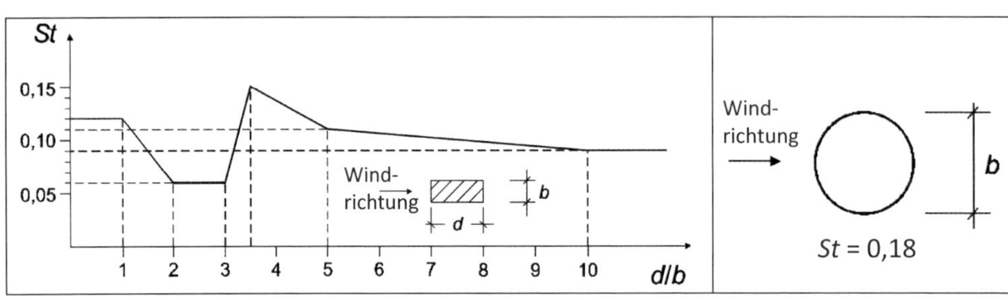

Abb. 10.4: Strouhalzahl St für Rechteckquerschnitte mit scharfen Kanten und Kreisquerschnitte nach DIN EN 1991-1-4, Anhang E.1.3.2

- *St* ist die Strouhalzahl nach DIN EN 1991-1-4, Anhang E.1.3.2. Für Rechteckquerschnitte und Kreisquerschnitte können die Werte Abb. 10.4 entnommen werden. Die Strouhalzahl beschreibt den Zusammenhang zwischen der Windanströmgeschwindigkeit v, der Hindernisbreite b und der Wirbelablösefrequenz f.

Für Eigenfrequenzen $f_{j,y}$ des Bauwerks, für die Gl. 10.2 nicht erfüllt ist, werden die senkrecht zur Windrichtung wirkenden Kräfte nach DIN EN 1991-1-4, Anhang E.1 ermittelt und berücksichtigt. Sie können ermüdungsmäßig relevant werden.

10.1.4 Galloping

Galloping bezeichnet die selbsterregte Schwingung eines elastischen Bauwerks oder Bauteils in einer Biegeschwingungsform quer zum Wind. Nicht kreisförmige Querschnitte einschließlich I-, U-, L- und T-förmige Querschnitte können durch Galloping gefährdet sein. Galloping-Schwingungen beginnen bei einer bestimmten Einsetzgeschwindigkeit v_{CG}. Die Amplituden wachsen mit zunehmender Windgeschwindigkeit schnell an. (DIN EN 1991-1-4, E.2.1) Diese Beanspruchung ist unbedingt zu vermeiden. Das ist der Fall, wenn nachgewiesen werden kann:

$$1,25 \cdot v_m < v_{CG} = \frac{4 \cdot \Lambda_s \cdot m_{1,e}}{a_G \cdot \rho \cdot b} \cdot f_{1,y} \tag{10.3}$$

- v_m ist die mittlere 10-Minuten-Windgeschwindigkeit nach DIN EN 1991-1-4, 4.3.1(1) am Querschnittsbereich, an dem die Galloping-Erregerkräfte erwartet werden.
- Λ_s ist das logarithmische Dämpfungsdekrement[8] nach DIN EN 1991-1-4, Anhang F mit dem Mindestwert $\Lambda_s = 0,100$ bei Massivbauten, $\Lambda_s = 0,050$ bei Stahlbauten und $\Lambda_s = 0,080$ bei Stahlverbundbauweise.
- $m_{1,e}$ ist die äquivalente Masse je Längeneinheit nach DIN EN 1991-1-4, Gl. F.14. Für auskragende Tragwerke mit veränderlicher Massenverteilung kann $m_{1,e}$ näherungsweise durch den Mittelwert der Massenverteilung im oberen Drittel h_3 des Bauwerks (siehe oben Abb. 7.5) angenähert werden. Bei Bauteilen mit der Spannweite l, die an beiden Enden gelagert sind und eine veränderliche Massenverteilung je Längeneinheit aufweisen, kann $m_{1,e}$ durch das Mittel der Massenverteilung gerechnet über eine Länge von $l/3$ im Bereich des Auslenkungsmaximums der Eigenform ermittelt werden.

[8] Für das logarithmische Dämpfungsdekrement nutzt DIN EN 1991-1-4 die Bezeichnung δ_s. Wir bleiben bei Λ, denn δ wird in diesem Buch für die Abklingkonstante verwendet. Die Dämpfungswerte sind in der Norm vorgegeben.

Tab. 10.1: Stabilitätsbeiwerte a_G für Galloping bei Rechteckquerschnitten nach DIN EN 1991-1-4, Tab. E.7. Lineare Interpolation von a_G ist zulässig, Extrapolation nicht.

d/b	1/3	1/2	2/3	1	3/2	2
a_G	0,4	0,7	1	1,2	1,7	2

- a_G ist der Stabilitätsbeiwert für Galloping nach DIN EN 1991-1-4, Tab. E.7, siehe Tab. 10.1. Wenn kein genauerer Wert bekannt ist, kann mit $a_G = 10$ gerechnet werden.
- $\rho = 1,25$ kg/m^3 ist die Luftdichte.
- b ist die Querschnittsbreite an der Stelle, an der die Galloping-Kräfte erwartet werden.
- $f_{1,y}$ ist die Eigenfrequenz der Grundschwingungsform quer zur Windrichtung.

Liegen die kritische Windgeschwindigkeit für eine Querschwingung $v_{\text{crit},j}$ und die Einsetzgeschwindigkeit v_{CG} für Galloping nahe zusammen, werden wegen wahrscheinlicher Interaktionseffekte beider Phänomene Sonderuntersuchungen empfohlen, siehe DIN EN 1991-1-4, Anhang E.2.2(3). Das ist der Fall, wenn gilt:

$$0,7 < \frac{v_{CG}}{v_{\text{crit},j}} < 1,5 \tag{10.4}$$

Stehen mehrere freistehende zylindrische Baukörper dicht nebeneinander, ist Interferenzgalloping zu berücksichtigen, siehe DIN EN 1991-1-4, Anhang E.3.

Zu beachten ist auch, dass ursprünglich kreisförmige Querschnitte – z.B. Seile von Hängebrücken –, die hinsichtlich Galloping als stabil einzustufen sind, durch Eisansatz unsymmetrisch und damit instabil werden können.

10.1.5 Regen-Wind induzierte Schwingungen

Ein ebenfalls unter der Überschrift „Galloping" einstufbares Phänomen sind Regen-Wind induzierte Schwingungen bei schräg geneigten Seilen oder Rundstäben (Abb. 10.5). Regen benetzt die Seiloberfläche, das Wasser fließt schwerkraftbedingt in einem oder zwei Rinnsalen am Seil herunter. Sind zwei Rinnsale vorhanden, kann es zu besonders starken Schwingungen kommen.

Die oft quer, manchmal auch längs zur Windrichtung auftretenden Schwingungen treten nur bei Regen und bei vergleichsweise kleinen Windgeschwindigkeiten auf. Entscheidend für das Phänomen ist das obere Rinnsal. Es wird von der Windkraft gestützt. Bläst der Wind zu schwach, rutscht es nach vorn herunter, bläst er jedoch zu stark, wird es oben über den Scheitel geblasen.

Die Wasserrinnsale bewegen sich auf der Seiloberfläche im Takt der Seilschwingungen, führen zu einer sich ständig verändernden Querschnittsform und beeinflussen so wiederum die dynamischen Kräfte auf das Seil: Es handelt sich um eine selbsterregte Schwingung. Die Schwingungsamplituden können ein Mehrfaches des Seildurchmessers betragen. An kritischen Kerbstellen, z.B. an den Seileinspannungen, kann es in Folge zu Ermüdungsrissen kommen.

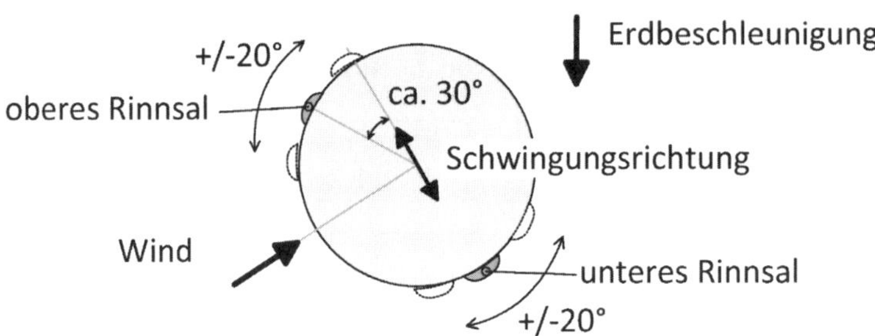

Abb. 10.5: Regen-Wind induzierte Schwingung eines Seiles (im Querschnitt dargestellt) mit zwei sich im Takt der Schwingung verschiebenden Wasserrinnsalen, Wind- und Schwingungsrichtung (nach [PC08], Bild 26)

Die Berechnung solcher Schwingungen ist schwierig. Zur Verhinderung von Schäden bestehen im Wesentlichen zwei Möglichkeiten[9]. Zum einen kann mit Hilfe von Oberflächenprofilierungen der Seile die Ausbildung und die freie Bewegung der Wasserrinnsale auf der Seiloberfläche verhindert werden. Damit wird die Selbsterregung der Schwingungen gestört. Zum anderen können die Schwingungen durch das Anbringen von Schwingungsdämpfern oder Störseilen auf einem erträglichen Niveau gehalten werden.

Details zu Regen-Wind induzierten Schwingungen und weitere Literaturhinweise finden sich z.B. in [Nah04] oder [SS05]. Ein Beispiel findet sich in [Vog21].

10.1.6 Divergenz und Flattern

Unter Divergenz versteht man eine statische aeroelastische Instabilität. Auf einen torsionsweichen Plattenstreifen (z.B. eine Brückenfahrbahn, siehe Abb. 10.6) trifft schräg ein Luftstrom, der infolge exzentrisch wirkender Auftriebskräfte L zur Torsion des Querschnitts führt. Messungen zeigen, dass der Wirkungsort der Auftriebskraft L etwa im Viertelspunkt anzuordnen ist ([PC08] Abs. 2.3.4).

Durch die Querschnittsverdrehung vergrößert sich zunächst die Anströmfläche und infolge dessen vergrößern sich auch die zu zusätzlicher Torsion führenden Windkräfte. Bei einer kritischen Windgeschwindigkeit wird das aerodynamische Torsionsmoment größer als das Torsionsmoment, das das Bauwerk als Widerstand aktivieren kann, und es kommt zum Stabilitätsversagen.

Divergenz ist ein rein statisches Problem, kein Schwingungsproblem. Divergenz muss grundsätzlich ausgeschlossen werden, z.B. indem ein Nachweis nach DIN EN 1991-1-4, Anhang E.4.3 geführt wird.

Unter Flattern sind gekoppelte Biege- und Torsionsschwingungen von stabartigen Konstruktionen mit in Windrichtung gestreckten Querschnitten zu verstehen, die bei Überschreitung der kritischen Windgeschwindigkeit auftreten können. Im Unterschied zur Divergenz stellt Flattern ein Schwingungsproblem dar. Flattern von Bauwerken ist grundsätzlich auszuschließen. Da DIN EN 1991-1-4 kein rechnerisches Nachweisformat gegen Flattern enthält, ist auf die enstprechende Fachliteratur zu verweisen, z.B. [PW18], Abs. 12.5.3.

[9] Windtechnische Gesellschaft; https://www.wtg-dach.org; abgerufen am 17.5.2022

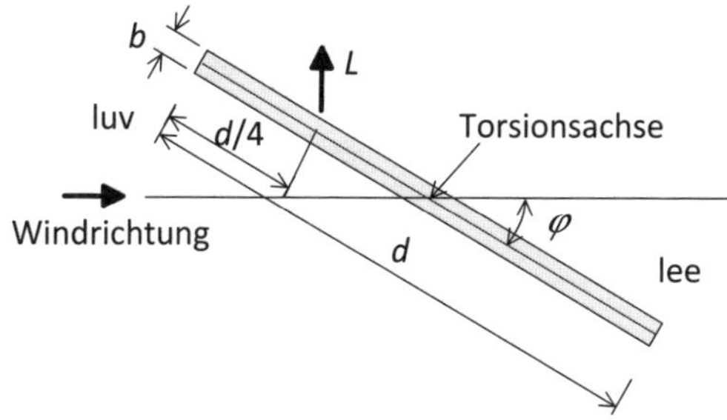

Abb. 10.6: Divergenz als statische aeroelastische Instabilität an einem grau dargestellten, rechteckigen Brückenquerschnitt. L ist die etwa im Viertelspunkt exzentrisch angreifende Auftriebskraft (nach [PC08], Bild 32)

Wenn mindestens eine der drei folgenden Bedingungen **nicht** erfüllt ist, ist ein plattenartiges Bauteil **nicht** divergenz- oder flattergefährdet (DIN EN 1991-1-4, Anhang E.4.2):

- Das Bauwerk oder ein wesentlicher Bauteil hat einen langgestreckten Querschnitt (ähnlich einer flachen Platte) mit einem Abmessungsverhältnis von $d/b > 4$ (d, b siehe Abb. 10.6).
- Die Torsionsachse verläuft parallel zur Plattenebene und senkrecht zur Windrichtung. Außerdem liegt die Torsionsachse mindestens um das Maß $d/4$ leewärts von der luvseitigen Kante der Platte aus, wobei d die Breite der Platte in Windrichtung senkrecht zur Torsionsachse ist. Dieses schließt auch die Fälle ein, bei denen die Torsionsachse im Flächenschwerpunkt liegt, wie zum Beispiel bei einer mittig gelagerten Anzeigetafel oder einem mittig gestützten, freistehenden Dach. Die Torsionsachse kann auch mit der leeseitigen Kante identisch sein, wie zum Beispiel bei einem auskragenden, freistehenden Dach.
- Entweder gehört die niedrigste Eigenfrequenz zu einer Torsionsschwingung oder aber eine Torsionseigenfrequenz ist kleiner als das Doppelte der niedrigsten Eigenfrequenz einer translatorischen Schwingung.

10.2 Menscheninduzierte Schwingungen von Fußgängerbrücken

10.2.1 Vorbemerkung

Durch Menschen verursachte Nutzlasten werden im Hochbau zumeist als quasi-statische Lasten angesehen, solange keine Resonanzerscheinungen zu erwarten sind, siehe DIN EN 1991-1-1, 2.2(3). Der zugehörige Nationale Anhang legt konkretisierend fest, dass Tragwerke, die durch Menschen zu Schwingungen angeregt werden können, entsprechend – also ggf. dynamisch – zu bemessen sind. Bei der Frage, ob menscheninduzierte Nutzlasten als quasi-statische oder dynamische Lasten zu bewerten sind, kommt es deshalb entscheidend auch auf die dynamischen Eigenschaften des zu bemessenden Tragwerks an.

Fußgängerbrücken sollen aus naheliegenden Gründen attraktiv aussehen, was durch weitgespannte, schlanke und leichte Tragstrukturen mit hoher Materialausnutzung erreicht werden kann.

Tab. 10.2: Koeffizienten für die Berechnung der dynamischen Kraft infolge einer einzelnen Person mit Gl. 10.5; nach [BADE97], zitiert nach [Wer22]

	f_S [Hz]	$\Delta G_1/G$	$\Delta G_2/G$	$\Delta G_3/G$	φ_1	φ_1	φ_3
Gehen – vertikal	1,6 – 1,4	0,4 – 0,5	0,1	0,1	0	1,57	1,57
Laufen – vertikal	2.0 – 3,5	1,6	0,7	0,2	$-0,31$	0,96	2,23
Hüpfen – vertikal	1,8 – 3,4	1,7 – 1,9	1,1 – 1,6	0,5 – 1,1	0,44	2,45	4,46
Gehen – horizontal	1,6 – 2,4	0,1	0	0,1	0,79	0	$-0,39$

So sind Fußgängerbrücken oft durch eine weiche Konstruktion mit geringer Masse gekennzeichnet. Die so unvermeidliche Schwingungsanfälligkeit wird – besonders bei stählernen Konstruktionen – durch vergleichsweise geringe Dämpfungsgrade noch erhöht.

Wie schon oben in Abs. 1.4.1 angemerkt, ist im Regelfall durch Gehen, Laufen oder Hüpfen von Passanten weniger die Tragfähigkeit, sondern häufiger die Gebrauchstauglichkeit der Fußgängerbrücke beeinträchtigt.

Welche Fußgängerbrücken sind nicht schwingungsgefährdet? ([Wer22], S. 4.92)

- Fußgängerbrücken mit einer kleinsten Eigenfrequenz $f_{\text{vertikal}} > 5$ Hz für eine Vertikalschwingung
- Fußgängerbrücken mit einer kleinsten Eigenfrequenz $f_{\text{horizontal}} > 2,5$ Hz für eine Horizontalschwingung
- Für Geh- und Radwege aus Holz mit Spannweiten unter 12 m darf ein Schwingungsnachweis im Regelfall entfallen (DIN EN 1995-2NA).

10.2.2 Vertikale Einwirkungen durch eine Person

Abb. 10.7 zeigt die vertikale dynamische Belastung durch das Gehen einer einzelnen Person mit einer Schrittfrequenz von $f_S = 2$ Hz. Die Fourierkoeffizienten und die Nullphasenwinkel der ersten drei Harmonischen können aus der Abbildung abgelesen werden.

Die zeitabhängige vertikale Gesamtkraft F_V infolge einer einzelnen Person mit der Gewichtskraft G ergibt sich damit und mit den Werten aus Tab. 10.2 zu:

$$F_V = G + \Delta G_1 \cdot \sin(2\cdot\pi\cdot f_S\cdot t - \varphi_1) + \Delta G_2 \cdot \sin(4\cdot\pi\cdot f_S\cdot t - \varphi_2) + \Delta G_3 \cdot \sin(6\cdot\pi\cdot f_S\cdot t - \varphi_3) \tag{10.5}$$

10.2.3 Horizontale Einwirkungen durch eine Person

Menschen belasten Flächen, auf denen sie gehen, auch horizontal:

- Horizontale Kräfte in Bewegungsrichtung wirken durch das Abstoßen des Fußes. Diese Kräfte führen in der Regel nicht zu Schwingungsproblemen und werden im Weiteren nicht betrachtet.
- Horizontale Kräfte quer zur Bewegungsrichtung ergeben sich aus dem Hin-und-her-Pendeln des Oberkörpers. Die Bewegungsamplitude des Körperschwerpunktes beim Gehen beträgt ca. 1 bis 2 cm.

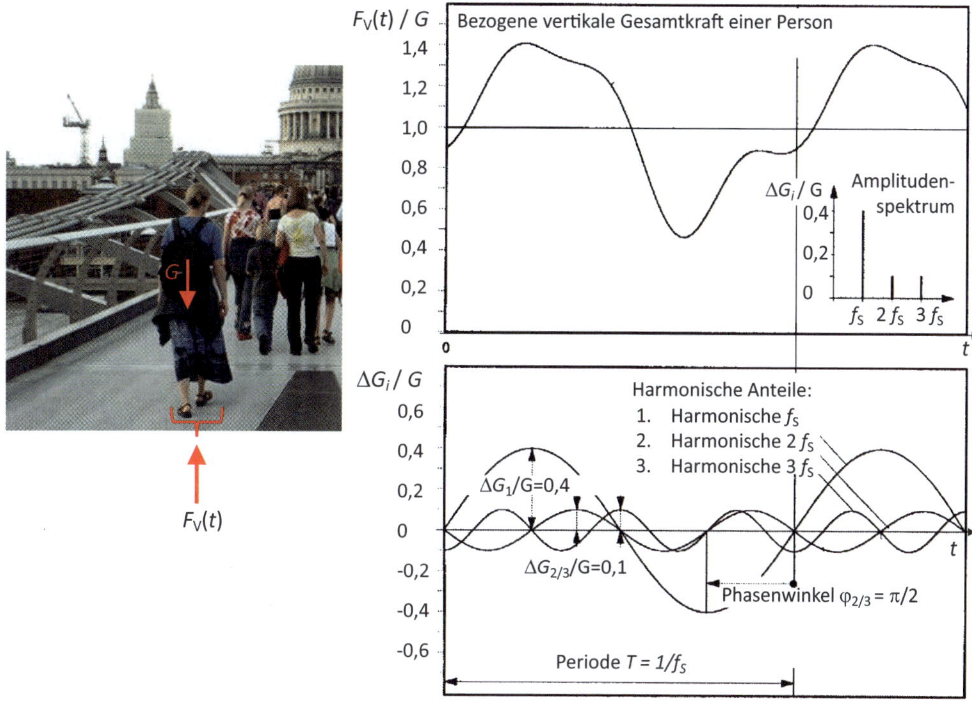

Abb. 10.7: oben rechts: Zeitlicher Verlauf der auf die Gewichtskraft G eines Menschen bezogenen vertikalen, dynamischen Last $F_V(t)$ einer einzelnen Person durch Gehen mit einer Schrittfrequenz von $f_S = 2$ Hz; unten rechts: Amplitudenspektrum; beide Diagramme nach [Bac04]

Obwohl die horizontalen dynamischen Lasten erheblich geringer als die vertikalen Kräfte sind, können sie bei horizontal weichen und somit niederfrequenten Brücken starke Schwingungen auslösen, wie an der Passerelle Solferino in Paris und an der Millenium Bridge über die Themse in London erkennbar war [Bac04].

Zu beachten ist, dass die horizontale Pendelfrequenz der halben Schrittfrequenz entspricht: sie liegt also bei Schrittfrequenzen von 1,6 bis 2,4 Hz im Bereich von 0,8 bis 1,2 Hz.

Horizontale Kräfte F_H quer zur Bewegungsrichtung infolge einer einzelnen Person mit der Gewichtskraft G ergeben sich mit den Werten aus der letzten Zeile von Tab. 10.2 zu:

$$F_H = \Delta G_1 \cdot \sin(\pi \cdot f_S \cdot t - \varphi_1) + \Delta G_2 \cdot \sin(2 \cdot \pi \cdot f_S \cdot t - \varphi_2) + \Delta G_3 \cdot \sin(3 \cdot \pi \cdot f_S \cdot t - \varphi_3) \tag{10.6}$$

10.2.4 Einwirkungen durch mehrere Personen

Brückenbauwerke werden im Allgemeinen durch mehrere Personen gleichzeitig begangen, deren Lasten sich addieren. Dabei müssen zwei Einwirkungsarten unterschieden werden:

- Bei einer regellosen Einwirkung beeinflussen sich die Personen gegenseitig nicht, jeder geht in seinem Takt: Schrittfrequenz und Phasenwinkel sind nicht koordiniert. Schrittfrequenz und Gewicht der Personen lassen sich mit Häufigkeitskurven beschreiben, der Phasenwinkel ist zufällig verteilt. Das bedeutet, dass sich die Lasten der einzelnen Personen teilweise addieren, teilweise kompensieren werden. Für praktische Zwecke hat es sich als ausreichend erwiesen, die Schwingungsanregung eines einzelnen Fußgängers mit einem Faktor m_{Pers} zu multiplizieren:

$$m_{\text{Pers}} = \sqrt{\lambda \cdot \frac{L}{v_S}} \tag{10.7}$$

- λ ist die mittlere Ankunftsrate (Personen pro s) für die gesamte Brückenbreite gemessen über einen bestimmten Zeitraum. Maximal ist eine Ankunftsrate von 1,5 Personen pro s und m Breite möglich.
- L ist die Spannweite der Brücke
- v_S ist die mittlere Geschwindigkeit der Personen beim Überqueren der Brücke.

Beispiel 10-1: Eine Brücke mit der Breite $b = 2,5$ m, einer Spannweite von 20 m und einer Geschwindigkeit von 1,5 m/s wird je Minute von 90 Personen überquert. Die Ankunftsrate beträgt $\lambda = 90/60 = 1,5$ Personen/s. Auf der Brücke halten sich $n = (\lambda \cdot L/v_S) = 20$ Personen gleichzeitig auf. Der Faktor errechnet sich zu

$$m_{\text{Pers}} = \sqrt{\lambda \cdot L/v_S} = \sqrt{1,5 \cdot 20/1,5} = 4,47$$

Um die regellosen Einwirkungen der sich gleichzeitig auf der Brücke aufhaltenden 20 Personen zu berücksichtigen, reicht es aus, die Einwirkungen aus 4,47 Einzelpersonen anzusetzen.

- Von einer synchronen Einwirkung durch mehrere Personen ist auszugehen, wenn sich eine Fußgängergruppe im Gleichschritt über die Brücke bewegt oder beim synchronen Hüpfen mehrerer Personen. Im ungünstigsten Fall von n Personen auf der Brücke ist von einem Faktor $m_{\text{Pers}} = n$ auszugehen.

10.2.5 Synchronisation und Lock-in-Effekt

Gehen Menschen über eine Brücke, während eine Musik spielt, so passen sich viele Menschen in ihrer Schrittfrequenz automatisch dem Takt der Musik an. Dies führt zu einer Synchronisierung von Schrittfrequenzen und Phasenwinkeln, was einen großen Einfluss auf die Brückenbelastung hat.

Eine Synchronisation liegt auch vor, wenn Gruppen im Gleichschritt eine Brücke überqueren. Um solche extremen Belastungen zu vermeiden, ist es nach § 27 (6) der Straßenverkehrsordnung verboten, Brücken im Gleichschritt zu überqueren.

Doch auch, wenn Menschen gar nicht im Gleichschritt gehen wollen, kann es im Zuge des sogenannten Lock-in-Effektes genau dazu kommen: Versuche zeigen, dass Menschen ihre Bewegungen bezüglich Schrittfrequenz und Phasenlage einer vertikal oder horizontal schwingenden Unterlage anpassen, wenn bestimmte Schwellenwerte der Amplitude des Untergrundes überschritten werden. Der Schwellenwert ist richtungs- und frequenzabhängig und hängt auch von Alter und Konstitution des einzelnen Menschen ab. Bachmann gibt in [Bac04] für vertikale Schwingungen mit einer Frequenz von 2 Hz einen Schwellenwert zwischen 10 und 20 mm an. Bei horizontalen Schwingungen mit 1 Hz beginnen die Schrittanpassungen einzelner Menschen bereits bei 2 bis 3 mm Wegamplitude des Untergrunds.

Abb. 10.8: Die Millenium Bridge (Bild links) schwang infolge des Lock-in-Effekts mit einer horizontalen Amplitude von ca. 70 mm. Der Einbau von acht je 2,5 t schweren horizontal wirkenden Schwingungsdämpfern im Schwingungsbauch der mittleren Spannweite (im Bild nicht sichtbar) erhöhte die Lehrsche Dämpfung auf 20 %. Zusätzlich wurden 52 vertikale Schwingungsdämpfer (Bild rechts) eingebaut. (Fotos: C. Seeßelberg)

Alternativ kann das Lock-in-Risiko nach [BHK$^+$08a], [PW18], S. 1151, abgeschätzt werden an Hand der Personenzahl N_L, die den seitlichen Synchronisationseffekt auslösen:

$$N_L = \frac{8 \cdot \pi \cdot D \cdot m_j^* \cdot f_j}{k} \tag{10.8}$$

Darin sind m_j^* die modale Masse[10] und f_j die Eigenfrequenz der betrachteten Eigenform, D das Lehr'sche Dämpfungsmaß. $k = 300$ Ns/m (bei $0,5 \leq f_j \leq 1,0$ Hz) ist eine Proportionalitätskonstante.

Wenn die Wegamplitude einer Brücke den jeweiligen Schwellenwert überschreitet oder sich mehr als N_L Personen auf der Brücke befinden, kann mit dem Beginn der Rückkopplung gerechnet werden: Mit steigender Wegamplitude des Brückendecks synchronisieren sich die Bewegung von immer mehr Menschen, was wiederum zu einer Steigerung der Wegamplitude und zu weiterer Synchronisation der Gehbewegungen führt. In bestimmten Fällen wurde beobachtet, dass mehr als 80 % der Personen synchronisiert über die Brücke gehen. Die Brücke kann auf diese Weise eine resonanzähnliche Anregung erfahren.

Als Beispiel für dieses Phänomen gilt die Millenium Bridge über die Themse in London (Abb. 10.8) bei ihrer Eröffnung im Juni 2000 [Bac04]. Dicht gedrängt überquerten bis zu 2000 Fußgänger gleichzeitig die Brücke mit den drei Spannweiten 80 m – 140 m – 100 m. Die Querschwingungen mit einer Frequenz von 1 Hz führten über den Lock-In-Effekt zu Schwingungsamplituden von ca. 70 mm (geschätzt). In YouTube sind verschiedene Filmaufnahmen des Vorgangs abrufbar.

Die Brücke musste wegen der Schwingungsgefährdung wieder geschlossen werden und konnte erst im Jahre 2002 nach einer entsprechenden Ertüchtigung für den Fußgängerverkehr wieder freigegeben werden. Details finden sich in [SH10].

[10] Zur Berechnung der modalen Masse siehe Gl. 10.9

10.2.6 Schwingungstechnische Anforderungen an Fußgängerbrücken

Beim Nachweis von Fußgängerbrücken sind die baustoffspezifischen Normen zu beachten:

- DIN EN 1992-2 bei Fußgängerbrücken aus Stahlbeton
- DIN EN 1993-2 bei Fußgängerbrücken aus Stahl
- DIN EN 1994-2 bei Fußgängerbrücken in Verbundbauweise (Stahl/Beton)
- DIN EN 1995-2 bei Fußgängerbrücken aus Holz

Für Fußgängerbrücken nicht nur aus Stahl[11] liegt mit dem Bemessungsleitfaden „HiVoSS“ [BHK^{+}08b] und den Erläuterungen [BHK^{+}08a] ein ausgearbeiteter Bemessungsvorschlag vor, der in der Regel zu wirtschaftlichen Bemessungsergebnissen führen soll. Die Dokumente können kostenfrei aus dem Internet heruntergeladen werden. Die Bemessung erfolgt nach dem Flussdiagramm in Abb. 10.9. Zu den einzelnen Bemessungsschritten wird Folgendes angemerkt:

Zu Schritt 1 – **Bestimmung der Eigenfrequenzen**: Es wird empfohlen, die Masse der Fußgänger bei der Berechnung der Eigenfrequenzen zu berücksichtigen, wenn die modale Masse der Fußgänger mehr als 5 % der modalen Masse des Brückendecks beträgt.

Die Massenbelegung $\mu = \mu_{\mathrm{D}} + \mu_{\mathrm{P}}$ [Masse/Länge] als Summe aus der Massenbelegung des Brückendecks (Index D) und aus der Personenlast (Index P) ist bekannt. Die Funktion der Eigenform $\phi_j(x)$, die auf den Maximalwert 1 normiert sein muss, liegt vor. Die modale Masse m_j^* der Eigenform j entspricht derjenigen Masse, die bei der Eigenschwingungsform $\phi_j(x)$ aktiviert wird. Sie ergibt sich als Integral über die Spannweite L_{D}:

$$m_j^* = \int_{L_{\mathrm{D}}} \mu \cdot \phi_j^2(x)\mathrm{d}x \tag{10.9}$$

Beispiel: Bei einem Einfeldträger auf zwei Stützen, der in der ersten Harmonischen $j = 1$ schwingt, lässt sich das Integral zu $m_1^* = 0,5 \cdot \mu \cdot L$ auflösen.

Bei über die Brückenlänge konstanten Massenbelegungen aus dem Eigengewicht des Decks und aus Fußgängern gilt: Wenn die längenbezogene Personenmasse 5 % der längenbezogenen Masse des Decks überschreitet, sollte sie mit berücksichtigt werden.

Zu Schritt 2 – **Überprüfung, ob weitere Nachweise nötig sind**: Die Gebrauchstauglichkeit einer Fußgängerbrücke sollte in jedem Fall überprüft werden, wenn Eigenfrequenzen f_i in folgenden Bereichen liegen:

- Vertikalschwingungen mit $1,25 \leq f_j \leq 2,3$ Hz
- Horizontalschwingungen quer zur Brückenachse mit $0,5 \leq f_j \leq 1,2$ Hz

Zu Schritt 3a – **Bestimmung der Verkehrsklasse**: Die relevante Verkehrsklasse der Fußgängerbrücke wird in folgende Kategorien eingeordnet (mit P = Personen; Dichte d):

- TC 1: sehr schwacher Verkehr (maximal 15 P auf der Brücke)
- TC 2: schwacher Verkehr ($d = 0,2$ P / m^2)
- TC 3: dichter Verkehr ($d = 0,5$ P / m^2)
- TC 4: sehr dichter Verkehr ($d = 1$ P / m^2)
- TC 5: außergewöhnlich dichter Verkehr ($d = 1,5$ P / m^2)

[11] Auch wenn im Namen „HiVoSS“ die letzten beiden Buchstaben für „Steel Structures“ stehen, wurde bei der Entwicklung des Bemessungsleitfadens an keiner Stelle vorausgesetzt, dass es sich um ein Stahltragwerk handelt. Der Leitfaden kann deshalb grundsätzlich auch auf Brückenbauwerke aus anderen Baustoffen angewendet werden.

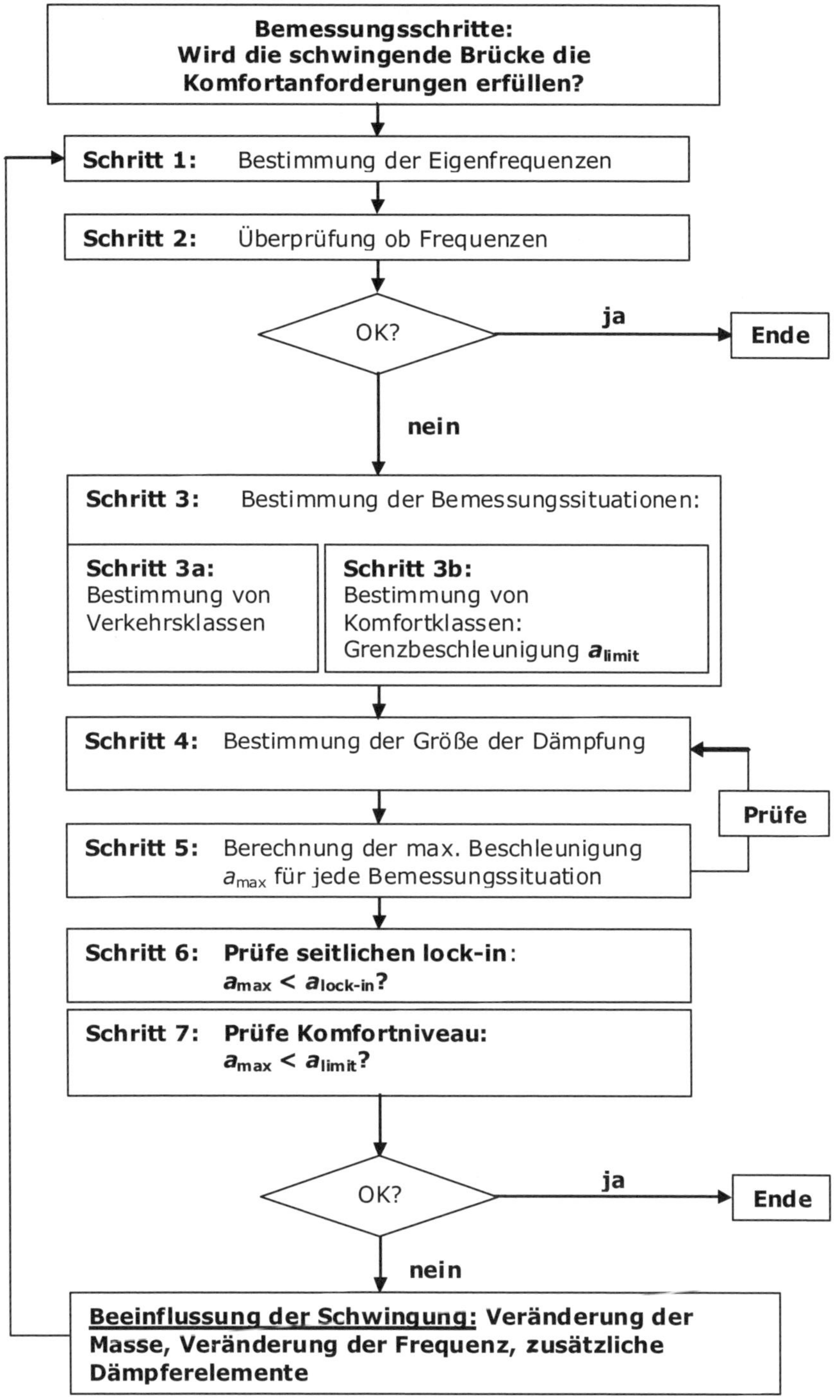

Abb. 10.9: HiVoSS Flussdiagramm für die Bemessung von Fußgängerbrücken (Quelle: [BHK+08b]). Anmerkungen zu den einzelnen Schritten finden sich in Abs 10.2.6.

Tab. 10.3: Komfortklassen für Stahlbrücken nach [BHK+08b]

Komfort-klasse	Grad des Komforts	vertikale Beschleunigung a_{limit} [m/s²]	horizontale Beschleunigung a_{limit} [m/s²]
CL 1	Maximum	< 0,50	< 0,10
CL 2	Mittel	0,50 – 1,00	0,10 – 0,30
CL 3	Minimum	1,00 – 2,50	0,30 – 0,80
CL 4	Nicht akzeptabel	> 2,50	> 0,80

Tab. 10.4: Lehr'sche Dämpfung *D* von Fußgängerbrücken nach [BHK+08b]

Bauweise	Mittelwert D
Stahlbeton	1,3 %
Spannbeton	1,0 %
Stahl-Beton-Verbund	0,60 %
Stahl	0,40 %
Holz	1,50 %

Zu Schritt 3b – **Bestimmung der Komfortklasse**: Die gewünschte Komfortklasse der Fußgängerbrücke wird gemäß Tab. 10.3 festgelegt.

Zu Schritt 4 – **Bestimmung der Größe der Dämpfung**: Zur Bestimmung des Dämpfungsmodells und des Dämpfungsgrades D von Fußgängerbrücken siehe Abs. 4.5 und 6.3. Tab. 10.4 enthält einige typische Dämpfungswerte nach [BHK+08b].

Wenn eine Brücke mutwillig durch eine Personengruppe aufgeschaukelt wird (Vandalismus), treten größere Amplituden auf, die eine größere Dämpfung im Tragwerk aktivieren. Nach [BHK+08b] können für diesen Fall etwas höhere Dämpfungen angenommen werden.

Zu Schritt 5 – **dynamische Berechnung der Brücke**: Die dynamische Berechnung der maximalen vertikalen und horizontalen Beschleunigungen der Fußgängerbrücke $a_{\text{max,vert}}$ und $a_{\text{max,horiz}}$ kann mit den in Kap. 6 beschriebenen Verfahren ausgeführt werden. Weitere Details finden sich auch in [BHK+08b] und [BHK+08a].

Zu Schritt 6 – **Prüfung auf seitlichen Lock-in**: Lock-in-Effekte (Abs. 10.2.5) dürfen ausgeschlossen werden, wenn die in Schritt 5 berechnete maximale horizontale Beschleunigung $a_{\text{max,horiz}}$ den Grenzwert $a_{\text{Lock-in}} = 0,15$ m/s² nicht überschreitet. Bei Fußgängerbrücken, die in horizontaler Richtung gut ausgesteift sind – was der Normalfall ist – kann Schritt 6 entfallen.

Zu Schritt 7 – **Prüfung auf Komfortniveau**: Schließlich wird an Hand der in Schritt 5 ermittelten maximalen horizontalen und vertikalen Beschleunigungen überprüft, ob die Brücke das angestrebte Komfortmaß nach Tab. 10.3 erreicht oder nicht.

Wenn die berechneten oder an der fertiggestellten Brücke gemessenen Schwingungsbeschleunigungen zu große Werte haben, kommen grundsätzlich folgende Maßnahmen in Betracht:

- Im Rahmen einer Frequenzabstimmung werden durch Veränderungen der Bauwerksparameter (Steifigkeiten und Massen) die Schwingungseigenschaften des Brückenbauwerks verbessert.

- Gegebenenfalls kann das Schwingungsverhalten der Brücke durch den nachträglichen Einbau von Schwingungsdämpfern (siehe Kap. 9) verbessert werden.

Wegen Unsicherheiten bei der Annahme der Dämpfungen und auch der Eigenfrequenzen der Fußgängerbrücke ist es oft sinnvoll, bei der Planung der Brücke Einbaumöglichkeiten für Schwingungsdämpfer vorzusehen. Die optionalen Schwingungsdämpfer werden aber zunächst nicht eingebaut. Erst nach Fertigstellung der Brücke und Messung der Schwingungseigenschaften wird dann entschieden, ob der Einbau von Schwingungsdämpfern notwendig ist oder nicht (Beispiel: [Pie17]).

11 Erdbebengerechtes Bemessen und Konstruieren

11.1 Einleitung

In vielen Regionen der Erde führen Erdbeben immer wieder zu Katastrophen. Wenn Erdbeben sehr schlimme Folgen haben wie z.B. 1999 in Izmit/Türkei, siehe Abb. 11.1, sind diese häufig auf nicht ausreichend erdbebengerechtes Bauen zurückzuführen. Im Durchschnitt führten Erdbeben im 20. Jahrhundert weltweit jährlich zu ca. 24000 Todesopfern infolge von Gebäudeeinstürzen; für das 21. Jahrhundert wird mit ähnlich hohen Zahlen gerechnet (siehe [Pro21], Abs. 11.1). Diese Zahlen belegen, dass es grundsätzlich wichtig ist, das Thema Erdbeben bei der Baunormung für die Planung und Errichtung von Gebäuden zu berücksichtigen. Diese Forderung lässt sich auch durch die Gegenüberstellung zweier Erdbeben, die hinsichtlich der Anzahl exponierter Personen und Gebäude, der Magnitude und sonstiger Parameter vergleichbar waren, begründen: Während das Spitak-Erdbeben am 7.12.1988 in Armenien zu mehr als 25000 Toten und 514000 Obdachlosen führte, waren die Folge des Loma-Prieta-Erdbebens am 17.10.1989 in Nordkalifornien 47 Tote und 7362 Obdachlose. Beide Länder wiesen massive Unterschiede in Baustrukturen und Baunormen auf, die wohl für die genannten unterschiedlichen Auswirkungen verantwortlich sind ([Pro21], Tab. 11.3).

Die Erdbebengefährdung ist in Deutschland verglichen mit vielen anderen Ländern (z.B. Italien oder Griechenland) nicht sehr hoch. Dennoch sind in einigen Regionen Deutschlands – z.B. auf der schwäbischen Alb, im Oberrheingraben, im Aachener Raum oder im Erzgebirge – Erdbebenlasten beim Nachweis der Tragsicherheit zu berücksichtigen.

Abb. 11.1: Izmit, Türkei; nach dem verheerenden Erdbeben 1999 (Quelle: FAZ 17.9.2016)

Ohne das Verständnis der grundlegenden Baudynamik wird es dem Tragwerksplaner kaum gelingen, zu verstehen,

- wie die Erdbebenlasten für ein Bauwerk bestimmt werden.
- wie ein Bauwerk erdbebensicher konstruiert werden kann.

Dieses Kapitel soll basierend auf den Inhalten der vorangegangenen Kapitel einen ersten Überblick über das Thema Erdbebennachweise nach Eurocode 8 liefern. Natürlich ist es nicht möglich, auf den wenigen hier zur Verfügung stehenden Seiten das Thema umfassend und tief zu erklären. Das ist den entsprechenden Fachbüchern und Fachbeiträgen, wie z.B. [GHVW20], [MHBM11], [Bac02b] oder [PW18], Kap. 13 vorbehalten, auf die hier ausdrücklich verwiesen werden soll.

Welche Normen sind für die Bestimmung der Erdbebenlasten und für erdbebensicheres Bauen relevant? Die Normensituation im Juni 2022 ist einigermaßen erstaunlich:

- Die frühere Erdbebennorm DIN 4149 (04/2005) „Bauten in deutschen Erdbebengebieten – Lastannahmen, Bemessung und Ausführung üblicher Hochbauten" wurde zum Zeitpunkt der Veröffentlichung der Nachfolgenormen im Dezember 2010 vom DIN zurückgezogen, ist also nicht mehr gültig. Trotzdem ist DIN 4149 bauaufsichtlich in Deutschland derzeit immer noch eingeführt. Sie ist damit anzuwenden.
- Die DIN EN 1998 Normenfamilie als Nachfolgenorm ist jedoch bauaufsichtlich in Deutschland immer noch nicht eingeführt worden und kann daher noch nicht angewandt werden. Das war wohl u.a. darauf zurückzuführen, dass die mittlerweile zurückgezogene Ausgabe DIN EN 1998-1NA (Ausgabe Januar 2011) nicht allgemein akzeptiert war. Ein 2012 vorgelegter, vom DIBt beauftragter 300-seitiger Forschungsbericht listete zahlreiche Mängel und Verbesserungswünsche auf.
- Fachleute rechnen damit, dass die nun vorliegende Neuausgabe der DIN EN 1998-1NA (07/2021) zusammen mit der Normenfamilie DIN EN 1998 bald bauaufsichtlich eingeführt werden wird.

Die Neuausgabe DIN EN 1998-1NA (07/2021) bedeutet für viele Gebiete Deutschlands eine Veränderung der Bewertung der Erdbebengefährdung gegenüber der vorigen Version des nationalen Anhangs und gegenüber DIN 4149. Details können [FS19] und [GHVW20] entnommen werden.

Im Folgenden werden die derzeit aktuellen Versionen von DIN EN 1998-1 (12/2010) und NA (07/2021) vorgestellt. Die aktuellen Versionen der einzelnen Normen des Eurocode 8 sind im Literaturverzeichnis aufgelistet.

11.2 Das Phänomen Erdbeben

Ein Basisverständnis des Phänomens Erdbeben ist nötig, um zu verstehen, wie es zur erdbebenbedingten Schwingungsbelastung von Gebäuden kommen kann und welche Parameter zu einer Verschärfung, welche zu einer Entschärfung beitragen können.

Die Erdkruste besteht aus einzelnen Platten, die sich gegeneinander verschieben können, siehe Abb. 11.2.

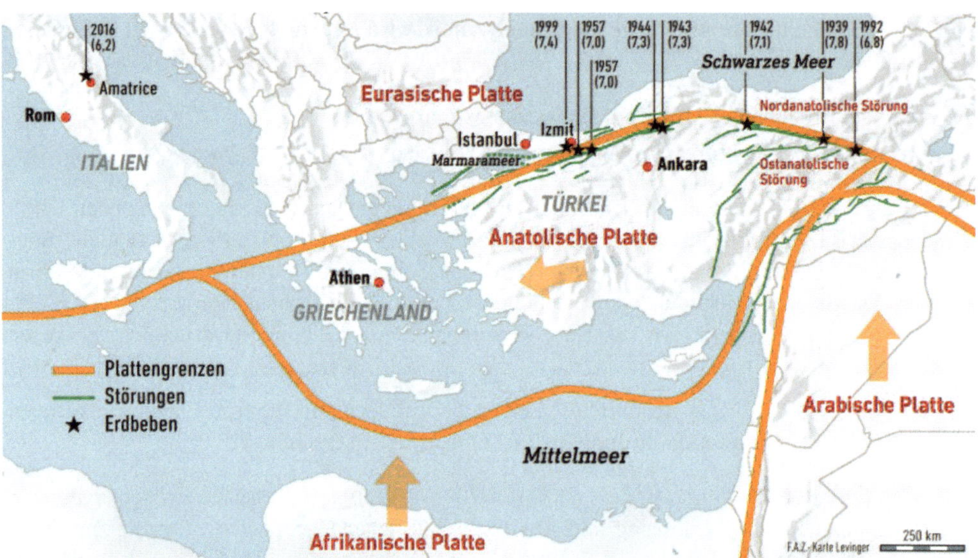

Abb. 11.2: Verschiebung tektonischer Platten am Beispiel der anatolischen Platte; Erdbebenereignisse; Quelle: FAZ 17.9.2016

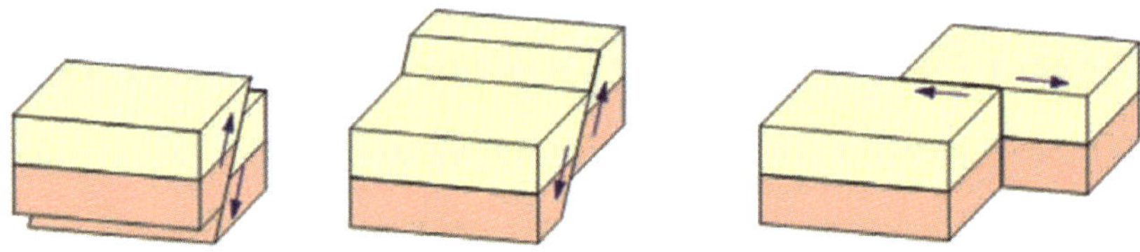

Abb. 11.3: Aufschiebungen (links), Abschiebungen (mitte) und Seitenverschiebung (rechts) als Folge von tektonischen Plattenverschiebungen

Die Verschiebung der tektonischen Platten führt zu Relativbewegungen der Platten zueinander, die zu Aufschiebungen (bei Stauchungen), zu Abschiebungen (bei Dehnungen) oder zu Seitenverschiebungen führen können, siehe Abb. 11.3.

Da sich die Platten nicht reibungsfrei gegeneinander bewegen können, sondern ineinander verhakt sind, führt eine tektonische Plattenverschiebung zunächst über Jahre, Jahrzehnte oder sogar Jahrhunderte zu elastischen Verformungen (Phase 1). Erst wenn die Scherkräfte an der Plattengrenze so groß sind, dass sie von der Platte nicht mehr aufgenommen werden können (Phase 2), kommt es zu einer plötzlichen, stoßartigen Entladung der Spannungen, die als Erdbeben wahrgenommen wird (Phase 3), siehe Abb. 11.4.

Der Ort, an dem die plötzliche Entspannung begann, wird als Erdbebenherd oder Hypozentrum bezeichnet. Die Schwingungsbelastung des Untergrundes setzt sich vom Hypozentrum ausgehend wellenförmig in die Umgebung fort und trifft dann auf ein dort stehendes Bauwerk, dessen Fundamente nun einer Fußpunkterregung ausgesetzt sind, die – wenn sie nur ausreichend stark ist und zugleich das Bauwerk nicht erdbebensicher gebaut wurde – zu einer Beschädigung oder sogar Zerstörung des Gebäudes führen kann (Abb. 11.5).

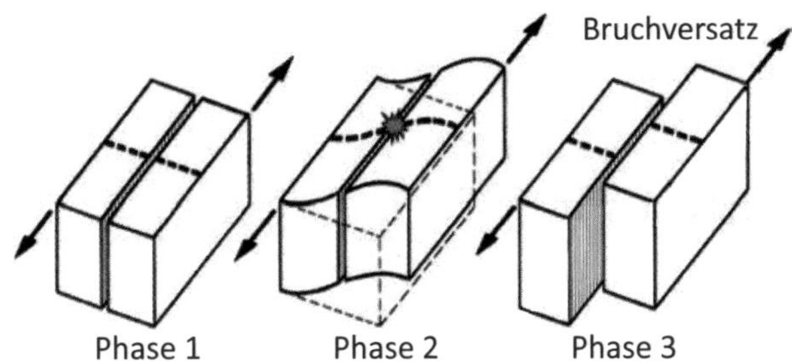

Abb. 11.4: Phasen bei der Relativbewegung zweier tektonischer Platten nach [BW08].

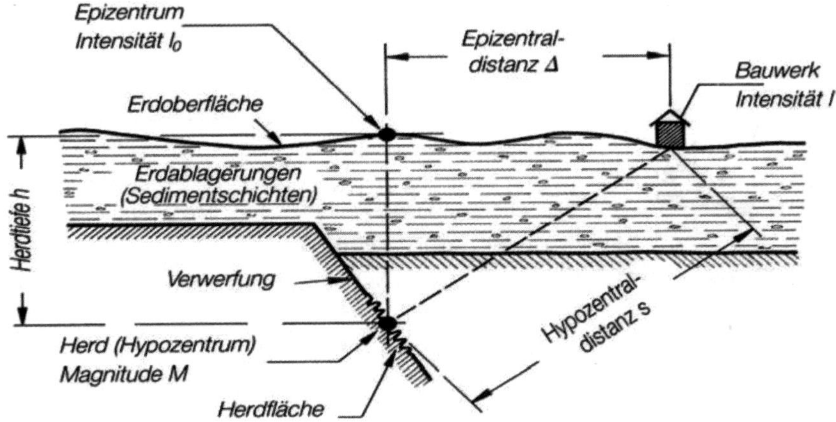

Abb. 11.5: Prinzipdarstellung Erdbebenereignis nach [BW08]

Die Stärke eines Erdbebens – d.h. die im Herd während eines Bebens freigesetzte Energie – kann durch die Magnitude *M* auf der nach oben offenen Richterskala beschrieben werden. Die Magnitude kann aus den Amplituden der bei einem Beben aufgezeichneten Bodenbewegungen rechnerisch abgeleitet werden. Der Magnitude ist eine logarithmische Größe, so dass eine Zunahme um den Wert 1 eine Vergrößerung der Bodenamplitude um das 10-fache und eine Zunahme der Bebenenergie um das 30-fache bedeutet. Beben mit größerer Magnitude dauern meist länger als solche mit kleinerer Magnitude. Bei Beben der Stärke 5 bis 6 ist nach [BW08] in der Regel mit einer Bebendauer von ca. 10 bis 20 s zu rechnen.

Tab. 11.1: Magnitudenskala nach Richter (Beispiele aus [BW08])

Magnitude *M* (Richterskala)	**Beispiel**
2,0	Bei geringer Herdtiefe gerade noch spürbares Beben
5,7	Erdbeben Albstadt am 3.9.1978
6,1	Erdbeben Ebingen (heute Albstadt) am 16.11.1911; bisher stärkstes gemessenes Beben in Deutschland
9,5	Beben in Valdivia, Chile am 12.5.1960; stärkstes jemals gemessenes Erdbeben

Tab. 11.2: Klassifikation der Zerstörung von Mauerwerksbauten nach Grünthal, G.; European Macroseismic Scale; Luxembourg 1998

	Grad 1: Geringfügiger bis leichter Schaden (keine strukturelle Beschädigung, leichter nicht-struktureller Schaden) Haarrisse in sehr wenigen Wänden. Nur kleine Putzstücke fallen. Lose Steine der unteren Teile des Gebäudes fallen in sehr wenigen Fällen.
	Grad 2: Mäßiger Schaden (leichte strukturelle Beschädigungen, mäßiger nicht-struktureller Schaden) Risse in vielen Wänden. Abfall ziemlich großer Stücke des Verputzes. Teilweiser Einsturz der Schornsteine.
	Grad 3: Kräftige bis starke Schäden (mäßige strukturelle Beschädigungen, starke nicht-strukturelle Schäden) Lange und ausgedehnte Risse in den meisten Wänden. Ablösen von Dachziegeln. Schornsteinabbrüche. Einsturz einzelner nicht-struktureller Elemente (Trenn-, Giebelwände).
	Grad 4: Sehr starker Schaden (starke strukturelle Beschädigungen, sehr starke nicht-strukturelle Schäden) Schwerwiegender Einsturz von Wänden, teilweise struktureller Einsturz von Dächern und Stockwerken.
	Grad 5: Zerstörung (sehr starke strukturelle Beschädigungen) Totaler oder beinahe totaler Zusammensturz.

Schäden an Bauwerken können klassiert werden, wie Tab. 11.2 am Beispiel von Mauerwerksbauten zeigt. Von geringfügigen Schäden bis zur völligen Zerstörung werden 5 Grade unterschieden. Die an Gebäuden entstehenden Schäden hängen wesentlich von drei Faktoren ab:

- Erdbebenstärke:
  - Magnitude des Erdbebens
  - Distanz des Gebäudes zum Erdbebenherd
  - Zeitdauer des Erdbebens
- Untergrund
  - Art des geologischen Untergrunds
  - Art des Baugrunds
- Zustand des Gebäudes
  - Ist die Konstruktion erdbebengerecht oder nicht? (siehe z.B. Abb. 11.6)
  - Sind Bauausführung und verwendete Baustoffe normgerecht?
  - Wie ist der Zustand des Gebäudes zum Zeitpunkt des Erdbebens?

Abb. 11.6: Die 1979 entstandenen Erdbebenschäden an diesem Wasserturm (rechtes Bild) sind konstruktionsbedingt hoch (Quelle: http://nisee.berkeley.edu)

11.3 Dynamische Erdbebenlasten auf Bauwerke

Erdbebenlasten sind nicht periodische, stochastische, also transiente Lasten. Das lässt sich am Beispiel der horizontalen (SOOE) Bodenbewegungsgrößen des berühmten El-Centro-Bebens am 18.5.1940 ablesen, siehe Abb. 11.7. Die Stadt El Centro liegt im Süden Kaliforniens in der Nähe der Grenze zu Mexiko. Das Beben 1940 war eines der ersten, dessen Anregungen sorgfältig gemessen und aufgezeichnet wurden. Daher wird heute in nahezu jedem Fachbuch zum Thema Erdbeben das El-Centro-Beben erwähnt.

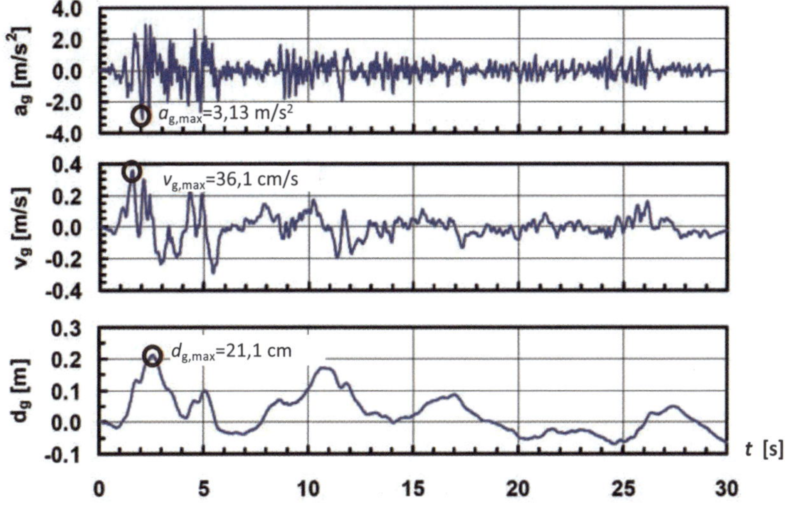

Abb. 11.7: Gemessener Zeitverlauf der horizontalen (SOOE) Bodenbewegungsgrößen (Weg d_g, Geschwindigkeit v_g und Beschleunigung a_g) des El-Centro-Erdbebens am 18.5.1940 [Daz04]

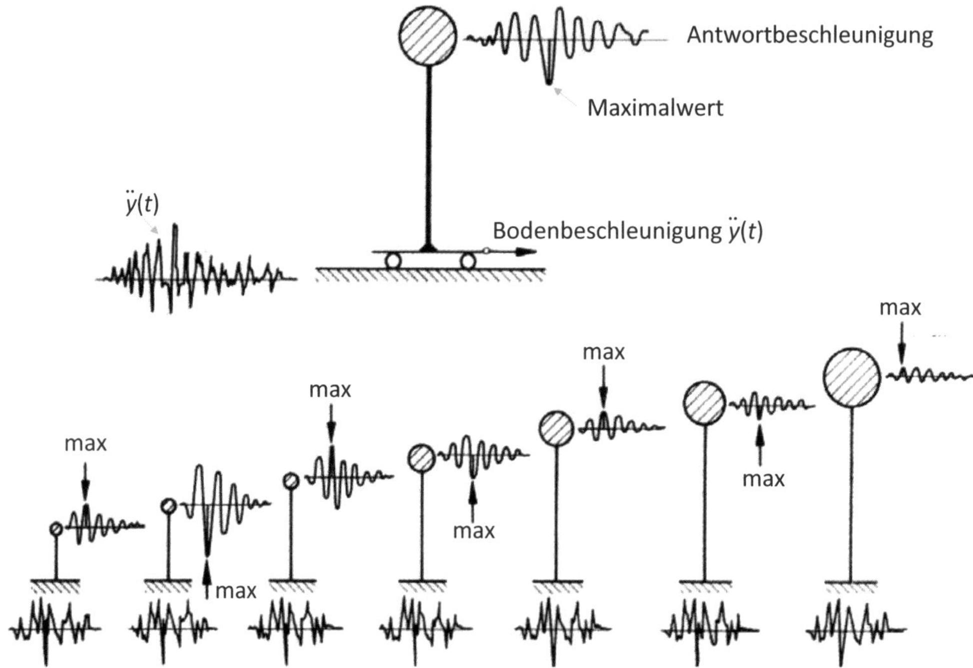

Abb. 11.8: Prinzip der Ermittlung eines Antwortspektrums für Erdbebenlasten (Quelle: [Mü78])

Erdbebenanregungen können vertikale und horizontale Komponenten haben. Die vertikale Erdbebenkomponente ist oft weniger relevant, da die meisten Gebäude vorwiegend für die Abtragung vertikaler Lasten (Gewichtskräfte) konzipiert sind und in dieser Richtung eine hohe Tragfähigkeit aufweisen. Für den Erdbebenfall dimensionierend sind deshalb regelmäßig die horizontalen Komponenten, denn die horizontale Tragfähigkeit von Gebäuden ist meist wesentlich schwächer ausgeprägt. Darüber hinaus sind in besonderen Fällen auch zusätzlich die vertikalen Erdbebenkomponenten zu berücksichtigen. In diesem Abschnitt werden wir uns nur auf die horizontalen Erdbebenkomponenten fokussieren.

Um Systemantworten auf ein Erdbeben für verschiedene Bauwerke einfach abschätzen zu können, wird zunächst aus den jeweiligen Bodenbewegungsgrößen (z.B. Abb. 11.7) ein Antwortspektrum der gesuchten Größe (z.B. Weg oder Beschleunigung) für die relevante Richtung (meist horizontal) ermittelt. Abb 11.8 zeigt das Grundprinzip der Entwicklung eines Antwortspektrums bei Erdbebenlasten, das demjenigen bei der Bestimmung von Stoßspektren (siehe oben Abs. 5.5.4) entspricht.

Die maximalen Systemantworten $\hat{u}$, $\hat{\dot{u}}$ oder $\hat{\ddot{u}}$ eines jeden berechneten Systems (EFS mit der Eigenschwingdauer T und einem festgelegten Dämpfungsmaß D) werden über deren Eigenschwingdauer T abgetragen. Diese Vorgehensweise wird für unterschiedliche Dämpfungsmaße wiederholt. Die so erzeugten Diagramme ergeben das Antwortspektrum, siehe Abb. 11.9. Mit den Antwortspektren in Abb. 11.9 kann dann die Systemantwort eines konkreten Gebäudes auf das El-Centro-Erdbeben nachträglich bestimmt werden. Es lässt sich zwar kein Zeitverlauf der Systemantwort ermitteln, aber baupraktisch ist es meist ausreichend, wenn der jeweilige Maximalwert (Amplitude) bekannt ist.

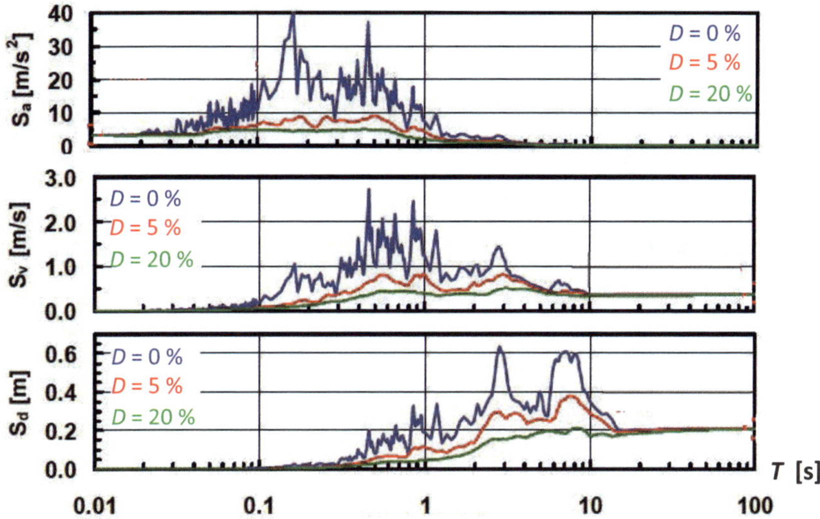

Abb. 11.9: Horizontale (SOOE) Antwortspektren als Funktion des Lehrschen Dämpfungsmaßes D für die Wegamplitude $u = S_d$, die Geschwindigkeitsamplitude $\dot{u} = S_v$ und die Beschleunigungsamplitude $\ddot{u} = S_a$ des Erdbebens von El Centro 1940 nach [Daz04].

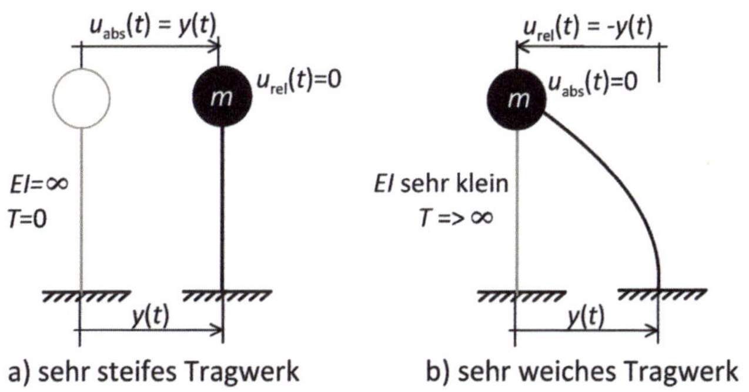

Abb. 11.10: Reaktionen eines sehr steifen (a) und eines sehr weichen Tragwerks (b) auf eine erdbebenbedingte Bodenverschiebung $y(t)$ nach [Daz04] und [Bac02b]

An den El-Centro-Antwortspektren (Abb. 11.9) fallen zwei Dinge auf:

a) Die Systemantworten fallen um so geringer aus, je höher das Lehr'sche Dämpfungsmaß ist. Dämpfung wirkt sich also grundsätzlich günstig auf die Erdbebenlasten aus.

b) Nur bei sehr hohen oder sehr niedrigen Steifigkeiten – entsprechend großen oder kleinen Eigenschwingdauern (Perioden) – hat das Dämpfungsmaß keinen Einfluss mehr auf die Systemantwort. Das ist darauf zurückzuführen, dass sich bei einem sehr steifen System die Masse unabhängig von der Dämpfung nahezu synchron zur Fußpunktbewegung verhält. Bei einem sehr weichen System dagegen bewegt sich die Masse des EFS unabhängig von der Dämpfung kaum, sondern bleibt nahezu in Ruhe, siehe Abb. 11.10.

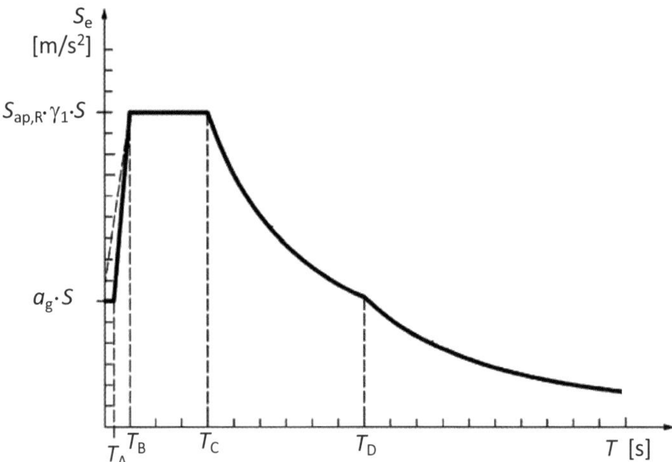

Abb. 11.11: Form des elastischen Antwortspektrums für vertikale und horizontale Bodenbewegung nach DIN EN 1998-1/NA (07/2021), Bild NA.2. Die Beschleunigung ist über der Periodendauer aufgetragen. Die einzelnen Parameter werden weiter unten erläutert.

Aus vielen Antwortspektren verschiedener Beben, wie in Abb. 11.9 dargestellt, wurde dann das normierte elastische Antwortspektrum nach DIN EN 1998-1/NA, Bild NA.2 gewonnen (Abb. 11.11), das auf einer 475-jährigen Wiederkehrperiode basiert. Details können der Fachliteratur, z.B. [GHVW20] entnommen werden. Aus diesem Antwortspektrum wird dann das genormte Bemessungsspektrum (siehe unten Abb. 11.14) abgeleitet.

11.4 Parameter für die Bestimmung des Bemessungsspektrums nach DIN EN 1998-1/NA

11.4.1 Spektrale Antwortbeschleunigung $S_{ap,R}$ als Maß der Erdbebengefährdung

Maßstab für die Erdbebengefährdung an einem bestimmten Ort ist die Seismizität. Als Seismizität bezeichnet man die Gesamtheit aller Erdbeben-Erscheinungen eines Gebietes und ihre zeitliche Verteilung. Räumliche und zeitliche Verteilung sowie auch die Energie der auftretenden Erdbeben lassen sich seismologisch untersuchen und auswerten, so dass für die meisten Orte der Erde eine Beurteilung der Seismizität möglich ist. Sie ist an den Plattengrenzen der Kontinentalplatten am größten (Abb. 11.2). Aus der Seismizität einer Region wird mit Hilfe der Statistik auf die zukünftige Erdbebengefährdung zurückgeschlossen. Die Quantifizierung vergangener Erdbebenereignisse ist eine große Herausforderung, siehe [MHBM11], Kap. 2.7:

- Rezente Erdbeben: Seit ca. 100 Jahren können Erdbeben mit Seismometern aufgezeichnet und damit quantitativ beschrieben werden.
- Historische Erdbeben I: Schon in früheren Jahrhunderten wurden Erdbebenereignisse in schriftlichen Quellen (z.B. Kloster-Chroniken) samt den Folgen qualitativ beschrieben.

- Historische Erdbeben II: Mit der Archäoseismologie werden archäologisch aufgeschlossene Befunde von Bauwerken oder Bauwerksresten auf die Wirkung von Erdbeben untersucht.
- Paläoerdbeben: Die Paläoseismologie ist ein Teilgebiet der Tektonik und Geodynamik, das die Aktivität geologisch junger Verwerfungen im Holozän (die letzten ca. 11 700 Jahre) und im Pleistozän (Zeitspanne von ca. 2,6 Mio. Jahre vor heute bis zum Beginn des Holozäns) untersucht: Erdbeben verursachen an Verwerfungen verschieden große Versätze, deren geologische Belege (z. B. verfüllte Spalten, Ereignislagen in sedimentären Abfolgen) manchmal mittels geochronologischer Methoden datiert werden können.

So wurden für Deutschland die Erdbebenereignisse vergangener Zeiten kartiert, um daraus statistisch auf zukünftige Erdbebenereignisse schließen zu können. Da Erdbeben – im Unterschied zu Wind- oder Schneelasten – sehr seltene Ereignisse sind, reicht es nicht aus, wie bei Schnee oder Wind auf eine 50-jährige Wiederkehrperiode abzuheben. Statt dessen wird die spektrale Antwortbeschleunigung nach DIN EN 1998-1/NA auf der Basis einer 475-jährigen Wiederkehrperiode ermittelt[12].

Da wir aber nur über qualitative Werte (Messergebnisse) günstigstenfalls aus den vergangenen 100 Jahren verfügen, ist es statistisch nicht unproblematisch, darauf auf eine 475-jährige Wiederkehrperiode zu schließen. Durch die flächendeckende Auswertung historischer Quellen ist es in den vergangenen Jahren gelungen, die Datenbasis für die Bestimmung der Erdbebengefährdung in Deutschland erheblich zu verbessern. Deshalb hat sich die Erdbebenkarte des aktuellen DIN EN 1998-1/NA (07/2021) gegenüber den Erdbebenkarten der Vorgängernormen deutlich verändert.

Die Erdbebenkarte (DIN EN 1998-1/NA (07/2021) Bild NA.1) gibt nun keine Erdbebenzonen mehr an, sondern die maximale spektrale Antwortbeschleunigung $S_{\text{ap,R}}$, siehe Abb. 11.12. Das Datenfeld ist in Form von Isolinien dargestellt. Für Gebäude in Orten, für die $S_{\text{ap,R}} < 0,6\ \text{m/s}^2$ gilt, muss kein Nachweis der Erdbebenkräfte erfolgen.

Diese Karte ist zwar informativ, für die tägliche Arbeit jedoch kaum ausreichend, da sie es nicht ermöglicht, den gesuchten Wert für einen beliebigen Ort genau genug abzulesen. Der Norm liegen deshalb csv-Dateien bei, aus denen in Abhängigkeit vom die Ost-West-Koordinate beschreibenden Längengrad („LON“; „E“) und vom die Nord-Süd-Koordinate beschreibenden Breitengrad („LAT“; „N“) eines Ortes der exakte Wert $S_{\text{ap,R}}$ abgelesen werden kann.

Orte in Deutschland liegen zwischen $6 < LON < 15$ und $47,3 < LAT < 54,9$, sodass die beiden Koordinaten *LON* und *LAT* schon auf Grund der Zahlengröße nicht verwechselt werden können.

Die Zuordnung einer Ortsangabe über eine Adresse zu Längen- und Breitengrad ist beispielsweise mit Google-Maps möglich (Auf den Ort in der Karte mit der rechten Maustaste klicken). Dabei sollten die beiden Werte als Dezimalzahlen, nicht in der Darstellung Grad/Minuten/Sekunden bestimmt werden. Die Abstände der Punkte, für die Daten angegeben sind, sind 1/10 Längen- oder Breitengrad, das entspricht 11,13 km ($\Delta LAT = 1/10$) bzw. ca. 7,15 km ($\Delta LON = 1/10$). Zwischen den vier umgebenden Punkten des jeweiligen Gebäudestandortes ist der Wert für $S_{\text{ap,R}}$ ggf. linear zu interpolieren.

[12] Für Gebäude mit einem besonders hohen Gefährdungspotential sind in DIN EN 1998-1/NA; Bild NA.E.1 und Bild NA.E.2 auch die spektralen Antwortbeschleunigungen bei einer 975-jährigen und einer 2475-jährigen Wiederkehrperiode angegeben.

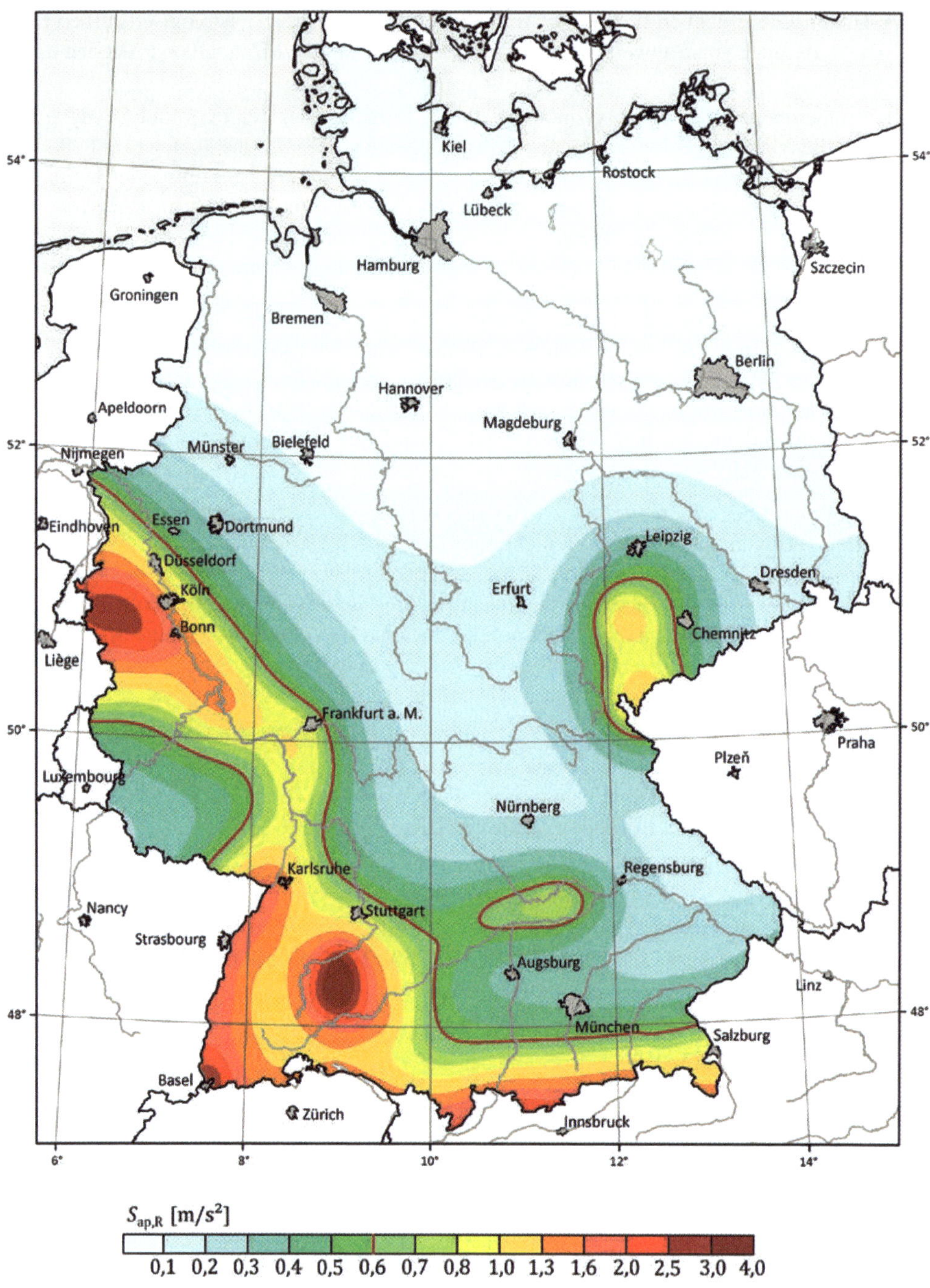

Abb. 11.12: Spektrale Antwortbeschleunigungen $S_{ap,R}$ für das Untergrundverhältnis A-R im Plateaubereich für eine 475-jährige Wiederkehrperiode nach DIN EN 1998-1/NA, Bild NA.1

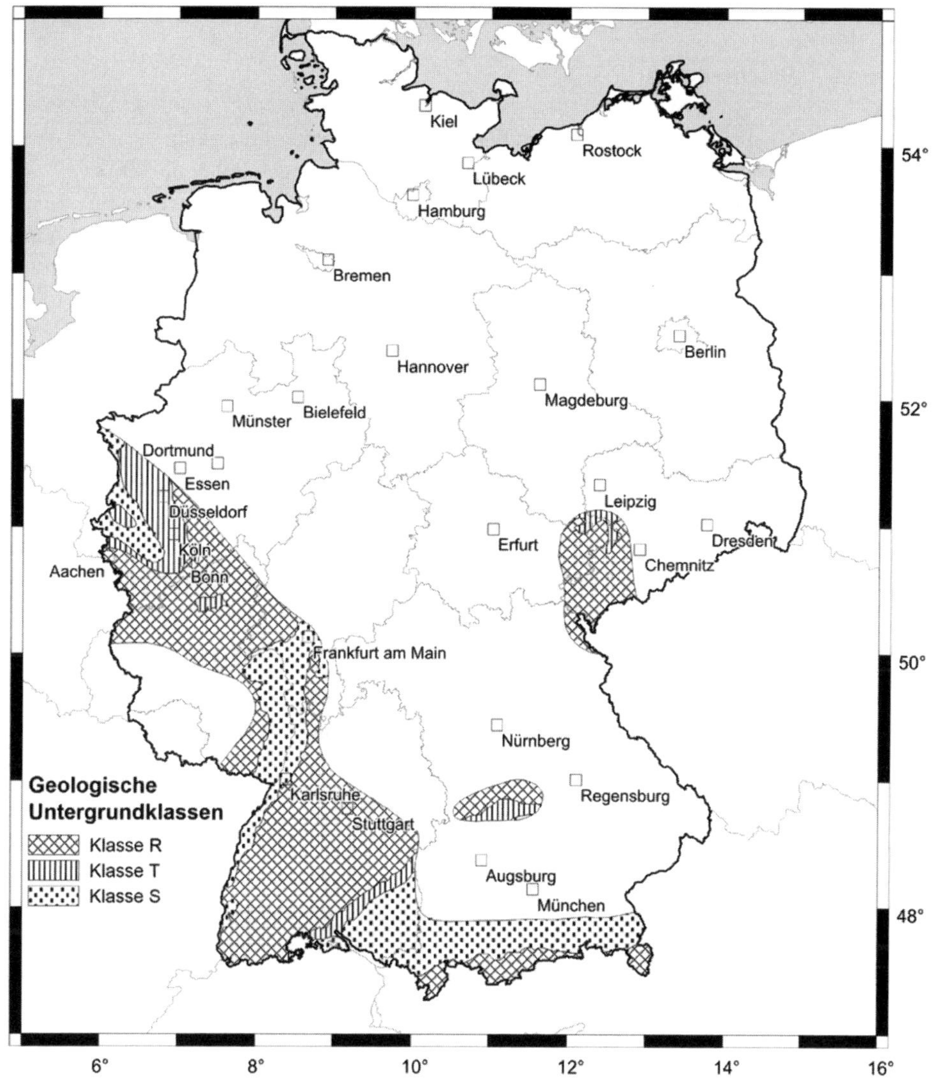

Abb. 11.13: Geologische Untergrundklassen in Deutschland für Bereiche mit $S_{\text{ap,R}} \geq 0,6$ m/s² nach DIN EN 1998-1/NA (07/2021), Bild NA.G.1

11.4.2 Geologische Untergrundklasse bestimmen

Die geologischen Untergrundverhältnisse werden durch die Klassen R, T und S beschrieben:

- Untergrundklasse R: Gebiete mit felsartigem Gesteinsuntergrund
- Untergrundklasse T: Übergangsbereiche zwischen den Gebieten der Untergrundklasse R und der Untergrundklasse S, sowie Gebiete relativ flachgründiger Sedimentbecken.
- Untergrundklasse S: Gebiete tiefer Beckenstrukturen mit mächtiger Sedimentfüllung.

Tab. 11.3: Feststellung der Baugrundklasse nach DIN EN 1998-1/NA NDP zu 3.1.2(1)

Baugrund-klasse	Beschreibung
A	Unverwitterte (bergfrische) Festgesteine mit hoher Festigkeit. Dominierende Scherwellengeschwindigkeiten liegen höher als 800 m/s.
B	Mäßig verwitterte Festgesteine bzw. Festgesteine mit geringer Festigkeit. oder: Grobkörnige (rollige) bzw. gemischtkörnige Lockergesteine mit hohen Reibungseigenschaften in dichter Lagerung bzw. in fester Konsistenz (z.B. glazial vorbelastete Lockergesteine). Dominierende Scherwellengeschwindigkeiten liegen etwa zwischen 350 m/s und 800 m/s.
C	Stark bis völlig verwitterte Festgesteine. oder: Grobkörnige (rollige) bzw. gemischtkörnige Lockergesteine in mitteldichter Lagerung bzw. in mindestens steifer Konsistenz. oder: feinkörnige (bindige) Lockergesteine in mindestens steifer Konsistenz. Dominierende Scherwellengeschwindigkeiten liegen etwa zwischen 150 m/s und 350 m/s.

Abb. 11.13 zeigt die Karte mit den geologischen Untergrundklassen in Deutschland aus DIN EN 1998-1/NA, Tab. NA.G.1.

Eine Website des Geoforschungszentrums Potsdam[13] liefert die geologische Untergrundklasse für einen beliebigen Ort in Deutschland. Maßgebend sind jedoch die Angaben der lokalen Baubehörden, nicht die Angaben des GFZ Potsdam, die nur als Anhalt dienen können.

11.4.3 Baugrundklasse bestimmen

Während die geologische Untergrundklasse den tiefen Untergrund beschreibt, geht es bei der Baugrundklasse um den Baugrund in Tiefen von bis zu ca. 20 m. Dessen Eigenschaften können infolge von Verfüllungen, Bodenaustausch oder anderen Vorgängen von der Beschaffenheit der tieferen Schichten abweichen. Tab. 11.3 zeigt die Auswahlmöglichkeiten für Baugründe mit Scherwellengeschwindigkeiten[14] ab 150 m/s. Zur Vorgehensweise bei weicheren Bodenschichten siehe [Wer16].

Falls die Auswahl der Baugrundklasse im konkreten Fall nicht offensichtlich ist, ist der Einfluss der Baugrundverhältnisse auf die Erdbebeneinwirkungen gesondert zu untersuchen und zu berücksichtigen, siehe DIN EN 1998-1/NA, Anhang NA.F.

11.4.4 Kontrollparameter T_A bis T_D, Bodenparameter S bestimmen

Die Untergrundverhältnisse werden durch die Kombination aus Untergrundklasse (Abs. 11.4.2) und Baugrundklasse (Abs. 11.4.3) gekennzeichnet. Damit lassen sich die Parameter, die das

[13] `https://www.gfz-potsdam.de/din4149_erdbebenzonenabfrage/`
Die auf dieser Website auch angegebenen Erdbebenzonen sind im Kontext des NA (07/2021) ungültig.

[14] Die Scherwellengeschwindigkeit bezeichnet die Ausbreitungsgeschwindigkeit von Scherwellen. Scherwellen (auch Sekundärwellen oder Transversalwellen genannt) sind transversale Raumwellen, bei deren Durchgang durch den Boden die Teilchenbewegung senkrecht zur Fortpflanzungsrichtung erfolgt. Dies führt zur Verscherung des Bodens.

Tab. 11.4: Kontrollparameter und Bodenparameter zur Beschreibung des elastischen horizontalen Antwortspektrums nach DIN EN 1998-1/NA Tab. NA.1 und NA.2; $T_A = 0$

Untergrund-verhältnisse	S $S_{aP,R} \leq 1,0$	S $1,0 < S_{aP,R} \leq 2,0$	S $S_{aP,R} > 2,0$	T_B	T_C	T_D
A - R	1,00	1,00	1,00	0,1 s	0,20 s	2,0 s
B - R	1,25	1,20	1,20	0,1 s	0,25 s	2,0 s
C - R	1,50	1,30	1,15	0,1 s	0,30 s	2,0 s
B - T	1,05	1,00	1,00	0,1 s	0,25 s	2,0 s
C - T	1,45	1,25	1,10	0,1 s	0,40 s	2,0 s
B - S	1,30	1,15	0,95	0,1 s	0,40 s	2,0 s
C - S	1,30	1,15	0,95	0,1 s	0,50 s	2,0 s

elastische Antwortspektrum beschreiben (siehe oben Abb. 11.11), aus Tab. 11.4 ablesen. Das sind die als Kontrollparameter bezeichneten Zeiten T_A bis T_D, die die horizontale Achse des Antwortspektrums kennzeichnen und der dimensionslose Bodenparameter S, der als Faktor in die Größe der Beschleunigung eingeht.

Die Parameter für Kombinationen aus härterem Baugrund über weicherem geologischem Untergrund (z.B. A-T, A-S) sind in der Norm nicht gegeben. Das ist darauf zurückzuführen, dass diese Kombinationen in der Realität nicht oder nur selten vorkommen (siehe [MHBM11], Abs. 4.1.5.1).

Aus Tab. 11.4 lässt sich ablesen, dass der sich auf die Erdbebenbelastung als Faktor direkt auswirkende dimensionslose Bodenparameter S mit abnehmender Steifigkeit des Baugrunds bei gleichbleibender Untergrundklasse zunimmt. Die Gründe dafür sind komplex. Eine kurze, etwas vereinfachende Begründung für diesen Sachverhalt könnte lauten: Die vom Hypozentrum des Bebens (siehe oben Abb. 11.5) ausgehenden Erdbebenwellen werden an der Geländeoberfläche oder an der Schichtgrenze von Untergrund zu Baugrund teilweise reflektiert, ähnlich der optischen Reflektion. Diese Reflektion ist um so stärker, je größer der Steifigkeitsunterschied der beiden Schichten ist. Bei gleicher Steifigkeit würde eine an der Geländeoberfläche reflektierte Erdbebenwelle also einfach im Untergrund verschwinden, während sie von einer Schichtgrenze mit Steifigkeitsdifferenz (harter Untergrund und weicherer Baugrund) um so stärker wieder nach oben reflektiert wird, je größer die Steifigkeitsdifferenz ist. Der Fall einer weicheren Bodenschicht auf einem Halbraum wird in [Wer16] behandelt.

11.4.5 Bedeutungskategorie und Bedeutungsbeiwert γ_I bestimmen

Die Sicherheit γ_I im Rahmen der Ermittlung der Erdbebenbeanspruchung sollte um so größer sein, je wichtiger das Bauwerk für die Gesellschaft ist bzw. je größer der potentielle Schaden sein kann. Deswegen werden alle üblichen Gebäudearten in vier Bedeutungskategorien eingeteilt.

Beispiel: In einer üblichen Feldscheune halten sich kaum viele Personen auf, ihr Einsturz hätte keinen Einfluss auf die Versorgungslage der Umgegend. Deswegen wird ein solches Gebäude in die Kategorie I (Unbedeutend für die Sicherheit) eingeteilt. In einem Krankenhaus dagegen halten sich üblicherweise viele Personen auf, darüber hinausgehend ist es gerade im Erdbebenfall äußerst wichtig, um Verwundete zu versorgen. Deswegen werden Krankenhäuser in die höchste Bedeutungskategorie IV (Sehr bedeutend für die Sicherheit) eingeordnet. Tab. 11.5 erlaubt die Einordnung der Bauwerke.

Tab. 11.5: Bedeutungskategorien und -beiwerte nach DIN EN 1998-1/NA Tab. NA.5

Bedeutungs-kategorie	**Bauwerke**	**Bedeutungs-beiwert** γ_I
I (Unbedeutend für die Sicherheit)	Bauwerke mit geringer Bedeutung für den Schutz der Allgemeinheit, mit geringem Personenverkehr (z.B. Scheunen, Kulturgewächshäuser usw.)	0,8
II	Bauwerke, die nicht zu den anderen Kategorien gehören	1,0
III	Bauwerke, von deren Versagen bei Erdbeben eine große Zahl von Personen betroffen ist (z.B. große Wohnanlagen, Schulen, Versammlungsräume, Kaufhäuser, usw.)	1,2
IV (Sehr bedeutend für die Sicherheit)	Bauwerke, deren Funktionsfähigkeit nach einem Erdbeben von hoher Bedeutung für den Schutz der Allgemeinheit ist (z.B. Krankenhäuser, wichtige Einrichtungen des Katastrophenschutzes, der Feuerwehr und der Sicherheitskräfte, Kraftwerke usw.)	1,4

Für besondere Bauwerke wie z.B. Atomkraftwerke oder große Talsperren gelten besondere, noch über die Bedeutungskategorie IV hinausgehende Bedeutungsbeiwerte. Es wird auf die jeweiligen Fachnormen verwiesen.

11.4.6 Verhaltensbeiwert q bestimmen

Mit dem Verhaltensbeiwert q wird das dissipative Verhalten eines Bauwerks berücksichtigt. Wenn ein Bauwerk erdbebengerecht konstruiert werden soll, dann ist anzustreben, dass ein möglichst großer Teil der durch das Erdbeben in das Gebäude eingetragenen Energie dissipiert wird, d.h. in andere Energieformen umgewandelt wird. Die Energiedissipation haben wir weiter oben schon beim teilelastischen oder plastischen Stoß (Abs. 2.3) kennengelernt.

Ein Bauwerk mit hohem dissipativem Verhalten zu konstruieren, lässt sich vielleicht mit der Konstruktion eines PKW vergleichen, bei dem eine Knautschzone konstruktiv vorgesehen wird, um die Insassen bei einem Frontalzusammenstoß zu schützen. Je günstiger das dissipative Verhalten eines Bauwerks erwartet werden kann, desto größer darf der Verhaltensbeiwert q angenommen werden. Je größer der Wert q ist, desto geringer wird die anzusetzende Erdbebenlast.

Wie hoch das dissipative Verhalten eines Bauwerks ist, hängt von Konstruktionsmerkmalen ab, siehe Abs. 11.7. Grundsätzlich hat der Tragwerksplaner entweder die Möglichkeit, unter Inkaufnahme einer höheren Erdbebenlast auf möglicherweise kostenintensive Verbesserungen der Konstruktion zur Erhöhung des dissipativen Verhaltens zu verzichten oder aber die Erdbebenlasten zu verringern, indem das dissipative Verhalten der Konstruktion verbessert wird.

Wenn der Planer sein Gebäude ohne zusätzliche Berücksichtigung konstruktiver Forderungen nach DIN EN 1998-1 entwerfen und bauen will, wählt er als Duktilitätsklasse „DCL“ (ductility class low) mit einem Verhaltensbeiwert von i.d.R. $q \leq 1,5$.

Tab. 11.6: Auslegungskonzepte, Duktilitätsklassen und Anhalt für Verhaltensbeiwerte nach DIN EN 1998-1 und DIN EN 1998-1/NA, Kap. 5 bis 9

Auslegungskonzept	Duktilitätsklasse	Bereich der Verhaltensbeiwerte q im Regelfall
Niedrig-dissipatives Tragwerksverhalten	DCL (niedrig)	$q \leq 1,5$ (In den meisten Fällen darf $q = 1,5$ angesetzt werden.)
Dissipatives Tragwerksverhalten	DCM (mittel)	Stahl- und Stahlverbundbau: $q \leq 4$ Stahlbetonbau: $q \leq 3,0$ Holzbau: $q \leq 2,5$
Dissipatives Tragwerksverhalten	DCH (hoch)	Stahl- und Stahlverbundbau: $q \leq 5$ Stahlbetonbau: $q \leq 4,5$ Holzbau: $q \leq 4$
Die im konkreten Fall zu wählenden Werte q sind baustoffabhängig DIN EN 1998-1/NA, Kap. 5 bis Kap. 9 zu entnehmen.		

Es wird für das Tragwerk angestrebt, dass es im Erdbebenfall im Wesentlichen im elastischen Bereich verbleibt. Dieses Ziel wird über entsprechend höhere Erdbebenlasten erreicht. Es werden konstruktiv keine über die Baustoffnormen EC 2, EC 3, EC 4, EC 5 oder EC 6 hinausgehenden Anforderungen an die Duktilität gestellt.

Wenn die so ermittelten Erdbebenlasten zu hoch erscheinen, plastische Verformungen im Erdbebenfall zugelassen werden sollen und darüber hinaus die Bereitschaft für konstruktive Verbesserungen vorhanden ist, wählt der Planer die Duktilitätsklasse „DCM" (ductility class medium) oder „DCH" (ductility class high) mit einem Verhaltensbeiwert je nach Baustoff von bis zu ca. $q = 5$.

Für die Duktilitätsklassen DCM und DCH wird elastisch-plastisches Bauwerksverhalten vorausgesetzt, wofür plastisches Verformungsvermögen der dissipativen Bauteile notwendig ist. Die Duktilität wird durch eine Kapazitätsbemessung (siehe Abs. 11.7) sichergestellt.

11.4.7 Bestimmung des horizontalen Bemessungsspektrums

Aus dem elastischen Antwortspektrum $S_e(T)$ (Abb. 11.11) soll nun das Bemessungsspektrum für die Horizontalkomponente der Erdbebeneinwirkung $S_d(T)$ (Abb. 11.14) abgeleitet werden.

Dazu werden die Gleichungen 3.13 bis 3.16 der DIN EN 1998-1 unter Verwendung von

$$a_g = \gamma_1 \cdot a_{gR} \tag{11.1}$$

$$a_{gR} = \frac{S_{ap,R}}{2,5} \tag{11.2}$$

umgeformt. Der Wert 2,5 steht dabei für den spektralen Überhöhungsfaktor β_0.

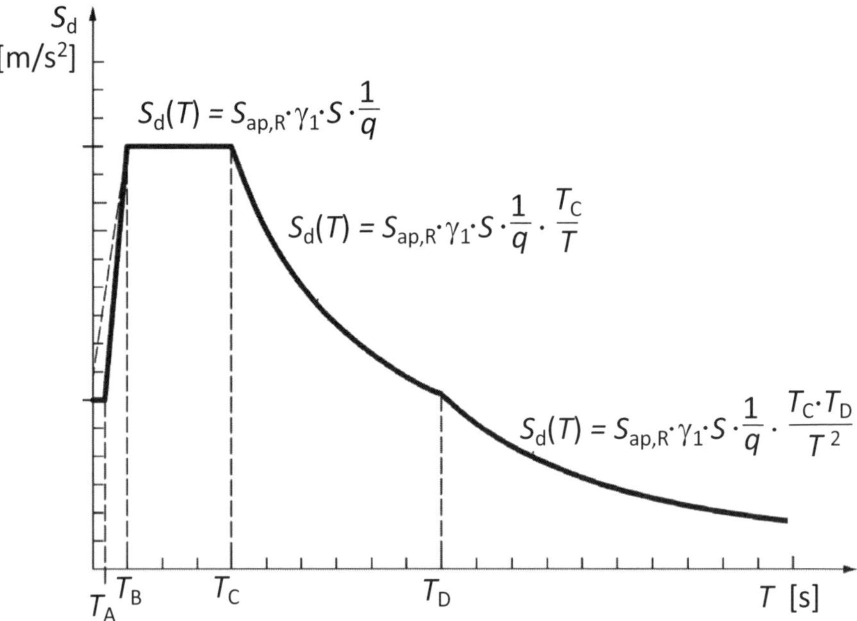

Abb. 11.14: Bemessungsspektrum der Horizontalkomponente der Erdbebeneinwirkung für die lineare Berechnung nach DIN EN 1998-1, Abs. 3.2.2.5

Für die relevante Eigenschwingdauer T des zu bemessenden Gebäudes ergibt sich der Bemessungswert der Beschleunigung $S_d(T)$ zu (siehe auch [GHVW20], S. 766):

$$T_A \leq T \leq T_B: \quad S_d(T) = \frac{S_{ap,R}}{2,5} \cdot \gamma_1 \cdot S \cdot \left[\frac{2}{3} + \frac{T}{T_B} \cdot \left(\frac{2,5}{q} - \frac{2}{3}\right)\right] \tag{11.3}$$

$$T_B \leq T \leq T_C: \quad S_d(T) = S_{ap,R} \cdot \gamma_1 \cdot S \cdot \frac{1}{q} \tag{11.4}$$

$$T_C \leq T \leq T_D: \quad S_d(T) = S_{ap,R} \cdot \gamma_1 \cdot S \cdot \frac{1}{q} \cdot \left[\frac{T_C}{T}\right] \tag{11.5}$$

$$T_D \leq T: \quad S_d(T) = S_{ap,R} \cdot \gamma_1 \cdot S \cdot \frac{1}{q} \cdot \left[\frac{T_C \cdot T_D}{T^2}\right] \tag{11.6}$$

Bei der Anwendung des Bemessungsspektrums nach Abb. 11.14 wäre für sehr steife Bauwerke mit $T < T_B$ mit Gl. 11.3 eine deutliche Abminderung gegenüber dem Plateauwert (Gl. 11.4) möglich. Da Nachgiebigkeiten, Lochspiele usw. die tatsächliche Steifigkeit von Gebäuden gegenüber theoretisch ermittelten hohen Werten deutlich reduzieren können, wird aber davon abgeraten, Gebrauch von den reduzierten Beschleunigungen zu machen.

Statt dessen wird empfohlen, auch im Bereich $T < T_B$ mit den Plateauwerten zu rechnen ([GHVW20], S. 740).

11.5 Horizontale Erdbebenkräfte nach dem modalen Antwortspektrenverfahren

Das Multimodale Antwortspektrumverfahren nach DIN EN 1998-1, 4.3.3.3 ist für alle Arten von Hochbauten anwendbar.

11.5.1 Eigenschwingdauer T_j der Eigenform j des Bauwerks

Eine wichtige Grundgröße zur Bestimmung der Ordinate des horizontalen Bemessungsspektrums $S_\mathrm{d}(T_j)$ ist die größte Eigenschwingdauer (Periode) T_j des Bauwerks für die Horizontalbewegung in der betrachteten Richtung. Sie wird nach DIN EN 1998-1 Abs. 3.2.2.2 als Schwingungsdauer eines linearen EFS interpretiert. Wichtig ist es, die für die Bestimmung der Eigenschwingdauer relevanten Massen M richtig festzulegen. Sollen neben Eigenmasse auch Massen aus Nutzlasten, Schneemassen usw. berücksichtigt werden? Nach DIN EN 1998-1, Abs. 3.2.4(2) sind die charakteristischen Massen aus folgender Einwirkungskombination zu verwenden:

$$\Sigma G_{\mathrm{k},j} \;\text{"}+\text{"}\; \Sigma \psi_{\mathrm{E},i} \cdot Q_{\mathrm{k},i} \tag{11.7}$$

Darin sind

- $\Sigma G_{\mathrm{k},j}$ ist die Summe der ständig vorhandenen Einwirkungen (Massen) j
- $\psi_{\mathrm{E},i} = \varphi \cdot \psi_{2,i}$ ist der Kombinationsbeiwert für die veränderliche Einwirkung (Masse) i. Er berücksichtigt u.a. die Wahrscheinlichkeit, ob die Masse $\psi_{2,i} \cdot Q_{\mathrm{k},i}$ während des Erdbebens im Bauwerk wirkt. Werte für $\psi_{2,i}$ können DIN EN 1990 entnommen werden. $\psi_{\mathrm{E},i}$ und φ können den einzelnen Teilen der Normenfamilie DIN EN 1998 bzw. den NA entnommen werden, für veränderliche Lasten im Hochbau z.B. DIN EN 1998-1/NA, Tab. NA.4.
- Die Indizes i und j in Gl. 11.7 beziehen sich nicht auf den Freiheitsgrad oder die Eigenform.

Im Rahmen des vereinfachten Verfahrens nach DIN EN 1998-1/NA NA.D.2(2) (siehe unten Abs. 11.6) kann wie folgt vorgegangen werden: Die Gesamtmasse des Bauwerks M wird unter Berücksichtigung aller ständigen Einwirkungen und 30 % der Nutzlasten (80 % bei Lagerräumen, Bibliotheken, Warenhäusern, Parkhäusern, Werkstätten und Fabriken) ermittelt. Schneelasten werden zu 50 % berücksichtigt.

Falls eine einfache, regelmäßige Gebäudeform vorliegt, kann die größte Eigenschwingungsdauer unter Verwendung von Gl. 7.9 in Abs. 7.2, siehe auch DIN EN 1998-1, 4.3.3.2.2 (5), abgeschätzt werden:

$$T_1 = \frac{\sqrt{u}}{5} \qquad \text{mit: } u \text{ in cm und } T_1 \text{ in s} \tag{11.8}$$

Dabei bezeichnet u [cm] die fiktive horizontale Auslenkung der Gebäudeoberkante unter der in horizontaler Richtung wirkend angenommenen Schwerkraft auf die zu berücksichtigenden Massen M.

In DIN EN 1998-1, 4.3.3.2.2(3) sind weitere – hier nicht aufgelistete – Formeln für eine vereinfachte Berechnung von T_1 angegeben, deren Verwendung in DIN EN 1998-1/NA, NCI zu 4.3.3.2.2(3) jedoch für bestimmte Fälle wieder eingeschränkt wird.

Beispiel 11-1, Teil a: Eigenschwingdauer und Bemessungsspektrum für ein Schulgebäude

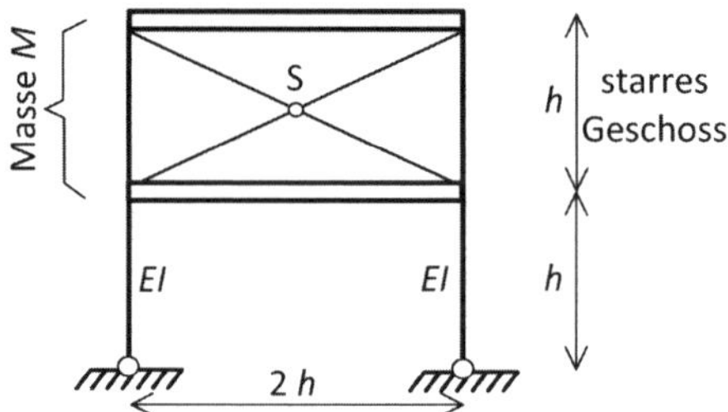

Abb. 11.15: Bsp. 11-1: Schulgebäude

Gegeben: Schulgebäude im Zentrum von Herrenberg bei Stuttgart / Baden Württemberg (Koordinaten $E = LON = 8,870111$; $N = LAT = 48,594885$)

- Relevante Masse des Gebäudes $m_g = 300$ t
- Masse Schnee auf dem Dach $m_s = 100$ t (Summe der Massen aus den Schneelasten nach DIN EN 1991-1-3)
- Masse aus Nutzlast $m_q = 500$ t (Summe der Massen aus den Nutzlasten nach DIN EN 1991-1-1)
- Baugrund: mäßig verwittertes Festgestein
- Stützensteifigkeit $EI = 9,585 \cdot 10^8$ kNcm^2
- Die Riegel werden näherungsweise als starr angenommen.
- Stützenhöhe $h = 3$ m
- Die Aussteifung des oberen Geschosses sei so hoch, dass sich die beiden Geschossdecken nicht gegeneinander verschieben können. Das Tragwerk darf für eine überschlägige Betrachtung als EFS modelliert werden.
- Die Dämpfung ist unbekannt und darf bautypisch angenommen werden.

Gesucht: Ordinate $S_d(T_1)$ des horizontalen Bemessungsspektrums.

Lösung:

1) Kenndaten des EFS, Eigenschwingdauer T_1
   - Die beiden 3 m hohen Stützen sind unten gelenkig gelagert und oben eingespannt.
   - Federsteifigkeit des EFS: $k = 2 \cdot (3 \cdot EI)/h^3 = 2 \cdot (3 \cdot 9,585 \cdot 10^8)/300^3 = 213$ kN/cm
   - Masse des EFS aus Eigengewicht, 30 % Nutzlast und 50 % Schneelast: $M = m_g + 0,3 \cdot m_q + 0,5 \cdot m_s = 300 + 0,3 \cdot 500 + 0,5 \cdot 100 = 500$ t
   - Eigenschwingdauer des EFS: $T_1 = 2 \cdot \pi / \sqrt{k/M} = 2 \cdot \pi / \sqrt{21\,300/500} = 0,963$ s
2) Spektrale Antwortbeschleunigung $S_{ap,R}$ für den Bauort Herrenberg Zentrum
   - Ablesen der Werte im Umfeld des Bauortes ($LON = E = 8,870111$; $LAT = N = 48,594885$) aus der DIN EN 1998-1/NA (07/2021) zugehörigen Datei SapR.csv:
     * $LON = 8,8; LAT = 48,5$: $S_{ap,R} = 2,0212$
     * $LON = 8,9; LAT = 48,5$: $S_{ap,R} = 2,5099$

  * $LON = 8,8; LAT = 48,6$: $S_{\text{ap,R}} = 1,4186$
  * $LON = 8,9; LAT = 48,6$: $S_{\text{ap,R}} = 1,6558$

- Erkennbar verändert sich die Antwortbeschleunigung mit dem Ort sehr stark. $S_{\text{ap,R}}$ für die oben angegebenen Koordinaten *LON* und *LAT* wird über eine lineare Interpolation (hier nicht beschrieben) gewonnen: $S_{\text{ap,R}} = 1,643$ m/s^2.
- Zur Information: Daraus ergibt sich der Referenz-Spitzenwert der Bodenbeschleunigung zu $a_{\text{gR}} = S_{\text{ap,R}}/2,5 = 0,657$ m/s^2. Nach DIN EN 1998-1/NA (Ausgabe 1/2011) betrug dieser Wert noch 0,600 m/s^2.

3) Untergrundklasse: Gemäß Website des GFZ Potsdam ergibt sich für Herrenberg die Untergrundklasse R (felsartig)
4) Baugrundklasse: mäßig verwittertes Festgestein ist nach Tab. 11.3 als Baugrundklasse B einzustufen.
5) Parameter für das Bemessungsspektrum: Tab. 11.4 liefert für die Kombination B-R:
   - $S = 1,20$
   - $T_{\text{B}} = 0,10$ s
   - $T_{\text{C}} = 0,25$ s
   - $T_{\text{D}} = 2,00$ s
6) Bedeutungskategorie und Bedeutungsbeiwert γ_1: Nach Tab. 11.5 ergibt sich für ein Schulgebäude über die Bedeutungskategorie III der Bedeutungsbeiwert $\gamma_1 = 1,2$.
7) Duktilitätsklasse und Verhaltensbeiwert q: Da der Bauherr keine besondere erdbebengerechte Konstruktion anstrebt, ist die Wahl der Duktilitätsklasse DCL (niedrig) angemessen. Daraus ergibt sich nach Tab. 11.6 der Verhaltensbeiwert $q = 1,5$.
8) Ordinate Bemessungsspektrum $S_{\text{d}}(T_1)$: Für $T_{\text{C}} = 0,25 \text{ s} < T_1 = 0,963 \text{ s} < T_{\text{D}} = 2$ s ergibt sich nach Gl. 11.5:

$$S_{\text{d}}(T_1) = S_{\text{ap,R}} \cdot \gamma_1 \cdot S \cdot \frac{1}{q} \cdot \frac{T_{\text{C}}}{T_1} = 1,643 \cdot 1,20 \cdot 1,20 \cdot \frac{1}{1,5} \cdot \frac{0,25}{0,963} = 0,4095 \text{ m/s}^2$$

11.5.2 Ersatzmassen, Ersatzmassenfaktoren, zu berücksichtigende Eigenformen

Die Relevanz einzelner Eigenformen für das gesamte Schwingungsverhalten im Erdbebenfall soll nun für vertikale Strukturen mit horizontalen Freiheitsgraden untersucht werden, siehe [PW18], Abs. 13.4.3.3. Zu diesem Zweck werden zunächst die Ersatzmassen $m_{\text{E},j}$ der Eigenformen j als Quotient aus dem Beteiligungsfaktor L_j und der modalen Masse M_j bestimmt. Die Ersatzmasse $m_{\text{E},j}$ wird auch als wirksame Masse bezeichnet.

$$m_{\text{E},j} = \frac{L_j}{M_j} = \frac{(\sum_{i=1}^{n} m_i \cdot a_{i,j})^2}{\sum_{i=1}^{n} m_i \cdot a_{i,j}^2} \tag{11.9}$$

Der Wert $a_{i,j}$ ist darin die zum Freiheitsgrad i gehörige Komponente des Eigenvektors j. m_i ist die Masse, mit der der Freiheitsgrad i belegt ist. Es werden allerdings nur die Massen bzw. Freiheitsgrade berücksichtigt, die in Richtung der Erdbebenerregung wirken (also horizontale Freiheitsgrade bei horizontaler Erdbebenerregung).

Die Summe der Ersatzmassen $m_{\text{E},j}$ über alle Eigenformen $j = 1,2...n$ entspricht der Gesamtmasse M des Tragwerks:

$$\sum_{j=1}^{n} m_{\mathrm{E},j} = \sum_{i=1}^{n} m_i = M \tag{11.10}$$

Der Ersatzmassenfaktor ε_j gibt an, mit welchem Anteil die Eigenform j an der horizontalen Schwingung (genauer: an den horizontalen Trägheitskräften) beteiligt ist:

$$\varepsilon_j = \frac{m_{\mathrm{E},j}}{M} \tag{11.11}$$

Die Summe der Ersatzmassenfaktoren über alle Eigenformen ist 1. Es lässt sich außerdem zeigen, dass gilt:

$$\varepsilon_1 > \varepsilon_2 > \ldots\ldots > \varepsilon_i > \ldots. > \varepsilon_n \tag{11.12}$$

Es müssen nicht alle $j = 1, 2 \ldots n$ Eigenformen in die Berechnungen der Erdbebenlasten einbezogen werden. Es reicht aus, nur die relevanten $k \leq n$ Eigenformen zu berücksichtigen. Welches sind die relevanten Eigenformen? Die Zahl k kann wie folgt bestimmt werden (DIN EN 1998-1, 4.3.3.3.1):

- k wird so gewählt, dass die Summe der Ersatzmassen $\sum_{j=1}^{k} m_{\mathrm{E},j}$ die Untergrenze von 90% der Gesamtmasse M erreicht.
- k wird so gewählt, dass alle Eigenformen j mit Ersatzmassen größer als 5% der Gesamtmasse berücksichtigt werden.

In Beispiel 11-2 (siehe unten) wird die Berechnung der Ersatzmassen und Ersatzmassenfaktoren gezeigt.

11.5.3 Erdbebenkräfte

Nun sollen für ein lotrechtes Tragwerk mit $i = 1, 2 \ldots n$ massenbelegten Freiheitsgraden die charakteristischen, horizontalen Erdbebenkräfte ermittelt werden. Das ist in folgenden Schritten möglich:

- Festlegung der zu berücksichtigenden Massen, siehe oben Abs. 11.5.1. Neben den Eigenmassen sind Anteile der Massen aus Nutzlasten und Anteile der Schneemassen zu berücksichtigen, siehe DIN EN 1998-1/NA, NDP zu 4.2.4(2) und NA.D.2(2).
- Eigenschwingzeiten T_j und zugehörige Eigenvektoren $\underline{a}_j^T = \left(a_{1,j}, a_{2,j} \ldots . a_{n,j}\right)$ der in der untersuchten horizontalen Richtung relevanten Eigenformen werden ermittelt.
- Bestimmung des Antwortspektrums $S_\mathrm{d}(T)$ nach Abs. 11.4. Mit Gl. 11.3 bis 11.6 werden die zu den relevanten Eigenschwingdauern zugehörigen Bemessungswerte der Beschleunigung $S_\mathrm{d}(T_j)$ bestimmt.
- Die zu den Eigenformen j gehörigen Ersatzmassen $m_{\mathrm{E},j}$ werden gemäß Abs. 11.5.2, Gl. 11.9 bestimmt.
- Es wird entschieden, welche $k \leq n$ der n Eigenformen in die Berechnung der Erdbebenlasten einbezogen werden, siehe oben Abs. 11.5.2.
- Die Summe der Erdbebenkräfte in der Eigenform j berechnet sich mit den Ersatzmassen $m_{\mathrm{E},j}$ und den Bemessungswerten der Beschleunigungen $S_\mathrm{d}(T_j)$ zu

$$F_{\mathrm{E,b},j} = m_{\mathrm{E},j} \cdot S_\mathrm{d}(T_j) \tag{11.13}$$

- Die Summe der Kräfte aus der Eigenform j wird nun auf die einzelnen Freiheitsgrade (Massen, Geschosse) m_i aufgeteilt:

$$F_{\mathrm{E},i,j} = \frac{m_i \cdot a_{i,j}}{\sum_{i=1}^{n} m_i \cdot a_{i,j}} \cdot F_{\mathrm{E,b},j} \tag{11.14}$$

- Nun werden für jede Eigenform die relevanten Schnittgrößen $E_{\mathrm{E},j}$ (z.B. ein Biegemoment oder eine Normalkraft an einer Stelle des Tragwerks) aus den Erdbebenkräften berechnet.
- Die so berechneten Schnittgrößen $E_{\mathrm{E},j}$ der Eigenformen $j = 1, 2...k$ werden nun überlagert, um den für die Erdbebenbemessung des Tragwerks notwendigen Wert E_E zu erhalten. Da die maximalen Schnittgrößen aus den einzelnen Eigenformen nicht zum selben Zeitpunkt auftreten, ist eine Addition der Werte nicht angemessen. Falls die Abstände der Eigenschwingdauern T_j mindestens 10% betragen, darf die Überlagerung einer beliebigen Schnittgröße E_E nach DIN EN 1998-1, Gl. 4.16 mit der „vollständigen quadratischen Kombination" wie folgt erledigt werden:

$$E_\mathrm{E} = \sqrt{\sum_{j=1}^{k} E_{\mathrm{E},i}^2} \tag{11.15}$$

In Fällen, wo die Eigenschwingdauern dichter beieinander liegen, sind genauere, hier nicht erläuterte Verfahren zu verwenden.

Beispiel 11-2: Erdbebenberechnung für eine turmartige Struktur (ZFS)

Gegeben: Als massefrei angenommener Turm mit zwei Einzelmassen in 4 und 8 m Höhe, siehe Skizze.

- Massen: $m_1 = 4,0$ t; $m_2 = 2,0$ t
- Höhen: $l_1 = 4,0$ m; $l_2 = 4,0$ m
- Baustoff: Stahl $E = 21\,000$ kN/cm^2
- Querschnitt $I = 44444$ cm^4
- Untergrund T; Baugrundklasse B
- Bedeutungskategorie III; $\gamma = 1,2$
- Duktilitätsklasse DCL, Verhaltensbeiwert $q = 1,5$
- $S_{\mathrm{ap,R}} = 1,125$ m/s^2
- Eigenkreisfrequenzen: $\omega_1 = 15,07$ 1/s; $\omega_2 = 77,61$ 1/s
- Eigenschwingdauern: $T_1 = 0,4169$ s; $T_2 = 0,08096$ s
- Eigenformen

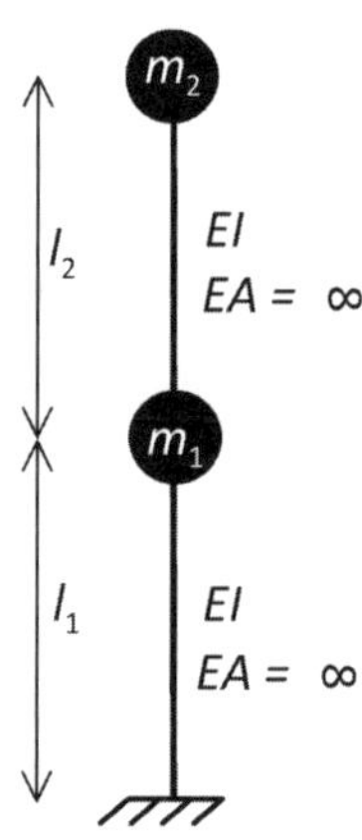

Abb. 11.16: Bsp. 11-2

$$\underline{A} = (\underline{a}_1 \quad \underline{a}_2) = \begin{pmatrix} a_{11} & a_{12} \\ a_{21} & a_{22} \end{pmatrix} = \begin{pmatrix} 0,3274 & 1,0 \\ 1,0 & -0,65472 \end{pmatrix}$$

Gesucht: Char. Biegemoment im Einspannpunkt aus Erdbebenwirkung nach DIN EN 1998-1

Lösung:

1) Ablesen der zu den Bodenverhältnissen B-T gehörigen Parametern für das elastische horizontale Antwortspektrum aus Tab. 11.4:
$S = 1,0$; $T_B = 0,1$ s; $T_C = 0,25$ s; $T_D = 2,0$ s

- Mit $T_C = 0,25$ s $< T_1 = 0,4169$ s $< T_D = 2$ s ergibt sich nach Gl. 11.5:

$$S_d(T_1) = S_{ap,R} \cdot \gamma_1 \cdot S \cdot \frac{1}{q} \cdot \frac{T_C}{T_1} = 1,125 \cdot 1,2 \cdot 1,0 \cdot \frac{1}{1,5} \cdot \frac{0,25}{0,4169} = 0,540 \text{ m/s}^2$$

- Mit $T_2 = 0,08096$ s $< T_B = 0,1$ s ließe sich zwar die Beschleunigung nach Gl. 11.3 ermitteln. Da jedoch die Boden-Bauwerk-Interaktion bei der Berechnung der Eigenschwingzeiten unberücksichtigt blieb und es deshalb nicht ausgeschlossen werden kann, dass T_2 größer ist als angenommen, wird auf der sicheren Seite liegend die Beschleunigung des Plateauwerts nach Gl. 11.4 angesetzt (siehe dazu auch Abs. 11.4.7):

$$S_d(T_2) = S_{ap,R} \cdot \gamma_1 \cdot S \cdot \frac{1}{q} = 1,125 \cdot 1,2 \cdot 1,0 \cdot \frac{1}{1,5} = 0,900 \text{ m/s}^2$$

2) Ersatzmassen der Eigenformen nach Gl. 11.9:

$$m_{E,1} = \frac{(m_1 \cdot a_{1,1} + m_2 \cdot a_{2,1})^2}{m_1 \cdot a_{1,1}^2 + m_2 \cdot a_{2,1}^2} = \frac{(4,0 \cdot 0,3274 + 2,0 \cdot 1,0)^2}{4,0 \cdot 0,3274^2 + 2,0 \cdot 1,0^2} = 4,510 \text{ t}$$

$$m_{E,2} = \frac{(m_1 \cdot a_{1,2} + m_2 \cdot a_{2,2})^2}{m_1 \cdot a_{1,2}^2 + m_2 \cdot a_{22}^2} = \frac{(4,0 \cdot 1,0 + 2,0 \cdot (-0,6547))^2}{4,0 \cdot 1,0^2 + 2,0 \cdot (-0,6547)^2} = 1,490 \text{ t}$$

Probe: $m_{E,1} + m_{E,2} = 4,510 + 1,490 = 6 \text{ t} = m_1 + m_2 = m \quad (\checkmark)$

Ersatzmassenfaktoren ε_j mit $m = m_1 + m_2 = 6$ t

$$\varepsilon_1 = \frac{m_{E,1}}{m} = \frac{4,51}{6} = 0,752 = 75,2 \%$$

$$\varepsilon_2 = \frac{m_{E,2}}{m} = \frac{1,49}{6} = 0,248 = 24,8 \%$$

Wegen $\varepsilon_{E,1} < 90 \%$ und $\varepsilon_{E,2} > 5 \%$ sind beide Eigenformen in den weiteren Berechnungen zu berücksichtigen.

3) Damit ergibt sich die Summe der Erdbebenkräfte in der Eigenform j zu

$$F_{E,b,1} = m_{E,1} \cdot S_d(T_1) = 4,510 \cdot 0,540 = 2,435 \text{ kN}$$

$$F_{E,b,2} = m_{E,2} \cdot S_d(T_2) = 1,490 \cdot 0,9 = 1,341 \text{ kN}$$

4) Die Summe der Kräfte aus Schritt 3) wird nun nach Gl. 11.14 auf die einzelnen Massen (Geschosse) $i = 1,2$ aufgeteilt:

4.1) Erste Eigenform $j = 1$

$$F_{E,1,1} = \frac{m_1 \cdot a_{1,1}}{m_1 \cdot a_{1,1} + m_2 \cdot a_{2,1}} \cdot F_{E,b,1} = \frac{4,0 \cdot 0,3274}{4,0 \cdot 0,3274 + 2,0 \cdot 1,0} \cdot 2,435 = 0,964 \text{ kN}$$

$$F_{E,2,1} = \frac{m_2 \cdot a_{2,1}}{m_1 \cdot a_{1,1} + m_2 \cdot a_{2,1}} \cdot F_{E,b,1} = \frac{2,0 \cdot 1,0}{4,0 \cdot 0,3274 + 2,0 \cdot 1,0} \cdot 2,435 = 1,471 \text{ kN}$$

4.2) Zweite Eigenform $j = 2$

$$F_{E,1,2} = \frac{m_1 \cdot a_{1,2}}{m_1 \cdot a_{1,2} + m_2 \cdot a_{2,2}} \cdot F_{E,b,2} = \frac{4,0 \cdot 1,0}{4 \cdot 1 + 2 \cdot (-0,6547)} \cdot 1,49 = 2,215 \text{ kN}$$

$$F_{E,2,2} = \frac{m_2 \cdot a_{2,2}}{m_1 \cdot a_{1,2} + m_2 \cdot a_{2,2}} \cdot F_{E,b,2} = \frac{2,0 \cdot (-0,6547)}{4 \cdot 1 + 2 \cdot (-0,6547)} \cdot 1,49 = -0,725 \text{ kN}$$

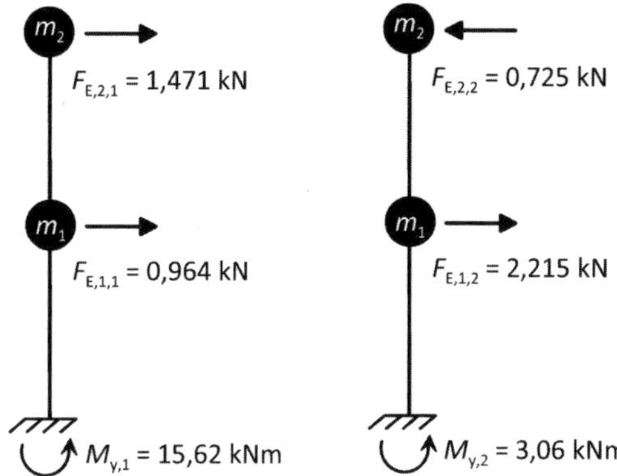

Abb. 11.17: Beispiel 11-3: Erdbebenkräfte aus Eigenform 1 (links) und aus Eigenform 2 (rechts)

5) Zur Eigenform j gehöriges Biegemoment am Einspannpunkt $M_{y,j}$ aus den Erdbebenkräften, siehe auch Abb. 11.17:

$$M_{y,1} = F_{E,1,1} \cdot l_1 + F_{E,2,1} \cdot (l_1 + l_2) = 0,964 \cdot 4 + 1,471 \cdot 8 = 15,62 \text{ kNm}$$
$$M_{y,2} = F_{E,1,2} \cdot l_1 + F_{E,2,2} \cdot (l_1 + l_2) = 2,215 \cdot 4 + (-0,725) \cdot 8 = 3,06 \text{ kNm}$$

6) Die Überlagerung mit der „vollständigen quadratischen Kombination“ ergibt das charakteristische Biegemoment im Einspannpunkt aus Erdbebenwirkung:

$$M_y = \sqrt{M_{y,1}^2 + M_{y,2}^2} = \sqrt{15,62^2 + 3,06^2} = 15,92 \text{ kNm}$$

11.6 Vereinfachtes Verfahren nach Anhang NA.D

11.6.1 Voraussetzungen für die Anwendung

„Vereinfachte Auslegungsregeln für einfache Bauten des üblichen Hochbaus“ heißt das Verfahren nach DIN EN 1998-1/NA Anhang NA.D. Es erlaubt eine sehr einfache Bestimmung der Gesamterdbebenkraft und deren Verteilung auf das Gebäude. Die Voraussetzungen für die Anwendung des vereinfachten Verfahrens sind:

- Der Bauwerksstandort und die Art des Untergrunds weisen keine besonderen Risiken bezüglich Hangrutschung und Setzung infolge Bodenverflüssigung oder Bodenverdichtung bei Erdbeben auf.
- Die Bodenbeschaffenheit ist nicht schlechter als bei den in Tab. 11.3 angegebenen Baugründen.
- Üblicher Hochbau ....
  - der Bedeutungskategorien I bis III
  - mit nicht mehr als 6 Geschossen
  - mit maximaler Gebäudehöhe von 20 m über der mittleren Geländehöhe
- Bauwerk mit nahezu symmetrischer Verteilung der Horizontalsteifigkeit und der Masse in beide Hauptrichtungen. Bei Abweichungen von der Symmetrie muss das Bauwerk in der

Lage sein, die entsprechenden Auswirkungen (z.B. aus Torsion, siehe DIN EN 1998-1/NA Abs. NA.D.4) aufzunehmen.

- Der Grundriss des Bauwerks weist keine stark gegliederten Formen wie z.B. H, X, L, T oder U auf. Gegliederte Formen sind nur zulässig, wenn die einzelnen Gebäudeabschnitte durch geeignete Fugen schwingungstechnisch voneinander getrennt sind. In diesem Fall ist jeder Gebäudeabschnitt für sich getrennt zu betrachten.
- Die Decken müssen als quasi-starre Scheiben in der Lage sein, die Horizontalkräfte in aussteifende Bauteile weiterzuleiten.
- Alle Systeme zur Abtragung von Horizontallasten (Aussteifende Bauteile wie z.B. Kerne, tragende Wände, Rahmen) müssen bei mehrgeschossigen Gebäuden ohne Unterbrechung durchgehend von der Gründung bis zur obersten lastverteilenden Decke verlaufen. Andernfalls muss die horizontale und vertikale Lastweiterleitung sichergestellt werden.
- Die Horizontalsteifigkeiten und die Geschossmassen bleiben über die Höhe konstant oder annähernd konstant ohne große sprunghafte Veränderungen (Ausnahme: Übergang in Untergeschosse).

Ist eine dieser Voraussetzungen nicht erfüllt, dann kann das vereinfachte Verfahren nach Anhang D nicht für den Nachweis der Erdbebensicherheit verwendet werden.

Sind die Voraussetzungen alle erfüllt, dann kann die Berechnung anhand von ebenen Modellen für jede Hauptrichtung getrennt vorgenommen werden.

Die Standsicherheit des Bauwerks muss in jede Richtung unter Berücksichtigung von DIN EN 1998-1/NA Abs. NA.D.5 und der möglichen Torsionswirkung nach DIN EN 1998-1/NA Abs. NA.D.4 nachgewiesen werden.

11.6.2 Berechnung der Gesamterdbebenkraft

Zunächst wird – wie in Abs. 11.5.1 beschrieben – die Summe aller zu berücksichtigenden Massen M bestimmt. Die größte Eigenschwingdauer T_1 mit horizontaler Eigenform kann nach Abs. 11.5.1, aber auch unter Nutzung der in DIN EN 1998-1, 4.3.3.2.2 gegebenen Näherungsformeln berechnet werden.

Dann wird die Ordinate $S_\mathrm{d}(T_1)$ des elastischen, horizontalen Bemessungsspektrums bestimmt. Dabei darf der Verhaltensbeiwert nicht höher als $q = 1{,}5$ angenommen werden. Gemäß Abs. 11.4.7 wird aus den dort genannten Gründen dringend empfohlen, im Bereich $T < T_\mathrm{B}$ mit den Plateauwerten zu rechnen ([GHVW20], S. 740).

Daran schließt sich die Bestimmung der Gesamterdbebenkraft an:

$$F_\mathrm{b} = S_\mathrm{d}(T_1) \cdot M \cdot \lambda \tag{11.16}$$

Darin ist λ ein nur beim vereinfachten Verfahren nutzbarer Korrekturbeiwert mit dem folgenden Wert (DIN EN 1998-1, 4.3.3.2.2(1)):

- $\lambda = 0{,}85$ für $T_1 \leq 2 \cdot T_\mathrm{C}$, falls das Gebäude 3 Geschosse oder mehr hat.
- $\lambda = 1{,}0$, falls das Gebäude 1 oder 2 Geschosse hat oder $T_1 > 2 \cdot T_\mathrm{C}$

11.6.3 Gesamterdbebenkraft mit der Vereinfachung des vereinfachten Verfahrens

Alternativ zu Gl 11.16 darf – als Vereinfachung des vereinfachten Verfahrens – die Gesamterdbebenkraft auf der sicheren Seite liegend mit dem Plateauwert des Bemessungsspektrums – also dem Maximalwert des Bemessungsspektrums Abb. 11.14 bestimmt werden:

$$F_b = S_{dmax} \cdot M \tag{11.17}$$

$$S_{dmax} = \frac{S_{ap,R} \cdot S \cdot \gamma_I}{1,5} \tag{11.18}$$

Gl. 11.17 kann zu stark überhöhten, extrem auf der sicheren Seite liegenden Erdbebenkräften führen, wenn T_1 größer wird als T_C (siehe Abb. 11.14). Für $T_1 \leq T_C$ gibt es dagegen keine Unterschiede. Im Fall von Beispiel 10-1 wäre die mit der Vereinfachung des vereinfachten Verfahrens berechnete Erdbebenbeschleunigung S_{dmax} ca. vier mal so groß wie der genauer berechnete Wert $S_d(T_1)$.

11.6.4 Verteilung der horizontalen Erdbebenkräfte

Die nach Abs. 11.6.2 bestimmte Erdbebengesamtkraft F_b wird nun auf die einzelnen Geschosse verteilt, falls es mehr als ein Geschoss gibt. Dafür gibt es zwei Möglichkeiten:

1.) Wenn die Ordinaten $s_i = a_i$ der zur kleinsten relevanten Eigenfrequenz gehörigen Eigenform (Grundeigenform) bekannt sind, berechnet sich die am Geschoss i angreifende Horizontalkraft F_i mit der nach Abs. 11.5.1 bestimmten Geschossmasse m_i zu:

$$F_i = F_b \cdot \frac{s_i \cdot m_i}{\sum_{k=1}^{n}(s_k \cdot m_k)} \tag{11.19}$$

2.) Wenn die Grundeigenform durch mit der Höhe linear zunehmenden Horizontalverschiebungen z_i angenähert wird (Abb. 11.18), sollte die am Geschoss i angreifende Horizontalkraft F_i mit der Masse m_i (Abs. 11.5.1) nach folgendem Ausdruck bestimmt werden:

$$F_i = F_b \cdot \frac{z_i \cdot m_i}{\sum_{k=1}^{n}(z_k \cdot m_k)} \tag{11.20}$$

Die Höhen z_i bzw. z_k sind darin die Höhen der Massen m_i, m_k über der Ebene, in der die Erdbebeneinwirkung angreift (Fundamentebene oder Oberkante eines starren Kellergeschosses).

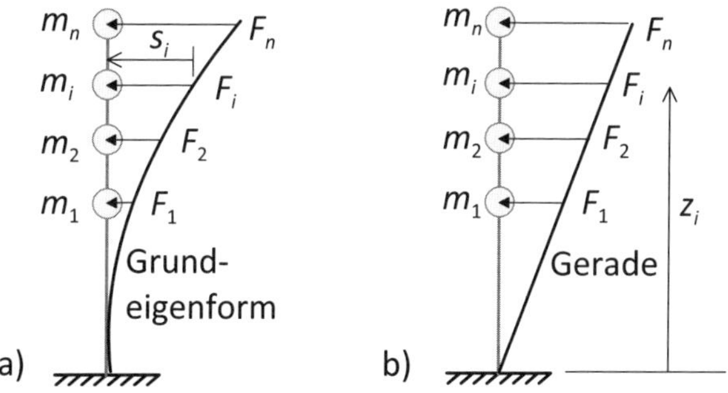

Abb. 11.18: Verteilung der Erdbebenkräfte (a) affin zur Grundeigenform und (b) höhenproportional nach DIN EN 1998-1/NA Bild NA.D.1

Fortsetzung des Beispiels 11-1, Teil a aus Abs. 11.5.1: Teil b Gesamterdbebenkraft auf ein Schulgebäude, berechnet mit dem vereinfachten Verfahren

Gegeben: Für ein zu bauendes Schulgebäude in Herrenberg wurde im Teil a) des Beispiels die Ordinate des Bemessungsspektrums zu $S_\mathrm{d}(T_1) = 0,40495$ m/s^2 berechnet.

Gesucht: Gesamterdbebenkraft nach dem vereinfachten Verfahren

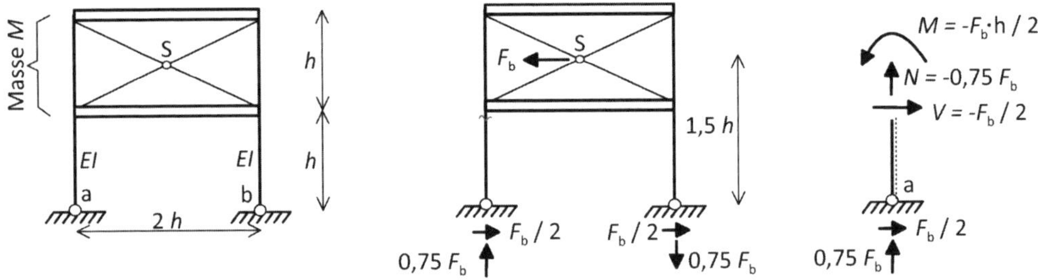

Abb. 11.19: Beispiel 11-1, Teil b: Lösung

Lösung:

a) Gesamterdbebenkraft nach dem vereinfachten Verfahren, siehe Abs. 11.6.2

1) Eine Überprüfung der Voraussetzungen, die nach Abs. 11.6.1 erfüllt sein müssen, ergab, dass das vereinfachte Verfahren angewendet werden darf.
2) Die horizontale Gesamterdbebenkraft ergibt sich mit $\lambda = 1,0$ (2 Geschosse) zu:

$$F_\mathrm{b} = S_\mathrm{d}(T_1) \cdot M \cdot \lambda = 0,4095 \text{ m/s}^2 \cdot 500 \text{ t} \cdot 1,0 = 204,8 \text{ kN}$$

3) Die extremalen Schnittgrößen in der linken Stütze (unmittelbar unterhalb des unteren Riegels) infolge Erdbeben ergeben sich zu (siehe Abb. 11.19 rechts):

$$\max M = -\frac{F_\mathrm{b}}{2} \cdot h = -\frac{204,8 \text{ kN}}{2} \cdot 3 \text{ m} = -307 \text{ kNm}$$
$$\max N = -0,75 \cdot F_\mathrm{b} = -0,75 \cdot 204,8 = -154 \text{ kN}$$
$$\max V = -F_\mathrm{b}/2 = -204,8/2 = -102 \text{ kN}$$

b) Gesamterdbebenkraft mit der nochmals vereinfachten Version des vereinfachtem Verfahrens nach DIN EN 1998-1/NA NA.D.2(5), siehe Abs. 11.6.3

1) Alternativ kann die Gesamterdbebenkraft nach NA.D.2(5) bestimmt werden zu:

$$S_\mathrm{dmax} = \frac{S_\mathrm{ap,R} \cdot S \cdot \gamma_1}{1,5} = \frac{1,643 \cdot 1,2 \cdot 1,2}{1,5} = 1,577 \text{ m/s}^2$$
$$F_\mathrm{b} = S_\mathrm{dmax} \cdot M = 1,577 \cdot 500 = 789 \text{ kN}$$

2) Bewertung: $F_\mathrm{b} = 789$ kN entspricht fast einer Vervierfachung der oben berechneten Gesamterdbebenkraft ($F_\mathrm{b} = 204,8$ kN). Die Vereinfachung des vereinfachten Verfahrens ist für dieses Beispiel sehr unwirtschaftlich, weil mit dem Plateauwert der Erdbebenbeschleunigung gerechnet wird.

11.6.5 Umgang mit nicht tragenden Bauteilen

Als nicht tragende Bauteile werden solche Bauteile bezeichnet, die für die Standsicherheit der gesamten Konstruktion nicht notwendig sind. Diese Bauteile können nachträglich ausgebaut oder verändert werden, ohne dass dadurch die Gesamtstandsicherheit gefährdet wird. Beispiele sind z.B. Fassaden, nicht tragende Wände, Brüstungen, Antennen, Geländer, Schornsteine usw..

Falls von nicht tragenden Bauteilen bei einem Erdbeben im Versagensfall Gefahren für Personen ausgehen können oder das Tragwerk des Bauwerks (z.B. durch herabfallende Trümmer) beeinträchtigt werden kann, muss nachgewiesen werden, dass solche Bauteile (inklusive ihrer Auflager) die Bemessungs-Erdbebenlasten aufnehmen können.

Die Schnittgrößen an nicht tragenden Bauteilen infolge Erdbebeneinwirkung dürfen nach DIN EN 1998-1/NA Abs. NA.D.7 vereinfacht wie folgt bestimmt werden, indem an den nicht tragenden Bauteilen eine Horizontalkraft F_a in ungünstigster Richtung wirkend angesetzt wird:

$$F_a = 1,6 \cdot S_{ap,R} \cdot S \cdot \gamma_I \cdot m_a \cdot \gamma_a \tag{11.21}$$

Darin ist:

- $S_{ap,R}$ die spektrale Antwortbeschleunigung nach Abs. 11.4.1
- S der Bodenparameter nach Tab 11.4
- γ_I der Bedeutungsbeiwert nach Tab. 11.5
- m_a die Masse des nicht tragenden Bauteils
- γ_a der Bedeutungsfaktor für nicht tragende Bauteile. Für Verankerungen von Maschinen und Geräten, die für Systeme zur Lebensrettung benötigt werden, ist $\gamma_a = 1,5$ zu setzen. In allen anderen Fällen ist $\gamma_a = 1,0$.

11.6.6 Allgemeine Vorgehensweise beim Erdbebennachweis

Für ein Gebäude in Deutschland, für das ein Erdbebennachweis zu führen ist, könnte so vorgegangen werden wie in Abb. 11.20 dargestellt. Entscheidend ist die Frage, ob die Baukonstruktion nur den baustoffspezifischen Eurocodes folgt und die Duktilitätsklasse DCL gewählt wird, die vergleichsweise höhere Erdbebenlasten ergibt, oder ob die Erdbebenlasten durch die Wahl der Duktilitätsklasse DCM oder DCH reduziert werden sollen, was die zusätzliche Berücksichtigung der konstruktiven Regeln nach DIN EN 1998 erfodert (Kapazitätsbemessung), siehe Abs. 11.7.

11.7 Kapazitätsbemessung, dissipatives Tragwerksverhalten

In Abs. 11.4.6 wurden die Duktilitätsklassen eingeführt. Möchte man die Erdbebenkräfte verringern, dann ist der Wahl der Duktilitätsklasse DCH (Hoch) oder DCM (Mittel) gegenüber DCL (niedrig) der Vorzug zu geben. Die Wahl von DCM oder DCH setzt dissipatives Tragwerksverhalten voraus, das durch eine Kapazitätsbemessung gewährleistet werden kann.

Was bedeutet Kapazitätsbemessung? Stellen wir uns vor, dass ein konventionell bemessenes (Stahl-)Tragwerk immer stärker beansprucht werden soll, bis es versagt. Plastizierungen sind mehr oder weniger überall möglich, der plastische Mechanismus, der schließlich zum Einsturz

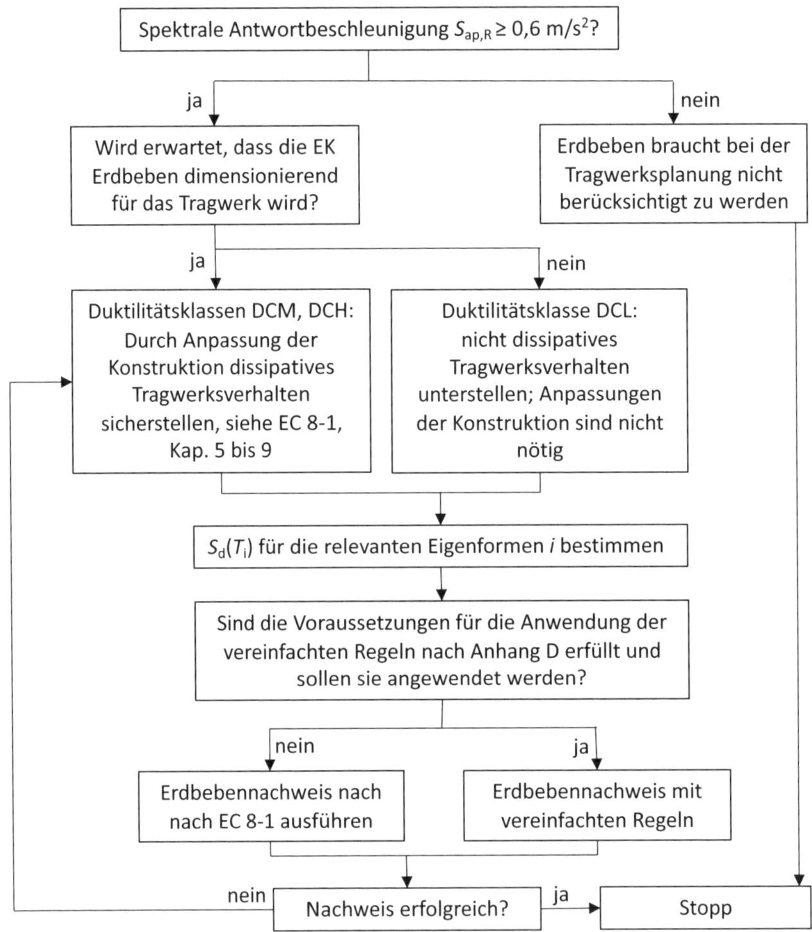

Abb. 11.20: Mögliche Vorgehensweise beim Erdbebennachweis (EK: Einwirkungskombination)

führt, ist oft zufällig und nicht näher bekannt. Die globale Duktilität ist im Allgemeinen eher gering und ebenfalls nicht näher bekannt.

Bei einer Kapazitätsbemessung wird im Unterschied dazu ein geeigneter plastischer Versagensmechanismus vorausgewählt. Abb. 11.21 zeigt Beispiele aus dem Stahlbau.

Durch geeignete konstruktive Maßnahmen wird sichergestellt, dass andere Versagensmechanismen nicht eintreten können. Diese Maßnahmen sind (siehe [GHVW20], Abs. 4.1.3):

- Bemessung und konstruktive Durchbildung der plastifizierenden, dissipativen Bereiche des Tragwerks aufgrund linear errechneter Beanspruchungsgrößen.
- Bemessung der anderen Bereiche des Tragwerks (nicht dissipative Elemente) unter Berücksichtigung großer Verformungen und abgestimmt auf potentielle Überfestigkeiten der plastifizierenden Bereiche. Im Ergebnis muss die Beanspruchbarkeit der nicht dissipativen Bereiche des Tragwerks höher liegen als die Beanspruchbarkeit der plastizierenden, dissipativen Bereiche.

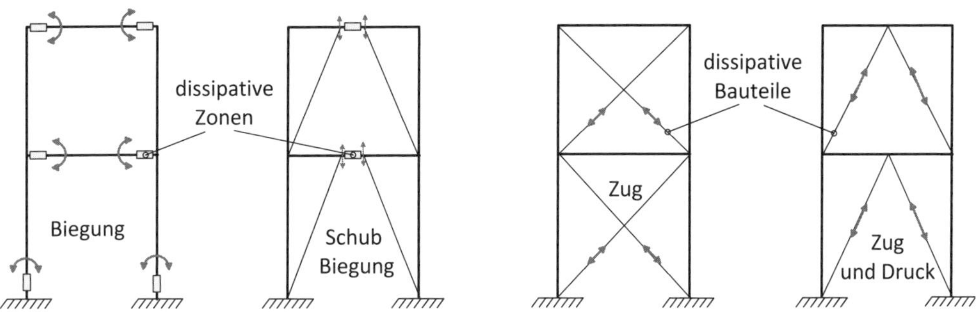

Abb. 11.21: Beispiele für dissipative Bereiche und plastische Versagensmechanismen im Stahlbau nach [GHVW20], Bild 96

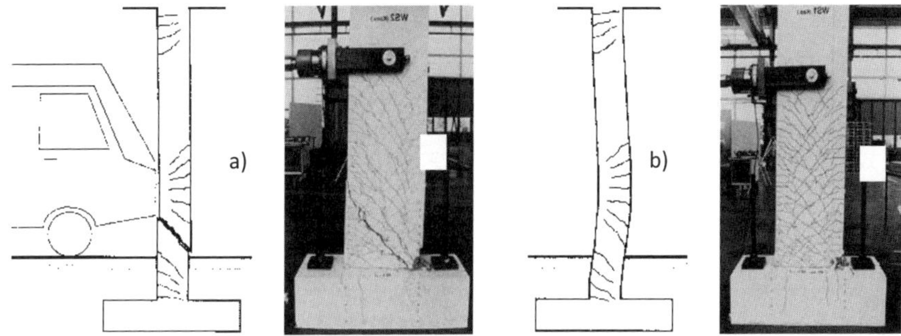

Abb. 11.22: Stahlbetonstützen nach Fahrzeuganprall a) vorzeitiger, eher spröder Schubbruch bei konventioneller Bemessung; b) duktiles Verhalten, Versagensmechansimus bei Kapazitätsbemessung, nach [Bac94]

Die nicht dissipativen Bereiche werden so ausgebildet werden, dass sie auf jeden Fall eine höhere Traglast haben als die dissipativen Bereiche unter Berücksichtigung ihrer ggf. vorhandenen Überfestigkeiten. Eine wirtschaftliche Dimensionierung ist nur möglich, wenn die Überfestigkeiten der dissipativen Bereiche gering bleiben. Für den Stahlbau können weitere Hinweise [GHVW20], Kap. 4 entnommen werden.

Abb. 11.22 zeigt den Vergleich der Versagensart bei einer normal bemessenen Stahlbetonstütze mit der Versagensart einer kapazitätsbemessenen Stahlbetonstütze nach [Bac94].

Tab. 11.7 zeigt für den Stahlbau, welche Konstruktionen dissipatives Tragwerksverhalten ermöglichen und damit die Einordnung in die Duktilitätsklasse DCM oder DCH und die Auswahl von Verhaltensbeiwerten $q > 1{,}5$ erlauben. Für andere Baustoffe und Duktilitätsklassen sind entsprechende Angaben den baustoffspezifischen Kapiteln von DIN EN 1998-1 zu entnehmen:

- Regeln für Betonbauwerke finden sich in Kap. 5 der Norm.
- Regeln für Stahlbauten finden sich in Kap. 6 der Norm (siehe auch [AC06], [GHVW20]).
- Regeln für Verbundbauten aus Stahl- und Beton finden sich in Kap. 7 der Norm.
- Regeln für Holzbauten finden sich in Kap. 8 der Norm.
- Regeln für Mauerwerksbauten finden sich in Kap. 9 der Norm (siehe auch [But19]).

Tab. 11.7: Verhaltensbeiwerte für kapazitätsbemessene Stahlbauwerke – Duktilitätsklasse DCM – nach DIN EN 1998-1, Abs. 6.3 und Tab. 6.2

	Tragwerkstyp	Beschreibung	q
1	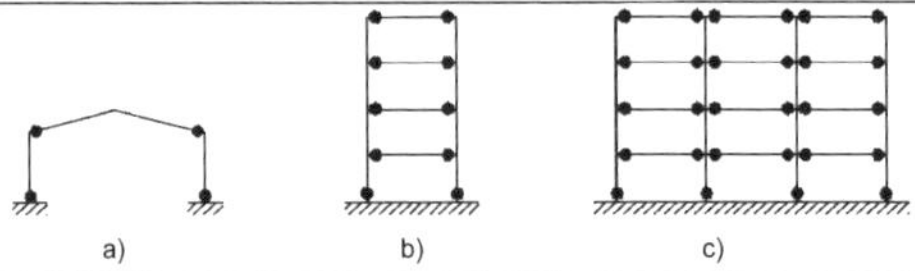 a) b) c)	Biegesteife Rahmen (dissipative Bereiche (Fließgelenke) in Riegeln und Stützenfüßen)	4
2	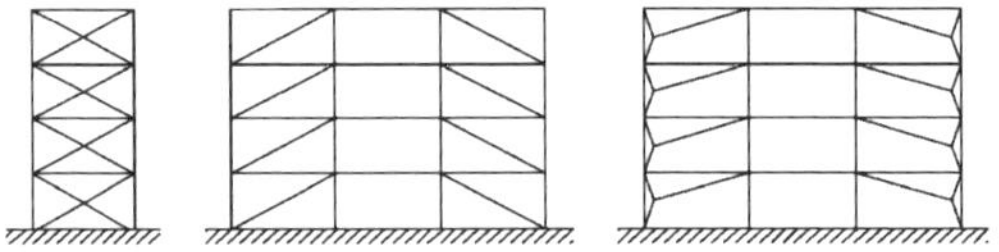	Fachwerke und Rahmen mit zentrisch angeschlossenen Diagonalverbänden (Zugstreben dissipativ)	4
3	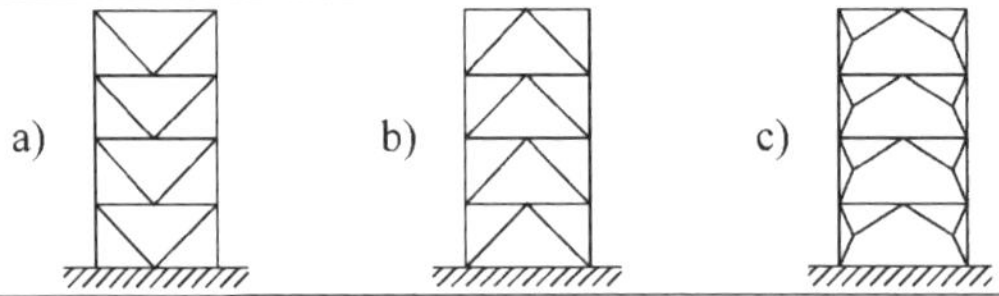 a) b) c)	Fachwerke und Rahmen mit zentrisch angeschlossenen V-Verbänden (Zug- und Druckstreben dissipativ)	2
4	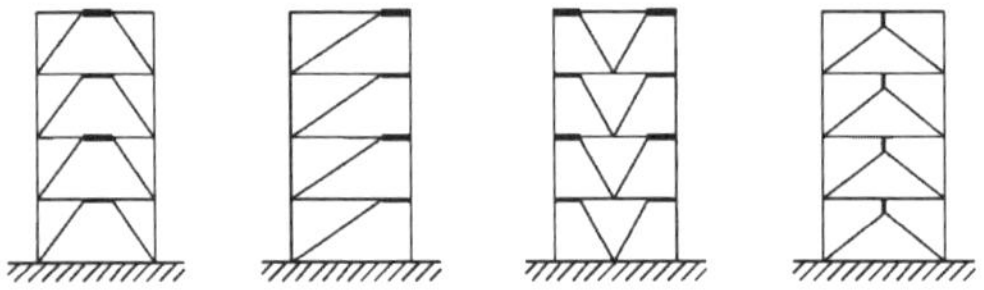	Rahmen mit exzentrisch angeschlossenen Verbänden (dissipative Bereiche in Biege- oder Schubverbindern)	4
5	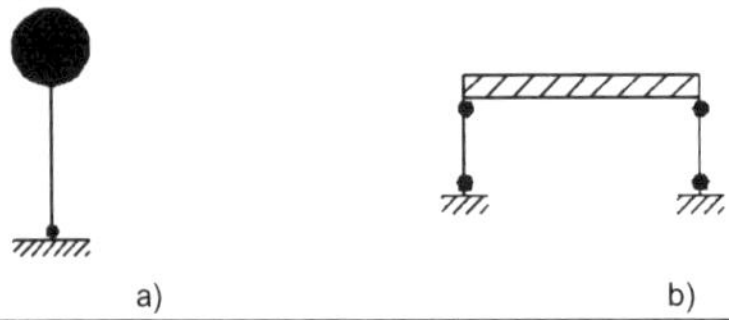 a) b)	Umgekehrte Pendel-Systeme (dissipative Bereiche am Stützenfuß (a) bzw. in den Stützen(b))	2
6	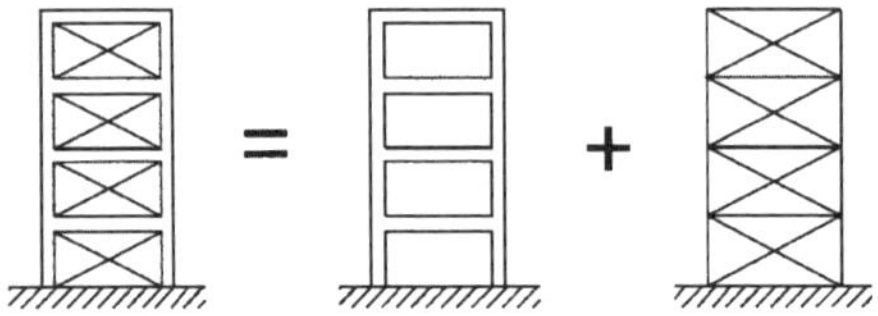 = +	Biegesteife Rahmen kombiniert mit Diagonalverbänden (dissipative Bereiche in Rahmenecken und Zugdiagonalen)	4
7		Ausgefachte biegesteife Rahmen, Ausfachung aus Stahlbeton oder Mauerwerk ohne Verbund, mit Kontakt zum Rahmen	2
8	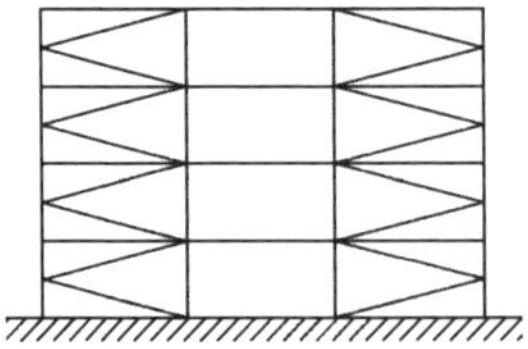	K-Verbände mit Anschlüssen der Diagonalen an die Stützen sind nicht gestattet in DCM oder DCH).	-

11.8 Erdbebensicheres Bauen

11.8.1 Allgemeine Regeln

Ob ein Bauwerk Erdbeben standhalten kann, ist nicht nur eine Frage der richtigen Nachweisführung, sondern vor allem eine Frage der richtigen Konstruktion. Im Folgenden wird diese These beispielhaft an einigen wichtigen Auslegungsregeln für erdbebengerechte Bauwerke aufgezeigt. Viele weitere ebenfalls wichtige Konstruktionsregeln können der einschlägigen Literatur entnommen werden. Dieses Kapitel basiert auf [Wer19], [BW08], [Bac02a]

11.8.1.1 Regel 1: Weiche Geschosse vermeiden

Erdbebenverursachte Einstürze von Gebäuden sind manchmal darauf zurückzuführen, dass die Aussteifungen der oberen Geschosse im Erdgeschoss weggelassen werden. Wenn im Erdgeschoss eines Hochhauses z.B. Ladenlokale vorgesehen sind, dann möchte man die Stahlbetonwände der Obergeschosse durch luftige Stützenreihen ersetzen, um ausreichend Schaufensterfläche zur Verfügung zu haben. Die Stützen können die Relativverschiebungen zwischen den steiferen Obergeschossen und dem Boden nicht schadlos mitmachen. Es bilden sich die gefürchteten plastischen Gelenke am oberen und unteren Stützenende. Das Erdgeschoss kann so zu einer kollabierenden kinematischen Kette werden, siehe Abb. 11.23 a) und b). Der gleiche Effekt kann natürlich genauso bei weichen Obergeschossen beobachtet werden, siehe Abb. 11.23 c) und d).

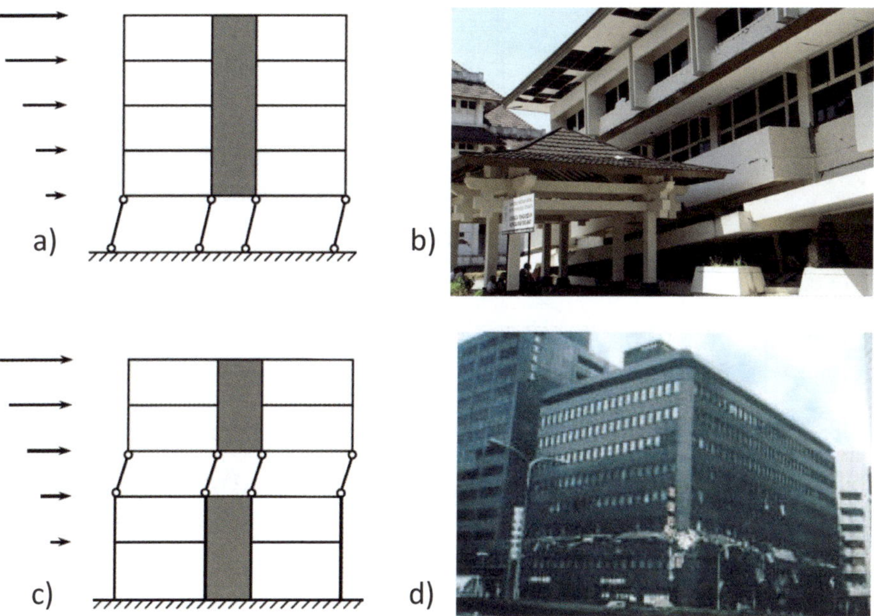

Abb. 11.23: Regel 1: a) Weiches Erdgeschoss vermeiden; b) Versagen des Erdgeschosses beim Erdbeben Yogyakarta, Indonesien, 2006; c) Weiche Obergeschosse vermeiden; d) Versagen des 3. OG beim Erdbeben in Kobe/Japan 1995 – der darüber liegende Gebäudeteil ist um ein Stockwerk eingestürzt; a) und c) [Wer19], [Bac02a], b) [Wer19], d) [Bac02a]

11.8.1.2 Regel 2: Torsionseffekte und unsymmetrische Aussteifungen vermeiden

An einem Gebäude im Grundriß (Abb. 11.24) lassen sich folgende Punkte identifizieren:

- M – das Massenzentrum ist der Schwerpunkt der Massen.
- W – der Steifigkeitsmittelpunkt als Widerstandszentrum

Wenn das Widerstandszentrum nicht mit dem Massenzentrum übereinstimmt, dann führt das im Erdbebenfall zu Torsion und das Gebäude verdreht sich im Grundriss. Diese Verdrehung bewirkt vor allem bei den äußeren Stützen große Relativverschiebungen zwischen Stützenkopf und Stützenfuß, die zum Versagen führen können.

Ziel ist es daher, Massenzentrum und Widerstandszentrum möglichst in einem Punkt zu konzentrieren und für einen ausreichenden Torsionswiderstand zu sorgen. Beides kann durch eine symmetrische Anordnung der aussteifenden Elemente (z.B. Schubwände) und deren Anordnung möglichst nahe an den Gebäuderändern mit großem Abstand zum Massenzentrum erreicht werden, siehe Abb. 11.24. Als aussteifende Elemente sollten in jeder Richtung zwei Elemente (z.B. Schubwände oder Treppenkerne) vorgesehen werden, siehe z.B. Abb. 11.24 d) oben rechts.

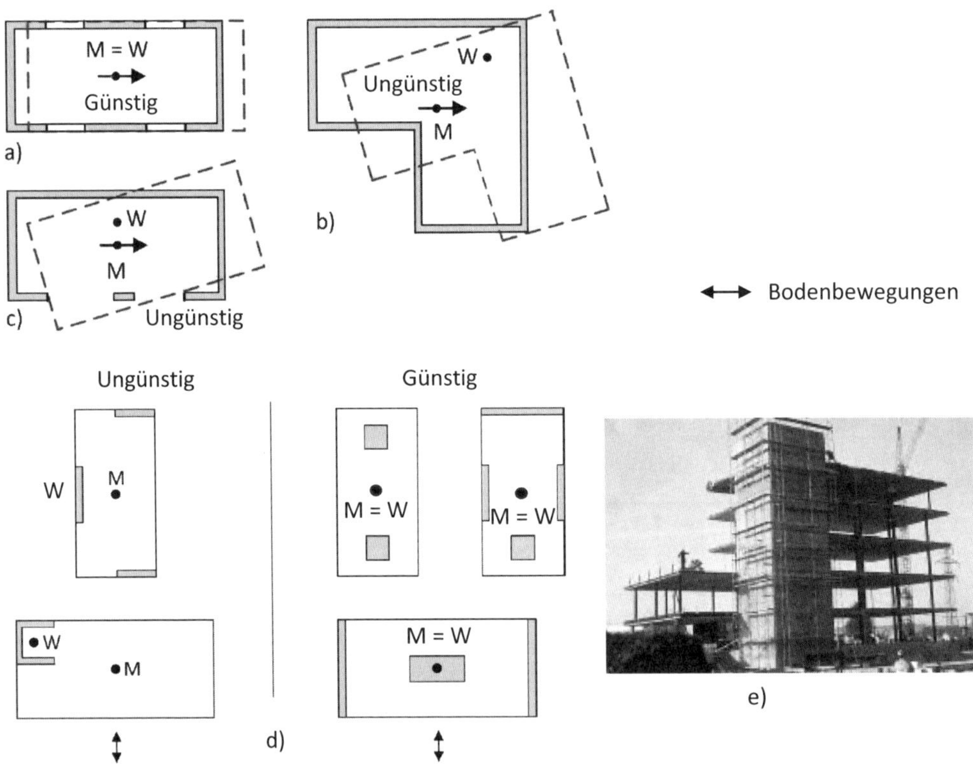

Abb. 11.24: Regel 2: a) Symmetrischer Grundriss ohne Torsionseffekte; b) Torsionseffekt aufgrund eines unsymmetrischen Grundrisses; c) Torsionseffekt aufgrund einer unsymmetrischen Aussteifung; d) Vergleich: Günstig – Ungünstig; e) Ungünstig: Gebäude mit großem Abstand M zu W; Quellen: a) bis d) [Wer19], [BW08]; e) [Bac02a]

11.8.1.3 Regel 3: Einfache Baukörper, kompakte Grundrisse, Gebäudeteile entkoppeln

Im Sinne der Regel 2 (M = W) ist es, einfache Baukörper und kompakte Grundrisse zu wählen. Abb. 11.25 b zeigt das Prinzip: Wenn Gebäude einen L, U oder H-förmigen Grundriss haben sollen, dann ist es sinnvoll, den gesamten Baukörper in einfache Baukörper aufzuteilen, die durch Fugen getrennt sind. Diese Fugen sollen eine kontaktlose Mindestbreite haben und so beschaffen sein, dass die Gebäudeteile im Erdbebenfall nicht gegeneinander stoßen und sich beschädigen; in Abb. 11.25 c ist das nicht gelungen. Komplexe Baukörper, wie in Abb. 11.25 a gezeigt, sind möglich, es erfordert aber einen großen Aussteifungsaufwand, ein solches Bauwerk erdbebensicher zu machen.

a) CCTV Headquarters, Peking: komplexer Grundriss, erdbebenmäßig ungünstig

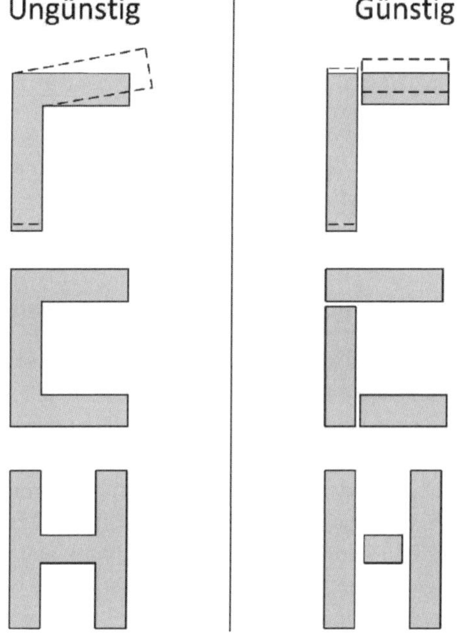

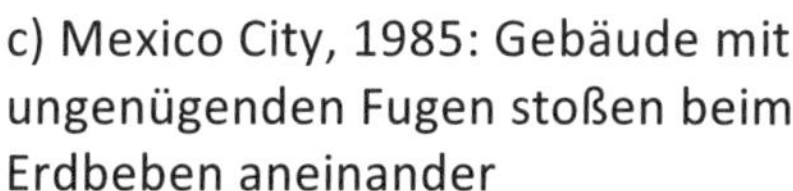

Abb. 11.25: Regel 3: a) Beispiel für einen erdbebenmäßig ungünstigen Baukörper; b) L-, U- und H-förmige Grundrisse in einfache Baukörper aufsplitten; c) Fugen zwischen Gebäuden müssen unabhängige Gebäudebewegungen ermöglichen, um Schäden zu vermeiden. Quellen: a) Wikipedia b) [Wer19]; c) [Bac02a]

11.8.1.4 Regel 4: Verbindungen erdbebensicher machen

Um ein Versagen von Verbindungen zu vermeiden, sind diese ggf. zug- und druckfest auszubilden. Dies gilt z.B. für hölzerne Dachkonstruktionen (Abb. 11.26 b)) oder bei Fassadenteilen. Bei frei aufliegenden Fertigteilen wie z.B. einer Fertigteiltreppe sind ausreichende Auflagerlängen in beiden Bewegungsrichtungen vorzusehen (Abb. 11.26 a)).

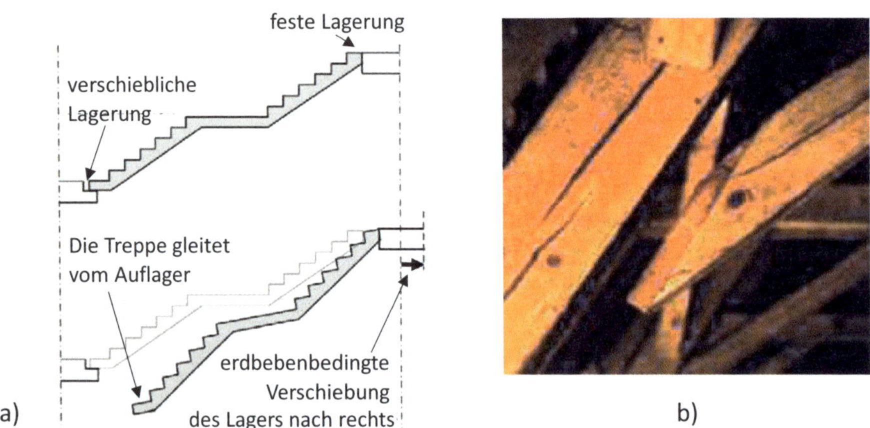

Abb. 11.26: Regel 4: a) Bei einer frei aufliegenden Treppe soll die Auflagerbreite so sein, dass Relativbewegungen der Auflager möglich werden, ohne dass die Treppe herunterfällt (nach [Wer19]); b) Versagen eines nicht gegen Zug gesicherten Holzanschlusses; Foto: [BW08]

11.8.1.5 Regel 5: Verbindungen von duktileren mit wenig duktilen Bauteilen vermeiden

Manchmal werden biegesteife Rahmen durch Mauerwerkswände ausgefacht, um sie auszusteifen. Schon bei relativ schwachen Erdbeben können Schäden entstehen, wenn die steifere, jedoch spröde Mauerwerkswand die horizontalen Erdbebenlasten komplett übernimmt und dann infolge schrägem Druck oder Gleiten versagt (Abb. 11.27). Nach dem Einsturz der Mauer kann diese auch keine Vertikallasten mehr übernehmen. Von dieser Bauweise ist daher abzuraten. Grundsätzlich werden zwei Fälle unterschieden: Wenn die Rahmenstützen stärker sind als das Mauerwerk, wird Letzteres im Erdbebenfall zerstört und fällt heraus. Wenn das Mauerwerk stärker ist als die Rahmenstützen, kann das Mauerwerk die Stützen beschädigen und abscheren, was dann zum Einsturz führen kann. Wenn die Mauerwerks-Ausfachung nur dem Zweck des Raumabschlusses und nicht der Aussteifung des Tragwerks dient, lässt sich das Problem durch eine ausreichend breite, elastische Fuge zwischen Mauerwerk und Rahmen lösen.

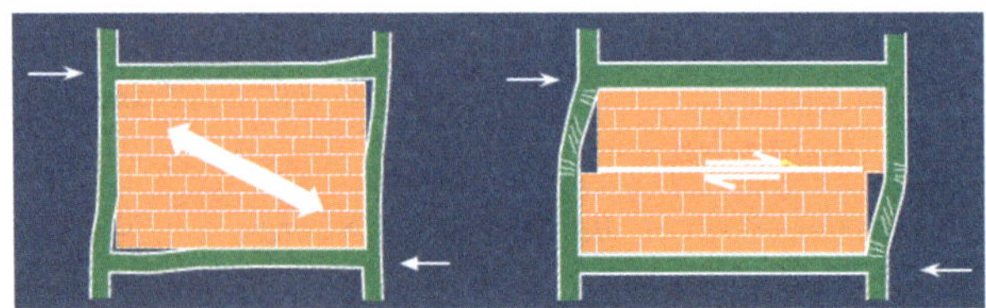

Abb. 11.27: Regel 5: Ausfachung von Rahmen durch Mauerwerk vermeiden ([Bac02a])

11.8.1.6 Weitere Konstruktionsregeln zur Erhöhung der Erdbebensicherheit von Bauwerken

Es gibt viele Regeln, deren Einhaltung Bauwerke erdbebensicherer machen. Im Rahmen dieses Abschnittes sind einige davon beispielhaft erläutert worden. Viele weitere Konstruktionsregeln finden sich in der einschlägigen Literatur, z.B. [BW08], [Bac02a], [But19] usw.

Ein besonderes Augenmerk ist den Aussteifungen von Bauwerken zu widmen. Sie müssen ausreichend tragfähig sein, um die großen Horizontallasten aus Erdbeben abtragen zu können.

Manche – aber natürlich nicht alle – Konstruktionsregeln lassen sich anwenden, ohne dass wesentliche Kosten entstehen.

11.8.2 Erdbebenschutz durch Basisisolation

Mit Hilfe der bewährten Methode der Basisisolation lässt sich das Bauwerk von der Gründung entkoppeln. So reduziert man die seismische Energie, die während eines Erdbebens auf ein Bauwerk einwirkt. Das Erdbeben tobt sich – einmal salopp ausgedrückt – unter dem Bauwerk aus, ohne dass dieses davon zu stark beeinträchtigt wird. Dies kann z.B. mit Elastomerlagern mit oder ohne Bleikern zur Vergrößerung der Dämpfung erreicht werden. Betrachtet man das Tragwerk des Gebäudes als EFS, dann bewirkt die weichere Auflagerung über die Reduktion der Federsteifigkeit eine Erhöhung der Eigenschwingdauer. Das wiederum hat eine deutliche Verringerung der maßgebenden Ordinate des Erdbeben-Antwortspektrums zur Folge, siehe Abb. 11.28 c). Die deutlich vergrößerte Relativverschiebung zwischen dem Bauwerk und seiner Gründung wird durch geeignete konstruktive Maßnahmen ermöglicht. Versorgungsleitungen z.B. müssen diese Verschiebungen mitmachen können, ohne zu versagen. Wie in Abb. 11.28 a) sichtbar, erfordert die Basisisolierung ein zusätzliches Geschoss für die Lager, die natürlich für die Wartung zugänglich sein müssen.

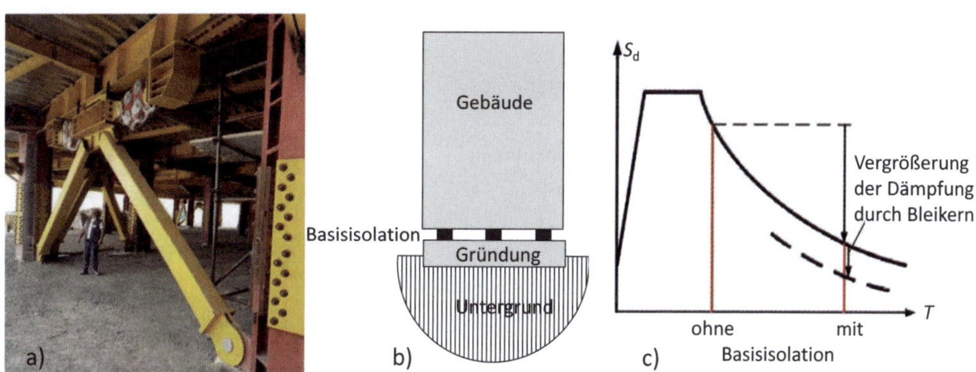

Abb. 11.28: a) Erdbeben-Basisisolierung eines 36-stöckigen Krankenhauses (Quelle unbekannt), b) Prinzip Basisisolierung c) Ordinate Bemessungsspektrum ohne und mit Basisisolierung nach [Wer19]

11.9 Aufgaben und Fragen zur Lernkontrolle

Aufgabe 11-1: Fragen

Frage a: In einem Gebiet in Deutschland mit vergleichsweise höherer Seismizität (z.B. schwäbische Alb), soll ein mehrstöckiges Gebäude (biegesteifer Rahmen siehe Tab. 11.7, Zeile 1) in Stahlbauweise erstellt werden. Um die Erdbebenlasten zu reduzieren, hat der Tragwerksplaner eine Kapazitätsbemessung durchgeführt und das Gebäude in die Duktilitätsklasse DCM eingeordnet. Als Stahlsorte hat er sich für S 235 entschieden. Der für die Fertigung zuständige Betrieb hat alle Bauteile in Stahl S 235 bestellt. Vom Stahlhändler wurden Riegelprofile geliefert, die im Stahlwerk eigentlich für die Festigkeitsklasse S 355 produziert wurden, jedoch die dafür notwendige Festigkeit nicht ganz erreichten und deshalb als S 235 verkauft wurden. Der gelieferte Stahl erfüllt alle Qualitätsanforderungen für einen S 235. Die Stützenprofile wurden dagegen als S 235 produziert und ohne Überfestigkeiten geliefert. Der Stahl wurde wie geliefert eingebaut. Wie beurteilen Sie den Sachverhalt?

Frage b: Die Systemantwort eines kapazitätbemessenen und in die Duktilitätsklasse DCM eingeordneten Tragwerks infolge des El-Centro-Erdbebens (Abb. 11.7) soll bestimmt werden. Wäre es gerechtfertigt, die Zeitfunktionen $u(t), \dot{u}(t), \ddot{u}(t)$ als Systemantwort auf die Erdbebenbelastung mit dem Verfahren der modalen Analyse (siehe oben Abs. 6.6) zu ermitteln?

Aufgabe 11-2: Erdbebenkräfte für ein Verwaltungsgebäude mit vereinfachtem Verfahren

Zu Abs. 11.4, 11.6; Schwierigkeitsgrad: leicht

Für ein in 72070 Tübingen (N 48,5235, E 9,0535) zu bauendes einfaches Verwaltungsgebäude (eingeschossiger Rahmen in Stahlbauweise) sollen die Erdbebenlasten bestimmt werden.

Gegeben:

- Masse der Geschossdecke inkl. Anteile aus Schnee und Nutzlast: $m = 66{,}55$ t
- Die Masse der Stützen ist näherungsweise in der Geschossmasse mit berücksichtigt.
- Federsteifigkeit $k = 621{,}7$ kN/m
- Dämpfung $c = 815$ kg/s
- Untergrund: Kies, dicht gelagert
- Duktilitätsklasse DCL

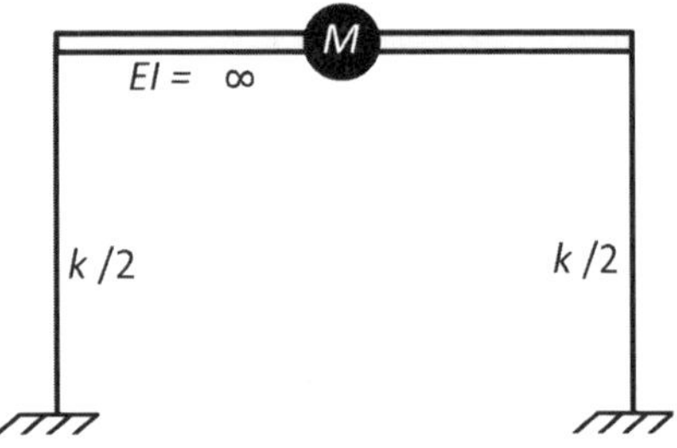

Abb. 11.29: Aufgabe 11-2

Gesucht:

a) Antwortbeschleunigung $S_{\text{ap,R}}$

b) relevante Eigenschwingdauer T des Bauwerks

c) Darf das Bauwerk nach dem vereinfachten Verfahren (Anhang NA.D) bemessen werden?

d) Erdbebenkraft F_{b} auf die Geschossmasse.

Aufgabe 11-3: Erdbebenkräfte eines Aussichtsturms mit vereinfachtem Verfahren

Zu Abs. 11.4, 11.6; Schwierigkeitsgrad: mittel

Für einen in Gera/Thüringen (N 50,880728 E 12,039447) zu bauenden Aussichtsturm sollen die Erdbebenkräfte mit dem vereinfachten Verfahren ermittelt werden

Gegeben:

- gesamte Höhe $h = 13$ m
- Massen inkl. 30 % Nutzlast und 50 % Schnee:
  $m_1 = 20$ t,
  $m_2 = m_3 = 10$ t
- Baugrund: Kies, mitteldichte Lagerung
- Lehrsches Dämpfungsmaß: unbekannt
- Eigenschwingdauer der kleinsten Eigenfrequenz: $T = 0,5$ s
- Duktilitätsklasse DCL

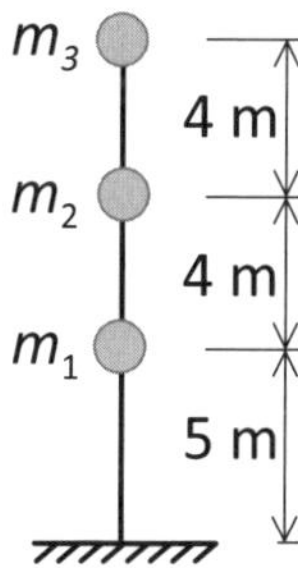

Abb. 11.30: Aufgabe 11-3: Aussichtsturm in Gera

Gesucht:

a) Darf das Bauwerk nach dem vereinfachten Verfahren (Anhang NA.D) bemessen werden?
b) Vereinfachtes Verfahren: Wie groß sind die Erdbebenkräfte F_i, die auf die einzelnen Massen m_i des Aussichtsturms wirken?

Aufgabe 11-4: Erdbebenkräfte mit dem modalen Antwortspektrenverfahren

Zu Abs. 11.4, 11.5, 11.6; Schwierigkeitsgrad: höher

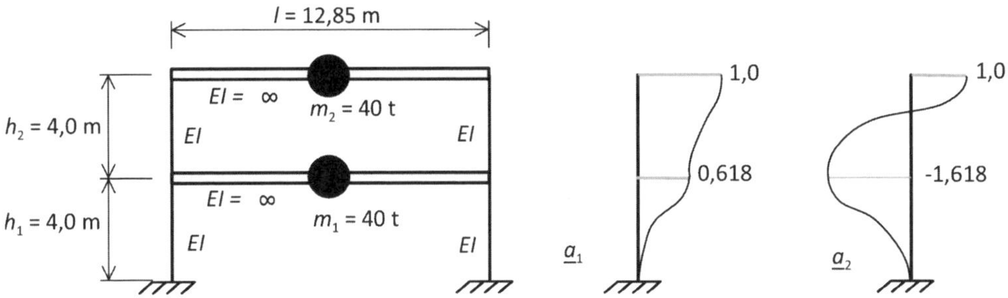

Abb. 11.31: Aufgabe 11-4: Gegeben: Rahmen mit Eigenformen

Gegeben: Stockwerkrahmen (Abb. 11.31) wie in Beispiel 6-2, Teil b.

- Alle Stützen: $EI = 24\,000$ kN m^2; Alle Riegel: biegesteif; Riegel und Stützen: $EA = \infty$
- Eigenformen und Massenmatrix aus Beispiel 6-2, Teil b

$$\underline{A} = \begin{pmatrix} a_{11} & a_{12} \\ a_{21} & a_{22} \end{pmatrix} = \begin{pmatrix} 0,618 & -1,618 \\ 1 & 1 \end{pmatrix} \quad \underline{M} = \begin{pmatrix} m_1 & 0 \\ 0 & m_2 \end{pmatrix} = \begin{pmatrix} 40\text{ t} & 0 \\ 0 & 40\text{ t} \end{pmatrix}$$

- Eigenkreisfrequenzen aus Beispiel 6-2, Teil a: $\omega_1 = 9,271$ 1/s; $\omega_2 = 24,270$ 1/s
- Bauort: Stuttgart mit $S_{\text{ap,R}} = 1,1$ m/s^2
- Das Gebäude soll als Kaufhaus verwendet werden.
- Untergrundklasse: R
- Baugrund: stark verwittertes Festgestein
- Duktilitätsklasse: DCL

Gesucht:

a) Ersatzmassen und Ersatzmassenfaktoren für die Erdbebenberechnung des als ZFS modellierten Rahmens (Abs. 11.5.2).
b) Horizontalkomponenten der Erdbebeneinwirkung (Beschleunigungen) für beide Eigenkreisfrequenzen $S_\text{d}(T_1)$ und $S_\text{d}(T_2)$
c) Erdbebenkräfte auf die einzelnen Massen für beide Eigenformen
d) Berechnung der Biegemomente im Stützenfuß aus den Erdbebenkräften für die einzelnen Eigenfrequenzen (kann mit einem Stabwerksprogramm erfolgen)
e) Berechnung des charakteristischen Biegemoments im Stützenfuß für die Bemessung im Erdbebenfall (beide Eigenformen sollen berücksichtigt werden)
f) Alternative Berechnung des charakteristischen Biegemoments im Stützenfuß für die Bemessung im Erdbebenfall mit dem vereinfachten Verfahren nach DIN EN 1998-1/NA, Anhang D.

A Lösungen der Aufgaben aus den Kapiteln

A.1 Lösungen zu Kap. 2

Lösung zu Aufgabe 2-1:

Antwort a: Der Abstand $u_{max} = 0,3873$ m bleibt unverändert. Die maximale Federkraft beträgt 0,775 kN. Das entspricht dem in Bsp. 2-1 berechneten Wert unter Abzug der Gewichtskraft der Masse.

Antwort b: Nein, die Geschwindigkeit $\bar{v}$ nach dem Aufprall lässt sich nicht mit dem Energieerhaltungssatz berechnen, denn die mechanische Energie des Systems vor und nach dem Stoß ist nicht gleich: Die Stoßzahl $e = 0,4845 < 1$ zeigt, dass es sich um einen teilelastischen Stoß handelt, bei dem ein Teil der mechanischen Energie infolge der plastischen Verformungen dissipiert.

Antwort c: Im Regelfall ist der Baugrund erheblich weniger steif als Schmiedestück, Amboss und Fundament. Unmittelbar nach dem Stoß ($t \approx 0$) ist der Weg des Ambosses noch $u = 0$, d.h., es wird keine zusätzliche Federkraft bewirkt.

Lösung zu Aufgabe 2-2: $k = 100$ kN/m; $\Delta E = 12,5$ kJ; $F = 35,36$ kN

Lösung zu Aufgabe 2-3: $\Delta E = 952,4$ J; $E_1 = 1000$ J; $\eta = 0,9524$, $\bar{v}_2 = 0,213$ m/s
Der weiche Baugrund darf näherungsweise unberücksichtigt bleiben, da seine während des kurzen Moments des Stoßes erzeugten Widerstandskräfte vernachlässigbar sind.

Lösung zu Aufgabe 2-4: a) $\bar{v}_1 = 1,148$ m/s und $\bar{v}_2 = -6,602$ m/s;
b) $\sum E_{\text{vorher}} = \sum E_{\text{nachher}} = 1201$ J; Die Energie bleibt erhalten.
c) $\sum I_{\text{vorher}} = 310$ N s; $\sum I_{\text{nachher}} = 574 + (-264) = 310$ N s: Der Impuls bleibt erhalten.
d) $u_1 = 0,2567$ m

Lösung zu Aufgabe 2-5: Durchbiegung infolge des Stoßes 1,90 cm; Durchbiegung infolge des Eigengewichts (585 +100 kg) 0,27 cm; gesamte Durchbiegung $w = 2,17$ cm

A.2 Lösungen zu Kap. 3

Lösung zu Aufgabe 3-1:

Antwort zu Frage a: Ja, die Lösungen (Gl. 3.2 bis Gl. 3.4) erfüllen die DGl 3.1.

Antwort zu Frage b: Die Schwerkraft hat keinen Einfluss auf die Eigenkreisfrequenz ω, da sich das Eigengewicht der Masse aus der Bewegungsgleichung wieder herauskürzt.

Lösung zu Aufgabe 3-2: $k = 2,658$ kN/m; $f = 2,595$ Hz; $\omega = 16,30$ 1/s; $T = 0,385$ s

Lösung zu Aufgabe 3-3: $k_s = 3000$ kN/m; $k = 9000$ kN/m; DGl: $\ddot{u} + 112{,}5\ 1/\mathrm{s}^2 \cdot u = 0$; $f = 1{,}69$ Hz; $\omega = 10{,}6$ 1/s; $f = 1{,}69$ Hz

Lösung zu Aufgabe 3-4: $k = 1{,}344 \cdot 10^7$ N/m; $m = 25$ t; $f = 3{,}69$ Hz

Lösung zu Aufgabe 3-5: $k = 10{,}42$ kN/m; $T = 1{,}95$ s; $\omega = 3{,}23$ 1/s; $f = 0{,}513$ s

Lösung zu Aufgabe 3-6: $k = 1800$ kN/m; $f = 2{,}13$ Hz; $\omega = 13{,}42$ 1/s

Lösung zu Aufgabe 3-7: $k = 7500$ kN/m; $\hat{u} = 0{,}0258$ m; $S = 243{,}7$ kN

A.3 Lösungen zu Kap. 4

Lösung zu Aufgabe 4-1:

Antwort zu Frage a: Erst bei einer Dämpfung von $D = 14\%$ ist ω_D um 1% kleiner als ω. Die Lehrsche Dämpfung von Bauwerken ist im Regelfall weit geringer als 14%. Für normale Bauwerke kann daher der Unterschied zwischen ungedämpfter (ω) und der gedämpfter (ω_D) Eigenkreisfrequenz häufig vernachlässigt werden.

Lösung zu Aufgabe 4-2:
a) $u(t = 2{,}0\ \mathrm{s}) = 2{,}582$ cm; $u(t = 4{,}0\ \mathrm{s}) = 2{,}222$ cm;$u(t = 6{,}0\ \mathrm{s}) = 1{,}913$ cm;
b) $u(t) = u_0 \cdot e^{-\rho \cdot t} \cdot \cos(\omega \cdot t)$ mit $u_0 = 3$ cm; $\omega = 3{,}14$ 1/s; $\rho = 0{,}0750$ 1/s

Lösung zu Aufgabe 4-3: a) $k = 1066$ kN/m; b) $D = 0{,}01545$; $m = 33{,}87$ t; $c = 5871$ kg/s;
c) $\omega_\mathrm{D} = 5{,}6100$ 1/s; $\omega = 5{,}6107$ 1/s; ω ist um 0,012 % größer als ω_D
d) $33870 \cdot \ddot{u} + 5871 \cdot \dot{u} + 1{,}066 \cdot 10^6 \cdot u = 0$ (Einheiten in m, s, kg);
e) $u(t) = e^{-0{,}08667 \cdot t} \cdot (0{,}002472 \cdot \sin(5{,}61 \cdot t) + 0{,}16 \cdot \cos(5{,}61 \cdot t)$ (Einheiten in m, s, kg)

Lösung zu Aufgabe 4-4: a) $D = 0{,}0072$; $\delta = 0{,}0472$ 1/s; $\Lambda = 0{,}04505$; $c = 188{,}6$ kg/s;
b) $k = 85{,}805$ kN/m; c) $EA = 13{,}07$ MN

A.4 Lösungen zu Kap. 5

Lösung zu Aufgabe 5-1

Antwort zu Frage a: Die Größe $\hat{u} = \hat{P}/K \cdot V_1$ gibt die Schwingungsamplitude im eingeschwungenen Zustand an (partikuläre Lösung der Schwingungs-DGl). Sie sagt jedoch nichts über die Verformungen $u(t)$ während des Einschwingvorgangs aus. Die Verformungen können während des Einschwingvorgangs in einigen Fällen größer sein als im eingeschwungenen Zustand, siehe z.B. oben Abb. 5.5. In diesem Fall sind natürlich die größeren Auslenkungen des Tragwerks während des Einschwingvorgangs bemessungsrelevant im GZT und nicht die Größe $\hat{u}$. Bei Ermüdungsnachweisen kommt es dagegen nicht auf einzelne, seltene, größere Verformungen an, sondern auf die regelmäßig eintretenden Amplituden im eingeschwungenen Zustand. Für Ermüdungsnachweise ist deshalb $\hat{u}$ relevant – unabhängig davon, ob die Schwingungsamplituden während des Einschwingvorgangs größer sind oder nicht.

Antwort zu Frage b: Wird ein Tragwerk in der Nähe des Resonanzpunktes angeregt, so hängt die Größe der Systemantwort wesentlich vom Dämpfungsgrad ab. Im Fall $\eta = 1{,}0$ ergibt sich $V_1 = 1/(2 \cdot D)$. Wenn dagegen die Anregungsfrequenz entfernt von der Eigenfrequenz des EFS ist, dann ist die genaue Kenntnis des Dämpfungsgrades nicht entscheidend.

Antwort zu Frage c: Die Formel ergibt sich aus der zweifachen Ableitung der Bewegungsfunktion $u(t) = \hat{u} \cdot \sin(\Omega \cdot t)$. Bei einer erregten Schwingung ist die Anregungskreisfrequenz Ω einzusetzen, weil der EFS im eingeschwungenen Zustand mit dieser Frequenz schwingt. Der frei schwingende EFS bewegt sich dagegen mit seiner Eigenkreisfrequenz ω.

Antwort zu Frage d: Der eingeschwungene Zustand lässt sich so nicht berechnen, da wegen der nicht vorhandenen Dämpfung der Einschwingvorgang unendlich lang dauern würde.

Lösung zu Aufgabe 5-2: a) $\omega = 18,26$ 1/s; b) $\hat{u} = 6,283$ mm; c) $M_{\max} = 31,4$ kNm.

Lösung zu Aufgabe 5-3: $u_{\max} = 5,57$ cm; $M_{\max} = 3,48$ kNm an Knoten a

Lösung zu Aufgabe 5-4: Die maximale Auslenkung während des Einschwingvorgangs ist fast 4 mal so groß wie im eingeschwungenen Zustand.

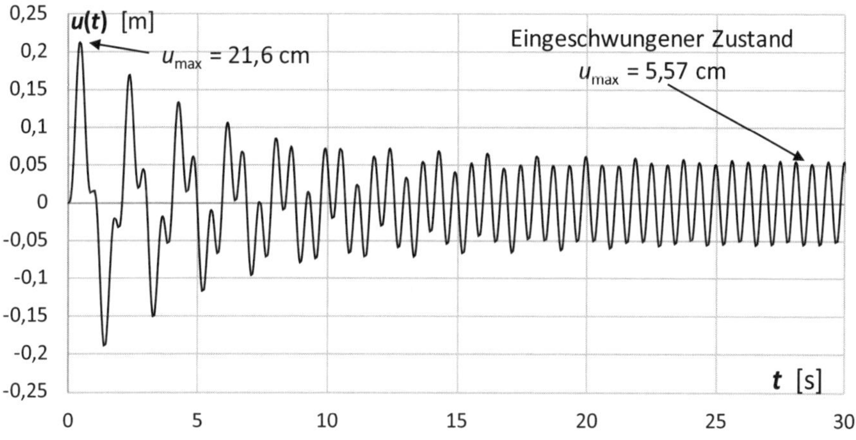

Abb. A.1: Lösung zu Aufg. 5-4

Lösung zu Aufgabe 5-5:

a) $k = 5678$ kN/m; $m = 13$ t; $c = 6918$ kg/s; $f = 3,326$ Hz
b) Bei $\Omega = 20,9$ 1/s ist die Amplitude $\hat{u} = 6,08$ cm
c) $M_a = 595,7$ kNm an der Einspannung in Punkt a
d) $13\,000 \text{ kg} \cdot \ddot{u} + 6918 \text{ kg/s} \cdot \dot{u} + 5,678 \cdot 10^6 \text{ N/m} \cdot u = 8736 \text{ N} \cdot \sin(20,9 \text{ 1/s} \cdot t)$

Lösung zu Aufgabe 5-6:

a) $k = 50$ kN/m; $\omega = 7,071$ 1/s
b) $\hat{u} = 2,055$ cm
c) $S_{\max} = S_{\text{stat}} + S_{\text{dyn}} = 4,00 + 0,411 = 4,41$ kN
d) $1000 \text{ kg} \cdot \ddot{u} + 707,1 \text{ kg/s} \cdot \dot{u} + 50\,000 \text{ N/m} \cdot u = 7200 \text{ N} \cdot \sin(20 \text{ 1/s} \cdot t)$

Lösung zu Aufgabe 5-7: $\hat{u}_{\text{rel}} = 3,50$ cm, $\hat{u}_{\text{abs}} = 4,58$ cm

Lösung zu Aufgabe 5-8: $\hat{F} = 10$ kN bei $t = 0$ s; exakt: $\hat{F} = 9,84$ kN bei $t = T/4 = 0,157$ s; $u(t) = 0,001 \cdot e^{-0,1 \cdot t} \cdot \sin(10 \cdot t)$ mit Einheiten in N, kg, m, s.

Lösung zu Aufgabe 5-9: a) $u_{stat} = 5,0$ cm; b) $f = 0,919$ Hz;
c) Wegen $T_S/T \geq 0,1$ kein kurzzeitiger Impuls; Lösung mit Stoßspektrum möglich;
d) Aus dem Stoßspektrum (Abb. 5.41 b) ergibt sich mit $\varphi = 0,5$ der Wert $u_{max} = 2,5$ cm.

Lösung zu Aufgabe 5-10: Berechnung mit Stoßspektrum (Abb. 5.41 b) möglich. Berechnung als kurzzeitiger Impuls nicht möglich, da $t_{Ende}/T \geq 0,1$; $u_{max} = 3,3$ mm; $H = 2889$ kN

Lösung zu Aufgabe 5-11: a) Impuls, Gl. 5.43; $u_{max} = 1,12$ cm; $M = 17,5$ kNm
b) Zeitschritt $t \leq 0,0005$ s; Verlauf entspricht: $u(t) = e^{-0,07145 \cdot t} \cdot 0,0112 \cdot \sin(7,145 \cdot t)$ in [m]

Lösung zu Aufgabe 5-12: (Die Koordinaten u_1 und u_2 sind nach unten positiv definiert.)

Aufgabenteil a: $t = 0$ sei der Moment unmittelbar nach dem Aufprall.

- Vorgang 1 ist die Kombination aus einer Sprungbelastung mit einer Impulsbelastung
- aus $I = 316$ Ns berechnet sich $\dot{u}_0 = 0,903$ m/s
- Die Ruhelage 2 liegt 0,25 m unter der Ruhelage 1; $u_0 = -0,25$ m
- aus Gl. 3.9: $u_2(t) = 0,3778 \cdot \sin(2,39 \cdot t) - 0,25 \cdot \cos(2,39 \cdot t)$ m
- vereinfacht: $u_2(t) = 0,453 \cdot \sin(2,39 \cdot t - 0,5847)$ m; $\hat{u}_2 = 0,453$ m

Aufgabenteil b: $\Sigma E = 3268$ Nm und $\hat{u}_2 = 0,453$ m

Aufgabenteil c: $t = 0$ sei der Moment der Wegnahme der Massen m_2. Die Berechnung erfolgt mit der Übergangsfunktion $H(t)$ nach Gl. 5.50 mit $D = 0$.

- $u_2(t) = 0,25 \cdot (-1 + \cos(2,58 \cdot t))$ (bezogen auf Ruhelage 2)
- $u_1(t) = 0,25 \cdot \cos(2,58 \cdot t)$ (bezogen auf Ruhelage 1)
- $u_{1,max} = 0,25$ m bezogen auf Ruhelage 1

Aufgabenteil d: $t = 0$ sei der Moment unmittelbar nach dem Aufprall.

- m_1 schwingt um die Ruhelage 1
- $u_1(t) = \hat{u} \cdot \sin(\omega \cdot t) = 0,700 \cdot \sin(2,58 \cdot t)$

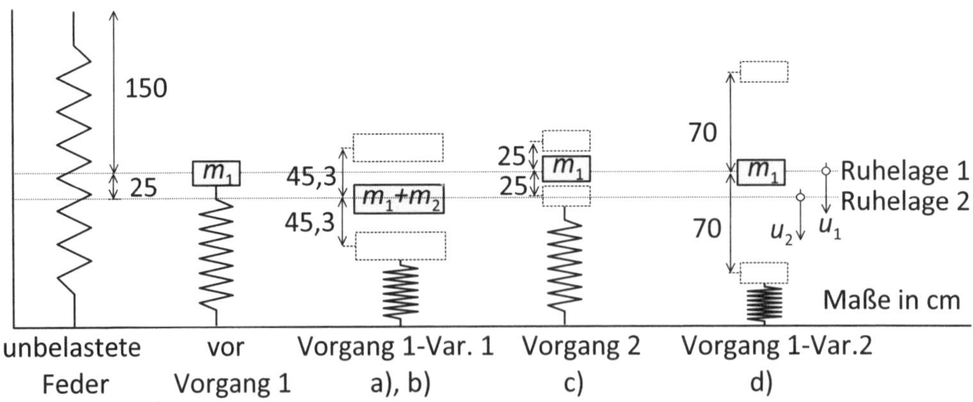

Abb. A.2: Lösungen zu Aufgabe 5-12

A.5 Lösungen zu Kap. 6

Lösung zu Aufgabe 6-1:

Antwort zu Frage a: Von den $3 \cdot 9 = 27$ massenbelegten Freiheitsgraden in der Ebene bleiben sechs übrig: je Geschoss ein horizontaler Freiheitsgrad und für jede Punktmasse in Riegelmitte ein vertikaler Freiheitsgrad.

Lösung zu Frage b: b1) und b2) 2 Freiheitsgrade: horizontale Bewegung der Masse des Pendels und vertikale Bewegung aus Seillängung. b3) Pendelschwingung $f_1 = 0{,}4109$ Hz; Translationsschwingung aus Seillängung: $f_2 = 1{,}300$ Hz

Lösung zu Aufgabe 6-2: $\omega_1 = 9{,}956$ 1/s; $\omega_2 = 27{,}98$ 1/s;
Eigenform: $\underline{a}_1^{\mathrm{T}} = \begin{pmatrix} a_{11} & a_{21} \end{pmatrix} = \begin{pmatrix} 0{,}521 & 1 \end{pmatrix}$

Lösung zur Aufgabe 6-3: $\omega_1 = 4{,}238$ 1/s, $\omega_2 = 8{,}003$ 1/s; Matrix der Eigenformen:
$\underline{A} = \begin{pmatrix} \underline{a}_1 & \underline{a}_2 \end{pmatrix} = \begin{pmatrix} a_{1,1} & a_{1,2} \\ a_{2,1} & a_{2,2} \end{pmatrix} = \begin{pmatrix} 1{,}0 & 1{,}0 \\ 1{,}068 & -0{,}468 \end{pmatrix}$

Lösung zur Aufgabe 6-4: (Einheiten in m und s)
a) modaler EFS 1 mit $\eta = 1{,}65$ und $\varphi = \pi$ bei $D = 0$; $y_1 = 0{,}4197 \cdot \sin(7 \cdot t + \pi)$
modaler EFS 2 mit $\eta = 0{,}8747$ und $\varphi = 0$ bei $D = 0$; $y_2 = -0{,}8650 \cdot \sin(7 \cdot t)$
linke Masse: $u_1 = -1{,}285 \cdot \sin(7 \cdot t)$
rechte Masse: $u_2 = -0{,}0434 \cdot \sin(7 \cdot t)$
b) Ergebnis der Berechnung mit dem Differenzenverfahren bei $\Delta t = 0{,}025$ s:
nur eingeschwungener Zustand: $\hat{u}_1 = 1{,}287$ m; $\hat{u}_2 = 0{,}074$ m
Einschwingvorgang eingeschlossen: $\hat{u}_1 = 2{,}43$ m; $\hat{u}_2 = 0{,}906$ m
Die Amplitudendifferenzen im eingeschwungenen Zustand sind auf die Auswirkung der unter a) unberücksichtigt gebliebenen Dämpfung zurückzuführen.

Lösung zu Aufgabe 6-5: $\omega_1 = 16{,}55$ 1/s; $\omega_1 = 110{,}0$ 1/s;

$$\underline{A} = \begin{pmatrix} a_{11} & a_{12} \\ a_{21} & a_{22} \end{pmatrix} = \begin{pmatrix} 0{,}320 & 1 \\ 1 & -0{,}320 \end{pmatrix}$$

Lösungen zu Aufgabe 6-6:

a) $\omega_1 = 8{,}33$ 1/s; $\omega_2 = 15{,}2$ 1/s;
b) Die Matrix der Eigenformen ergibt sich zu
$\underline{A} = \begin{pmatrix} \underline{a}_1 & \underline{a}_2 \end{pmatrix} = \begin{pmatrix} a_{1,1} & a_{1,2} \\ a_{2,1} & a_{2,2} \end{pmatrix} = \begin{pmatrix} 1 & 1 \\ 1{,}764 & -2{,}275 \end{pmatrix}$
c) Die Verschiebungsfunktionen lauten bezogen auf die Ruheposition der Massen in [m]:
$u_1(t) = 0{,}006825 \cdot \sin(13 \cdot t)$
$u_2(t) = -0{,}1297 \cdot \sin(13 \cdot t)$
d) Die extremalen Federkräfte der beiden Federn im eingeschwungenen Zustand sind inklusive der Eigengewichtslasten:
$N_1 = -N_{1,\mathrm{dyn}} - (m_1 + m_2) \cdot g/2 = -0{,}6825 - 12{,}5 = -13{,}28$ kN (Druck)
$N_2 = N_{2,\mathrm{dyn}} + m_2 \cdot g = 10{,}96 + 5 = +15{,}96$ kN (Zug)

Lösungen zu Aufgabe 6-7:

a) $\omega_1 = 2{,}472$ 1/s; $\omega_2 = 6{,}472$ 1/s;

b) Die Matrix der Eigenformen ergibt sich zu
$\underline{A} = \left(\underline{a}_1 \quad \underline{a}_2\right) = \begin{pmatrix} a_{1,1} & a_{1,2} \\ a_{2,1} & a_{2,2} \end{pmatrix} = \begin{pmatrix} 0,809 & -0,309 \\ 1 & 1 \end{pmatrix}$

c) Die Verschiebungsfunktion für die obere Masse m_2 lautet in [m]:
$u_2(t) = 0,0169 \cdot \sin(1,85 \cdot t)$

Lösungen zu Aufgabe 6-8:

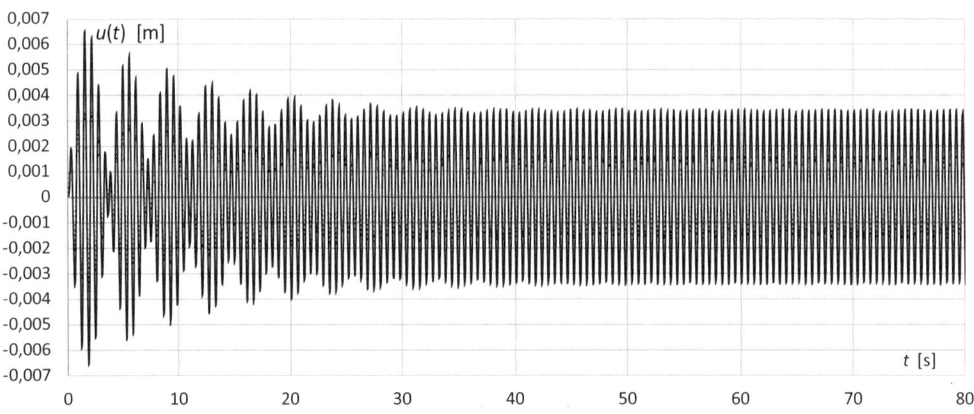

Abb. A.3: Aufgabe 6-8: Weg-Zeitverlauf der oberen Geschossmasse

Die extremale Auslenkung bei $t = 1,85$ s beträgt $u_2 = -6,59$ mm (Zeitschritt $t = 0,0125$ s). Die Amplitude, die mit der Berechnung im Frequenzbereich (Beispiel 6-2 e) für den dämpfungsfreien Fall ermittelt wurde, ist mit $\hat{u}_2 = 3,43$ mm deshalb geringer, weil nur der eingeschwungene Zustand darin berücksichtigt ist. Betrachtet man die Ergebnisse ab ca. $t = 70$ s, nachdem also der Einschwingvorgang abgeklungen ist, dann ergeben sich numerisch berechnet nahezu die gleichen Werte ($\hat{u}_2 = 3,44$) wie bei der Berechnung im Frequenzbereich.

A.6 Lösungen zu Kap. 7

Lösung zu Aufgabe 7-1:

Antwort zu Frage a: a1) Die Eigenfrequenzen beider Systeme hängen zunächst von Massenbelegung μ und Bauteillänge l ab. Die Eigenfrequenz der schwingenden Saite hängt darüber hinaus von ihrer Normalkraft S, ab, siehe Gl. 7.2. Die Eigenfrequenz des Biegebalkens hängt von ihrer Biegesteifigkeit EI, ab, während die Schnittgrößen keine Rolle spielen, siehe Gl. 7.1.

a2) Beispiel für eine schwingende Saite ist das Seil einer Hängebrücke, siehe Abb. 7.1.

Lösung zu Aufgabe 7-2: Die Masse der Hublast hängt am Seil, ist nicht starr mit dem Kran verbunden und bleibt daher unberücksichtigt. Die mit der Kranbrücke verbundene Katzmasse muss jedoch berücksichtigt werden. $u = 5,66$ cm; $f = 2,1$ Hz

Lösung zu Aufgabe 7-3: Durchbiegung des Massenpunktes unter Eigenlasten $w = 0,196$ cm; Eigenfrequenz $f = 11,3$ Hz. Das Ergebnis weicht vom Ergebnis aus Beispiel 3-4 ($f = 11,2$ Hz) kaum ab.

Lösung zu Aufgabe 7-4: Die Seilkraft beträgt $S = 80$ kN, die Spannung $\sigma = 8{,}0$ kN/cm^2

Lösung zu Aufgabe 7-5: $u_1 = u_4 = 1{,}969$ mm; $u_2 = u_3 = 2{,}869$ mm; $f = 10{,}1$ Hz

A.7 Lösungen zu Kap. 8

Lösung zu Aufgabe 8-1, Frage a: Beim Hochfahren der unwuchtigen Maschine auf die maximale Frequenz Ω werden die unteren Eigenkreisfrequenzen ω_i des Gebäudes durchfahren. Um Resonanzzustände und damit zu große Schwingungsbeanspruchung im Gebäude zu vermeiden, muss das Hochfahren der Maschine ausreichend schnell erfolgen, siehe Abs. 8.3.3.

Lösung zu Aufgabe 8-2: a) $e = 0{,}31$ mm; $\hat{P} = 838$ N;
b) $\sum k = 14315$ kN/m; pro Federelement: $k = 1789$ kN/m bei $\eta = 0{,}758$ und $V_1 = 2{,}353$

Lösung zu Aufgabe 8-3: a) Wegen $V < 1$ kommt nur eine Tiefabstimmung in Frage;
b) $k = 1040$ kN/m; c) $\hat{u} = 8{,}41$ mm

Lösung zu Aufgabe 8-4: $m_2 = 533$ kg

Lösung zu Aufgabe 8-5: Lagerung 1) $f_1 = \infty$, Hochabstimmung, $V_{1,(1)} = 1{,}0$, $u_{1,\text{ges}} = 0$;
Lagerung 2) $f_2 = 38{,}83$ Hz, Hochabstimmung, $V_{1,(2)} = 1{,}071$, $u_{2,\text{ges}} = 0{,}176$ mm;
Lagerung 3) $f_3 = 9{,}328$ Hz, Resonanznähe, $V_{1,(3)} = 5{,}828$, $u_{3,\text{ges}} = 3{,}79$ mm;
Lagerung 4) $f_4 = 2{,}193$ Hz, Tiefabstimmung, $V_{1,(4)} = 0{,}0507$, $u_{4,\text{ges}} = 52{,}8$ mm

Die maximalen Einfederungen $u_{i,\text{ges}}$ enthalten auch die Anteile aus Eigengewicht.

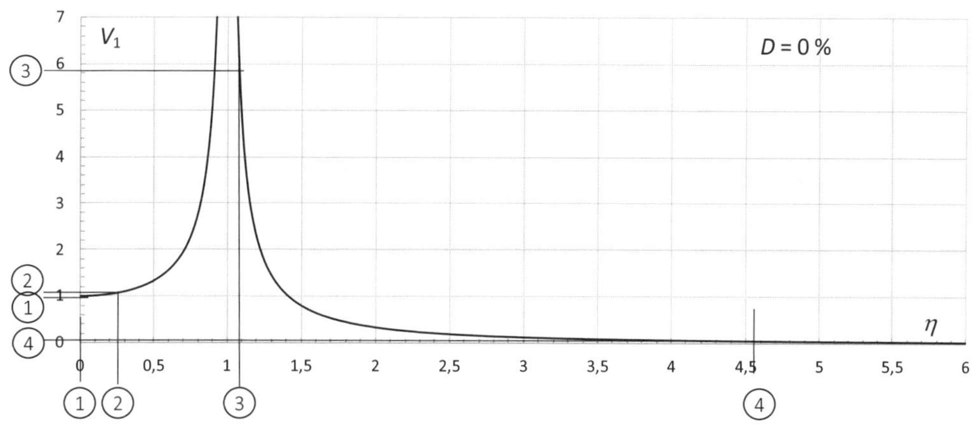

Abb. A.4: Lösung zu Aufgabe 8-5: Vergrößerungsfunktion $V_{1,(i)}$ für $D = 0$

A.8 Lösungen zu Kap. 9

Lösung zu Aufgabe 9-1:

a) $\dot{u}_{\max} = v_{\max} = 1{,}32$ m/s bei $\Omega = 31{,}7$ 1/s
b) $m_{\text{D,opt}} = m_{\text{H}}/20 = 1{,}5$ t; $D_{\text{D,opt}} = 12{,}73$ %; $k_{\text{D,opt}} = 1361$ kN/m
c) $\dot{u}_{\max} = v_{\max} = 0{,}0924$ m/s

Lösung zu Aufgabe 9-2:

a) optimale Dämpfermasse: $m_{D,Opt} = 2147$ kg;
optimale Federsteifigkeit des Dämpfers: $k_{D,opt} = 2,36 \cdot 10^5$ N/m;
optimales Lehr'sches Dämpfungsmaß des Dämpfers: $D_{D,opt} = 0,127$

b) maximale Brückendurchbiegung infolge Vandalismus ($\Omega = 9,8$ 1/s; $\hat{P} = 4,235$ kN):
$\hat{u} = 4,8$ mm (Berechnet mit der direkten Integration bei einem Zeitschritt von 0,005 s)
Das entspricht einer Vergrößerungsfunktion $V_{max} = 5,89$ (gegenüber $V_{max} = 9,3$ bei der geringeren, nicht optimalen Dämpfermasse in Bsp. 9-1)

A.9 Lösungen zu Kap. 11

Lösung zu Aufgabe 11-1:

Frage a: Die Riegel gehören in einem mehrstöckigen biegesteifen Rahmen zu den duktilen Bereichen, siehe Tab. 11.7, Zeile 1. In den Riegelanschnitten sollen sich Fließgelenke ausbilden, die das duktile Gesamtverhalten des Bauwerks prägen. Wenn nun im Erdbebenfall die Riegel auf Grund der nicht gewollten Überfestigkeit nicht zu fließen beginnen, bevor die Stützen den Grenzzustand der Tragfähigkeit erreichen, kann es infolge der Erdbebenlasten zu einem nicht duktilen Bauwerksversagen kommen. Das Bauwerk ist wegen der Überfestigkeiten der Riegel gegen Erdbeben nicht ausreichend sicher.

Frage b: Nein, das ist nicht möglich, da die modale Analyse wegen der Überlagerung ein linear-elastisches Modell voraussetzt. Der linear-elastische Bereich wird aber bei einem Bauwerk unter Bemessungserdbeben mit ausgewiesenen Duktilitätsbereichen verlassen, weil es dort zu plastischen Verformungen kommt.

Lösung zu Aufgabe 11-2: a) $S_{ap,R} = 2,448$ m/s^2 (Der Gradient der Antwortbeschleunigung ist im Bereich von Tübingen extrem hoch, weshalb es auf eine genaue lineare Interpolation der Eckwerte ankommt); b) $T = 2,06$ s c) ja d) $F_b = 18,4$ kN

Lösung zu Aufgabe 11-3: a) ja
b) $S_{ap,R} = 0,8859$ m/s^2, $F_1 = 6,78$ kN, $F_2 = 6,10$ kN, $F_3 = 8,81$ kN

Lösung zu Aufgabe 11-4:

a) $m_{E,1} = 75,77$ t; $m_{E,2} = 4,23$ t; $\varepsilon_1 = 0,947$; $\varepsilon_2 = 0,053$

b) $S_d(T_1) = 0,5063$ m/s^2 und $S_d(T_2) = 1,144$ m/s^2

c) Gesamterdbebenkraft erste Eigenform mit ω_1: $F_{E,b,1} = 38,37$ kN
Kraft auf die untere Masse m_1: $F_{E,1,1} = 14,65$ kN
Kraft auf die obere Masse m_2: $F_{E,2,1} = 23,71$ kN
Gesamterdbebenkraft zweite Eigenform mit ω_2: $F_{E,b,2} = 4,839$ kN
Kraft auf die untere Masse m_1: $F_{E,1,2} = 12,67$ kN
Kraft auf die obere Masse m_2: $F_{E,2,2} = -7,83$ kN

d) Biegemomente in einem Stützenfuß: $M_{E,1} = 38,36$ kNm; $M_{E,2} = 4,84$ kNm

e) Biegemoment (je Stützenfuß) für die Bemessung im Erdbebenfall: $M_E = 38,66$ kNm

f) Alternativ: Berechnung mit vereinfachtem Verfahren: $M_E = 40,50$ kNm

B Formelzeichen

Tab. B.1: Variablen mit griechischen Buchstaben

Variable	Bezeichnung	Einheit (Bsp.)
$\alpha;\beta$	Parameter der Rayleigh'schen Dämpfung	1/s; s
γ_1	Bedeutungsbeiwert nach DIN EN 1998-1/NA Tab. N.5	–
δ	Abklingkonstante $\delta = D \cdot \omega$, siehe Kap. 4	1/s
δ	Dichte	kg/m^3
η	Frequenzverhältnis $\eta = \Omega/\omega$	–
Λ	Logarithmisches Dämpfungsdekrement	–
μ	Massenbelegung eines Stabes	kg/m
Φ	Schwingbeiwert	–
φ	Überhöhungsfaktor Stoßspektrum (Abs. 5.5.4)	–
φ	Nacheilwinkel der Schwingung nach Abb 5.6	rad
φ_0	Nullphasenwinkel nach Abb 3.4	rad
ω	Eigenkreisfrequenz des ungedämpften Systems	1/s
ω_D	Eigenkreisfrequenz des gedämpften Systems	1/s
Ω	Erregungskreisfrequenz	1/s

Tab. B.2: Variablen mit lateinischen Buchstaben

Variable	Bezeichnung	Einheit (Bsp.)
$\underline{a}_j$	Vektor der Eigenform j	–
$\underline{A}$	Matrix der Eigenvektoren Zeilen i: Freiheitsgrade; Spalten j: Eigenformen	–
A, B	Konstanten der Schwingungs-Differentialgleichung	m
c c_i	Dämpfungskonstante, allgemein Dämpfungskonstante für das Dämpfungselement i	kg/s; Ns/m
$\underline{C}$	Dämpfungsmatrix	kg/s; Ns/m
$\underline{C}^*$	generalisierte Dämpfungsmatrix (Modalanalyse)	kg/s; Ns/m
D	Dämpfungsgrad; Lehr'sches Dämpfungsmaß	–
e	Stoßzahl (Kap. 2)	–
e	Exzentrizität einer rotierenden Masse (Kap. 9)	m
E	Elastizitätsmodul	N/m^2
E_{Feder}	Federenergie	J; Nm
E_{kin}	kinetische Energie	J; Nm
E_{pot}	potentielle Energie	J; Nm
f	Eigenfrequenz; $f = 1/T$; $T = \omega/2\pi$	Hz

Tab. B.3: Variablen mit lateinischen Buchstaben (Fortsetzung)

Variable	Bezeichnung	Einheit (Bsp.)
$F(t), \hat{F}$	Federkraft; Federkraftamplitude	N
$\hat{F}_K$	Kraftstoß Kompressionsphase Kap. 2	Ns
$\hat{F}_R$	Kraftstoß Restitutionsphase Kap. 2	Ns
$F_{E,b,j}$	Summe der Erdbebenkräfte in der Eigenform j	N
$F_{E,i,j}$	Erdbebenkraft des Freiheitsgrades i in der Eigenform j	N
F_b, F_i	Gesamterdbebenkraft und Erdbebenkraft des Freiheitsgrads i beim vereinfachten Verfahren	N
g	Erdbeschleunigung	m/s^2
G	Gewichtskraft	N
h	Höhe, z.B. eines Rahmens	m
$h(t)$	Impulsreaktionsfunktion	–
$H(t)$	Übergangsfunktion bei Sprungbelastung	–
$\underline{H}$	Verschiebungsmatrix (Abs. 6.1.2)	m/N
i	Index der Freiheitsgrade	–
j	Index der Eigenformen und Eigenfrequenzen	–
I	Impuls	Ns
k k_i	Federsteifigkeit Federsteifigkeit für das Federlement i	N/m
$\underline{K}$	Steifigkeitsmatrix	N/m
$\underline{K}^*$	generalisierte Steifigkeitsmatrix (Modalanalyse)	N/m
l, L	Länge	m
$m, \underline{M}$	Masse, Massenmatrix	kg
$\underline{M}^*$	generalisierte Massenmatrix (Modalanalyse)	kg
m_j^*	modale Masse der Eigenform j, siehe Gl. 10.9	kg
m_e	rotierende Masse	kg
m_i	Masse, mit der der Freiheitsgrad i belegt ist	kg
$m_{E,j}$	Ersatzmasse der Eigenform j	kg
m_{red}	reduzierte Masse, Abs. 3.3.5	kg
M	Biegemoment	Nm
n	Umdrehungszahl	U/min; U/s
n	Anzahl der Freiheitsgrade	–
N	Normalkraft	N
$P(t), \hat{P}$	Kraft als äußerer Last; Kraftamplitude	N
$\underline{P}^*$	generalisierter Lastvektor (Modalanalyse)	N
q	Verhaltensbeiwert nach DIN EN 1998-1	–
s	Längenänderung einer Feder	m
S	Bodenparameter nach DIN EN 1998-1/NA, Tab. NA.1	–
$S_{ap,R}$	spektrale Antwortbeschleunigung nach DIN EN 1998-1/NA, Bild NA.1	m/s^2
$S_d(T)$	Horizontalkomponente der Erdebebeneinwirkung (Beschleunigung) nach DIN EN 1998-1, 3.2.2.5	m/s^2
t	Zeit	s
T	Dauer einer Schwingung; $T = 2 \cdot \pi / \omega$	s
T_s, t_0	Stoßdauer, Impulsdauer	s

Tab. B.4: Variablen mit lateinischen Buchstaben (Fortsetzung)

Variable	Bezeichnung	Einheit (Bsp.)
$\Delta T, \Delta t$	Zeitschritte bei numerischen Verfahren	s
$u_i(t)$	Auslenkung der schwingenden Masse i (Zeitverlauf), Wegfunktion	m
$\hat{u}$	Wegamplitude im eingeschwungenen Zustand	m
$\dot{u}(t), v(t)$	Geschwindigkeit $\mathrm{d}u/\mathrm{d}t$	m/s
$\ddot{u}(t), a(t)$	Beschleunigung $\mathrm{d}^2u/\mathrm{d}t^2$	m/s^2
u_0	Auslenkung zum Zeitpunkt $t = 0$	m
$\dot{u}_0$	Geschwindigkeit zum Zeitpunkt $t = 0$	m/s
$\hat{u}_{\mathrm{rel}}, \hat{u}_{\mathrm{abs}}$	relative und absolute Amplitude bei Basiserregung	m
u_{stat}	Auslenkung infolge als statisch angenommener Lasten	m
$u_{\max}$	max. Auslenkung, z.B.mit Stoßspektrum berechnet	m
$\bar{v}_{\mathrm{x}}, \bar{v}_{\mathrm{y}}$	Geschwindigkeiten nach dem Stoß (Kap. 2)	m/s
v_{m}	mittlere Windgeschwindigkeit nach DIN EN 1991-1-4	m/s
v^*	Geschw. beim Stoß am Ende der Kompression (Kap. 2)	m/s
V	Querkraft	N
$V_i(\eta)$	Vergrößerungsfunktion für die Anregungsart i, Kap. 5	–
w	Verschiebung eines Punktes	m
$y_i(t)$	Bewegungs-Zeit-Funktion der modalen Masse, Mode i	m
$y_{\mathrm{F}}(t)$	Bewegungs-Zeit-Funktion des Fußpunkts	m
$\hat{y}_{\mathrm{F}}$	Amplitude bei harmonischer Basiserregung	m

Literaturverzeichnis

Geltende Normen aus dem Bauwesen (Stand: 07/2022)

DIN EN 1991-1-1	Eurocode 1: Einwirkungen auf Tragwerke – Teil 1-1: Allgemeine Einwirkungen auf Tragwerke – Wichten, Eigengewicht und Nutzlasten im Hochbau: Ausgabe 12/2010
DIN EN 1991-1-3	Eurocode 1: Einwirkungen auf Tragwerke – Teil 1-3: Allgemeine Einwirkungen, Schneelasten: Ausgabe 12/2010
DIN EN 1991-1-4	Eurocode 1: Einwirkungen auf Tragwerke – Teil 1-4: Allgemeine Einwirkungen - Windlasten: Ausgabe 12/2010
DIN EN 1991-1-4/NA	Nationaler Anhang – National festgelegte Parameter – Eurocode 1: Einwirkungen auf Tragwerke – Teil 1-4: Allgemeine Einwirkungen – Windlasten: Ausgabe 12/2010
DIN EN 1991-3	Eurocode 1: Einwirkungen auf Tragwerke – Teil 3: Einwirkungen infolge von Kranen und Maschinen: Ausgabe 12/2010
DIN EN 1998-1	Eurocode 8: Auslegung von Bauwerken gegen Erdbeben – Teil 1: Grundlagen, Erdbebeneinwirkungen und Regeln für Hochbauten: Ausgabe 12/2010 (bauaufsichtlich nicht eingeführt, DIN 4149 ist noch anzuwenden)
DIN EN 1998-1/A1	Eurocode 8: Auslegung von Bauwerken gegen Erdbeben – Teil 1: Grundlagen, Erdbebeneinwirkungen und Regeln für Hochbauten: Ausgabe 05/2013
DIN EN 1998-1/NA	Nationaler Anhang – National festgelegte Parameter – Eurocode 8: Auslegung von Bauwerken gegen Erdbeben – Teil 1: Grundlagen, Erdbebeneinwirkungen und Regeln für Hochbauten, mit CD-ROM: Ausgabe 07/2021
DIN EN 1998-2	Eurocode 8: Auslegung von Bauwerken gegen Erdbeben – Teil 2: Brücken; Ausgabe 12/2011
DIN EN 1998-2/NA	Nationaler Anhang – National festgelegte Parameter – Eurocode 8: Auslegung von Bauwerken gegen Erdbeben – Teil 2: Brücken: Ausgabe 03/2011
DIN EN 1998-3	Eurocode 8: Auslegung von Bauwerken gegen Erdbeben – Teil 3: Beurteilung und Ertüchtigung von Gebäuden: Ausgabe 12/2010
DIN EN 1998-3 Ber. 1	Eurocode 8: Auslegung von Bauwerken gegen Erdbeben – Teil 3: Beurteilung und Ertüchtigung von Gebäuden; Berichtigung zu DIN EN 1998-3:2010-12: Ausgabe 09/2013
DIN EN 1998-4	Eurocode 8: Auslegung von Bauwerken gegen Erdbeben – Teil 4: Silos, Tankbauwerke und Rohrleitungen: Ausgabe 01/2007

DIN EN 1998-5 Eurocode 8: Auslegung von Bauwerken gegen Erdbeben – Teil 5: Türme, Maste und Schornsteine: Ausgabe 12/2010

DIN EN 1998-5/NA Nationaler Anhang – National festgelegte Parameter – Eurocode 8: Auslegung von Bauwerken gegen Erdbeben – Teil 5: Türme, Maste und Schornsteine: Ausgabe 07/2021

Zurückgezogene Normen

DIN 4149 Bauten in deutschen Erdbebengebieten; Ausgabe 04/2005 (bauaufsichtlich eingeführt)

Quellen

[AC06] AKKERMANN, J.; CONSTANTINESCU, D.: Erdbebenbemessung von Stahlbauten nach neuer DIN 4149-1. In: *Bautechnik* 75 (2006), Nr. 8

[AS04] ASSMANN, B.; SELKE, P.: *Technische Mechanik Band 3: Kinematik und Kinetik.* 13. München Wien: Oldenbourg Verlag, 2004

[BA87] BACHMANN, H.; AMMANN, W.: *Schwingungsprobleme bei Bauwerken.* Zürich: International Association for Bridge and Structural Engineering (IABSE), 1987

[Bac94] BACHMANN, H.: Die Methode der Kapazitätsbemessung. In: *Schweizer Ingenieur und Architekt* 112 (1994), Nr. 45

[Bac02a] BACHMANN, H.: *Erdbebengerechter Entwurf von Hochbauten – Grundsätze für Ingenieure, Architekten, Bauherren und Behörden.* Biel: Bundesamt für Wasser und Geologie der Schweiz, 2002

[Bac02b] BACHMANN, H.: *Erdbebensicherung von Bauwerken.* 2. Auflage. Basel: Birkhäuser Verlag, 2002

[Bac04] BACHMANN, H.: Lebendige Fußgängerbrücken – eine Herausforderung. In: *Bautechnik* 81 (2004), Nr. 4, S. 227–236

[BADE97] BACHMANN, H.; AMMAN, W.; DEISCHL, F.; EISENMANN, J.: *Vibration Problems in Structures.* Basel: Birkhäuser Verlag, 1997

[BHK+08a] BUTZ, C.; HEINEMEYER, C.; KEIL, A.; LUKIC, M.; CUNHA, A.: HIVOSS – Bemessung von Fußgängerbrücken – Erläuterungen. Aachen: RWTH Aachen University (Hrsg.), 2008

[BHK+08b] BUTZ, C.; HEINEMEYER, C.; KEIL, A.; LUKIC, M.; CUNHA, A.: HIVOSS – Leitfaden für die Bemessung von Fußgängerbrücken. Aachen: RWTH Aachen University (Hrsg.), 2008

[But19] BUTENWEG, C.: Kapitel 7: Erdbebenanalyse von Mauerwerksbauten nach DIN EN 1998-1. In: GUNKLER, E. (Hrsg.); BUDELMANN, H. (Hrsg.): *Mauerwerksbau – Bemessung und Konstruktion.* 2. Auflage. Köln: Bundesanzeiger Verlag, 2019

[BW08] BADEN-WÜRTTEMBERG, Wirtschaftsministerium: Erdbebensicher Bauen. Stuttgart, 2008

[Daz04] DAZIO, A.: *Antwortspektren.* Institut für Bautechnik, ETH, Zürich, 2004

[DS21] DLUBAL-SOFTWARE: *RFEM; Version 5.24.* 2021

[FS19] FEHLING, E.; SCHWARZ, J.: Nationales Anwendungsdokument zu EN 1998-1 – Meilensteine der Entwicklung. In: *Bauingenieur* 94 (2019), Nr. 4

[GH89] GÖLDNER, H.; HOLZWEISSIG, F.: *Leitfaden der Technischen Mechanik.* 11. Auflage. Leipzig: VEB Fachbuchverlag Leipzig, 1989

[GHSW19] GROSS, D.; HAUGER, W.; SCHRÖDER, J.; WALL, W.: *Technische Mechanik 3 – Kinetik.* 14. Auflage. Berlin Heidelberg: Springer Vieweg, 2019

[GHVW20] GÜNDEL, M.; HOFFMEISTER, B.; VAYAS, I.; WITTEMANN, K.: Kapitel 11: Tragverhalten, Auslegung und Nachweise von Stahlbauten in Erdbebengebieten. In: KUHLMANN, U. (Hrsg.): *Stahlbau-Kalender 2020.* Berlin: Ernst & Sohn, 2020

[GKB+84] GRUNDMANN, H.; KREUZINGER, H.; BASELER, J.; BAUMGÄRTNER, W.; KONRAD, A.; MÜLLER, F.-H.; SIMETH, H.: Grundzüge der Baudynamik. München, 1984

[GS04] GEROLD, M.; STEMPNIEWSKI, L.: Baudynamik in der Alltagspraxis. In: *12. Massivbauseminar der Bauakademie Biberach* (2004)

[JR22] JUN, D.; RAHM, H.: Kapitel 4A: Baustatik. In: ALBERT, A. (Hrsg.): *Schneider Bautabellen für Ingenieure.* 25. Auflage. Köln: Bundesanzeiger Verlag, 2022

[KR80] KORENEV, B.G.; RABINOVIC, I.M.: *Baudynamik Handbuch.* Berlin: VEB Verlag für Bauwesen, 1980

[Kra07] KRAMER, H.: *Angewandte Baudynamik.* 1. Auflage. Berlin: Ernst & Sohn, 2007

[Map04] MAPLESOFT: *Maple 9.5.* Waterloo, Kanada: `https://de.maplesoft.com/`, 2004

[MHBM11] MESKOURIS, K.; HINZEN, K.-G.; BUTENWEG, C.; MISTLER, M.: *Bauwerke und Erdbeben: Grundlagen – Anwendung – Beispiele.* 3. Auflage. Wiesbaden: Vieweg Teubner Verlag, 2011

[Mü78] MÜLLER, F.P.: Baudynamik. In: *Betonkalender.* 1978. Berlin: Ernst& Sohn, 1978

[Nah04] NAHRATH, N.: *Modellierung Regen-Wind-induzierter Schwingungen.* Braunschweig: Technische Universität Braunschweig, 2004

[ND05] NAWROTZKI, P.; DALMER, F.: Der Einfluss von Schwingungstilgern auf die Standsicherheit und Gebrauchstauglichkeit von Bauwerken. In: *D-A-CH Tagung Erdbebeningenieurwesen und Baudynamik* (2005)

[PC08] PEIL, U.; CLOBES, M.: Dynamische Windwirkungen. In: KUHLMANN, U. (Hrsg.): *Stahlbaukalender 2008.* Berlin: Ernst & Sohn, 2008

[Pet01] PETERSEN, C.: *Schwingungsdämpfer im Ingenieurbau.* München: Maurer Söhne GmbH, 2001

[Pie17] PIESZEK, G.: *Montagetechnische und baudynamische Untersuchung an einer Fußgänger-Hängeseilbrücke.* München: Master Thesis Hochschule München, 2017

[Pro21] PROSKE, D.: *Baudynamik for Beginners.* Wiesbaden: Springer Verlag, 2021

[PW18] PETERSEN, C.; WERKLE, H.: *Dynamik der Baukonstruktionen.* 2. Auflage. Wiesbaden: Springer Vieweg, 2018

[Ros05] ROSENQUIST, M.O.: Baudynamik in der Praxis. In: *Steinfurter Stahlbauseminar* (2005)

[Rus82] RUSCHEWEYH, H.: *Dynamische Windwirkung an Bauwerken, Bd. 1 u. 2.* Wiesbaden: Bauverlag, 1982

[San15] SANAL, Z.: *Mathematik für Ingenieure.* 3. Auflage. Wiesbaden: Springer Verlag, 2015

[Sch19] SCHWINGUNGSTECHNIK, KTI: Schwingungstilger dämpfen Brückenschwingungen. In: *Stahlbau* 88 (2019), Nr. 2, S. A6–A8

[See20] SEESSELBERG, C.: *Kranbahnen.* 6. Auflage. Berlin, Wien, Zürich: Beuth Verlag, 2020

[See22] SEESSELBERG, C.: Kapitel 8B: Kranbahnen und Ermüdungsfestigkeit nach EC. In: ALBERT, A. (Hrsg.): *Schneider Bautabellen für Ingenieure.* 25. Auflage. Köln: Reguvis Fachmedien GmbH, 2022

[SH10] STEMPNIEWSKI, L.; HAAG, B.: *Baudynamik-Praxis.* Berlin: Bauwerk Verlag, 2010

[SS05] SCHWARZKOPF, D.; SEDLACEK, G.: Regen-Wind-induzierte Schwingungen – Ein Berechnungsmodell auf der Grundlage neuester Erkenntnisse. In: *Stahlbau* 74 (2005), Nr. 12, S. 901–907

[Vog21] VOGLER, A.: *Entwicklung und Test eines Dämpfersystems für die Seile einer Hängebrücke am Beispiel der Brücke am HBF in Heilbronn.* München: Master Thesis Hochschule München, 2021

[WBT13] WERKLE, H.; BUTZ, C.; TATAR, R.: Effectiveness of „Detuned“ TMD's for Beam-Like Footbridges. In: *Advances in Structural Engineering* 16 (2013), Nr. 1, S. 21–31

[Wer16] WERKLE, H.: Erdbebenantwortspektren einer weichen Bodenschicht auf einem Halbraum. In: *Bauingenieur* 91 (2016)

[Wer19] WERKLE, H.: Erdbeben und Bauwerke – Aussteifungssysteme, Basisisolation. In: *Erdbebensicheres Bauen für Architekten und Bauingenieure* (2019)

[Wer21] WERKLE, Horst: *Finite Elemente in der Baustatik.* 4. Auflage. Wiesbaden: Springer Verlag, 2021

[Wer22] WERKLE, H.: Kapitel 4D: Baudynamik. In: ALBERT, A. (Hrsg.): *Schneider Bautabellen für Ingenieure*. 25. Auflage. Köln: Bundesanzeiger Verlag, 2022

Stichwortverzeichnis